为自己而活

人文主义700年的追寻

Humanly
Possible:
700 Years
of Humanist
Freethinking,
Enquiry and Hope

Sarah Bakewell

[英] 莎拉·贝克韦尔 著

冯子龙 译

文汇出版社

图书在版编目（CIP）数据

为自己而活：人文主义 700 年的追寻 ／（英）莎拉·贝克韦尔著；冯子龙译 . -- 上海：文汇出版社，2024. 9.
-- ISBN 978-7-5496-4328-8

Ⅰ. B82-061；K811

中国国家版本馆 CIP 数据核字第 2024M73R15 号

Copyright © Sarah Bakewell 2023
Simplified Chinese translation copyright © 2024 by Dook Media Group Limited.
All rights reserved.

中文版权 © 2024 读客文化股份有限公司
经授权，读客文化股份有限公司拥有本书的中文（简体）版权
著作权合同登记号：09-2024-0638

为自己而活：人文主义700年的追寻

作　　者 ／ ［英］莎拉·贝克韦尔
译　　者 ／ 冯子龙

责任编辑 ／ 张　溟
执行编辑 ／ 唐　铭
特约编辑 ／ 阮思懿　　顾晨芸
封面设计 ／ 温海英

出版发行 ／ 文汇出版社
　　　　　　上海市威海路 755 号
　　　　　　（邮政编码 200041）

经　　销 ／ 全国新华书店
印刷装订 ／ 三河市龙大印装有限公司
版　　次 ／ 2024 年 9 月第 1 版
印　　次 ／ 2024 年 9 月第 1 次印刷
开　　本 ／ 710mm×1000mm　1/16
字　　数 ／ 375 千字
印　　张 ／ 26

ISBN 978-7-5496-4328-8
定　　价 ／ 88.00 元

侵权必究
装订质量问题，请致电010-87681002（免费更换，邮寄到付）

目录

序　言		001
第 一 章	生命之地	023
第 二 章	打捞沉船	055
第 三 章	挑战者和异教徒	087
第 四 章	神奇网络	123
第 五 章	人类之事	141
第 六 章	永恒的奇迹	167
第 七 章	全人类的领域	199
第 八 章	人性的展现	225
第 九 章	梦幻国度	253
第 十 章	希望博士	283
第十一章	人类的面孔	311
第十二章	快乐之地	347
注　释		375
附　录		402
致　谢		405

序　言

唯有互联！

　　什么是人文主义（humanism）[1]？1983年，大卫·诺布斯（David Nobbs）在喜剧小说《套袋比赛的倒数第二名》（*Second from Last in the Sack Race*）里提出了这个问题。提问的场景是在"瑟尔玛什文法学校双性人文主义社团"（Thurmarsh Grammar School Bisexual Humanist Society）的成立典礼上——之所以说它是"双性"的，是因为它同时包括了女孩和男孩。一场混乱由此开始。

　　一个女孩首先发言，她认为这个词意味着文艺复兴时期人们想要逃离中世纪的企图。她由此联想到，一群积极向上且自由奔放的知识分子主导着文学和文化上的复兴。这些知识分子都生活在14世纪和15世纪的意大利各城，比如佛罗伦萨。不过，社团的另外一个成员认为这种理解是错误的。该成员认为，人文主义意味着"以和善的态度对待动物和事物，而且要常怀宽仁之心，寻访老人和古物"。

　　第三个成员对此提出了尖锐的回应，认为这是在混淆人文主义和人道主义（humanitarianism）。第四个成员抱怨道，他们全都是在浪费时间。那个人道主义者被他激怒了："你居然把给伤病动物包扎、看护老人和古物说成是浪费时间？"

　　提出尖锐回应的那个成员接着给出了一个完全不同的定义："人文主义是一

种哲学,它拒绝超自然主义,把人类看成一种自然对象,并且肯定了对人类来说非常重要的尊严和价值,主张人类有能力运用理性和科学方法来获得自我实现。"这个定义受到大家的一致认可,不过也有成员指出了其中的困难之处:有些人实实在在地信仰着上帝,但他们也管自己叫人文主义者。等到典礼结束的时候,每个人的疑惑都比开始时只多不少。

其实,瑟尔玛什的学生大可不必为此感到困扰:因为他们全都是对的。就"人文主义"这个词所意指的最全面、最丰富的图景而言,他们每个人的描述都可以被囊括其中。几个世纪以来,人文主义者一直在践行、研习并信仰这个图景。

所以,正如那个提到非超自然生命观(non-supernatural vision of life)的学生所了解的,有很多现代人文主义者都更愿意过一种没有宗教信仰的生活,并且把他们的道德选择建立在同情心、理性以及对其他生灵的责任感上。作家库尔特·冯内古特(Kurt Vonnegut)曾经总结过他们的世界观,他是这么说的:"我是一个人文主义者,这部分意味着,虽然我在举止上与人为善,但并不会因此期待在死后获得任何回报或者惩罚。"[2]

同时,另一个瑟尔玛什的学生指出,有些被视为人文主义者的人确实还保有宗教信仰。这么说也没有错。因为,只要他们的关注点集中在人们的现世生活和体验上,而不是去关注跟彼岸世界相关的机构、教义或者神学,我们就仍然可以把他们归类为人文主义者。

人文主义的其他意义则跟宗教话题完全无关。比如说,人文主义哲学家会把活生生的、完整的人放在万物的中心地位,而不是把人碎片化为由语词、符号或者抽象原则组成的各种系统。人文主义建筑师会根据人类的尺度来设计建筑物,这种设计方式不会让居住于其中的人产生压迫感和挫折感。同样的,也会有人文主义医学、政治和教育,类似的还有文学、摄影和电影艺术。无论是哪种情形,个体的人才是人文主义的重中之重,而不是让人从属于某些更宏大的概念或者理想。此义更接近那位"人道主义"学生之所指。

不过,由第一个瑟尔玛什的学生所提及的那些生活在14世纪和15世纪的意大利及其他地区的学者呢？他们是另一种类型的人文主义者：他们翻译、编辑书籍，教育学生，还与有识之士通信、辩难，升华智性生活，并广泛地著述论说。简而言之，他们是人文学科（humanities）[①]的专家，或者可以称他们的研究领域为 studia humanitatis，即"人学"（human studies）。根据这个拉丁术语，他们在意大利文里被称为 umanisti，由此他们也是人文主义者。在美式英语中，这一称谓被沿用至今。许多人都赞同这种另类人文主义者的伦理旨趣，坚信教授和学习"人学"能够促进一种更加道德且文明的生活。信奉人文主义的教师仍然经常以现代的方式来思考这个话题。通过引导学生体验文学和文化，使其学会使用批判分析，他们希望帮助学生在面对他人观点时可以获得额外的敏感性，对政治和历史事件的展开有更敏锐的把握，并对生活采取一种更加明智和富于思想性的态度。他们希望培养 humanitas，该词是拉丁文，意思是人性[3]。不过，其言外之意还伴随着优雅、博学、能言善辩、慷慨和举止得体等。

宗教、非宗教、哲学、实践，以及传授"人学"的人文主义者——到底在何种意义上有共性可言？答案就藏在本书的名字[②]之中：它们全都面向生活中的人类维度。

然而，这个维度是什么？我们很难为其找到一个准确的定义。不过，它位于两个领域的中间地带，即物质世界的领域和某种有可能存在的纯粹精神或神圣领域之间。我们人类当然是由物质组成的，在这一点上我们跟周围的其他事物一样。但在另一个方面，我们可能（有些人坚信）以某种方式连通着一个神秘的领域。同时，我们还占据了另一个既不完全物质化也不完全精神化的实在领域。我们在这个领域里践行着文化、思想、道德、仪式和艺术——这些活动（虽然不是全部，但至少是大部分）为我们这一物种所特有。我们把大部分的时间和精力倾

[①] humanities 即 humanity 的复数形式，从15世纪晚期开始，这个词在英语里指与人类文化有关的各类研究，但主题偏向世俗化，区别于对神圣主题的研究。这些研究源自古典文学、诗歌以及修辞学等领域。——译者注（本书所有脚注均为译者注）

[②] 指本书的英文书名。

注在这个领域：与人交谈，讲故事，制作图像或者模型，进行道德判断并力求做出正确的选择，协商社会契约，参拜庙宇、教堂或神圣的树林，传递记忆，教学，演奏音乐，讲笑话，为取悦他人而做鬼脸，千方百计地讲道理。泛而言之，我们实现着我们之"所是"的类型。所有类型的人文主义者都把这个领域当成自己关注的核心。

因此，科学家研究物质世界，神学家研究神圣世界，人学－人文主义者研究人类的艺术、历史和文化世界。不信仰宗教的人文主义者把自己的道德选择建立在人类的福祉上，而不是放在神圣的指引上。信仰宗教的人文主义者也关注人类的福祉，只不过把它放在信仰的语境之中。对于信仰哲学或者其他领域的人文主义者，他们总是用活生生的人类经验来衡量自己的理念。

大约2500年前，希腊哲学家普罗塔哥拉（Protagoras）用一句妙语道出了这种以人类为中心的路径："人是万物的尺度。"[4]这也许听起来有些傲慢，但我们不应将其曲解为全宇宙都必须迎合人类的想法，更不能将其理解为人类被加冕为其他生命形态的统治者。我们可以这么解读这句话，即作为人类，我们以一种被人类塑造过的方式体验着我们的真实存在。我们知道并且关心和人类有关的事情。由于这一切对我们非常重要，所以我们还是严肃对待吧。

诚然，所有事物在此定义之下都被染上了一定的人文主义色彩。不过，其他的定义待选项则更加泛化。一如小说家E. M. 福斯特（E. M. Forster）——一个深度关注"人类"的作家，而且他也是人文主义机构的铁杆成员——曾经这么回答人文主义对他来说意味着什么：

> 为了更好地赋予人文主义荣光，我们可以列一张清单，举出那些我们所享受的或者觉得有趣的事物，以及那些帮助过他人的人，还有那些被爱、被帮助的人。这张清单可能并不会太激动人心，它也没有教条式的深沉和惩罚式的庄严。但是，我们可以自信地把它朗读出来，因为人类的感恩之情和人类的希望会由此发声。[5]

这是不可避免的。但是,这也近乎彻底放弃给出定义。而且,福斯特拒绝对人文主义给出任何抽象或者教条式的说辞,这本身就是一种典型的人文主义者的做法。对他来说,人文主义是一种私人性的事情——这才是重点。因为,既然人文主义是关于个人的,那么它在多数情况下当然是私人性的。

对我来说,人文主义也是私人性的。在非宗教的意义上,我一直都是人文主义者。而且,在哲学和政治学领域里,我变得越来越倾向于人文主义。我现在珍

E. M. 福斯特,1924 年

视个体生命,把它看得远比那些曾经让我激动万分的宏大理念更加重要。多年以来,我围绕历史上的人文主义者进行阅读和写作。对那些源自"人文学科"的人文主义者来说,这是得到他们共同承认的"人学"基石。而在这个过程中,我越发对这一基石感到着迷。

我很幸运,因为我不用经受太多干扰就能践行自己的人文主义。而对很多人来说,人文主义可能会威胁到他们的生命——没有比这更私人性的了。当人文主义不能得到很好的理解时,这种危险就愈加严重。在英国有一位年轻的人文主义者,他最近的经历就表明了这一点。这位叫哈姆扎的年轻人在旅居英国时申请了居留许可。

当英国内政部官员为了评估哈姆扎的申请而对其进行面试时,他们要求哈姆扎给人文主义者下定义,以便为自己有可能面临迫害这一担心进行辩护。在其回

答中，哈姆扎提到了18世纪启蒙思想家的价值。这是一个很棒的回答：按照瑟尔玛什的学生给出的几种定义，大多数启蒙思想都符合人文主义的内涵。然而，要么是由于评估人员缺乏相应的知识，要么是由于他们想找借口抓住哈姆扎的漏洞，他们居然声称希望得到一个包含古希腊哲学家名字的答案，特别是要有柏拉图和亚里士多德。这是非常奇怪的，因为无论是柏拉图还是亚里士多德都很少在关于人文主义的书籍中被提及。这也许是因为从很多角度来看他们都不算是人文主义者。然而，内政部却因此认为哈姆扎不是一个人文主义者，并驳回了他的申请。

英国人文主义协会以及其他同情者接手了这个案件。[6]他们指出，内政部在哲学家选取上犯了错误。他们更进一步论证得出，人文主义并不是一套依赖权威教条的信念系统。人文主义者无须知道任何特定的思想家，在这一点上他们和马克思主义者不同，因为我们通常可以推断后者知道马克思。人文主义者一般会拒绝把这一概念跟任何意识形态化的"经典"捆绑在一起。由于得到了大量的支持和强大的辩护，哈姆扎得以继续留居到2019年5月，并成了英国人文主义协会的一名理事会成员。在他取得胜利的同时，关于人文主义思想的介绍也被加入对所有内政部评估员的培训中。

所以，人文主义是私人性的，并且在语义上存在意义和内涵的模糊之处。它不能跟任何特定的理论家或专业人员进行绑定。而且，人文主义者一直到当代都很少形成正式群体，甚至很多人都不会对自己使用"人文主义者"这一术语。即使他们很乐意成为*umanisti*，但到19世纪为止，他们都不会把"人文主义"看成一个普遍的概念或实践。（这类人群比人文主义这一概念的出现早数个世纪，这一令人愉快的事实很有人文主义色彩。）这确实有种雾里看花的感觉——不过我仍然相信，有一种连贯的、共同的人文主义传统，通过它可以内在地把这些人看成一个群体。他们被五光十色但又意义十足的线索联系在一起。在本书中，我想追溯这些线索——当我这么做的时候，我正把 E. M. 福斯特的一句伟大的人文主义名言作为自己的指导："唯有互联（only connect）！"

这是他在1910年的小说《霍华德庄园》（*Howards End*）中写下的题词，也是小说里反复出现的主题。福斯特想通过它表达很多东西。他认为：我们应该重视那些把我们联系在一起的纽带，而不是去关注分化；我们应该尽量欣赏世界上其他人的视角，就像它们是我们自己的视角一样；我们应该避免由于自欺或虚伪而在内心引起自我分裂。我同意所有这些观点——并且把它们作为一种激励，由此秉承着联系而非分化的精神去讲述人文主义的故事。

同样，由于秉承着 E. M. 福斯特的个体精神，我更愿意用"人文主义者"这个词而非"人文主义"。我希望你也可以像我一样，为这些人文主义者的故事所着迷，甚至有时会被它们激励。这些故事讲述了他们在世界上寻求出路时所经历的冒险、争吵、努力和苦难，而这个世界经常用不理解或者是更坏的态度对待他们。的确，他们中有些人的经历很好，能够在学术界或者高雅的环境里获取一个令人羡慕的位置。但是，他们却很少能够长久地依赖这些职位，而另一些人则要在困难重重的局外人状态里终生受苦。几个世纪以来，人文主义者都是学术性的流亡者或漂泊者，靠着他们的智慧和言辞为生。在现代世界的早期阶段，还有几个人得罪了宗教裁判所或是其他类型的异端捕手（sleuths of heresy）。为了安全起见，他们中的很多人隐藏了自己的真实想法。他们的手段有时非常有效，以至我们现在都找不到关于其真实想法的任何线索。一直到19世纪，非宗教人文主义者（人们经常称呼他们为"自由思想家"）仍可能被辱骂、禁止、监禁或是剥夺权利。在20世纪，他们被禁止公开发表言论，并被告知没有希望竞选公职；他们遭受了迫害、控诉和关押。到目前为止，他们仍然在遭受这一切。

人文主义引发了强烈的反响。这些反响全是围绕人这个因素展开的，但这个因素却又是一个非常复杂的因素，并且和我们每个人都密切相关：成人之道一直都布满了困惑和挑战。由于我们如此依赖自身的想法，也就不难理解为什么那些对人文主义观点持开放态度的人会遭受迫害了。在那些重视遵从宗教或政治信条的环境里尤其如此。然而，这些坚忍不拔的人文主义者雄辩而理性地论证了自己的观点,并代代相从。这是一个缓慢而平静的过程,也伴随着一定的挫折。但是,即便有些社会并不承认这些观点,今天人文主义者的很多观点还是渗透进了许多社会里。

我们将在本书里提到的那些人,他们生活在这样一个时代:人文主义在当时正在逐渐形成我们今天所熟知的样式。我讲述的故事特意覆盖了从13世纪至今的七个世纪。本书提到的大多数人(并非全部)都生活在这个时期,同时,他们大多数(并非全部)都是欧洲人。我以这种方式来塑造自己的故事,一部分原因是如此多有趣的事情发生在这个框架内,还有一部分原因是这形成了一定的连续性:这些人里的很多人都互相知道,而且对对方的工作做出过回应——哪怕他们甚至都没有会过面。截取出这一历史和地理的时空片段有助于我们引出一些在形式上更加聚焦的人文主义思想,并且观察它们是怎样演化的。

不过,从精神上看,我的故事始终应该置于一个更大的语境之下:人文主义者的生活和思想在全世界范围内有一个更广泛、更长久也更丰满的故事。在很多文化和时代里,都涌现过人文主义的思维方式。我感觉自己可以确定一点,即自从人类这一物种开始反思自身,并且思考自己在这个世界上的选择和责任时,这种思维方式就已经通过某些形式存在于世了。

所以,在开启正题之前,让我们先来一场视野更广阔的旅行,并在沿途中认识一些关键的人文主义理念。

※

我们可以先从瑟尔玛什的学生所提到的第一种可能性出发:用非超自然的方式来理解人类的生命。在那场成立典礼上提出的所有观点里,这个观点的记录是最古老的。关于唯物主义观点(就我们所知道的而言)的第一次讨论兴起于印度,它是遮缚迦(Cārvāka)学派思想中的一部分。这个学派成立于公元前6世纪以前,建立者是思想家毗诃跋提(Brhaspati)。这个学派的信徒认为,当我们的身体死亡时，我们的生命也会走向终点。用哲学家阿耆多·翅舍钦婆罗（Ajita Kesakambalī）的话来说就是：

> 人类由四大元素组成。当人死后，土归土，水归水，火归火，气归气，人类的所有能力都会散入虚空……一旦身体分解了，愚者和智者都会走向毁灭，没有人能在死后继续存在。①

大约一个世纪以后，一种相似的思想出现在希腊东北部的沿海城镇阿布德拉（Abdera）。这里也是哲学家德谟克里特的故乡。他教导人们，自然界的所有实体都是由原子构成的——我们所能够触摸到和看到的对象都是这种不可分割的粒子以不同方式组合出来的，我们自己从精神到肉体也同样如此。当我们活着的时候，它们组合在一起形成了我们的思想和感觉经验。当我们死去的时候，它们就分开，然后再组成其他事物。这是思想和经验的终结——当然也是我们自身的终结。

他们是人文主义者吗？这样的观点难道不令人沮丧吗？当然不。事实上，这给我们的生活带来了令人鼓舞和欣慰的结果。如果我在身后不会以任何形式继续生存下去，那么在我的生命中就不会有什么需要恐惧的地方，也不需要担心上帝可能会怎样对待我，或者是未来要经历何种苦难和险阻。原子论令德谟克里特心情舒畅，更使他以"开怀大笑的哲学家"（the laughing philosopher）著称于世：由于从巨大的恐惧里解脱出来，所以他可以笑对人类的弱点，而不是像其他人一样为之哭泣。

德谟克里特把他的想法传递给了其他人，其中就有伊壁鸠鲁。在雅典的学校里，伊壁鸠鲁召集学生和志同道合的朋友组成团体，即著名的"花园学派"

---

① 这段话取自《沙门果经》里阿阇世王与佛陀的对话："受四大人取命终者，地大还归地，水还归水，火还归火，风还归风，皆悉坏败，诸根归空……若愚、若智取命终者，皆悉坏败，为断灭法。"在这部佛经里，阿阇世王向佛陀提到了当时在印度很有影响的六位思想家，即"外道六师"。阿耆多·翅舍钦婆罗就是其中之一。

德谟克里特肖像，版画

（Garden）。伊壁鸠鲁主义者寻求快乐，但主要是通过享受友谊、食用稀粥进行适当节食、培养精神上的宁静等。伊壁鸠鲁在信里写道，对于最后一点，关键在于避免"那些关于神和死亡的错误观念，因为它们是引起精神不安的主要来源"。

然后就是普罗塔哥拉，他提出了"人类即尺度"。他也来自阿布德拉，并且和德谟克里特有私交。他关于以人类来衡量万物的言论，在当时就曾引发人们的惶恐不安。不过，他还做了一件更令他声名狼藉的事情。他写过一本论神的书，据说是以这样一种令人惊讶的方式开头的：

对于神，我没有任何方法知道他们存在还是不存在。因为有很多障碍阻挡着对知识的寻求，如问题的晦涩和人生的短暂。

有鉴于这样一个开头，我很想知道他要如何填补这本书的其他内容。不过，一切也都已经在开头处一锤定音了。神也许存在，也许不存在。但对我们来说，他们是可疑的、无法探知的存在者。我们由此可以论证，不需要把短暂的生命浪费在忧惧鬼神上。我们要做的，就是珍惜尘世生活的每一天。这只不过是以另一种方式重述一个道理，即人类才是尺度。

我们不知道这本书里的其他内容，因为除了开头几行文字，其余内容都没有留存下来——我们有很好的理由解释为什么会这样。传记作家第欧根尼·拉尔修（Diogenes Laertius）告诉我们，普罗塔哥拉讨论神的书一面世，"雅典人就驱逐了他,并派出一个使者收集这本书的所有复本,放到市集上烧毁"。[7]也许是出于相似的理由,德谟克里特和遮缚迦学派的成员也没有留存下任何一手著作。至于伊壁鸠鲁,他倒确实有少量的书信留存。不过,他的教诲也被一位叫作卢克莱修(Lucretius)的晚期罗马诗人转写成了诗文,就保存在他的长诗《物性论》(*On the Nature of Things*)中。这部作品也差点失传,不过有一部稍晚的复本得以在修道院里存世。在15世纪,人文主义书籍的搜集者发现了它,并且使其重新流传于世。于是,经过了所有这

佐拉·尼尔·赫斯顿

些脆弱时刻和失传危机,德谟克里特主义的思想得以流传到我们的时代——美国作家佐拉·尼尔·赫斯顿(Zora Neale Hurston)在1942年的回忆录《道路上的尘迹》(*Dust Tracks on a Road*)里把它们转写成了漂亮的文句:

> 为什么要恐惧?物质构成了我的存在,它们会变化,会移动,但就是不会消失;所以,它们全都是我的同伴,我何须用什么宗教或信条去抗拒来自它们的慰藉?广阔的宇宙不需要任何桂冠。因此,我就是无限的存在,不需要其他保证。

这一传统也延续至今,在2009年英国人文主义协会(British Humanist Association,现为Humanists UK)开展的一场海报宣传活动中就有所体现。

活动标语展示在公交车车身和其他地方，标语透露出一种德谟克里特式的精神宁静："世界上也许没有上帝。停止焦虑，享受生活。"这个创意来自阿里安娜·谢里娜（Ariane Sherine），她是一名年轻作家和喜剧演员。她因为目睹过一个基督教福音派组织在公交车车身上打的广告——这个组织曾在其网站上用永恒的地狱火来威胁有罪的人类——故而想提出一条替代标语以宽慰大众。

将关注点转移到现世和当下，是当代人文主义组织机构的关键原则之一。甚至可以用很不人文主义的"信条"一词来表达，因为它传达的是人文主义的核心信念。[8]其代表作家就是罗伯特·G. 英格索尔（Robert G. Ingersoll）。这是一位生活在19世纪的美国自由思想家（或者说非宗教人文主义者）。他是这么表述这一信条的：

　　快乐是唯一的善，
　　此时就是快乐之时，
　　此地就是快乐之地。

此外，英格索尔用来结尾的最后一句诗也非常重要：

　　令他人也快乐是获得快乐的坦途。

最后这个部分把我们引向了人文主义的第二大理念：生命的意义存在于人与人的互相联系以及纽带中。

普布留斯·泰伦提乌斯·阿菲尔（Publius Terentius Afer）在一出戏剧里曾简洁地阐释过"人类互联"这一原则。在英语里，我们一般把他称为泰伦斯（Terence）。"阿菲尔"（Afer）表明了他的出身，他很可能一出生就是个奴隶。他大概出生于公元前190年北非的迦太基或其周边地区。后来他以喜剧作家的身份在罗马出了名。他笔下的一个角色这么说过——由于这句话至今依旧常以原始形式被引用，所以我就直接援引拉丁文原文：

Homo sum, humani nihil a me alienum puto.

即：

我是人，我认为人类之事没有什么与我漠不相关。

事实上，这是一个幽默的喜剧包袱。说这句话的角色是一个热衷八卦的邻居：当有人问他为什么不安于管好自己的事情时，他就这么回答了对方。我敢肯定，这句台词引起过哄堂大笑。它不仅出人意料，还揶揄了哲学的深刻性。许多个世纪以来，人们都以严肃的姿态来引用这句话。但是，它最开始却出自一出闹剧。想到这里，我自己也不禁莞尔。不过，它的确很好地概括了人文主义者的一个重要信念：我们全都和他人的生命捆绑在一起。从本性上来说，我们是社会性的存在物。即使对方看上去迥异于我们，我们也总是能在他人的经验中找到属于自己的一些东西。

恩古尼-班图语（Nguni Bantu）中有一个单词，即 *ubuntu*，它也表达了类似的想法。这种语言分布于非洲大陆的南端。不过，其他的非洲南部语言里也有与之相同的词汇。它们的意思是，在大大小小的人类共同体里存在着互联关系，从而把不同个体联结成一个网络。德斯蒙德·图图（Desmond Tutu），这位已故大主教曾经在20世纪90年代担任南非真相与和解委员会（South Africa's Truth and Reconciliation Commission）主席。当时南非正处在摆脱种族隔离政策的过渡期，*ubuntu* 和基督教原则顺势成为启发这位大主教的灵感。他相信，种族隔离政策的压迫性关系不仅伤害了被压迫者，也伤害了压迫者。这种关系摧毁了本应存在于人类之间的自然纽带。他的愿望是创造一个能够重建这些关联的程序，而不是着眼于复仇这种错误的行为。他是这样来定义 *ubuntu* 的："我们属于一个生命之束（bundle of life）。我们认为，'一个人通过另一个人而成为人'。"

在世界的另一个地方，人们也把共同的人性看得至关重要：这就是有着悠久传统的中国儒家哲学。孔子，或者按照欧洲人熟悉的叫法，他又被称为孔圣人或孔夫子。孔子生活的年代比德谟克里特和普罗塔哥拉稍早一些，他给自己的门徒传授了大量的忠告。他于公元前479年去世，在他离开之后的岁月里，他的门徒用数年时间收集、扩充了他的言论，并形成了《论语》一书。这本书涵盖了道德、社交礼仪、资政建言以及种种哲学洞见。贯穿这本书的关键词是"仁"。在英语里，这个词可以对应很多翻译，比如仁爱（benevolence）、善（goodness）、德行（virtue）、伦理智慧（ethical wisdom）——或者也可以简单翻译为"人性"（humanity）。因为，如果你想成为更完整、更深刻的人类，就必须去存养它。这个词的意义非常接近 *humanitas*。

门徒们请孔子对"仁"做出一个更详细的解释，并询问是否"有一言而可以终身行之者乎"[①]。孔子指出了"恕"，即人与人之间的互惠网络。他认为，"恕"意味着"己所不欲，勿施于人"。你可能会觉得这听起来有些熟悉，那是因为世界上很多宗教和伦理传统都蕴含了这项原则，它有时又被称为"金规则"。犹太神学家希勒尔拉比（Hillel the Elder）说："不要对你的同伴做你讨厌的事，这就是《摩西五经》（*Torah*）的全部奥义；其他的只不过是些注脚，去学习吧。"印度的《摩诃婆罗多》[9]和基督教文本也用其他方式传达了相同的意思："你们愿意他人怎样待你们，你们也要怎样待他人。"——不过，萧伯纳（George Berrard Shaw）曾经傲慢地指出，这个说法没有那么可靠，因为"每个人的口味可能都不一样"。

所有这些说法都告诉我们，人类的道德生活应该植根于人与人之间的互相关联。为人类伦理奠基的是人与人之间的相同感受，而不是来自神圣准则的审视和

---

① 出自《论语·卫灵公》："子贡问曰：'有一言而可以终身行之者乎？'子曰：'其恕乎！己所不欲，勿施于人。'"

评判。不过，好消息是我们中的大多数人似乎都能够自发地感觉到这种关系所迸发出的火花。因为，我们都是高度社会化的存在者，并且是在和周围人的深切关联中成长起来的。

孟子（又被称为孟圣人或孟夫子）是孔子的追随者之一，他把这种自发的认同看成人性本善理论的出发点。他要求自己的读者在自身之内寻找善的根源。设想一下，有一天你外出看到一个小孩子快要落入池塘，你会有什么感受？几乎可以肯定，你会立刻产生一股冲动，要跳入池塘救出孩子。这不需要任何训诫，也不是经过任何算计的行为。这就是能够帮你培养起道德生活的"种子"——不过，你仍然需要反思、发展它，才能让它转变成一种充分的伦理规范。

通过这种方式来生发、存养我们的潜能，是贯穿人文主义传统的另一个理念。由此，教育就显得十分重要。当我们还是孩童的时候，我们可以受教于双亲和老师。随后，我们继续通过经验和深入的研究来提升自己。当然，即使没有接受过高等教育，我们仍然是人类。但是，我们需要最大限度地认识到我们的"仁"或 humanitas。在这个过程中，教导和格局的打开是无价的。

对那些将要掌控公共政治和行政系统的人来说，接受良好的教育显得尤其重要。孔子和他的追随者坚定地认为，领导者和公务人员应该通过漫长而勤奋的学习来认识他们的工作。他们必须学会文雅的谈吐，并深谙这一职业传统。他们要把自己沉浸在文学以及其他人文学科的世界里。孔子认为，由这么一群有教养的人来掌舵对全社会都有好处，因为有德行的领导人可以激发所有人达到相似的境界。

古希腊的普罗塔哥拉也深信教育的功用。他可能也给年轻人传授修辞和雄辩的技巧，为他们从事政治或法律职业做准备。通过这种方式，他作为一个漂泊不定的教育者却过上了优越的生活（有些人认为他的生活过于优越了）。他甚至声称自己可以教导他们成为有德行的人：他可以帮助学生们"获取良好且高尚的品格，从而无愧于我的收费，甚至物超所值"。

为了招徕更多学生，普罗塔哥拉经常引用一个故事来表明教育的重要性。他说，人类刚诞生的时候其实没有任何特殊的技能——直到普罗米修斯（Prometheus）和厄庇米修斯（Epimetheus）这两个泰坦巨神（Titans）从神那里盗取火种授予人类。他们同时还教会了人类诸如耕作、缝纫、建筑和语言等技艺，甚至还包括宗教仪式。普罗米修斯盗火并遭受惩罚的故事广为流传，但普罗塔哥拉的版本却另有歌曲。当宙斯知道了这件事之后，他又给人类附赠了一个免费技能，即形成友谊和其他社会纽带的能力。从此，人类学会了如何合作。但是，这种人际关系并不是一蹴而就的：人类拥有的只是做这些事情的天分。这当然是一粒种子，但人类要想真真切切地建立起一个繁荣昌盛、治理良好的社会，就必须通过学习和互相教育来培育好这粒种子。这件事只能由我们自己来做。上天赋予了人类大量的技能，但是我们必须学会在协作之中共同运用它们，否则，它们就什么都不是。

人文主义者热爱教育，在这一表面现象的背后隐藏着一种强大的乐观主义态度，即深信教育可以对我们产生助益。我们也许从一开始就做得很好，但我们可以做得更好。人类既往的成就有待进一步完善——同时，这也并不妨碍我们通过审视过去的成就来获得愉悦感。

相应的，在人文主义者的写作里，歌颂人类的优点就成了一个很受欢迎的题材。古罗马政治家西塞罗曾经写过一部对话体作品，其中有一部分就是歌颂人类的优点。在很多人的效仿下，这一做法在意大利发展到了巅峰，出现了诸如《论人类的价值和卓越》（*On Human Worth and Excellence*）等著作。这本书写于15世纪50年代，其作者是詹诺佐·马内蒂（Giannozzo Manetti）。他既是一名外交官，也是一名历史学家、传记作家和翻译家。马内蒂说，看看我们创造的这些美妙事物！看看我们的建筑成就：从金字塔到菲利波·布鲁内莱斯基（Filippo Brunelleschi）最近在佛罗伦萨建造的大教堂，以及不远处洛伦佐·吉贝尔蒂（Lorenzo Ghiberti）设计的镀金青铜洗礼堂大门。抑或是乔托（Giotto）的绘画、荷马（Homēr）和维吉尔（Virgil）的诗歌、希罗多德等人的历史故事，我们甚至都不用上溯到那些探索自然的哲学家①、物理学家，或者是研究星体运动的阿基米德：

> 一切发明物都属于我们——它们是人化的——因为是人类制造了它们：所有的房屋、城镇和城市，以及地面上的一切建筑……绘画属于我们，雕塑属于我们，工艺属于我们，各类学问和知识属于我们……所有不同的语言和各异的字母都属于我们。

马内蒂既为生命中的感官快乐而欢呼，也为充分运用心灵和精神能力所带来的更高级的愉悦而喝彩："我们拥有品评、记忆和理解等能力，它们为我们带来了何等的快乐！"[10]他令读者的内心充满了骄傲——不过，他赞扬的是我们的"活动"（activities）。这意味着，我们应该不断努力，做得更好，而不是松懈下来，顾影自怜。我们在创造人类的第二属性，以此完善上帝的创造。由此，我们自身也是一个处在进行状态中的作品，仍有大量的工作有待我们亲自去完成。

无论是马内蒂，还是泰伦斯、普罗塔哥拉和孔子，他们每个人都推动了人文主义传统的线索在不同文化里的千年交织。他们有着共同的兴趣，即人类可以做什么。他们也有着共同的希望，即我们应该做得更多。他们经常赋予学习和知识以巨大的价值。他们倾向于这样一种伦理学，它建基在与他人的关联以及凡尘俗世的有限生存之上，而不是依赖对死后生活的美好预期。而且，他们全都寻求"互联"，即在我们的文化和道德网络中过一种美好的生活，与伟大的"生命之束"保持接触。这个"生命之束"既是我们所有人的开始，也是我们的目标和意义之源。

---

① 古希腊的早期哲学家一般是自然哲学家，比如以泰勒斯、阿那克西曼德和阿那克西米尼等人为代表的米利都学派。

人文主义思想远不止于此,我们在本书中会看到更多不同类型的人文主义者。不过,一个与之相关的话题需要率先提及。

※

一直以来,都有一个阴影伴随着人文主义者的传统。我们把这个传统叫作反人文主义传统(anti-humanist tradition),它同样内涵宽广,历史悠久。

当人文主义者们历数人类幸福和卓越的诸要素时,反人文主义者们会侧坐其旁,同样热切地列举出人类的痛苦和失败之处。他们指出我们在很多方面存在不足,并且还指出我们的天资和能力既不适合解决困难,也不适合寻找生命的意义。反人文主义者通常不喜欢那种在尘世里寻欢作乐的想法。相反,他们支持以某些激进的方式改变我们的生存状态。比如,远离物质世界或者是彻底重塑我们的政治——抑或是重塑我们自己。在伦理学领域,他们并不看重善良天性或者是人际纽带。相反,他们更加看重在某种伟大权威下的规则遵守。这种权威既可以是神圣的,也可以是世俗的。此外,他们也不会把颂扬人类的伟大成就作为未来发展的基础。他们倾向于认为,人类最需要做的是保持谦逊。

以儒家思想为例,孟子的哲学就在另一个名叫荀子的思想家那里产生了不同的回应。荀子把原始状态里的人类天性看成是"恶"的。对他来说,人性只有通过重塑才可以变得更好,正如轮匠把木材进行"烝矫"就可以将其做成不同的形状①。他和孟子都同意教育是有用的,但是孟子认为我们需要用它来促进人性里德性种子的成长。荀子则认为,我们需要用它把人类从完全自发的形式里转变过来。

基督教也同时提供了两种观点。一些早期基督徒是极端人文主义者:对他们来说,颂扬人类是颂扬上帝的另一种形式。因为,说到底是上帝把我们塑造

---

① 出自《荀子·性恶》:"故枸木必将待檃栝烝矫然后直。"

成了现在这个样子。在公元4世纪，神学家埃美萨的奈美西乌斯（Nemesius of Emesa）①对人类的描写听起来和马内蒂非常相似："谁能说全这一生灵的优点呢？他穿越高山大海，在沉思中踏入天堂，识别日月星辰的运动……他认为野兽和海怪没什么了不起的，他控制了一切科学、工艺和程序，他可以通过写信跟自己希望与之交谈的人进行沟通，哪怕对方远在海角天涯。"但仅仅数年之后，和奈美西乌斯同一时代的著名神学家希波的奥古斯丁（Augustine of Hippo）就提出了原罪的概念。这个学说认为，从根本上来看（作为亚当和夏娃的后裔），我们天生就是错误的。即使是新出生的婴儿，他们也是从一个有缺陷的状态开始的，所以他们最好用自己的一生来寻求救赎。

对人类自尊最具摧毁性的写作来自12世纪90年代的红衣主教罗塔利奥·德·塞格尼（Lotario dei Segni），此时他还不是教皇英诺森三世。这篇大论即《论人类的痛苦》（On the Misery of Man），该文章是马内蒂晚期著作的主要反驳对象，他曾试图逐条反驳这篇文章的论点。这位红衣主教的论述确实令人心灰意冷，他从人类的受孕开始，描绘了人类生存的卑劣本质。他警告人们，不要忘记你是来自一团令人作呕的黏液、尘土和肮脏种子的混合物。而欲望将会在某个瞬间把它们都结合在一起。当你变成子宫里的胎儿时，你以母亲身上血腥的液体为食。这种体液非常肮脏邪恶，可以杀死青草，令葡萄园枯萎，让狗患上狂犬病。然后，你光着身子就出生了。当然也可能更糟糕，你是身着胎膜出生的。长大以后，你的体形变得很荒谬，就像一棵头尾倒置的树：你的头发是扭结的树根，你的胴体是树干，你的两条腿是树枝。当然，你能够攀越高山，跨过大海，把石头切割打磨成宝石，用铁和木材建造房屋，用线织造衣服，或者深入思考生活。你是不是还挺为此自豪？千万不要这么想，因为所有这些活动都是没有意义的，你这么做可能只是出于贪婪或者虚荣。真实的生活是由劳累、焦虑和痛苦组成的——直到你死亡，此时你的灵魂会在地狱的烈火里终结，你的肉体则用

---

① 奈美西乌斯是埃美萨地区的主教，该地区位于今天的叙利亚。

来喂饱饥饿的虫子。"哦！人类的生存是多么邪恶卑劣！哦！人类的卑劣是何等可憎！"

这些骇人听闻的说法是为了警醒我们，让我们理解改造自身的需要。用奥古斯丁的说法，我们应该离开人类之城（City of Man），去往上帝之城（City of God）。我们在这个世界上所认为的快乐和成就都是虚妄的。神秘主义者和数学家布莱瑟·帕斯卡（Blaise Pascal）后来写道："不要在地球上寻找满足，不要对人性抱有任何希望，你的完善只存在于上帝之中。"哲学家威廉·詹姆斯（William James）在1901—1902年的授课里分析了宗教作品中的两步操作。首先，它们让我们感到不安，感到"我们的自然状态有一些不对的地方"。然后，宗教提供了解决方法："它让我们感觉到，如果跟更高的力量产生适当的联系，我们就可以从这种不对之处被解救出来。"

然而，这并非宗教的专利，政治亦然。法西斯在20世纪宣称当代社会出现了严重的错误，但他们认为，如果让所有的个体生命都从属于民族国家的利益，这种错误就可以得到修正。每当我们看到领导者或是意识形态以某种更高的承诺凌驾于现实的人的良知、自由和理性之上时，就说明反人文主义可能正在兴起。

所以，人文主义和反人文主义之间的对抗从来没有精确映射为怀疑和宗教之间的对抗：正如有些无神论者是反人文主义者，而大多数宗教却一直包含人文主义者的因素，这些因素把我们带离"错误—拯救"这一模式，然后走向一个完全不同的地方。通常情况下，一直会存在某种平衡行为。即使是英诺森三世，他也曾有意写一篇关于人类优越性的论文，作为论述人类苦难论文的姊妹篇——然而，由于忙于迫害异端和发动十字军东征（他在这两项活动里表现得非常出色），他没能完成这篇文章。我们人类与自己跳了一曲长长的独舞：人文主义者和反人文主义者的思想针锋相对，但在这么做的同时他们也促进了对方的更新换代，并为对方注入了新的能量。

这两种倾向通常共存于同一个人的体内，我自己就是这类人中的一员。当人类世界的事情看起来很糟糕的时候，比如战争、暴政、盲从、贪婪，以及对环境的掠夺愈演愈烈之际，我内心的那个反人文主义小人就会对自己碎碎念起来，咒骂人类并没有多好。我会因此而丧失希望。然而，在一些其他的时刻，比如当我听到科学家们通过团队协作设计并发射了一种新型太空望远镜的时候——这种望远镜性能非常强大，它可以向我们展示遥远的宇宙角落在135亿年以前的样子，即大约在宇宙大爆炸之后不久——我就会这么想："能做到这一点，说明我们是多么非比寻常的动物啊！"再比如，当我站立仰望法国沙特尔大教堂（Chartres cathedral）上天蓝色的彩色玻璃时，遥想那些已经长眠于历史中的工匠是如何在12世纪和13世纪建造了它，也会不禁赞叹："巧夺天工！竭诚奉献！"抑或，当我仅仅只是在日常生活中看到人们为他人所做出的那些大小不一的善意之举或英雄行为，我也会变成一个全方位的乐观主义者和人文主义者。

在我们心理层面上呈现的这种平衡并不是一件坏事。反人文主义是很有用的，它提醒我们不要太过自负或自满；它提供了一种辅助性的现实主义，让我们知晓自身的弱点或邪恶。它提醒我们不要太过天真，并让我们时刻做好准备，应对我们以及我们的同伴有可能会做出的愚蠢、邪恶之举。它促使人文主义不断为自身进行辩护。

同时，人文主义警示着我们，让我们不要为了地上或其他什么地方的梦幻天堂而忽略当前世界的任务。它有助于反驳极端主义者的甜美承诺，还能避免因为过分沉迷于我们的错误而带来的绝望感。不同于把所有问题都归咎于上帝、人类的生理因素或者是历史必然性的失败主义，人文主义让我们牢记人类对自己的生活负有责任，并敦促我们把注意力集中在尘世的挑战以及人类的共同幸福上。

所以，一定要保持平衡——不过大多数情况下我还是一个人文主义者，而且我觉得自己的人文主义倾向更强一些。

我在这么说的时候非常谨慎。因为，从本质上来说，人文主义者很少表现为一个旗帜鲜明的群体。不过，如果一定要让他们在自己的旗帜上写点什么，其内容可能会指向三个很显眼的原则：自由思考、探究和希望。它们可能会表现为不同的形式，这取决于你是哪一种人文主义者——以探究为例，它对人文学科的学者和非宗教伦理学的信奉者来说有着不同的含义——但是，在我们接下来要介绍的许多人文主义故事当中，这些原则会一再出现。

首先是自由思考。许多人文主义者都喜欢用他们的道德良知来指导自己的生活，抑或是依靠证据以及他们对他人负有的社会或政治责任。但是，他们不会援引只能通过权威才能获得辩护的教条来指导生活。

其次是探究。人文主义者信赖研究和教育，并且总是尝试批判性的推理。他们把批判性推理应用到神圣文本之上，以及其他一切号称不可被怀疑的思想资源。

最后是希望。人文主义者认为，尽管人类存在缺陷，但只要竭尽人力之所能，我们就有可能在自己短暂的尘世生存中取得有价值的成就。不管是在文学艺术或历史研究方面，还是在推进科学知识的发展方面，抑或是在提高人类和其他生灵的福祉方面，无不如此。

在我埋首创作本书时，一些不祥的发展苗头出现在了世界上。民族主义和民粹主义的领导人貌似风头正盛，战争的号角已经被吹响。对此，我们很难不对人类和地球的未来感到绝望。但是，我仍然坚信这一切都不应让我们放弃自由思考、探究和希望。相反，我觉得我们比任何时候都更需要它们。正是在这种信念的推动下，才有了你将要阅读的这本书。

为了不让我们觉得自己的处境太过糟糕，让我们现在转向13世纪的南欧。在混乱、疾病、痛苦和失落之中，一小部分积极向上的人从更遥远的历史中拾取了一些碎片，并用它们规划出了一个全新的开端。在这么做的同时，他们也在自己身上打造出了某种全新的东西：他们成了第一代伟大的文学人文主义者。

第一章　生命之地

公元1300年

弗朗切斯科·彼特拉克（Francesco Petrarch）和他的作品——乔万尼·薄伽丘（Giovanni Boccaccio），讲故事的人和学者——佶屈聱牙的希腊文化——蓬头垢面的翻译家莱昂提乌斯·皮拉图斯（Leontius Pilatus）——瘟疫——损失和慰藉——辩才无碍——对命运的补偿——光明的景象如果有别的选择，你可能不愿意出生在14世纪早期的意大利半岛上。在那里，人们的生活得不到保障，城市和政治团体之间时不时就会爆发敌对冲突。教皇党（Guelfs）和皇帝党（Ghibellines）就是其中两个派别，它们之间曾有过一场旷日持久的冲突。最后，这场冲突虽然得到了解决，但作为获胜方的教皇党却又分裂为"白派"和"黑派"，并重新陷入相互争斗之中。从历史上看，罗马是基督教世界的中心。但是，克莱蒙五世（Clement V）这位受到围困的教宗却抛弃了它。为了躲避敌人，克莱蒙五世把教廷转移到了阿维尼翁。这是一座位于阿尔卑斯山以外的小城市。气候恶劣的阿维尼翁对此毫无准备。连续几任教宗在那里一待就是几十年，与此同时，混乱的罗马已经是彼黍离离，梓泽丘墟。另一边，糟糕的天气和饥荒袭击了托斯卡纳地区，而且它在未来还要面临更大的痛苦。

然而，正是这个困苦之地却酝酿出巨大的文学能量。纵观公元1300年，这个地方诞生了一大批新兴作家，他们洋溢着恢复和再兴的精神。他们希望回到过去，以此来超越当下的困境，甚至是超越基督教本身的根基，然后和古罗马世界的作家们握手——这些作家的作品已经在不同程度上被人们所遗忘。这些新兴作家寄希望于一种古老的美好生活模式，它建立在友谊、智慧、德行以及对语言力量和口才的培养上。借助这些元素，他们在不同的文学体裁里创作了属于自己的文学。他们所运用的武器就是 *studia humanitatis*，即人学。

早在这之前的几十年间，"人学"的复苏迹象就已经有所显现，最明显的例证就是想象力非凡的但丁·阿利吉耶里（Dante Alighieri）——他是一个托斯卡纳语言的推动者，而且还是一个擅长运用语言艺术进行复仇的大师。他用语言

第一章 生命之地 025

创造了一个栩栩如生的地狱,然后把自己的敌人置于其中。然而,这一新时代的真正开端始于比他晚一代人的两位作家,他们也像但丁一样来自托斯卡纳。这两个人就是彼特拉克和薄伽丘。他们或多或少发明了接下来两个世纪的人文主义生活方式——不过他们自己并没有使用这个标签,人们是到后来才经常使用 umanisti[①] 这个词的。然而,正是彼特拉克和薄伽丘建立了这一形象,所以用这个名字来称呼他们应该也算合理。

为了做到这一点,他们开始于一个相似的步骤:背离父辈对他们的生活方式所赋予的期望。对彼特拉克来说,这种期望表现为从事法律行业;对薄伽丘来说,这种期望是在经商或进入教会中二选一。但是,他们全都选择了同一条全新的道路:文学生活。年轻人的反主流文化可以表现为很多种方式:在公元1300年,它意味着大量阅读西塞罗的作品并开始收集书籍。

彼特拉克是两人中的较年长者,他于1304年出生于阿雷佐(Arezzo)[1]。他的出生地原本应该是在佛罗伦萨,但当教皇党里的"黑派"控制这座城市的时候,他的父母正好属于"白派"。于是,他们只能跟着一群难民一起逃跑。但丁身为教皇党里的"白派",也在这群难民之中。从此,彼特拉克的父母和但丁就再也没有回来。

因此,彼特拉克是在流亡状态中出生的。他的幼年时光在逃难和临时避难这两种状态里交替度过,中间夹杂着一些长达数月或数年的短暂安定期,然后全家再次漂泊。他们遇到过多次险情。在彼特拉克还是一个婴儿的时候,有次他差点在旅途中被淹死:仆人带着他骑马过河时摔倒,他险些掉入河里。还有一次,他们全家都差点在马赛(Marseille)附近的危险水域里遭遇船难。他们历经千难万险,终于到达阿维尼翁。在那里,彼特拉克的父亲在教廷找到了一份工作。于是他们在附近定居下来,彼特拉克就在这座城市及其周边地区长大——然而他一点儿也不喜欢这座城市。但是,从十几岁长到二十多岁,他也曾时不时沉迷于当地

---

① 前文出现过,指人学。

的夜生活。他在许多年后写给弟弟的信里曾经追忆过这段时光,他们会出去寻欢作乐,并在出发前尝试各种带香味的考究服装,检查卷曲的发型。

彼特拉克的父亲是一名职业公证人。所以,他的儿子理应也在一个相似的、跟法律有关的领域进行职业学习。但彼特拉克痛恨研习法律。在蒙彼利埃和博洛尼亚的时候,他本应刻苦学习法律,然而他却花费大量精力去收集书籍。当时印刷术尚未被发明,获得阅读物的唯一办法就是寻访各种手抄本,然后进行购买、乞阅、借阅或者是抄录——彼特拉克对此忙得不亦乐乎。

他也遇到过阻碍,可能是为了帮这个年轻人更专注于法律,父亲曾把彼特拉克第一批不太起眼的藏品扔进了火里。不过,父亲的态度在最后一刻缓和了下来,并从火里抢救出了两本书。[2] 这两本书分别是西塞罗关于修辞学的著作,以及一卷维吉尔的诗歌。前者对法律行当有一定的用处,后者则被允许留给彼特拉克用于消遣。在彼特拉克的文学天空中,这两位作家一直是两颗明星。后来的人文主义者也一直尊崇着这两位作家:维吉尔留下了优美的诗歌,并且再造了古典传奇;西塞罗论述了关于道德和政治的思想,而且他用拉丁语写作的散文也非常优美。

彼特拉克在当时屈服了——从他后来表现出来的勤奋和谨慎上来说是这样的——但是,父亲在他二十二岁的时候去世了。于是,他放弃法律,回到阿维尼翁,开始了一种完全不同的生活方式:一种文学化的生活方式。同时,他也开启了一种贯穿其职业生涯的模式:成为有权势的资助人的随从,为他们工作,从而换取财产上的保障,并经常可以住进一所(甚至是两所)良好的宅第。这些资助人有可能是贵族,也可能

彼特拉克

第一章 生命之地　027

是一方诸侯或者神职人员。为了能为最后一类人群服务，彼特拉克自己也作为神职人员取得了小品神职（Minor Order）。他的工作包括一些外交和秘书事务，但更重要的工作是不断创作文学作品，以取悦、奉承、激励或安慰他人。所以，工作的主要内容反而正是彼特拉克的最爱：阅读和写作。

他的写作成果相当惊人。他发表了大量的论文、对话录以及个人传记，还有迷你传记、凯旋颂文、拉丁文诗歌、慰藉性的反思作品和猛烈的抨击文章。他不仅用写作取悦别人，也用写作取悦自己。他用白话写出优美的爱情诗歌，发展并完善了属于自己的十四行诗诗体（这一体裁直到今天仍然被叫作"彼特拉克十四行诗"）。他的许多诗篇都是为了纪念一个名叫"劳拉"（Laura）的理想女性。[3]彼特拉克曾经说过，他于1327年4月6日在阿维尼翁的一座教堂前第一次看见了她——这个日期被他记录在一本珍贵的维吉尔手稿上。她是如此地难以企及和难以捉摸，让彼特拉克陷入了疯狂的痛苦。她激发了彼特拉克之后很多代诗人的灵感。

在为资助人尽义务期间，彼特拉克经常获得奖赏，并因为自己的工作而有机会住进乡下的漂亮别墅。这进一步激发了他的灵感。他漫步在树林与河畔的小径上，享受着富有创造力的闲暇时光，或是和朋友社交，或只是跟自己心爱的书籍为伴。三十五岁左右时，他在沃克吕兹（Vaucluse）的乡间获得了一间房屋。这里伴着索尔格（Sorgue）河清澈的河水，并且离阿维尼翁不远。在这之后，他又在靠近帕多瓦的尤佳宁山（Euganean Hills）中获得了一处住所。而在这之前，他还有一间在米兰附近的房屋，同样靠河，让他可以听到"不同颜色的鸟在各自的枝杈上唱着不同的歌"。不仅如此，他还可以在花园里种植不同种类的月桂（laurel），用来做园艺实验。

种植月桂是一个充满意义的选择，因为月桂可能是其至爱"劳拉"的化名。在古代世界，诗人们往往会被冠以月桂叶编织的花环，以嘉奖其成就。这一习俗在当时刚刚被一位名叫阿尔贝蒂诺·穆萨托（Albertino Mussato）的帕多瓦诗人复活，他用这种方式为自己加冕。1341年，彼特拉克在罗马一个更加正式的仪式上接受了这一嘉奖。人们首先对他的长诗《阿非利加》[诗的内容是关于罗马将军西庇阿·阿非利加努斯（Scipio Africanus）的]进行了口头审查，然后他发表了一场赞美诗歌的公开演讲。他很清楚这个习俗背后的典故及其意义，并为此感到愉快、开心和飘飘然。应该说，彼特拉克并不是一个拒绝虚荣的人，有的时候他甚至很自负。他总是声称鄙视自己的名声，表示自己被拥上家门（他不止一个家）来的爱慕者搞得精疲力尽。但是，很显然他非常喜欢这种状态。他达到了自己的极限高度——无论是从事实还是从比喻的角度来说，这个高度都相当可观。詹诺佐·马内蒂后来描述道，据那些认识彼特拉克的人所说，彼特拉克身形高大，相貌威严。

尽管功成名就，但缺乏安全感的童年给他留下了终生的心理阴影。在感到自我满足的同时，他还时不时地抑郁，或是漠然（*accidia*）——无法感觉到任何事情，甚至连痛苦都感觉不到。有时候，他感觉所有的事情看上去都是不可知和不确定的。五十多岁的时候，他在一封信里把自己描述为"不承认、不肯定任何事情，怀疑一切——除了那些会对怀疑构成亵渎的事情"。

但在其他时候，他仿佛又对自己很是确定。这很大程度上是因为他从自己对文学生活的向往中获得了一种目标感。长期以来，教会一直在雇用具备文学技巧的秘书人员，却没有人能像彼特拉克一样在文人这个角色上倾注这么多的心血。他似乎一直都对其背后古典历史的最高范例有着清醒的认识：它们很遥远，但却因为这种巨大的遥远而变得更有力量。在彼特拉克的心中，它们给他设置了道德任务。

回溯历史之余，彼特拉克把自己的生命和写作深深地交织进了同时代人的生活中。他结交了一大群有趣的朋友：他们富有教养，热爱文学，且其中不乏权贵之士。他在这些人中传播自己的作品，故而除了资助人，他还有大批拥趸。对彼特拉克来说，这个圈子也是一个有用的图书搜寻网。每当他的朋友们行至某处，他就会给他们一张购书清单。彼特拉克曾经把一份清单寄给佛罗伦萨圣马可修道院（monastery of San Marco）的院长乔万尼·戴尔因西撒（Giovanni dell'Incisa），并且要求他在托斯卡纳认识的每一个人都看到："让他们打开每一个教士、文人的橱柜和箱子，说不定就会冒出点儿什么东西，正好能缓解或刺激我的渴望。"各种手抄本在意大利半岛布满强盗的危险道路上四处流通，有些是花费大力气弄出来的复本，有些是伴有风险的出借本。如果是出借本，那么还得给它们找到送回去的路。出于工作职责和社交需要，彼特拉克自己也经常各处走动。无论到哪里，一旦他看到远处有修道院，就会停下脚步："天知道那里有没有我感兴趣的东西呢？"然后他就会走进去，请求查阅他们的藏书。如果发现了有价值的文本，有的时候他会停留数天或数个星期给自己录个复本。

想象一下那是一个什么样的场景：为了把某本书加入自己的收藏里，你必须用手抄录这本书里的每一个字。即使是彼特拉克也为此感到非常疲惫，他曾在一封信里描述自己如何抄写一篇西塞罗的长文。这个文本是一个朋友借给他的。抄写进度很慢，因为他想在抄写的过程中记住它。他的手因此变得僵硬难伸，酸痛难忍。就在他觉得自己要坚持不下去的时候，他突然看到一篇文章。西塞罗在文章里提到了自己抄录某人演讲稿的经历。彼特拉克感到羞愧："我的脸一下子变红了，就像一个士兵被他敬爱的指挥官训斥了一样难堪。"既然西塞罗能做到，那么彼特拉克也能做到。

不过，对彼特拉克而言，写作的舒适远大于疲惫。他几乎对此上瘾了。"只要不是在写作，我就会经常感到痛苦，并且变得懒散。"彼特拉克如是说。有一次他在书写一部史诗的时候过分努力，被他的朋友看到了。结果，这个朋友就对他采取了一种可以称之为"干预"的行动。他像模像样地向彼特拉克索要储藏柜的钥匙，拿到之后就抓起彼特拉克的书籍和写作材料扔了进去。然后，他拧紧锁钥，转身离去。第二天，彼特拉克就患上了头痛，并且从早上延续到夜晚。隔天之后，他又出现了发烧症状。于是，这位朋友只能把钥匙还给了他。

通常，彼特拉克并不只是机械地进行抄录。他不仅试着把自己阅读过的东西记住，而且还会把自己不断增长的学识应用到新的发现中。他开创了辑佚编辑（sensitive editing）的先河，即运用新出现的手稿构建古代文本的更完整版本。这些文本过去只有一些片段存世，他努力把这些片段按正确的方式拼接在一起。

他在这方面最重要的工作是对李维（Livy）作品进行的编辑。李维是一位罗马历史学家，著作等身，但传世的甚少。（他的作品集至今仍然不完整，但我们现在能看到的已经比彼特拉克时代多得多了。）彼特拉克发现了一些散佚的部分，它们表现为不同的文本形式。于是，彼特拉克把它们和自己拥有的现存复本合成一卷。这本书后来流传到了下个世纪的一个伟大学者手中，即洛伦佐·瓦拉（Lorenzo Valla，我们稍后就会提到他）。瓦拉继续完善它，给它加上了更多的注释。这正是一代代人文主义者薪火相传的热爱——扩充知识，并利用证据把文本变得更加丰富和准确。彼特拉克就是这条道路的开创者。

他研究的这些作家经常能够给此类工作提供激励，甚至是给他自己的写作提供灵感。在他最早期的工作中有一个特别令人振奋的发现：西塞罗的演讲稿《为阿尔奇亚斯辩护》（*Pro Archia*）。这篇演讲稿发表于公元前62年的罗马，它是为诗人阿尔奇亚斯进行的一次辩护。阿尔奇亚斯是一个移民，由于法律技术上的原因，罗马拒绝授予他这座城市的公民身份。但西塞罗的论证认为，阿尔奇亚斯推动了"人类和文学的研究"，这为罗马社会贡献了欢乐和道德利益。所以，无论是否存在法律技术上的原因，他都应该被授予公民身份。彼特拉克在列日（Liège）的一个修道院里找到了这篇文章的全文。当时他正在和一群朋友做穿越该地区的旅行，于是他的朋友不得不全体停下来等了他几天，好让他弄一份复本带走。对当时那些想要投身于文学的人来说，这是一个绝佳的文本：它表明，西塞罗赞成这样的生活。

西塞罗的另一项工作对他的启发更大，这也是一项彼特拉克着力模仿的独特规划。在发现列日手稿的十二年后，彼特拉克在维罗纳大教堂的图书馆里又寻觅到三封西塞罗书信的手稿复本，其中包含了西塞罗写给他的终生挚友阿提库斯（Atticus）的书信。彼特拉克被这些书信迷住了：它们展示了西塞罗更加私人化的一面，展示了他作为一位非正式的作家和朋友时是如何反思人类困境和情感的，以及他是如何应对政治事件的。由此，彼特拉克产生了一个关于收集的构想：选择、编排书信，以此来完成一部连贯的文学作品。

彼特拉克也是一个多产的书信作家。他把书信作为一种工具，用它来书写自己感兴趣的几乎所有事物。他通过书信回应朋友的想法和问题，搜寻平生所学给出答案或例证，讨论研究计划，提供私人建议。他发现西塞罗的书信时，刚满不惑之年，正准备做一个中年总结。他意识到，自己可以做和西塞罗一样的事情。他可以找回自己的信件，旧事重提，然后复制、打磨，并把它们按照一个令人满意的顺序编排起来，分发给任何愿意阅读它们的人——这样做会带来更多的通信者和朋友，然后他又可以给他们写更多的书信。

这项工作花费了他四年的时间，但他最终还是着手实施，并制作出了第一部长篇书信集，即《日常集》(*Familiares*)，又称《日常书信集》(*Familiar Letters*)。随后他又推出了另一部作品——《往昔集》(*Seniles*)，又称《往昔岁月书信集》(*Letters of Old Age*)。它们共同构成了彼特拉克传播范围最广，最明白晓畅、愉悦人心的作品。这些作品感情丰富，充满了温暖、悲伤、忧虑以及愤怒，偶尔还伴有一些装腔作势和不愉快，从而间接地展现了他的整个世界。有些书信讲述了一些很长的故事，比如有一篇描述了他和他的兄弟一起攀登冯杜山（Mont Ventoux）的重要旅行。这座山位于阿维尼翁附近。他随身携带了一本奥古斯丁的《忏悔录》复本，如此他便可以在山顶处引经据典地吟咏。（这封信的收信人曾经向彼特拉克赠送过奥古斯丁的书籍，而彼特拉克则是在以自己的方式向他表示感谢。）总之，这些书信集既是对西塞罗的致敬，也是一种非常私人化的创造。它们充满了生命感和自发性。

当然，自发性其实更加明显。彼特拉克对这些书信进行了精心的编辑和打磨。时至今日，已经没法确定他是否真的登顶过冯杜山，也许他只是从概念上编造了一个美好的想象。这些书信是文学产物，其主题也经常是关于文学的。彼特拉克不仅搜求书稿，而且还把其他人发现的信息传递出去。他利用古典文献方面的博学来炫耀自己，并且开一些充满智性的玩笑。在给一位热情好客的朋友的致谢信里，他援引了很多文学史上的人物及其细节，这些人都曾经被他们的朋友倒屣相迎。当他讲述自己在孩童时期差点落水的故事时，他又会提到维吉尔《埃涅阿斯纪》(Aeneid)里的一个故事。在这个故事里，传说中的国王梅塔布斯（Metabus）在流放途中携带女儿卡米拉（Camilla）过河。梅塔布斯用了一种不太可能的方法把她带了过去：他把女儿绑在一支长矛上，然后扔过河面。

有些书信是写给他欣赏的古典作家的，就仿佛他们也是其朋友圈子的一部分。在需要用签名结束行文的地方，他通常会写上"来自生命之地"（From the land of the living）这样的字句。当我们今天再去阅读他的书信时，处在生命之地一方的已经（暂时）变成了我们，而彼特拉克反倒是站在另一边与我们对话。事实上，他的书信中确实有一封是写给我们的，即其最后一个书信集里的最后一封信"致未来的人"（To posterity）。（他有些害羞地写道："也许你们会听到一些关于我的事情，不过这也不好说。"）

对彼特拉克来说，书籍是具有社交属性的："它们跟我们交谈，给予我们建议，并且以某种活生生的和具有穿透性的亲密感加入我们之中。"对那些事死如事生的人来说，古人可以成为很好的伙伴。他写道，这是因为他们仍然可以在冰冷的空气中看到他们的呼吸。伟大的作家一直是彼特拉克家中的座上宾，他还会跟他们开些玩笑。有一次，他被自己留在地板上的一卷西塞罗的书绊倒，弄伤了脚后跟。于是，他质问道："怎么回事，我的朋友西塞罗？你为什么打我？"也许是因为被放在地板上，所以他生气了吧！在另一封写给西塞罗的书信里，彼特拉克竟然批评了他人生中的一些抉择："为什么你要卷入这么多争吵和明显没有意义的恩怨之中……我为你的缺点深深地感到羞耻和忧虑。"这种书信不是粉丝去信，而是与另一个深陷生活困境的、容易犯错的人进行深刻的思想交流。像其他人一样，他们也犯过一些常见的错误。不过，对彼特拉克来说，他们仍然来自一个远比自己生活的世界更加智慧也更有文化的时代。

伴随着彼特拉克的俏皮话和亲昵，一股忧伤之情贯穿了这些写往过去的书信。斯人已逝，他们的时代也随之逝去。这种高贵的时代和高贵的人还会再次出现吗？彼特拉克和他的小圈子渴望知道答案——而且，他们还想出一把力，使之成为可能。

※

彼特拉克和他的朋友通过书信讨论书籍。在所有这些人中，乔万尼·薄伽丘无疑是最耀眼的一颗明星。他的文学生涯也源于早年的叛逆。薄伽丘出生于1313年，比彼特拉克晚九年。不过，他从来没有经历过彼特拉克的流亡生涯：他在佛罗伦萨定居，切塔尔多（Certaldo）附近有他的家族驻地，他生命中的大部分时间都在这两个地方安居乐业。但是，他走过的道路也并不容易。我们对他的生母一无所知，她可能很早就去世了。在薄伽丘的成长过程中，她没有任何存在感，薄伽丘跟随其继母长大。人们一般认为他父亲的名字是波卡西诺·迪·切利诺［Boccaccino di Chellino，他的名字（Boccaccino）非常令人困惑，意为"小薄伽丘"］，他是一个商人，热切地想让儿子加入自己的行当。于是，他把薄伽丘送到一个商人那里去学习了六年算数，然而没见成效。他又考虑让薄伽丘接受进入教会的训练——按薄伽丘后来的说法，这是一条"致富捷径"——但他显然也没有这方面的兴趣和才能。

薄伽丘真正的长处在于写作，特别是诗歌。六岁的时候，他就已经开始学习写诗。跟彼特拉克一样，薄伽丘也经历了生存方式

乔万尼·薄伽丘

上的转变。他拒绝了父亲对他的期许，然后投身到了文学和人学之中。而且，跟彼特拉克一样，他最终对此给过解释，说明自己为什么要转向人文学科，甚至创造了属于个人的传奇。

但在其他一些方面，他们又是不同的。薄伽丘跟彼特拉克一样充满焦虑和复杂性，然而他们仍然不是一类人。一方面，薄伽丘经常表现出很强的防备心，而且十分易怒，他好像总是能在跟他人的关联中感觉到自己的不足；另一方面，

乔万尼·薄伽丘，《十日谈》，威尼斯，1504年。故事情节来自第九天的第二个故事

他在赞扬他人这件事上表现得比彼特拉克更加慷慨。无论是老作家还是新作家，薄伽丘总是毫不犹豫地表达对他们的欣赏。对于彼特拉克，薄伽丘有很多精彩的言语要说，就像他对待（死后的）但丁一样——但丁是在1321年去世的。事实上，薄伽丘是第一位真正的但丁学者。他做了一系列关于但丁的讲座，并且写过关于但丁的介绍和一部传记。[4]他称呼彼特拉克为"尊敬的老师、父亲和大师"，并且称赞他是如此优秀，所以理应把他看成一个古代人而非现代人。彼特拉克一定很喜欢这个说法。薄伽丘继续指出，彼特拉克的名字响彻了欧洲大地，甚至包括"英格兰这个世界上最偏远的小角落"。

然而，当薄伽丘开始评价自己的工作时，他又发出抱怨，认为自己更应该算一个竞争者：他觉得，如果自己在早期能够获得更多的鼓励，本可以获得更大的名气。其实很难理解薄伽丘为什么这么抱怨，因为他的作品不仅体裁众多，而且

第一章 生命之地 035

都得到了很高的赞誉，包括小说、诗歌、文学对话、神话故事集，以及各类学术著作。

在他的作品中，当数《十日谈》最为当代人所熟知。这本书包含了一百个用托斯卡纳方言讲述的故事。小说里有十个讲述者，在十天时间里他们每个人讲了十个故事——这让薄伽丘有机会展示自己对多种风格和创造力的驾驭。有些关于爱和德行的劝善故事十分高尚，同时伴有对人类心理的老辣洞见。除此之外，他还讲述了很多淫乱肉欲的故事及滑稽的结局。恶作剧者战胜了倒霉的傻瓜，狡猾的妻子用巧妙的方法给丈夫戴绿帽子。有些故事则嘲讽了神职人员的懒惰和腐败。其中一个故事讲道，有一位女修道院院长在大半夜接到消息，说她手下的修女正在跟情人上床。于是她动身前去调查——不过，意外发生了：她没有用自己的面纱遮头，而是错把一个神父的马裤当成了面纱。当时，这个神父正好就在她的床上。在此类反对教权的戏谑中，有的故事对基督教权威进行了严肃的批评，从而带有一定风险。有个故事说，一位大贵族依次传唤了他的三个儿子，分别给他们每人一枚戒指，就好像选定了对方当自己的继承人。事实上，他只是又做了两枚和原来一模一样的戒指，所以没人可以分辨出三个戒指中到底哪一个才是真的。这是一个很好的寓言，它影射了犹太教徒、基督教徒和穆斯林之间关于真理的争讼。因为，他们都认为自己信仰的宗教才是真的。然而，这件事实际上是没法判定的。

薄伽丘还有另一部同样流传广泛而富有开拓性的作品，即《异教神谱》（*Genealogy of the Pagan Gods*）。这是一部古典神话汇编作品，内容全面、学术性强，但有一点儿混乱。它是通过和博学之人进行交谈以及查阅图书汇纂而成的——所有这一切都发生在神话学或历史学获得严格的方法论之前。这本书表现了薄伽丘对一切古老事物的热爱。不过，他也在结尾部分表达了对现代文学的思考，并讲述了自己文学生涯的历程。

在写这本书以及其他不同体裁著作的同时，薄伽丘也一直在佛罗伦萨的公共生活中担任职务。他在不同时期担任过城市财务管理者、税务官、外交大使，还在市民委员会以及监督公共工程的部门中任职过。跟彼特拉克比起来，薄伽丘更深地融入了自己所在的共同体。彼特拉克是另一种人，他可以四海为家——或者也可以说四海无家。

正是在履行某项行政性事务的时候，薄伽丘终于见到了自己神交已久的彼特拉克。薄伽丘当时正热衷于佛罗伦萨的一项活动，劝导老一辈被驱逐家庭的后代们重返佛罗伦萨，并再次成为骄傲的佛罗伦萨人。当彼特拉克在1350年路过该地区时，薄伽丘抓住机会邀请他来到佛罗伦萨，把他安置在自己家中。毫无疑问，他为此使出了浑身解数，展现其魅力和慷慨。在他的运作下，佛罗伦萨为彼特拉克提供了一个大学教席——这份荣誉十分可观。不过，薄伽丘的努力失败了。彼特拉克没有迁居到佛罗伦萨，而是继续在各地之间游荡，包括米兰、帕多瓦和威尼斯等。经历了这番折腾后，薄伽丘很失望。不过，这两人还是克服了艰难的破冰之旅，成了长久的朋友。薄伽丘会不时拜访彼特拉克散落在各地的家。他们维持关系的常用手段还是写信——书信的内容当然主要是关于书籍的，不过也伴随着感情表达，以及一定程度上对对方的戏谑与责备。

虽然两人年纪相仿，但薄伽丘却把彼特拉克看作父亲。彼特拉克也欣然接受，把薄伽丘视如己出。彼特拉克的亲生儿子也叫乔万尼，不过薄伽丘显然更讨他的欢心。理论上来说，彼特拉克作为一名教会人士是不能结婚的。但是，他确实是一男一女两个孩子的父亲。彼特拉克晚年的时候一直是由他的女儿弗朗切斯卡（Francesca）及其家庭照顾的。不过，乔万尼似乎并未赢得父亲的喜爱。十八岁的时候，他曾在父亲家里混吃混喝过一段时间。这段经历显然是痛苦的，因为他和父亲有着相似的"漠然"，但他没有遗传后者喜欢去书中寻求慰藉的心性。彼特拉克发现这个儿子很令人恼火，最终用一纸严厉可怕的书信勒令他离开。

另一方面，乔万尼·薄伽丘对所有正确的事物表现出了无尽的兴趣：对语言的激情和从写作中获得的乐趣，以及为发现、复兴古代文学做出贡献——正是这些元素造就了（非常早期的）现代世界人文学科的学者。薄伽丘像彼特拉克一样，热爱各种书稿，喜欢突袭修道院的藏书。他也有过很重大的发现，比如在蒙特卡西诺（Montecassino）的本笃会大修道院找到的西塞罗的其他作品。[5]对于枯燥的抄写工作，薄伽丘也毫无畏惧。

不过，薄伽丘曾经在一个怪异的时期差点抛弃掉所有这些兴趣。[6]锡耶纳的彼得罗·佩特罗尼（Pietro Petroni of Siena）是一名修士，他在1362年警告过薄伽丘，说他如果不清理掉其书库里所有的非基督教书籍，并且停止撰写这类书籍，那么他很快就会死掉。彼得罗在幻象中获知了这个消息。薄伽丘惶惑不定，便向彼特拉克寻求建议。后者则告诉他不要恐慌。他还附加了一句，如果薄伽丘真的想清理自己的书柜，他可能会寄一张书单过去：彼特拉克很乐意收留它们。

彼特拉克无私地给予了薄伽丘一些很好的忠告，告诉他为什么不要这么做。他写道，如果一个人热爱并擅长文学，却又抛弃文学，这在道德上如何立足？要知道，通往德行的道路绝不包括无知。虽然彼特拉克非常虔诚，但他不赞同基督徒只应生活在脱离尘世的冥想之中，也不赞同他们只阅读圣文或者什么都不读。他站在知识和学习的一边，支持丰富的词藻和想法。幸运的是（从扩充彼特拉克藏书的视角来看或许是不幸的），薄伽丘很快就回心转意，保住了自己的藏书。他在自己的《异教神谱》中毫不犹豫地说道，对一个基督徒来说，不应该把研究古代世界的神或者故事看成一件"不合适"的事情。毕竟，基督教现在已经打败了这些古老的神灵，所以没有什么需要害怕的。彼特拉克也写到过，非基督教的教导——只要它们不和《圣经》产生实际冲突——为"心灵的愉悦和生命的培育"增加了"可观的助益"。

彼特拉克和薄伽丘对文学的热情非常强烈，他们甚至也会珍惜那些自己无法阅读的文本。[7]他们的拉丁文很好，但跟大多数同时代的西欧人一样，他们只懂很少的古希腊语，甚或完全不会。有一些中世纪学者曾经学习过古希腊语，但大多数人都没有这种经历。当修道院的抄写员在拉丁文本里遇到希腊语词汇时，他们一般会标注 *Graecum est, non legitur*——意即"此为希腊语，无法阅读"。在莎士比亚的《尤利乌斯·恺撒》这部剧作中，卡斯卡（Casca）曾经说他听到西塞罗用希腊语说了几句话，但完全不明白他的意思。通过这部剧本，*Graecum est, non legitur* 这个短语获得了自己的生命，变成了为人所熟知的"我完全不懂"（It's all Greek to me）。在14世纪，如果想找到会说希腊语的人，必须去君士坦丁堡或者是今日的希腊所在地。在意大利南部的一些地方也可以找到，因为那里有一个希腊语母语者社群。但在其他地方，人们无法解读古希腊语的哲学、科学、宇宙学和文学文献。

对彼特拉克和薄伽丘来说，荷马就是这些触不可及的作家中的一位。当时，他的作品既没有拉丁文译本，也缺乏本土的翻译。但是，彼特拉克仍然为拥有一部《伊利亚特》的复本而感到骄傲。这本书是一位生活在君士坦丁堡的希腊朋友送给他的。在答谢他的信件中，彼特拉克说他非常希望这位朋友能亲自来意大利教他这门语言。[8] 彼特拉克又写道，如若不然，荷马就只能对他保持沉默——又或者说，"我在他面前就是一个聋子。但是，仅仅是他的存在就让我感到欣喜。我一边拥抱着他，一边叹息：'啊！伟大的人！我多么希望能听到你说话！'"（这好像在说"感谢你无用的存在"，不过我认为我们可以认定彼特拉克确实有意解锁希腊文学。）

薄伽丘也有希腊语的书籍，而且他还想到了解决语言问题的办法。在为彼特拉克求职未果之后，他再次游说佛罗伦萨当局，成功劝说他们在1360年设立了西欧第一个希腊语教授职位。他还招募了一名来自卡拉布里亚（Calabrian）的希腊语母语者来担任该职位，此人即莱昂提乌斯·皮拉图斯。这是一个勇敢的选择，因为莱昂提乌斯是一个容易冲动的人，很不可靠，而且从外表来看有点野蛮，长着长长的胡子，配一张丑陋的脸——正如薄伽丘所说："他永远沉浸在思索之中，行止粗野。"彼特拉克已经和他见过面，但不是很喜欢他。薄伽丘则有理由表现得更加宽容：莱昂提乌斯是一个讲述希腊神话和历史故事的高手。因此，他是薄伽丘《异教神谱》一书的重要素材来源。薄伽丘让莱昂提乌斯跟自己一起生活在位于佛罗伦萨的家里，并委托他逐字逐句地将《伊利亚特》和《奥德赛》译为拉丁文。[9] 然后，薄伽丘准备再对其进行打磨，以提高可读性。彼特拉克在远方关注着这项工作，并祈求薄伽丘尽快把新翻译的内容邮寄给他，越快越好，以供他抄录下来，再把原版寄回去——这种信件来去匆匆，常常让人担心。

所幸的是，在这个过程中没有丢失过书稿。不过，这个项目耗时很久，而且莱昂提乌斯变得越来越任性。直至1363年，他已经在薄伽丘家里住了差不多三年。他宣布自己已经厌倦了佛罗伦萨，并准备搬到君士坦丁堡去。但是，此时他的翻译工作尚未完成。薄伽丘为他送行，顺着去路一直把他送到了位于威尼斯的彼特拉克家中，然后将他留在那里。显然，彼特拉克希望莱昂提乌斯能因为场景转换而完全平静下来，重返工作。不过，这一切并没有发生。最终，在对意大利的诸多抱怨和不敬之词中，莱昂提乌斯扬帆远航了。彼特拉克给了他一部泰伦斯喜剧的抄本作为离别礼物，他曾注意到莱昂提乌斯很喜欢阅读这些书。不过，彼特拉克对此心生疑窦："那个阴沉的希腊人和这个快乐的非洲人是怎么产生共鸣的。"（对于别人的怪癖，彼特拉克经常显得不耐烦，这和泰伦斯的名句并不是很合拍："人类之事没有什么与我漠不相关。"）

莱昂提乌斯一到君士坦丁堡就改了主意，渴望重返意大利。他给彼特拉克写了一封信——据收信人说，这封信"比他的胡子和头发还凌乱冗长"——他请求彼特拉克给予资助，帮他重返意大利。至此，彼特拉克已经比薄伽丘更深入地卷入了莱昂提乌斯的生活。不过，他像一位严父一样向薄伽丘提出建议："既然他傲慢地移民到了那里，就让他在那里悲伤地生活吧。"

彼特拉克承认，他实际上害怕莱昂提乌斯不靠谱。这当然是可以理解的。不过，人们也应该明白为什么莱昂提乌斯会如此地烦恼和委屈：无论他走到哪里，都会被看成一个局外人。而且这两个托斯卡纳人一直在不停地谈论他的发型，言语之中仿佛把他看成一个野蛮人（barbarian），这无疑激怒了莱昂提乌斯。而他却偏偏掌握着此二人渴望学会的古老文学语言，更不要说正是这种语言首次创造了 barbarian 一词。

当莱昂提乌斯承诺会给彼特拉克带去更多的希腊语手稿时，后者仍然拒绝了。这十分令人惊讶，因为这个提议按理对彼特拉克来说应该是正中下怀。最终，莱昂提乌斯自己设法搞定了这趟旅程，于1366年登上了返航的船。但对他来说，这趟旅行的结局非常糟糕。这条船穿越了亚得里亚海，在几乎快到达目的地时遭遇了风暴。当船只在海上翻滚跳跃时，莱昂提乌斯抓住了桅杆，而船上的其他人则似乎在下面找到了更安全的避难所。一道闪电击中了桅杆，杀死了他——他也是唯一的死难者。

彼特拉克似乎略带懊悔。他在给薄伽丘的信里写道："无论如何，这个不开心的人爱着我们。我相信，他到死都没看见过一个晴天。"彼特拉克想到了最后一个问题（我们也不知道这个问题的答案），他问道：也许莱昂提乌斯带了一些希腊语的书籍给我们，也不知道那些水手是否碰巧抢救了这些书？

彼特拉克有人性上的缺点，薄伽丘也脾气暴躁，不易相处。然而，他们有很多关于收集、翻译、编辑书籍和写作书信的故事。我们可以从这些故事里看出来，他们确实把自己的精力都奉献给了工作，以及一个难以实现的目标：复兴古老的"人学"。他们希望看到它从历史的深处重生，并在未来重获异彩。

然而，通往未来的这条道路并不总是一帆风顺。

※

让我们回到1347年，即彼特拉克和薄伽丘第一次会面的数年之前。此时，一场疾病无声无息地开始了，它席卷了意大利北部和法国南部，也出现在了亚洲和非洲的部分地区。不久之后，它传播到了欧洲更多的地区。这种疾病是由一种细菌引起的，即鼠疫杆菌（Yersinia pestis）。这种细菌通过跳蚤和其他载体传播，但当时的人们还不知道这一点。欧洲在过去也暴发过疫情，不过时间太过久远，所以已经没有人能辨认出这些症状了。

有一位居住在皮亚琴察的律师，名叫加布里埃尔·德·穆西（Gabriele de Mussi），他曾经描述过这种疾病的症状。首先，病人会感到"寒冷僵直"和一种刺痛感，就好像"被箭尖刺伤"。然后，变色的横痃和疖子出现在腋窝和腹股沟里（因为这些部位的皮下淋巴结变得肿大），病人开始发烧。有些人会吐血，有些人则会失去意识。少部分人会康复,大部分病人会死亡。由于出现腹股沟淋巴结,所以人们把这种病称为腹股沟淋巴结鼠疫(bubonic plague),或者也叫它"黑死病"。

在传播之初,它令人们措手不及。但很快,更令人恐慌的是,人们听到疫情不断地从一个城镇传到另一个城镇,逐渐朝自己逼近。他们试了一切能想到的办法来阻止它。其中一个策略就是避免接触他人,尽可能独处,因为人们已经知道它可以通过病人进行某种传播。不过,做到这一点并不容易。因为在痛苦中哀求你的人也许是你的丈夫或孩子(加布里埃尔·德·穆西曾经写到过):"到这儿来,我渴了,给我倒一杯水。我还活着,别害怕,也许我不会死。请抱紧我,拥抱我瘦弱的身体。你应该把我抱在怀里。"

人们努力保持冷静乐观,因为他们相信恐惧会把自己变得更加脆弱——面对这一道道心障,人们需要想办法走出来!同时,人们也经常想到上帝,他似乎正处在一种想要惩罚人类的情绪里,所以人类需要为此而忏悔。于是,人们组织了游行,参与者一边游行一边鞭笞自己。这些游行有的时候会演变成大屠杀,因为人们怀疑是犹太人引发了这场疾病。有的理论认为,这种疾病是地面附近的糟糕空气上升引起的。也有理论认为,它是油腻难以消化的食物在体内堆积所造成的"冗余"引发的。有些医生会切开病人的腹股沟淋巴结,放走败坏的体液。居伊·德·乔利阿克(Guy de Chauliac)就是这种疗法的支持者之一。他是当时身处阿维尼翁的教宗克莱蒙六世(Clement VI)的医生。幸运的是,由于克莱蒙本人从未感染这种病,所以他并未接受这种疗法。不过,当其他人逃离这座城市的时候,他却勇敢地在这里停留了很长时间。他还曾经试图阻止反犹暴动,并将忏悔游行引入正轨。当公墓和野地里的集体墓穴填满之后,他为罗讷河(Rhône)祝圣,好让那些被扔进河里的人可以进入天堂。

佛罗伦萨的情况甚至比这更加极端。据推测,当第一轮疫情结束的时候,十万佛罗伦萨人中已有三分之二死去。对于当时这座城市最生动的描绘来自薄伽丘,不过,他自己当时可能并不在那里,然而他却认识留在那里的人。在其《十

佛罗伦萨的瘟疫，1348年，描绘薄伽丘《十日谈》中一段插曲的插图

日谈》的序言里，他曾对此有过简短而恐怖的描述。小说设置了相同的场景，故事里的十个讲述者都是富有的年轻贵族，他们逃离城市是为了在舒服的乡间居所等待危险过去。薄伽丘准确地描述了他们在逃离什么——他为此向读者道歉，因为这会让他们想起仍留在脑海里的不久前的恐惧，而人们可能更愿意忘记它们。

薄伽丘告诉我们，这座城市在当时已经变得四分五裂。人们变得十分怕事，不敢帮助他们的亲戚。即使身为父母，也不愿意碰触自己的孩子。由于缺少仆人，贵族妇女放弃了平日的礼节，同意男性人员来服侍自己，这种不讲究是前所未闻的。房屋里，街道上，全都堆积着尸体；葬礼变得越来越简单，直到完全消失。人们把尸体放到板车上运走，把它们掩埋在深达数层的沟穴里。

在正常时期，城市会在半夜关闭城门，以防外敌。但是，很多人现在都需要像薄伽丘描写的那十个年轻人一样，穿越城门，去乡下避难。不过，大多数人和这几个年轻人不一样，他们看到的远非田园牧歌。疫情经常先他们而至，乡下百姓也放弃他们的田地和家畜，让鸡狗自己想办法觅食。种子和农具被扔到一边，虽然这些东西对未来的农业生产十分重要，但现在已经没人会期待再回来使用它们了。

薄伽丘所描写的这一切都严重违背关于人类尊严和美德的古代理想。原本，每个人都应该享有井然有序的生活，经营肥沃的农田和高产的手工业，充满信心地想着可以为子孙留下什么遗产。而在疫情面前，人类的艺术和技术发明看上去变得完全无用。医学，这种可以用来改善人类境况的超级武器，此时也几乎完全帮不上忙。政府和管理部门的文明技艺同样无法解决瘟疫。正如薄伽丘所写："所有的智慧和聪明才智都是徒劳无功。"这场疾病不仅挑战了基督教关于上帝秩序的看法，也挑战了一个关于社会的古典愿景：有才华的能人可以从他们掌握的科学和技艺里受益。

远在薄伽丘之前，古希腊历史学家修昔底德讲述了一个相似的故事，也是由流行病（可能是伤寒或斑疹伤寒，不过也有其他说法）引发的道德崩塌。这场流行病在公元前430年袭击了雅典，此时它和斯巴达之间那场长期战争正值中半。这真是一个糟糕的时间点，不过，疫情这种事情也谈不上有什么好时机。修昔底德曾经感染过这种疾病，但他得以幸存。据他描写，当时已经没人相信未来了，雅典社会走向了解体。人们挥金如土，及时行乐，罔顾法律，因为他们相信自己活不到被起诉的那一天。"当人们看到好人和坏人不加区别地死去时，拜神与否已经不重要了。"薄伽丘的故事也是相似的：面对灾难，人们抛弃了文明习惯。因为，他们相信文明时代已经结束了。

真实的情形可能更加复杂。像全面战争这种大规模的破坏当然可以造就引人入胜的故事，但当它真的来临时，人们却会尽最大的努力阻止它，或者是减少损失。因此，在危难之中，个体有时仍然会坚守岗位，行英雄之举，以求团结一致。薄伽丘可能认同这一点，因为他的父亲显然就是其中一员。他们坚持留在佛罗伦萨工作，以尽量减轻人们的痛苦。作为这座城市主管贸易的长官，薄伽丘甘冒巨大的风险留了下来，做着分发食品的工作。他可能也感染了黑死病，不久后他就死于未知原因。在其他地方，人们努力研发新疗法（当然都没有成功），或者尽力阻止疾病扩散，又或者继续从事处理尸体的必要工作，并尽可能高效。[10]当一切都结束时，人们又努力开启新生活。

因此，这个故事在道德层面是复杂的，难以转换成一个简单的寓言——就像一切涉及人类文化和行为的事情一样。正如19世纪的小说家亚历山德罗·曼佐尼（Alessandro Manzoni）对1630年米兰疫情所做的观察："在任何公共灾难中，以及任何可能不利于事物正常秩序的长期混乱中，我们总是能发现人类德性的成长和提高；然而，不幸的是，它总是伴随着人类的邪恶而增长。"当然，这句话也可以反过来说：人们总是可以在恐慌和自私中找到英勇事迹——当然还有很多介于这两个极端间的其他表现。

曼佐尼这一言论是有感于1630年的疫情，这一事实表明该疾病经历了多长时间才慢慢从欧洲消失。彼特拉克和薄伽丘均经历了进一步的疫情暴发。第一轮疫情发生在14世纪40年代的晚期——这也是最糟糕的一轮暴发——它最终走向了结束，但是在该世纪剩下的时间里以及更遥远的未来，还有更多轮疫情等待着人们。在我们称之为欧洲"文艺复兴"的这一整个时代里，人们不断复兴着古典智慧和知识，辉煌的艺术成就井喷式增长，更好的医学和更高效的探究模式都获得了发展——同时，这一切的发生也都伴随着人们间歇性地死于一种无人能理解的疾病。这一疾病在欧洲的最后一次暴发是在1720年的马赛，然后它继续在世界的其他地方引发痛苦和死亡，尤其是19世纪中期的中国和印度。虽然现在我们已经有了更加有效的治疗手段，但它仍能致人死亡。

当第一波疫情落幕的时候，它已经至少摧毁了三分之一的西欧人口（在个别地方情况更加严重，比如佛罗伦萨），改变了大陆上的人口分布状况。它遗留下抑郁、悲伤和焦虑等种种创伤后的反应，这一切都呈现在薄伽丘和彼特拉克强有力的语言表达中，其中尤以彼特拉克为甚。

当疫情开始的时候,彼特拉克正在帕尔马工作。疫情期间,他一直停留在那里。他没有感染疫病,但他的朋友们中招了。他失去了当时的资助人,也是他的好朋友,红衣主教乔万尼·科隆纳(Giovanni Colonna)。不仅如此,他还(在很久以后)听说他的"劳拉"也死在了阿维尼翁。当消息传到他那里时,彼特拉克拿出了那卷维吉尔的手稿。他曾经在上面记录下他们的初见,现在他又在上面写下了更多的词句,记录她的逝去。她死于1348年4月6日——此时距离他们第一次相遇正好二十一年。他还会继续写情诗,但它们变得越来越悲观,越来越哀伤。他也为自己写了一首绝望的拉丁文诗歌,题为"致自己"(To himself)。在诗中,他哀叹了无处不在的死亡、损失和众多的坟墓。

他给自己的老朋友路德维希·范·肯彭(Ludwig van Kempen)写了一封信,彼特拉克总是把他称为"我的苏格拉底"。他在信中问道:"我应该说什么?我应该从哪儿开始?我应该转向何方?我们的目力所及之处皆是悲伤,每个地方都充满了恐怖。"他追问,我们的密友去哪儿了?"是什么雷电摧毁了这一切?是什么地震掩埋了他们?是什么风暴击垮了他们?是什么深渊吸走了他们?"人性自身也几乎被毁灭了——为什么?是为了教会我们谦卑吗?也许我们应该学会这样一个道理:"人类是一种非常脆弱但又非常骄傲的动物,他们太安于依赖这种脆弱的根基了。"又或者,我们应该转而希冀另一个世界,因为这个世界的一切都不是永恒的。

随着这种疾病的反复暴发,越来越多的死亡也随之而来。1361年,这种疾病杀死了彼特拉克的儿子乔万尼,此时的乔万尼已经在争吵后跟自己的父亲和解了。当他死去的时候,还只有二十三岁。

这一轮疫情也带走了彼特拉克的"苏格拉底"。他用信件把这个死讯告诉了另一个挚爱的笔友——弗朗切斯科·内利(Francesco Nelli),但很快,内利也死去了。安吉罗·迪·彼得罗·迪·斯特凡诺·戴·托塞蒂(Angelo di Pietro di Stefano dei Tosetti),这位和他有着三十四年友谊的朋友也离开了他。当一位信使把他写给安吉罗的信原样带回来时,彼特拉克得知了这个消息。信使把信默默地交到他手里，甚至都没有开封。彼特拉克给薄伽丘去信告知这两条死讯，他在信里说自己此时已经麻木了，以至感觉不到悲伤。他邀请薄伽丘来他的新居住一段时间，此地靠近威尼斯港口，是一个美丽的地方。但薄伽丘没有立刻回复他，彼特拉克感到一股"巨大的恐惧"。幸运的是，薄伽丘一切安好，不过，寒冷彻骨的恐惧感在那段时间都没法远离任何友谊。

一直以来，彼特拉克都依靠文学度过这些危机。1349年，在经历了第一轮疫情以后，他开始启动书信收集这项被延迟了的工作。他还重启了一项不久前开始的私人写作，即《秘密》(*Secretum*)，或称《秘密书》(*Secret Book*)。[11]这部作品采用了对话体的形式，对话人是彼特拉克自己（"弗朗切斯科"）和希波的奥古斯丁，后者扮演了一个智慧的老年导师形象。弗朗切斯科向他承认，他"对人类的境况感到痛恨和不满，这对我是如此地沉重，以致只能陷入极度的痛苦中去"。奥古斯丁则建议他去阅读一些经典的慰藉作品，比如塞涅卡和西塞罗的书籍。奥古斯丁告诉他，阅读的时候一定要认真做笔记，这样才能牢记他们的建议。

无论在基督教传统还是在古典传统中，这种慰藉作品都很流行。而且，这也是彼特拉克热衷阅读和模仿的一种文体。通常来说，这种慰藉作品采取书信的形式。它可以是寄给某位朋友的，也可以是寄给资助人的。收信方也许经历了丧亲之痛，又或者是遭遇了疾病或者其他灾难。人们可能出于他人的利益而传播这些作品。作品中充满了符合道德的激励思想，并且言辞优雅，因为优美的语言本身就可以振奋精神。

这就是为什么在给予慰藉的过程中，甚至当他自己陷入痛苦的时候，彼特拉克仍然会注意文学技巧的使用。他在给自己的"苏格拉底"写信通报逝去之物时，用了一声意义含糊的呼喊作为开头："啊，兄弟！兄弟！兄弟！"但他很快就停下来补充道，他知道这不是一种正统的书信开篇。但是，它也不是那么地非正统：因为西塞罗也做过类似的事情。对一个现代读者来说，看到彼特拉克把发自内心的呼喊和对西塞罗文体的思考结合在一起，他可能会感到非常迷惑：如果彼特拉克还在乎这些小事，那么他的真诚能有几分？他怎么关心措辞之间的平衡是否巧妙——又是雷电，又是地震、风暴和深渊？

不过，彼特拉克和同时代的人从来不会觉得在精确优雅的写作中模仿这些伟大的拉丁语演说家和作家会对他们要表达的东西造成任何不良影响。他们相信，拉丁文的雄辩带来了众多好处，其中之一就是帮助他人振作起来，并且在道德上变得更加坚强。

西塞罗为此提供了一个无人能及的榜样：他完善了这门技艺。无论是在演讲中还是在写作中，他都用有说服力的、情感上难以抗拒的语言来表达自己的所思所想。他使用了一些特殊类型的句法结构，其中一个例子就是独特的"掉尾句"，它让句子在一个悠长的循环里持续不断，以此延迟点睛之笔的出现，然后把最重要的词放在最后，突然戛然而止。拉丁语在这一点上可以做得比英语好，因为它允许出现不同类型的词语顺序。不过，英语也可以做到这一点。我们可以来看这样一个短句，它出自18世纪的作家爱德华·吉本（Edward Gibbon）之手。这个句子讲述了吉本是如何撰写六卷本罗马史的："既没有独创性的学问，也没有形成思考的习惯，还没有娴熟的写作技巧，我却决定——写一本书。"

还有一个更长的例子，它具有令人震撼的情感力量。这个例子来自马丁·路德·金，他在1963年的《一封来自伯明翰监狱的信》里写道，他被告知要永远"等待"平等和社会的变革：

> 但是，当你看到邪恶的暴徒用私刑任意处死你的父母，一时心血来潮就淹死你的兄弟姐妹；当你看到满心仇恨的警察咒骂、踢打，甚至杀害你的黑人同胞；当你看到两千万黑人兄弟生活在一个富裕社会里，但他们大多数却被困于贫困的牢笼之中；当你六岁大的女儿问你，为什么她不能去电视广告上刚播放的公共游乐园，你突然发觉自己口舌打结，只能用结巴的口吻跟她解释欢乐谷（Funtown）对有色人种儿童不开放，于是你看到她眼中充满泪水，一股由于卑微感而产生的不祥乌云开

始在她小小的心灵天空中形成，她的人格开始扭曲，对白人产生了一种无意识的怨恨；当你五岁大的儿子问道："爸爸，为什么白人对有色人种这么刻薄？"，而你不得不编造一个答案来应付他时……

这个句子就这么继续写下去，让我们等待着它最后的从句，最后图穷匕见：

然后，你就会理解，我们为什么再难等待。

这种结构也印证了其意义：这就是一位大师级作家和演说家手中的西塞罗式技巧——并且，它被用于人类最重要的论证之一。

人类维度一直非常重要。如果修辞技巧不能跟德行或道德目的相配合，那么它就是无用的，甚至是有害的：一切都必须为善服务。西塞罗就区分了有德行的雄辩和制造混乱的煽动。[12]另一位名叫昆体良（Quintilian）的修辞学家曾写过一本很有影响力的手册。[13]他在里面强调，使用这些强大技巧的演讲者必须得是将其用于哲学推理的善良之人。毕竟，语言是"把我们和其他生物区别开来的技能"。如果它只是用于"为犯罪助一臂之力"，那么大自然很可能不会把这种技能赋予人类。昆体良还认为，意图邪恶的人会被焦虑所折磨，因为他们无论如何都不能集中精力实现文学上的卓越。"这就仿佛你要在荆棘丛生的土地上寻找水果一样。"

因此，善于使用语言并不只是意味着增加修饰性表达，而是意味着影响其他人的情感和认知。这是一项道德活动，因为成人（humanitas）——即以最充分的方式成为人类——的核心在于有能力进行良好的交流。

没有什么比慰藉书信更能体现这个理念了，这是一种最具人性色彩的文学类型。当写信人和收信人有相似的经历时，他们就以一种乌班图的方式（ubuntu-style）结合在了一起。这时候，人性就凸显出来了。彼特拉克书信里最感人同时也是最典型性的例子是1368年他写给一位友人的信件，当时对方刚

第一章 生命之地 049

经历丧子之痛。他从古典文学里摘取了很多关于悲伤和损失的例子，但他也谈到了这样一个事实：他的孙子刚刚离开人世，抛下了悲痛欲绝的他（"对那个小家伙的爱充满了我的心田，以至我不确定自己在过去是否还为另一个人付出过如此多的爱"）。他寄给薄伽丘的吊唁信也是一样的："请你相信，我们总是环绕在你的左右。"这封信里最博学、最私人的部分透露出来的信息都是"你并不孤独"。

其他文学类型也可以提供类似的慰藉。贯穿14世纪50年代，这个十年被夹在两轮最严重的疫情之间，彼特拉克在这期间完成了一本名为《面对福祸命运的良方》（Remedies for Fortune Fair and Foul）的书。这本书是为他的一位朋友写的，这位朋友也是他之前的一位资助人，即阿佐·达·柯列乔（Azzo da Correggio）。此人曾是帕尔马一位很有权势的贵族，但当时却正处在和这场疫情无关的三重不幸之中：他的妻子和孩子都被敌人给监禁了；他本人走上了流亡之路；而且，他还遭受着瘫痪恶疾的折磨，无论是走路还是骑马都要依靠仆人的帮助。所以，他需要一切可以让他平静下来且积极向上的想法。

彼特拉克的这本书采取了一种两相对照的交谈方式。其中，理性被拟人化，依次回应悲伤和欢乐的拟人形象。理性的任务是用快乐的思想鼓舞悲伤，并提醒欢乐不要得意忘形。

欢乐：所有人都欣赏我的身体外貌。

理性：不过，时光易逝，你美丽的容光会改变，金发会掉落……烂朽会消磨掉你牙齿上的象牙光泽……

一些庆祝的理由跟其他理由相比更加脆弱：

欢乐：我有几头大象。

理性：我能问一下目的为何吗？

（没有记载回答）

在这本书的另一半里，悲伤发言了：

悲伤：我被流放了。

理性：开心地上路吧，这将是一场旅行，而不是流放。

悲伤：我害怕瘟疫。

理性：为什么一听到瘟疫的名字就害怕呢？有这么多人陪着你一起死去，这不也是一种慰藉吗？

并非所有痛苦的根源都是明确的，内在的痛苦更难于把握：尽管有理性掌舵，我们还是会在波涛汹涌的大海上迷失方向。不过，虽然我们遭遇了深切的痛苦，生命中最美好的部分也给予了我们同等的快乐。理性提醒悲伤，上帝赐予了我们许多礼物：从美丽的自然世界（潺潺的溪水和叽叽喳喳的鸣禽）一直到我们自身的卓越成就。由于具备发明和制作事物的能力，我们甚至可以修复自身。我们可以制作"木腿、铁手和蜡质的鼻子"，以及眼镜这种相对较新的发明。由于人性的存在，因而我们自身是美好的。除了眼睛能展示我们的灵魂，我们还有"一个因为心灵的秘密而闪耀的额头"。正如后来的马内蒂一样，彼特拉克在这里也歌颂了"人类的卓越"。事实上，有个朋友在那段时间给他写信，问他是否愿意写点儿什么来回应英诺森三世的文章《论人类的痛苦》。他回答道，自己正在从事这项工作——指的就是写作《面对福祸命运的良方》这本书里积极向上的那一部分。不过，这本书作为一个整体来看是平衡的，因此并没有表现得过于积极。它权衡了对立双方，以此提醒我们人类的故事既不全是好的，也不全是坏的。相反，我们可以利用一方来缓和另一方。

为了做到这一点，我们必须充分利用自己的最佳技能，即理性和智慧。彼特拉克笔下的理性形象说，在生命的历程中依赖好运是没有任何用处的，因为运气总是会让我们失望。一个更好的计划是转向学习、思考和友谊带来的

戴眼镜的圣保罗。图中的花体字母来自14世纪手抄本《圣经历史》（*Bible historiale*）中的《罗马书》

慰藉——所有这些都是互相促进的。理性还援引了古代哲学家特奥夫拉斯图斯（Theophrastus）的言论："学者在所有人中是独一份的，即使在国外，他也不会变成局外人；即使丧失了所有的亲朋好友，他仍然能找到朋友；他是一个世界公民，用无畏的态度鄙视着命运的不公。"

彼特拉克的所有作品都可以看成对莫测命运的反抗（或者说防御）。[14]从动荡不安的童年开始，他就已经很熟悉命运的变化莫测了。他依靠写作对抗遗失。通过发现书稿和收集书信，以及写慰藉文学和其他作品，他建立起了对抗事物毁灭的防线——既抵抗朋友的逝去，也抵抗书籍的流失。

薄伽丘也感受到了那片失落的废土。在《异教神谱》的序言中，他回顾了过去的数个世纪，把它们看成是由破坏和不幸构成的大杂烩。他告诉读者们，想想看，古代的典籍能够幸存到现在的何其之少，而它们的敌人何其之多：火，血，以及时光的磨损。他特意提及了另一个因素：早期基督徒的故意销毁，因为他们认为自己有责任清除所有在他们之前存在的宗教的痕迹。

他和彼特拉克决定竭尽所能寻回这段历史，并对其进行重构与重思，用它来强化自身和他们的朋友，以对抗悲伤——当然也要把它传给未来的后代，以期他们可以借此实现重生。回到1341年，当时彼特拉克刚把自己的诗歌《阿非利加》提交上去，作为评审桂冠诗人流程的一部分。仿佛是面对一个将要走向未来的儿童一样，他对自己的作品说：

> 我生活在变化莫测的风暴中，这是我的命运。但是，假若如我所愿，你可以在我之后长久地生存下去，那么你或许可以碰到一个更好的时代。遗忘如同睡梦一样，不可能永远沉睡。当黑暗消散之时，我们的子孙会重现往昔的荣光。[15]

关于黑暗和荣光的此类说法会继续贯穿于接下来的一个世纪。它形成了一种想象欧洲历史的新方式。无论是在他身后还是在他周围，彼特拉克都感到黑暗像吞噬一切的虚空，书籍和人性都沉沦其中。在很久以前，他相信古人用他们的雄辩和智慧照耀了他们的世界。在将要到来的某些历史新阶段，未来的人可能再次照亮他们的世界。希望通过保存重新发现和复制的旧藏，通过在旧形式上创造新变种，以及在一种不稳定的状态中对所有这一切进行保存，从而弥补其间的隔阂，以便再次点燃人类的明灯。

第二章　打捞沉船

布拉乔利尼

公元79年以后，但主要是公元1400年

新世代——损失和发现——12世纪和其他世纪的文艺复兴——科卢乔·萨卢塔蒂（Coluccio Salutati）、尼科洛·尼科利（Niccolò Niccoli）、波吉奥·布拉乔利尼（Poggio Bracciolini）和他们的人文主义之手——罗马废墟和内米湖之船（Nemi ships）——监狱和沉船——女性，是的，有这么一些女性——教育——乌尔比诺、卡斯蒂廖内（Castiglione）和他的美学概念"潇洒不羁"（sprezzatura）——更多且更好的复本——印刷商，特别是阿尔杜斯·马努蒂乌斯（Aldus Manutius）

彼特拉克和薄伽丘为他们的继任者设定了任务：探寻智慧和卓越的踪迹，学习它们，传播它们，用它们去照亮道德和政治问题，并且要在旧模型上创造出具有相似智慧和卓越的新作品。

随着14世纪的结束和15世纪的开始，的确有一批新生代怀着激情承担起了这项任务。我们现在可以很确定地把他们称为意大利的"人文主义者"——这个描述开始变得流行起来，尽管它从不指称任何正式或有组织的团体。本章就讲述了几个这样的人物。虽然只有几个，但他们却组成了一个相当庞大的阵营：其中有的是手抄本猎人（manuscript hunter）、有的是沉船打捞者、有的是探险者、有的是教师、有的是抄写员、有的是侍臣、有的是收藏家、有的是作家，不一而足。他们差不多都是男性，不过也有少数女性在这些人文主义活动中表现得十分出彩，稍后会在本章中与我们见面。

不过，我们首先应该明确一点：彼特拉克和薄伽丘对于这种黑暗和毁灭的认知是正确的吗？在他们之前，真的没有点亮这个世界的救星吗？在开启故事主线之前，让我们先用几页纸的时间向前回顾，以便在一个更大的语境下来考察他们对自己的这种想象。

※

在人文主义者看来，黑暗时代缺少欢乐，光景暗淡。不过，正如所有被人们长久以来接受了的历史理念一样，这一认知同时得到了两种回应：一种是"让我们正视它吧,这种认识说到点子上了",而另一种则是"等一下,事情没这么简单"。

首先,让我们正视这种说法,彼特拉克和薄伽丘说到点子上了。欧洲确实遗失了很多知识、技术和文学文化,有一些甚至在很久以前就消失了。比如,德谟克里特和伊壁鸠鲁的作品在古代就失传了。不过,当西罗马帝国在公元5世纪解体以后,这一消失的进程加速了。除了文学,很多其他东西也在走向衰落:公共建筑、道路、污水处理系统以及其他有助于改善城市生活的设施,关于这些事物的设计技术全都得不到应用,直到再也没人知道它们是怎么建造出来的。进一步的破坏则是因为"凑合着重复使用"的精神造成的,从另一个角度来看,这可能也挺令人赞叹。人们从摇摇欲坠的老建筑里获取石材,重复利用,然后老建筑就更加不稳定了,甚至变成一堆碎石瓦砾。写在莎草纸上的古代文献会出现自然褪色或者开裂,年代较近的文献写在羊皮纸上,当然更加耐久一些,但其制作要消耗很多动物皮,多取自绵羊、山羊或小牛犊。相比之下,更容易的做法是把一些古老的冷门书籍从羊皮纸上刮掉,然后重复利用。于是乎,再见了,古老的冷门书籍。

在这种情况下,薄伽丘把一些古代书籍的散佚归咎于早期基督徒,这种指责部分是正确的。[1]当人们必须重复使用羊皮纸时,清除某些不重要的宗教文献当然也是一个选择,但另一个看上去更虔诚的选择则是清除非基督教文献。当涉及建筑时,对建材的重复利用正好直接跟摧毁旧敌人这一愿景重合了。当本笃(Benedict)——他在公元6世纪建立了以他的名字命名的修会——想在山顶寻址建一座小教堂的时候,他好像就考虑到了后一个因素。他选择的地点上建有一座阿波罗神庙,以及一片神圣的树林。本笃摧毁了神庙和树林,在上面建起了一座教堂,它后来发展成了蒙特卡西诺修道院。说句题外话,同样也是在这个世纪,位于今天阿富汗的巴米扬地区,人们在山坡上雕刻出了两尊漂亮的巨大佛像。它们一直留存到了2001年,直到塔利班把它们炸成碎片。摧毁美好事物并不是任何一个宗教或世纪的专利,宗教本身也没有这种专利,18世纪法国大革命以后的世俗主义者也会以启蒙和进步的名义摧毁教堂的珍宝。

为了庆祝光明和进步而摧毁事物，这也不是一个新想法。公元384年发生过一场争论，针对的是要从罗马元老院里移走前基督教时期的雕像这一决定。一些具有保护意识的人请求皇帝瓦伦提尼安二世（Valentinian Ⅱ）保留它们。但是，米兰的神学家安布罗斯（Ambrose）则写信敦促瓦伦提尼安二世抵制这种呼吁。毕竟，从上帝创世以后，自大地和海洋分离，且"从无边的黑暗中被拯救"以来，一切事物都在变得越来越好；同样，我们每个人也都从孩童进步到成年人——既然如此，为什么还要保存较低级的前基督教时期的遗存？

到此为止，确实令人感觉非常黑暗，所以彼特拉克和薄伽丘的确抓住了要点，包括他们对基督教影响的看法。不过，等一下，事情没这么简单。

修道院的图书馆有时候确实会清除掉古典图书来为宗教类图书腾位置。不过，有如此多的古典图书能够留存下来，很大程度上也要归功于这些图书馆。它们经常会很好地照管非基督教图书——本笃的蒙特卡西诺修道院就是保存这类图书的最杰出的图书馆之一。除此之外，古代世界的原始手稿很难有其他机会留存下来。这些书不仅记载在脆弱的莎草纸上，而且经常被卷成书卷。因此，每次阅读它们都很容易造成损耗。时至今日，虽然这种形式的书籍仍偶有发现，但只有很少一部分是以这种形式流传到我们手中。当维苏威火山在公元79年爆发，并把赫库兰尼姆（Herculaneum）掩埋在灰尘里时，一座藏满此类书卷的别墅也一同被掩埋了。[2]人们在18世纪发现了这些书卷，但其中大多数都被挤压在了一起，而且受损严重，以致在当时是无法阅读的。当代的技术已经能够对它们进行更多的破译，并发现了一部人们之前认为已经失传的全集：塞涅卡的《历史》（*Histories*）。

但在大多数情况下，我们之所以还能看到古典文本，需要归功于人们在那些漫长且"黑暗"的中世纪进行的复制工作——因为，没有比制作很多复本更好的书籍保存方式了，这一点在印刷术发明以后变得更加明显。在某些时期和地点，这种复制工作非常兴盛。从公元6世纪到8世纪，那些远在天涯海角的爱尔兰和

第二章 打捞沉船 059

不列颠的修士群体在这项工作上最为得力。自公元8世纪以降，阿拉伯世界翻译并保存了大量材料，包括很多关于数学、医学、哲学等领域的希腊语文本。在巴格达，阿巴斯王朝的哈里发和一些私人赞助者为一座图书馆配备了大量的翻译者团队，令人着迷的学者金迪（al-Kindi）曾在公元9世纪的某段时期主管过他们的工作。金迪也写下了很多属于自己的研究著作，范围从地震到伦理学，不一而足。金迪完全有资格被看成一位人文主义者，特别是当我们在说"唯有互联"这种寻求沟通不同传统的人文主义者时。他希望用神学来调和哲学，用伊斯兰理念来调和希腊理念。然而，这是一项危险的工作。有可能是因为他的想法让其他人不高兴了，也可能是他的对手嫉妒他的成就，他被阻挡在自己的图书馆之外，并受到了攻击。他的大部分著作如今都已经散佚了。

在同一个时期，位于欧洲西北部的查理曼大帝要求自己领土上的修士们在图书馆里努力工作，以此来复兴他所谓的"由于我们祖先的疏忽而几乎被忘记"的知识——任何一个之后出现的人文主义书籍猎人都会同意这句话。不过，查理曼对书籍的兴趣实在令人惊讶。因为，尽管他拥有阅读能力，但却不会写作。与他同时代的传记作家爱因哈德（Einhard）曾经提到，他晚上会在枕头下面放置蜡板和笔记本，这样一来，他一睡醒就可以做练习了。不过，这项活动在他生命中展开得太晚了，所以他不得不继续依赖抄写员。

但这并没有成为他的阻碍。查理曼为男孩们建立了学校，很不寻常的是，他还坚持让自己的女儿接受教育。他不停地挑剔着他的修士：修道院写信为他祈祷，他收到信后却指出他们在语法和表达上的错误，并安排写信人去接受更好的训练。为了看管收藏品，他从不列颠群岛招募了一名图书馆管理员兼教师，即约克的阿尔昆（Alcuin of York）。查理曼领土上的修士们发展出一种新的、更具可读性的手写体来进行抄写，这就是加洛林体（the Carolingian 或 Caroline minuscule）。这是一个大的突破，它为人们提供了更好、更清晰、更简单易懂的阅读体验，对后来人文主义手写体产生了直接影响，为我们今天使用的大多数打印字体提供了基础。

修道院的抄写室可以是让人痛苦的地方，也可以是忙碌多产之所。本笃会修士每年都会获得一本书供私人阅读，而且他们在吃饭的时候会听书——不过，《圣本笃会会规》（*Rule of Benedict*）规定"任何人都不应该就听书内容或其他事物提出任何疑问，因为这会鼓励交谈"。该会规还警告修士不能讲笑话，不能抱怨葡萄酒的不足，也不能因为个人拥有某种手艺技能而感到骄傲。不过，最后这条规定不适合后来的大多数人文主义者，因为他们都喜欢吹嘘自己的才华。

有一些修士也是如此。诺瓦拉的甘佐（Gunzo of Novara）是一位语法学家，他曾经如此回忆自己在960年的圣伽尔之旅——这也是一座富有藏书的修道院，现在位于瑞士。在晚饭后的谈话中，他不小心在应该使用离格的时候用了一个宾格，部分原因是这是其意大利家乡的语法规则。修士们抓住他的这个过失，反复调侃。"有一位年轻的修士……认为这是种违反拉丁语语法的罪行，所以应该对他进行鞭笞刑罚。而另一位修士则当场作诗来纪念这一时刻！"文学史家安娜·A. 格洛坦斯（Anna A. Grotans）写道。当我们读到这些记载的时候，很难认定那些聪明且富有生气的修士会迷失在一种冷峻的迷狂之中。

到了1100年，出现了大量的文本复制、研究和知识分享活动，以至历史学家们称之为"12世纪文艺复兴"。这得益于新的造纸技术，这项技术从中国经由阿拉伯和西班牙传至欧洲。由此，人们可以在不有损旧羊皮纸的情况下进行更多的书写。纸张是用破布制作的，而根据马可·莫斯太特（Marco Mostert）最近提出的一个绝佳理论，当时人们可以在周围找到更多的破布，因为人们从乡下搬到了城镇，而穿内衣在城镇是一种风尚。[3]内衣比结实的上衣更容易磨损，所以经常被丢弃，由此很容易找到破布。因此，文学诞生于女性衬裤。

其他一些学习中心也在欧洲成长起来：受到阿拉伯学术机构影响而诞生的大学，以及附带有图书馆和学校的大教堂，如法国的沙特尔（Chartres）和奥尔良地区的那些大教堂。它们既采用了飞扶壁这种创新结构，上面还覆盖着许多雕塑和彩色玻璃，就好像一座座橱窗展现着艺术和建筑技术，同时也展现了人们的心灵生活。特别是沙特尔大教堂，它装饰有高大的雕刻人像，安详壮丽。其他的大教堂也装点有类似的形象。几年前在我参观巴塞尔地区的大教堂时，被一个12世纪早期的漂亮石板震惊了：上面刻有六个使徒，跟平常的殉道表现手法不同，石板上的使徒手持书籍文卷，看上去文质彬彬，若有所思，似乎正沉浸在关于阅读的讨论中。

这些大教堂为索尔兹伯里的约翰（John of Salisbury）等学者提供了研习场所。索尔兹伯里的约翰年轻的时候就在沙特尔学习，后来成了那里的主教，并把他的私人藏书捐赠给了沙特尔大教堂。他至少去意大利旅行过六次，并在那里收集书稿。跟后来的彼特拉克一样，他也是一个伟大的通信者，他在跟同事和朋友的书信里讨论西塞罗、维吉尔、贺拉斯（Horace）和奥维德。他的著作里也满是对古典文献的参考，而且处理的主题是高度人文主义化的：《论政府原

巴塞尔大教堂的镶板，约公元1100年，上面展示的六位使徒都携带着书卷

理》(*Policraticus*)是关于侍臣和公务人员行为的,《元逻辑》(*Metalogicon*)讨论的则是教育以及其他话题。

如果索尔兹伯里的约翰和彼特拉克能够相遇,而不是相隔两百年的时光,那么他们可能会很愉快地在一起交流自己的旅行故事以及跟权力的摩擦。(约翰认识坎特伯雷大教堂的托马斯·贝克特,当后者被刺客杀害时,他差点未能亲眼见证,所以约翰对政治以及人生命运的突然转折也略知一二。)他们可以用拉丁语进行无障碍沟通,这种语言让有教养的欧洲人能够超越时间和地域的限制。

人们可以很容易想象约翰和彼特拉克进行对话,这一事实不禁令人怀疑光明即将到来这一简单叙事。14世纪和15世纪出现了很多变化,但也许这些变化里最具有戏剧性的面向在于彼特拉克和他的继任者是如何理解他们自身的:他们认为可以利用失落的遥远过去来创造一条走出黑暗的新路。

有一件事情是可以确定的:没有什么东西比他们对书籍的共同饥渴更能把约翰和彼特拉克团结在一起,就像这一爱好也把彼特拉克和薄伽丘团结在了一起——不仅如此,它还把更年轻的人们也团结在了一起。现在,我们将继续讲述他们的故事。

※

与收藏重要书籍相伴的一个负担,就是担忧如何把它们留给后人。在某一个阶段,彼特拉克曾经达成协议,要把他的书籍捐赠给威尼斯政府,以此为根基来建立一座面向公众的图书馆。但当他去世时,即1374年其七十大寿的前一天,这些书仍然属于他的家人所有,这说明该协议出了些状况。这些书后来流散在外,经手多人,最终在欧洲的一些图书馆里找到了归宿,比如伦敦、巴黎以及一些意大利城市的图书馆均有收藏。

彼特拉克在其遗嘱中确实为薄伽丘留下了一份很用心的礼物:"一件价值五十个佛罗伦萨金弗罗林的冬衣,供他在晚间学习和工作时用。"但薄伽丘没有多少时间来依偎着它取暖了,因为他在次年去世了,享年六十二岁。他的藏书留给了一个熟识的托钵会修士,在这名修士去世后,这些书就归佛罗伦萨的圣斯皮里托修道院(the monastery of Santo Spirito)所有。尽管在其遗嘱中,有条文提及这些书向任何想阅读它们的人开放,但事实上,这些书被储存在书柜里,几乎没有人使用过它们。

现在,"佛罗伦萨的三项王冠"(但丁、彼特拉克和薄伽丘因为佛罗伦萨的良好宣传而知名)都已经逝去了,他们的继任者便投身到纪念他们的工作中,并传播他们的作品。其中,最活跃的一员便是佛罗伦萨的秘书长——科卢乔·萨卢塔蒂。他有着同彼特拉克一样庞大的朋友圈子和通信网络。科卢乔让他们努力找寻任何彼特拉克遗失或未完成的文本,特别是他用来写《阿非利加》这首令他赢得桂冠诗人称号的诗作的笔记本。受到启发之后,科卢乔还改进了薄伽丘为自己在位于切塔尔多的坟墓上写下的过于谦逊的墓志铭。原文只有几行字,科卢乔为其增加了十二首诗歌,其中还包括对薄伽丘的轻微批评:"杰出的诗人,你为什么要如此自谦,就好像只是个不重要的过客?"如果薄伽丘能够看到这些后加上去的言语,他一定会被感动。因为,尽管他一生中都在赞扬他人上表现得非常慷慨,但自己却经常感觉到被低估。

科卢乔也是一个伟大的收藏家,他有一个大约八百本藏书的图书馆,并通过其批注和校正得到进一步扩充。他把这些书借给任何感兴趣的读者,它们最终流入了位于佛罗伦萨的圣马可修道院。科卢乔还推进了佛罗伦萨的希腊语研究,他从君士坦丁堡请来了一位名叫曼努尔·赫里索洛拉斯(Manuel Chrysoloras)的学者进行授课——意大利的希腊语研究由此肇始并走向兴盛,把彼特拉克和薄伽丘跟这门语言的痛苦斗争坚定地留在了过去。

另外还有一个收藏家,他也拥有一个大约八百本藏书的优秀图书馆,即尼科洛·尼科利。和科卢乔相比,他是更年轻的一代。当彼特拉克和薄伽丘去世的时候,他还是一个孩童。长大之后,尼科洛成为科西莫·德·美第奇(Cosimo de' Medici)的图书管理员——此人的家族靠银行业和贸易赚得了大笔财富,并用其中的一部分来资助学者和艺术家。尼科洛的一项决定是把薄伽丘的藏书从圣斯皮里托修道院挖掘出来，使其免遭忽视，变得便于接触。他还把自己的藏书留作美第奇的收藏，条件是任何想阅读甚至是借走它们的人都可以获得允许。美第奇的藏书成为今日佛罗伦萨两座主要图书馆的根基，即美第奇·洛伦佐图书馆（Biblioteca Medicea Laurenziana）和国家中央图书馆（Biblioteca Nazionale Centrale）。

跟薄伽丘一样，尼科洛是商人之子。他也经历了相同的生活轨迹，由于喜爱文学并投身学术生涯，他拒绝了商人这条职业发展路线。他同时享受着快乐和财富，拥有着由雕塑、马赛克饰片和陶器组成的宝藏，其中当然也少不了手抄本，而他便生活在这个宝藏之中。他没有结婚，身边除了仆人，一直是自己独居。[4]但是，据书商韦斯帕夏诺·达·俾司迪奇（Vespasiano da Bisticci）的回忆录——此书是关于那个时代的很多人文主义者的宝贵史料——记载，他是一个很有趣的人。韦斯帕夏诺写道："他经常参加博学者之间的谈话来放松自己，每当他加入这种谈话时，都会用幽默的故事和辛辣的讽刺（他总是自然而然地讲起好笑的笑话）让所有的听众笑个不停。"詹诺佐·马内蒂也写了一部传记，记载了尼科洛是如何"用考究的紫红色衣服衬托他天生的好面容"。他鼓励年轻的学者群体到他家中阅读他的藏书，然后放下书本，一起讨论他们从书中得来的各种收获。

由此，把友谊和对藏书的狂热结合在一起的传统得到延续。尼科洛跟他年轻的朋友波吉奥·布拉乔利尼保持着热诚的通信。后者有着活泼的个性，这种个性有时会越界发展成"强烈的谩骂"（语出韦斯帕夏诺）和彻头彻尾的夸夸其谈。在他的争论之中，至少有一次已经达到了肢体冲突的地步。但是，波吉奥对尼科洛友好得多，他们的书信往来中充满了愉快的对谈和打趣。波吉奥四处旅行，收集手抄本，并经常把它们寄给尼科洛，这让尼科洛非常满意。

波吉奥曾任职于康斯坦茨会议的教皇法庭。在这期间，他有了最重要的发现。该会议从1414年一直开到1418年，地点在今天的德国。会议的初衷是设法解决"天主教会大分裂"（the Great Schism）在教会内引发的耸人听闻的混乱。两个敌对的枢机会议分别选出了教皇，一位在罗马，另一位在阿维尼翁（在上个世纪，这座城市也是教皇城市的替代品）。两位新选出来的教皇立刻开除了对方的教籍。红衣主教们聚集在利沃诺（Livorno）解决这一状况，但他们的解决方式却是选出了第三位教皇，而这位教皇也没有获得其他地方的承认。康斯坦茨会议获得了更多的成果。该会议对这三位教皇都不予承认，转而推举了第四位教皇，他自立为马丁五世（Martin V）。在新兴的人文主义学者们看来，这是一个很好的选择：马丁很喜欢雄辩且富有知识的作家，很多人都从他那里得到了秘书性和行政性的职位。

在为罗马代表团工作的那段时间，波吉奥和他的朋友们探索了康斯坦茨周围一大片地域的众多修道院。彼特拉克肯定会嫉妒他们的发现。在克吕尼修道院（Cluny Abbey），他们发现了更多的西塞罗演讲稿。[5]在圣加尔（St Gall）修道院，他们发现了几部作品，其中有一部精良的文本，是维特鲁威（Vitruvius）关于建筑学的论著。除此之外，还有一些特别令人向往的作品：第一部完整本的昆体良的《雄辩术原理》（*Institutes of Oratory*）——这是一部关于修辞学技巧的圣经，此书还论证道，一个人若要成为雄辩家就必须是一个有德行的人。然后，波吉奥和他的朋友巴托洛梅奥·达·蒙蒂普尔查诺（Bartolomeo da

波吉奥·布拉乔利尼

Montepulciano）可能是在富尔达（Fulda）发现了卢克莱修的《物性论》。这首长诗传达了伊壁鸠鲁和德谟克里特的原子论思想，以及他们关于神的怀疑论。有一些作家提到过其中的片段，所以人们知道它的存在，但认为其全本已经散佚了。波吉奥将其寄给尼科洛，而尼科洛也对它着了迷，以致全无平时的开明态度，将其归为己有长达十年，不让任何人有时间占用这本书，甚至包括波吉奥。

通常情况下，他们对对方都很慷慨。1423年，当波吉奥在罗马作为一名教皇秘书工作时，他曾邀请尼科洛来他舒适的公寓一起居住。"我们可以一起讨论，日夜生活在一起；我们将挖掘出所有的古代遗存。"这一定会是个很有趣的大家庭，既有尼科洛考究的欢乐，也有波吉奥下流的幽默。正是在罗马的这些日子里，波吉奥写了一部关于俏皮话和逸闻的书，即《游戏文章》（Facetiae）：它表现了高度人文主义化的乐趣，充满了双关语。在一个故事里，信使问一位女性是否愿意给她远离家乡的丈夫送个信。她回答道："我丈夫把他的笔带走了，只留下我这么个空墨水瓶，这要我怎么写呢？"这本书流传甚广，在波吉奥去世很久后还重印了很多版——这也是第一部公开发表的笑话书。

在其抄写和写作的过程中，科卢乔、尼科洛、波吉奥以及其他人文主义者发展出一种新式手写体，以反映他们崭新的精神面貌。[6]这就是"人文主义手写体"（humanistic hand），他们认为这种书写体来自古代，但其实它跟查理曼时期的手写体相差无几。它比中世纪手写体更简单易读，对那些可以设定自己阅读进度和需要大量阅读的读者，而不是在诵经台上小心翼翼、大声诵读的人来说，这种写体堪称完美。人文主义者摒弃了更加精致的写体，将其称为"哥特式"的。[7]这是一种侮辱，有"野蛮人"之意——因为正是哥特人和汪达尔人最早把罗马引向衰落。他们发展出的这种不同写体展示了他们对自身的一切看法：复兴旧式的简洁，横扫杂乱无章，引导知识走向光明。

说起杂乱无章，他们很难不注意到，在罗马就有丰富的古代遗存围绕着他们。不过，这些遗存都处在凄凉的混乱之中。角斗场已经处在一堆废墟之中，很多古老建筑的建材也都已经被掠走。城市的拱门残破，半截掩入放牧羊群的草

波吉奥·布拉乔利尼的人文主义手写体

丛，这些都引发了人文主义者们的极大兴趣。在数次寻访过程中，彼特拉克都尽力将其所看到的景物跟书面记载对应起来，这些书面记载来自他阅读的经典历史著作、神话或诗歌。他和自己的朋友兼资助人乔万尼·科隆纳曾经在那里待过一段时间，他们在那段时间一起玩一种游戏，即寻访地点。他们会四处找寻，然后说："这里以前有过竞技游戏，遭受过萨宾人的蹂躏，这里以前是卡普里（Capri）沼泽，这里是罗慕路斯（Romulus）消失的地方。"每天的落日时分，他们都会爬上戴克里先浴场的屋顶，一边观赏风景，一边比较他们的学识：彼特拉克擅长古代历史，科隆纳则对近代基督教时代的历史更加熟稔。不过，他们仍然会犯一些错误，这部分是由于他们受到了12世纪或13世纪早期的标准著作的（错误）引导：格雷高里乌斯大师（Magister Gregorius）的《罗马的成就》（*The Marvels of Rome*）。

波吉奥和他的朋友安东尼奥·洛施（Antonio Loschi）做了更多的研究，他们可以庆祝自己修正了彼特拉克的错误。比如，彼特拉克认为他找到了雷慕斯（Remus）的坟墓，而安东尼奥发现这其实是塞斯提乌斯（Cestius）的坟墓。[马修·克内尔（Matthew Kneale）评注道："这个发现并不困难，因为你可以看到旁边用巨大的字母写着塞斯提乌斯的名字。"]

波吉奥写下了自己对罗马废墟的描述，把古代建筑和街道的推测地点跟当下仍然留存的景观对应在一起，他以恰如其分的方式将其融入一部1448年的关于命运变化的作品中。[8]他还把类似的考古技能应用到城市周围更广阔的乡村地区，研究古墓，攀爬拱门，摹拓铭文。

其他人也研究罗马废墟，但他们这么做是为了学习其建筑技巧，甚至是获得改进。15世纪初的时候，有两个过着半野外生活的年轻人探索了这片地区。当地人以为，他们是贫困潦倒的寻宝者。但实际上，他们的名字分别是菲利波·布鲁内莱斯基和多纳托·迪·尼科洛·迪·贝托·巴尔迪（Donato di Niccolò di Betto Bardi），后来人们都叫后者多纳泰罗（Donatello）。他们其实是在做研究。数年之后，他们的创新就将改变佛罗伦萨的建筑。一些旅行者把他们的探究扩张到了更远的地方：安科纳的西里亚克（Cyriac of Ancona）去往希腊和土耳其旅行，并记录铭文；有一些历史学家，如弗拉维奥·比昂多（Flavio Biondo，或者叫比昂多·弗拉维奥，这两个词在所有情况下都指同一种东西[9]——"金发之人"）越来越擅长这种把实物探究和文献资料结合起来进行扩展研究的方法，创作了如《编年史》（*Decades of History*）、《修复的罗马》（*Rome Restored*）、《意大利名胜》（*Italy Illuminated*）以及《罗马的胜利》（*Rome in Triumph*）等著作。中世纪的旅行者们也对古代的遗迹感兴趣，但这些更现代的人文主义者则是从一个更加真切的历史探究角度来接近它们：这些废墟为什么会在这里？谁建造了这些建筑物，又是谁摧毁了它们？

建筑师莱昂·巴蒂斯塔·阿尔伯蒂（Leon Battista Alberti）也对罗马的起源感兴趣。经过长时间的调查后，他编写了一部《罗马城市介绍》（*Description of the City of Rome*）。在同一段时间，他参与了一项位于罗马城外的激动人心的工程：跟弗拉维奥·比昂多以及其他一些人设法从附近的内米湖（Lake Nemi）打捞两条巨大的古船。

人们已经对这些船好奇很久了。在天气晴朗的时候，人们可以看见它们的影像在水下摇曳。当地的渔民有时会发现钉子和碎木片缠在渔网上。阿尔伯蒂设计了一种方法，希望能够把整船打捞上来，对其进行检查。成群的潜水员被从热那亚港口请来——按比昂多的记载，那里"鱼比人多"——他们潜入其中的一条船，固定绳索，再把绳索的另一端固定在水面外的绞车上，后者则靠浮桶支撑着。第一阶段很顺利，但是，当绞车转动，沉船开始被拉举上来时，绳索迅速穿透腐朽的木材，就像丝线切开奶酪一样，于是船体再次沉入湖底。比昂多和阿尔伯蒂确实观察到了一些上浮的碎片，并且对它们的年代进行了猜测，然而并不准确。事实上，它们是可以上溯到罗马卡里古拉（Caligula）皇帝统治时期的豪华驳船。其中较大的一艘船长达七十米，对这么一个不大的湖来说，这条船大得有些不正常。它们配备了管道、马赛克饰片和各种奢侈品，标志着罗马在最辉煌时期取得的物质成就。

在接下来的岁月里，人们也有过其他小规模的打捞尝试。1895年，人们从其中一艘船的甲板上分离出一块马赛克饰片。经过各种奇遇之后，这块马赛克饰片被加工成了一张咖啡桌，安放在了一位不知道其来源的纽约古董商家中。后来它被归还给内米博物馆，博物馆的负责人观察到，"如果你从一个特定的角度去看，仍然可以看到杯子底部留下的圆环痕迹"。

在墨索里尼时期，这艘沉船终于被完全打捞上来[10]——当时非常流行罗马式的富丽堂皇。令人难以置信的是，这是通过大量排空湖水做到的。这一壮举花费了差不多五年时间，即从1928年到1932年。其间，由于水的重量减轻，湖床上泥浆爆发，这让它经历了一场字面意义上的嗝顿（hiccup）。然而，这一举措起效了，打捞出的船只被放在博物馆里展览。不幸的是，它们在空气中只度过了几年的时间。1944年5月31日的夜晚，整座博物馆都在美军的轰炸中着了火，包括这两艘船。有一些零部件幸存了下来，包括那块经历了纽约神秘之旅的马赛克饰片。这座博物馆目前已经重新复馆了，而且状态良好。

在15世纪的时候，从深水打捞这么一艘可见的船骸正好可以看成一个很好的比喻，它隐喻了整个人文主义计划，即打捞各种形式的知识。其中，有的已经

游客们参观内米湖的发掘工作，1932年

变成了残骸，有的则淹没不闻。弗拉维奥·比昂多在其《意大利名胜》里运用了这个比喻，来描述他对历史学家工作的看法。[11]他写道，如果我不能像拯救整艘船一样重建整个历史事件，也请不要抱怨我。相反，请感谢我在力所能及的范围内完成的部分重建——"我从如此巨大的船骸中将一些木板拖曳上岸，这些木板有的漂浮在水面上，有的几乎已经不能被发现。"

人文主义者中的书籍猎人和废墟猎人都喜欢这样的比喻。当他们不谈论残骸、光明或者黑暗时，他们把自己的工作描写为从地牢中解救囚犯。波吉奥曾写道，他在圣加尔修道院发现的昆体良手抄本就像一个囚犯，满脸肮脏的胡须，头发黏结，坐在一座高塔脚下的污秽黑暗牢房之中。"他看上去像是伸出了双手，祈求罗马人民的忠诚，要求把他从不正义的判决中拯救出来。"（事实上，

第二章 打捞沉船 071

波吉奥不得不把那份手抄本留在那里,这有些破坏氛围。但是,他确实抄录了一份复本,因此在最重要的意义上解救了昆体良。)波吉奥在罗马的朋友钦奇奥(Cinzio),又叫钦奇乌斯(Cincius),他利用想象力,让那些他们发现的书说出雄辩的话语:"你们这些热爱拉丁语的人啊,请不要让我被这种可怕的忽视完全摧毁。请把我救出这监狱,它太昏暗了,让人连书里的光芒都看不见了。"[12]

光明和黑暗的游戏就这样继续着。书商兼传记作家韦斯帕夏诺把无知者生存于其中的"大黑暗"(great darkness)跟由作家们带来的教化和光明进行了比较。[13]他回应了当年彼特拉克曾经对薄伽丘说过的话,他补充道:"无知在某些时候确实可以被看成神圣的,但作为一种德行,它被高估了。"他指出,有时无知甚至会成为尘世罪恶的根源。

作家和收藏家们对古人进行了人道主义抢救,把他们从深渊中拯救出来,从地牢中解放出来。同时,古人也对这种努力投桃报李,为现代世界提供了一种重生的道德之光。在发现了昆体良手抄本以及其他著作之后,威尼斯学者弗朗切斯科·巴巴罗(Francesco Barbaro)写信给波吉奥,提到他听到"有如此多的精力被贡献给属于全人类的善,有如此多的好处将会永存"时非常兴奋——因为"为了适应美好幸福生活和得体言论而进行的文化和心灵训练"不仅可以给个人带来巨大的优势,对城市、国家和全世界来说也一样。

这是一项令人兴奋的工作:拯救现代人类,同时允许个人沉迷于寻找和收藏书籍及其他各种手工艺品,并以此获取幸福感的满足。波吉奥写道:"我有一间堆满大理石头像的房间。"并且,他还梦想在这个国家找到一个更大的地方,让他塞满更多的珍宝。有些收藏家确实有这样的资源:曾经大力资助内米湖沉船打捞计划的红衣主教普罗斯佩罗·科隆纳(Prospero Colonna),就在奎里尔诺山(Quirinal Hill)上建了一座用来收藏雕像的庭院。而且,人们在这个地方进行挖掘的时候还有意外收获:从地下涌现出了很多古董。难怪波吉奥要把自己的作品《论贪婪》(*On Avarice*)献给这位红衣主教。[14]在这本书里,波吉奥讨论了一个古老的观点:巨大的财富不是罪恶的,而是有德行的,因为人们可以用财富提高生活的乐趣。

发现和积累在不断继续，生活在佛罗伦萨的美第奇家族在这方面最为有名。在遥远的北方，曼图亚侯爵夫人伊莎贝拉·德斯特（Isabella d'Este）创造了另一种收藏。她对宫中的一座塔楼进行了改造，使其既可用于自学，也可作陈列室之用。室内塞满了古代物件，也有同时代作家受委托而完成的新画。作为一名伟大的资助人和收藏家，她是极为罕见的，因为她同时还是一个女人。

※

女性：如果这个故事在此时能有更多的女性就更好了。1984年，历史学家琼·凯莉－加多尔（Joan Kelly-Gadol）写了一篇著名的论文，提出了"女性是否有过文艺复兴？"这个问题。你可能已经猜出了她的结论。她论证道，中世纪的欧洲至少为某些女性提供了更多获得成就的空间。她们可以管理大量的财产，特别是当她们的丈夫去参加十字军东征时。她们也可能在修士群体中实现辉煌，公元10世纪的诗人、剧作家和历史学家甘德斯海姆的赫罗斯维塔（Hrotswitha of Gandersheim）就给我们提供了这样一个案例。[15] 在人文主义者的时代，人们发现了她的戏剧，并在一片激动中出版了这些作品。当然还有公元12世纪的宾根的希尔德加德（Hildegard of Bingen），她是一名作曲家、哲学家、医师、神秘主义者，还创造了一种人工语言。

相比之下，15世纪时，人文主义者更多地参与城市生活，而非局限于修道院。人文主义者给私人牧师或贵族家庭做家庭教师，或者是为他们做秘书工作，又或者是在公共领域担任官职或是外交官。对所有这些角色来说，"人学"都是很重要的——它由五种经典学科组成：语法、修辞、诗歌、历史和道德哲学。学习交谈和写作，理解历史范例和道德哲学，这为那些想把生命贡献给公共演说、书写、政治和明智判断的人打下绝佳的基础。不过，这也正是症结之所在。因为很少有父母希望自己的女儿经历这种生活。人们希望出身良好的女性待在家中，与世隔绝，完全不出现在公共领域。她们不会透露自己的地址，也不会写优雅的信件；她们不需要学习拉丁文，学习做出明智选择的技艺对她们来说没有任何意义，因为她们完全没可能做很多选择。由于缺乏这种训练，她们被排除在大多数的"成人"（humanitas）之外。相反，人们希望她们拥有贞洁和贤淑的美德，而获得这些并不需要接受太多的教育。在一些最具有活力的人文主义城市里，特别是在佛罗伦萨，女性被最大限度地要求隐形。

有一些女性人文主义者确实在历史上留下了她们的印记。一个早期的杰出例子就是克里斯蒂娜·德·皮桑（Christine de Pizan），她是第一位已知的女性职业作家。[16] 1364年，她出生于威尼斯，但是她人生的大部分时光都是在法国度过的。她显然从自己的医生父亲那里获得了意大利文和法文方面的良好教育，可能还包括拉丁文。她在十五岁的时候结了婚，有过三个孩子。当丈夫和父亲去世后，她的人生改变了。她必须承担起养活自己、三个孩子及其母亲的责任。于是，她开始写作，为国王和其他人创作作品，以此来换取金钱资助。她的多才多艺令人印象深刻：除了关于伦理、教育、政治和战争的主题——这些全都是属于男性的主题——她还写爱情诗歌，以及一些自叙生平的诗文，描述了彼特拉克最喜爱的主题之一——人生际遇的无常。她在1405年创作了《妇女城》（*The Book of the City of Ladies*），这是一部故事集，取材于薄伽丘一部关于女性的神话和历史著作，但她为女性的常见技能和美德做了激动人心的辩

"正义进入妇女城"，选自克里斯蒂娜·德·皮桑的作品集《女王之书》（*The Book of the Queen*），约1410—1414年

护。许多辩护都是以理性（Reason）的口吻发出的——就是彼特拉克《面对福祸命运的良方》一书积极向上的那部分内容中的一个角色——它提供了令人振奋的想法来抵消悲观情绪。当书中的叙述者读到许多男性写的讨厌的女性事物，并因此感到沮丧时，理性就会为她打气。她建议人们思考这个问题：难道这些男性就没有犯过任何错吗？显然他们也会犯错，因为他们总是自相矛盾，或者是互相纠正，所以不可能全都是对的。她说道："让我来告诉你吧，相比于那些被他们所诋毁的女性，那些说女性坏话的人对自己造成的伤害要严重得多。"她建议叙述者在心灵中建立一座"妇女城"（City of Ladies），并在其中塞满所有能找到的博学、勇敢且激励人心的女性的事例。这是另一种类型的拯救工作：用被遗忘的角色来激励活着的人。

此外，也有其他女性紧随其后，在同一世纪获得了成功。比如劳拉·瑟蕾塔（Laura Cereta），她不仅写诗，还收集了自己的书信，并且——像彼特拉克一样——将其作为一部文学作品进行传播。她的通信好友中有很多都是著名的人文主义者。她在信中详细描述了自己的生平，并且思考了为什么应该让女性获得更好的教育以及如何在婚姻中变得更独立。还有一位名叫卡桑德拉·菲德拉（Cassandra Fedele）的书信作家，她收集了自己的书信，连同一篇用拉丁文写的演讲词寄给了安杰洛·安布罗吉尼（Angelo Ambrogini），即波利齐亚诺（Poliziano）。波利齐亚诺是美第奇家族一位杰出的家庭教师，他的回信虽优雅却带有某种优越感：非常高

卡桑德拉·菲德拉，伦巴第画派的一位艺术家绘制而成，约1600—1649年

兴能够遇到这样一位女性,她挥动笔尖而不是针头,她在纸上舞文弄墨而不是在皮肤上涂脂抹粉。这种赞扬至少比忽视听上去要好一些。但在这之后,她在很长一段时间里都被人忽视了。西塞罗在关于阿尔奇亚斯的演讲中赞美了"人学"带来的快乐和益处。在一封书信里,卡桑德拉·菲德拉对此提供了一种揶揄式的曲解。她写道:"尽管对于信件的研究没有向女性担保并提供任何奖励,也带不来尊严,但每个女性都应该去追寻并拥抱这些研究,因为唯有这种研究才能带来愉悦和快乐。"在丈夫去世后,她经历了多年的贫穷。最终,她以八十二岁高龄担任了威尼斯一家孤儿院的院长;当她九十岁的时候,波兰女王访问了这座城市,而她有幸被邀请撰写并发表了一篇优雅的拉丁文欢迎辞。

当时已经是1556年了,跟过去相比,博学的女性也许略微显得不那么奇怪了,而且女性获取教育的机会也稍好了一些。诗人维多利亚·科隆纳(Vittoria Colonna)受益于可以使用另一位女性的非凡的图书馆,此人即科斯坦萨·达瓦洛斯(Costanza d'Avalos)。科斯坦萨是维多利亚的婶娘,她在三岁的时候就已经订婚了。在遥远的英格兰,人文主义者托马斯·莫尔(Thomas More)选择教育他的女儿。亨利八世也是这么做的:他的女儿玛丽师从西班牙人文主义者胡安·路易斯·比维斯(Juan Luis Vives),伊丽莎白师从罗吉尔·阿谢姆(Roger Ascham)。罗吉尔对伊丽莎白的早慧和语言才能赞不绝口。但这些人都属于少数特权阶层,她们接受教育是因为确有可能扮演政治角色,并承担道德责任。因此,她们需要学习如何做好这些事情。

当然,尽管男孩们有更好和更充分的道德教育,这并不意味着他们总是能成长为德行和智慧上的完人。当时,人文主义教育一度被看成一种技巧,主要用来培养口齿流利且傲慢的公众人物。[17]这些人并没有真正的求知欲,头脑中也完全没有严肃的思想。这么说是有一定道理的:我注意到,即使在21世纪初期的英国,如果一个人能够一边引用拉丁文典故,一边表现得像个无赖,仍然能够走得更远。

不过,这种理想仍然是值得敬佩的,它直接取自西塞罗和昆体良等令人尊敬的榜样：为了更好地进行统治，就必须具备良好的口才和推理能力，举止要中庸平正，并且在各种意义上都充满"人性"——当然也要知道一些真实的人类故事在历史上是如何发生的。

好的教师应该把这些全都传授给学生。而且，不能只是以理论的方式，教师自身也应该是全面发展的、有教养的优秀人士，这样才能树立良好的榜样。人文主义教师喜欢把自己跟中世纪的旧式大学教授进行对比，并把他们想成古怪迂腐的形象，成天专注在三段论上，做一些没有意义的悖论，比如："火腿令我们口渴；喝水可以止渴；因此火腿可以止渴。"[18]玛丽公主的老师胡安·路易斯·比维斯就嘲笑过这类腐儒：他们总觉得自己非常聪明，而且很有哲学气息。然而，一旦他们走出自己的小世界，立刻就会陷入结结巴巴的尴尬境地。对于一些在生活中更有价值的技能，这些腐儒一无所知："道德哲学教导我们认识心灵和人类的生活，赋予心灵和举止以优雅；历史则是学习和经验的母亲；讲演术对于生活和常识既有教育意义，又管控着这两者；政治学和经济学管理着公私事务。"人文主义有三大支柱——道德哲学、历史眼界和良好的沟通——它们在当时的世界上都得到了最好的践行，即便这个"世界"只是由一小群依附于皇室的人组成的。比维斯感谢上帝把他从陈旧迂腐中解脱了出来，并因此得以发现"真正值得人类去学习的学科，它们也因此经常被称为人文学科"。

这些学科为学习它们的人构建了一个愉悦的学习环境。在曼图亚，贡萨加家族（the Gonzaga family）在草地中创办了一所环境优美的学校，由维多里诺·达·菲尔特（Vittorino da Feltre）负责运作。这就是 La Giocosa，又叫作 La Gioiosa：好玩的或有趣的学校。在费拉拉，瓜里诺·达·维罗纳（Guarino da Verona）和他的儿子巴蒂斯塔·瓜里尼（Battista Guarini）在一个同样美丽的环境里给埃斯特家族（the Este family）以教导。瓜里诺曾经给其中一个名叫莱昂内洛·德·埃斯特（Leonello d'Este）的学生写信，盛赞户外阅读的快乐。[19]他说的户外可能是指漂在河里的一条船。在他的描写中，书本敞开在他的膝上，而他划船经过葡萄园和田野，田野上满是歌唱的农夫。不过，在室内图书馆阅读同样是一件令人快乐的事情。在另一个作者的对话录中描述了这么一幅画面，瓜里诺建议莱昂内洛应该如何装点这种图书馆：除了书籍，还应该加上玫瑰、迷迭香细枝、日晷、竖琴，以及神和学者们的画像，但最好不要放小猫或笼中鸟进去，因为它们太让人分散注意力了。

想象这么一座理想的图书馆会让我们联想到另一个相似的环境：乌尔比诺的宏伟宫殿。它处在意大利半岛稍南一点儿的地方。费德里科·达·蒙特费尔特罗（Federico da Montefeltro）是那里的公爵，他最初是维多里诺在曼图亚的学生之一。他是一名雇佣兵并靠此发家。从1454年开始，他把这笔财富投入一座梦幻宫殿的建造之中。这座宫殿高居山上，有着完美的建筑比例和内饰，它们一起歌颂着人文学科和人性。他的私人书房里放置着用彩色木头制造的美丽雕像，其中有受人尊敬的作家（荷马、维吉尔、西塞罗、塞涅卡、塔西佗），还有乐器、古典寺庙、鹦鹉，以及他的宠物松鼠——因为是木质的，所以它们不会四处跳动，自然就不会分散人的注意力。他的图书馆有两个大厅，都装饰着跟艺术和科学相关的壁画，还有一句关于其藏书的拉丁文铭文："在这间房屋里，你可以找到财富、金碗、大量的金钱，这里还有成群的仆人、耀眼的宝石、数不尽的珠宝，以及珍贵的链饰和腰带。但是，这里还有一种珍宝，它远比这些豪华之物更加耀眼。"其中，大部分藏书的供应商都是韦斯帕夏诺·达·俾司迪奇。据说，他常年供养着三十四名抄写员，他们仅为乌尔比诺公爵制作手抄本。当然，所有这些手抄本都是用清晰的人文主义手写体写成的。

乌尔比诺的宫廷以其社交活动闻名于世。在这里，无论是公爵在世之时（公爵夫人和她的朋友们热爱聚会）还是之后，女性都曾经是社交中的一部分。巴尔达萨雷·卡斯蒂廖内伯爵（Count Baldassare Castiglione）曾记录了该地稍晚一代人的时代氛围。他本人是一个士兵和外交官，也来自附近的曼图亚。16世纪的头十年里，巴尔达萨雷·卡斯蒂廖内伯爵在乌尔比诺宫廷里度过了大量的时间，他在这里的图书馆学习，在这个时髦的环境里拥有过一段简单而快乐的时光。他的对话录《廷臣论》（*The Book of the Courtier*）为我们唤起了那段时光，其对话聪明机敏，言语诙谐俏皮，不乏关于爱、雄辩和政治德性的争论。所有这些都发生在这个壮丽的场景之下——回想一下薄伽丘在《十日谈》里表现出来的气氛，以及其中提到的聚会和游戏。但是，他们不只是在讲述下流故事，还提出了类似这样的问题："如果我不得不当着别人的面表现出疯狂，那么我在别人眼里会是怎样的傻瓜？"

存在众多的挑战，其中之一就是如何去描述理想侍臣的品质。这个团体讨论过侍臣应该擅长哪种运动项目：网球是很好的，但走钢丝则不是必要的。此外，侍臣应该勇敢、受过良好的教育和善于雄辩，而且侍臣还应该表现出潇洒不羁。这个单词意味着轻松和举重若轻的态度，似乎出于本性去完成困难的事情，而不流露出明显的吃力。这个词让我想起有的人随意把披风围在肩上，却恰好合适，不需要固定住或左拉右拽。

潇洒不羁也是文学活动中的理想。卡斯蒂廖内宣称，他就是用这种方式写书的：就像把轻食沙拉随意搅和在一起一样，他从不考虑出一个正式版本——因为这会费力气。他还告诉我们，他的诗人朋友维多利亚·科隆纳曾在朋友间秘密传播其作品，直到它被广泛阅读，他才认识到也许可以将其发表。但真相其实是另一回事，跟大多数作家一样，他在自己的作品上下了很大的力气。在《廷臣论》于1528年面世并获得高度赞扬之前，他对其进行了多次修改。

很多学者、作家和家庭教师就是通过这种偷偷摸摸的地下工作达成了自己的成就。尽管他们喜欢以天生的面目出现，但很多人都在身世背景方面比他们的贵族学生要普通得多。就像他们的前辈彼特拉克和薄伽丘一样，很多人都有过相似的痛苦经历，拒绝父母的期望，转而选择一条人文主义道路。为了寻找和保有工作机会或资助人，确实需要艰苦努力和过人的才华，这一切远比他们表现出来的要费力。当然，这也包括他们保持的举重若轻的状态。

他们也并不是总能成功地让这种放逸教师形象无迹可寻。安东尼奥·乌尔塞奥（Antonio Urceo）是一位受人尊敬的学者，也是弗利（Forlì）王室的一名家庭教师，人们叫他考德罗（Codro）。此人在宫殿里获赠了一处住所，因此得以在其中工作。有一天他外出的时候忘了熄灭蜡烛，烛火点燃了他的书桌。成堆的纸张被点燃，火势蔓延。等他回来的时候，几乎所有的东西都被烧毁了，包括他正在进行的工作。

考德罗忘记了人文主义者的所有体面和潇洒不羁，失神落魄，跑出城市，来到乡下。他一边大声咒骂上帝和圣母玛利亚，一边高喊让魔鬼带走他的灵魂。在荒野中，他的哭喊声逐渐消失。等到平静后，他又回来了，但城市的大门已经在夜间关闭。他不得不在城外睡觉，直到清晨遇到一个善良的木匠把他带回家中住下。考德罗在那里住了六个月，没有回到宫殿，也不再碰任何一本书——最后，他终于恢复了平静，又可以重新工作了。

※

卡斯蒂廖内的书得以成功流行，部分原因在于他的书不只是像早期作家一样依靠手抄本流传，局限在少数读者之间，他的书是印刷出来的。

无论是雕版印刷术还是活字印刷术，都早已在中国出现了：佛教修行需要诵念大量的经文以获取功德，印刷术因此十分有用。当这项技术传到欧洲之后，它获得了相似的用途，即大量生产教皇赎罪券——这种票券可以用来削减死后可能受到的惩罚。约翰内斯·古登堡（Johannes Gutenberg）印刷了高达一万张这种赎罪券。[20] 不过，他之所以被人记住，还是因为他生产出了欧洲第一本重要的印刷书：1455年的《圣经》。

就跟大多数改善了人类生活的发明一样，印刷术也遭遇过怀疑和抵制。乌尔比诺公爵对这种书毫无兴趣。有位名叫约翰内斯·特里特米乌斯（Johannes Trithemius）的德国本笃会修道院院长写下了《抄写员颂》（*In Praise of Scribes*），论证了手抄本优于印刷书籍。并且，他还指出抄写对于修士的精神训练太有用了，所以不可以抛弃。但为了让更多读者看到这个观点，他选择让这本书印刷出版。[21]

这位修道院院长还论证了羊皮纸比纸张更加牢固耐用，这倒是真的——即使跟20世纪70年代木浆制造的书相比，用衬裤制造的纸张至今还是十分漂亮。然而，对文学作品的流传来说，印刷术确实打败了手抄书稿，因为它可以制作很多复本进行分发。我们只需要想一想，珍贵的荷马译稿是如何在薄伽丘和彼特拉克之间反复邮寄，或者波吉奥在长达十年的时间里都没法从尼科洛那里拿回卢克莱修的书，就不难发现这一点。的确，很多印刷书籍也在这个世界上失传了。但总的来说，印刷书籍比手抄本有更好的流传机会。早期的印刷术是一个典型例子，它说明技术创新可以跟生产永恒价值的文化知识和谐相处。正如爱德华·吉本所说，"这项技艺足以嘲弄时间和野蛮造成的浩劫"，而它是从德意志机械工人群体里诞生的。

特里特米乌斯的著作赞扬了手抄本的精美，但印刷本也发展出了属于它的美感。当它被设计得简洁、清晰且具有可读性时，这种美感就更加明显。德意志印刷工使用了一种粗体的"黑体"字形，这种字体后来在其他地方的宗教著作里得到了广泛应用。由于它起源于北方，所以也被称为"哥特体"。不过，随着对古典文学的再发现，它们轻盈的品质也引发了人们对更细字体的需求。现存第一部在意大利印刷的书籍是1465年版的西塞罗的《论演说家》（De oratore），这本书就是用这种字体印刷的。不过，它的印刷工人却是德意志人阿诺德·潘纳尔茨（Arnold Pannartz）和康拉德·施温海姆（Conrad Sweynheym）。他们使用的这种字体来自人文主义写体，而这种写体又来自加洛林小写体（Carolingian minuscule）——所以仍然被认为是属于古罗马的。然而，对这类设计最好的应用则要等到威尼斯的阿尔杜斯·马努蒂乌斯，这位意大利人最终跟他聪明的字模工人弗朗切斯科·格里夫（Francesco Griffo）一起出版了卡斯蒂廖内的《廷臣论》。

阿尔杜斯·马努蒂乌斯曾在费拉拉跟从巴蒂斯塔·瓜里尼接受过人文主义教育。最初，他也考虑过从事学术研究。但四十岁的时候，他在威尼斯发现了自我，同时还发现了印刷术。这座城市此时已经变成了该项技术在意大利的重要中心：在阿尔杜斯的时代，有大约150台印刷机同时开工，当地更是书肆遍布。阿尔杜斯通过为其他印刷商工作来学习这项商业活动，并开启了他自己的生意。1498年暴发了一场属于这个时代的常态化瘟疫，阿尔杜斯病倒了，然后他向上帝发了一个誓：如果他能大难不死，他就放弃印刷事业，进入教会。后来他确实免于死亡，却对誓言有了一个更好的想法。他请求教皇亲自给他特赦来打破誓言，因为他在经济上需要依赖这门生意——就仿佛神父无法拥有完美的好生活一样。好在教皇亚历山大六世（Alexander Ⅵ）对于创造性地解释规则一事并不陌生，于是便帮助了他。对印刷史来说，这实是一件幸事。

阿尔杜斯成了一个印刷风格上的大师。就某个极端方面而言，他可以为自负的作家提供华丽的表演。其中一个突出的例子就是1499年的《波力菲罗的梦中情》（*Hypnerotomachia Poliphili*）①——如果把它的名字全部翻译过来，就是《波力菲罗的梦中情教育他人类的一切无非南柯一梦》（*Poliphilo's Hypnerotomachia Where He Teaches That All Things Human Are No More Than a Dream*）。其作者理论上说应该是一位六十多岁的匿名修士，但他以藏头诗的方式在所有章节的第一个字母中留下了一个巨大的线索：通过这些字母我们可以拼出一个句子，其中包含他的名字，即弗朗切斯科·科隆纳。这个故事是用一种混合的拉丁化意大利语讲述的，英雄波力菲罗在古代遗迹和草地上漫游，寻找他失落的爱人波利亚（Polia）。跟阿尔杜斯一样，她在一场瘟疫期间许诺如果能够幸存下来就脱离红尘——在这个故事里，这意味着她会变成狄安娜女神神庙里的贞洁圣女。跟阿尔杜斯不同，她践行了自己的诺言。但是，当某天波力菲罗进入神庙并潇洒地昏倒在祭坛前时，有关贞洁的誓言变得困难了起来：她用一个吻救醒了他。大祭司看到了他们的行为，把他们赶出神庙。波力菲罗非常开心，但当他正要拥抱波利亚时，她却从他的怀抱中消失了。然后故事结束了——因为这一切不过是个梦。

正如书籍史学家E. P. 戈尔德施密特（E. P. Goldschmidt）所说，这本书表达了"一个书呆子的狂喜"。他还评论道："正如其他一些伟大的书籍，这本书

---

① 也译作《寻爱绮梦》。

也是由一个疯子书写的。"不过，这些人文主义的狂喜和疯癫，在语言和视觉美上都给人一种饱含愉悦的感觉。多亏阿尔杜斯，故事以一种清晰的字体印刷了出来，文字周围有大量留白。如果不考虑内容的话，其排版可谓清楚明了。书中附有木版画，可能是艺术家贝奈戴托·博尔多内（Benedetto Bordone）的作品。这些木版画描绘了废墟、游行和坟墓，还带有很多详细的文字介绍，让读者中的铭文收藏者也感到高兴。

阿尔杜斯的其他产品更加精致，在内容上也更加克制。他同时出版便携式的近代作品和古典作品，十分适合坐在船上顺流而下的人去阅读。微型书籍并不是什么新鲜事物：早在公元1世纪，拉丁诗人马夏尔（Martial）就推荐那些想在旅途中携带其大作的读者买那种"压缩成小页的羊皮卷"。但是，对游移不定的人文主义者来说，这种书籍现在变成了能够负担的伴侣。为了配合阿尔杜斯干净利落的设计，格里夫也设计了一种易读的新式字体，即"意大利斜体"（italic）。它出现于1500年，刚开始的时候只是用于卷首插图中的几个单词上，后来在一部1501年4月版的维吉尔诗集里得到了更充分的应用。

维吉尔是一个恰当的选择，因为他赢得了人文主义者广泛的崇拜和模仿。其中，彼得罗·本博（Pietro Bembo）就是模仿其田园风格的新式作家之一，他是卡斯蒂廖内的朋友，也在乌尔比诺宫廷住过一段时间。[22]在这之前，他还在费拉拉的埃斯特宫廷有过一段经历。他给阿尔杜斯带来了自己的第一本书《论埃特纳》（*De Aetna*）——这是人文主义写作和印刷结合的最佳典范。

这本书不是用意大利斜体印刷的，它出现于1496年2月，当时距离这项发明还有数年之久。但其中的文字整洁清晰，而且还包含了一项卓越的创新：一种胖乎乎的、很吸引人的分号，人们第一次用它来表示中断或停顿。[23]总的来说，其书页看上去非常清新，表达了人文主义者关于光明和解放的理想。这种装帧跟故事表现出来的令人欢欣的优雅交相辉映。我们追寻作者的踪迹，他正和他的父亲贝尔纳多（Bernardo）在河边散步。这条河位于他们在帕多瓦附近的漂亮别墅旁边，作者在跟父亲讲述自己最近去西西里的旅行。作为旅行的一部分，他和朋

彼得罗·本博在《论埃特纳》中的开场白，1496年

友登上了埃特纳火山（Etna）。一路上，他们走走停停，审视废墟、希腊钱币和各种树木。彼得罗回忆着他在古代作家那里阅读到的关于埃特纳火山的故事，其中就包括地理学家斯特拉波（Strabo）。斯特拉波说，只有在冬天才能在山顶发现雪。彼得罗说他惊奇地发现这种说法并不正确：即使在夏天，仍然有冰冻的雪散落在带有硫黄气味的气体云和偶尔飞起的碎石之间。所以，古代的作家们是不是有时候也会犯错？而且，火山到底是怎么运动的？它们是否像人类的肺一样，吸入气体然后再喷出来？

《论埃特纳》一方面展示了作者的探究头脑，另一方面也展现了作者对典籍和文学技巧的沉迷。同时，它还是印刷格式和写作内容的一次完美的无声联姻。它证明了20世纪文学史专家恩斯特·罗伯特·库尔提乌斯（Ernst Robert Curtius）做出的一个评论：就品性而言，真正的人文主义者会"同时从世界和书本里获得乐趣"。

在接下来的几个世纪里，印刷术同时服务于世界和书籍：科学和人文学科。它吸引了像彼得罗·本博这样的修辞大师，也吸引了更多的实用主义者，因为他们希望更快更远地传播自己的发现。阿尔杜斯的印刷店对他们全都热情开放。它吸引了那个时代学术群体中的精英，业务范围涵盖了写作、编辑、翻译，以及印刷设计和版式设计全流程。他们几乎像在一个公社里生活，经常以顾客或工人的身份拥进阿尔杜斯的房子，或者同时具有这两重身份。在这许多参与者中，有一位来自北方的作家和学者，即鹿特丹的德西德里乌斯·伊拉斯谟（Desiderius Erasmus）。1507年，他跟阿尔杜斯在一起住了大约八个月，并在那里进行自己的工作。在他的《格言集》（*Adages*）中，他描述自己坐在一个角落中写作，每完成一页就把它递给排字工人——他说，当时太忙了，以至没时间去挠耳朵。[24]

阿尔杜斯让朋友们到处翻找自己收藏的手抄本，以及富有的资助人的收藏，以便找到更多的文本来出版，或者是找到更好的版本用于编辑校正。他开始用希腊文印刷经典著作，因为此时的意大利已经可以找到很多希腊语专家。很多希腊学者都来到意大利进行教学。当时发生了一件震惊全世界基督徒的事情，甚至引发了一次特别的移民潮：奥斯曼土耳其人在1453年攻占了君士坦丁堡。于是，难民们不得不逃离那里。但在走之前，他们显然还有时间去拿上他们的藏书，其中有各种关于哲学、数学、工程学等领域的希腊文著作。所有这些都促进了意大利的文化、知识和技术领域的发展，并且为阿尔杜斯的小圈子提供了养料。他本人也通晓希腊文，并用希腊文印刷书籍，甚至还会举办一些小型聚会。聚会规定，如果有人不小心犯错或者忘记说希腊语，就必须在壶中放一枚硬币。每当壶满，他就会用壶里的钱举办一场派对。

随着合作伙伴圈子的扩大，他的读者范围也在扩大。伊拉斯谟说，阿尔杜斯创造了一个没有边界的图书馆，如果一定要说存在什么限制的话，那就是这个世界本身。不过，或许连这种限制也是不存在的。除了这个真实的星球，阿尔杜斯的书籍还让一个想象出来的乌托邦岛屿呈现出来。正如伊拉斯谟的朋友托马斯·莫尔所言：《乌托邦》的叙述者给岛上的居民带来了阿尔杜斯版的便携式希腊文书籍，于是他们进行着如饥似渴的阅读。

阿尔杜斯以恰当的方式庆祝了自己的成就。在其1509年出版的普鲁塔克《道德论集》(*Moralia*)的序言中，他收录了人文主义者佩鲁贾的雅各布·安提瓜里（Jacopo Antiquari of Perugia）充满活力的拉丁文诗句："阿尔杜斯来了，一手希腊文，一手拉丁文。阿尔杜斯是我们的蜂蜜，我们的盐巴，我们的牛奶！年轻人，在城市里撒满鲜花！阿尔杜斯来到这里了！"

这也是其他人文主义者想象中的自己：他们把新鲜空气和鲜花带进学术世界，同时把学术世界带进真实的生活。他们也继续享受着其他用来形容他们所作所为的赞誉：打捞沉船，照亮黑暗，拯救囚徒。在一本由阿尔杜斯编辑的修昔底德的《历史》的序言中他述说了他是如何"出版——或者毋宁说是把好书从严苛

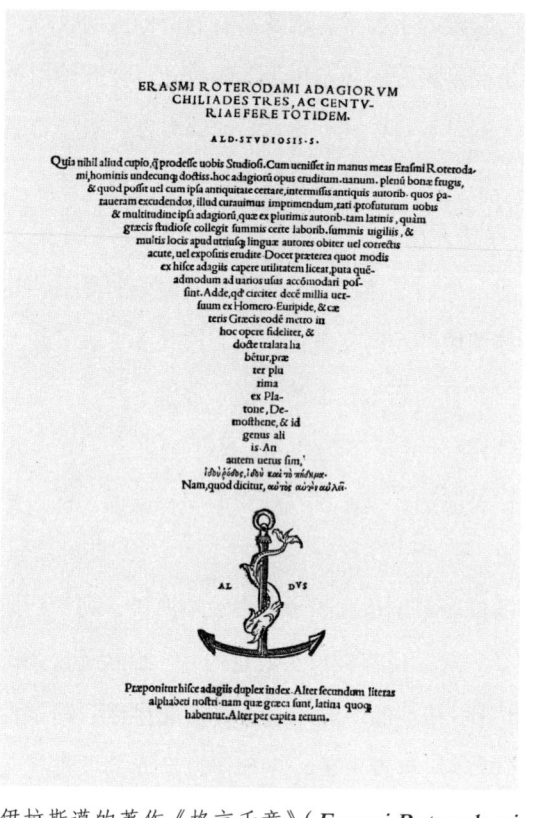

伊拉斯谟的著作《格言千章》（*Erasmi Roterodami adagiorum chiliades tres*），威尼斯：阿尔杜斯印刷社，1508年

黑暗的牢狱中解放了出来"。他把作者们从监禁里释放了出来，也把读者从之前难以获取好书的困境里解脱了出来。

他和他的编辑们也尽最大努力把文本从错误中解救了出来。通过排除早期抄写员的错误，无休止地查询词汇变体，他们开始给大多数可以获取的重要经典著作确定一个标准文本。他们像侦探、法官和历史学家一样进行工作，发展出了比以往更好的技巧来收集和甄别证据。伊拉斯谟把编辑工作跟权衡不同目击者的证言进行了比较：你要盯住它们，在不同的复本间进行比较，直到最后出现一种最说得通的解读。[25]

不过，如果你花费太多时间用来寻找文本可能的错误或者是模糊不清的地方，或者是认定某些文本是彻头彻尾的赝品，又或者你在做这些事情的时候显得过于享受——那么，你就会给自己招致风险，触怒某些有权之人。你可能不会再被看成一个没有伤害性的文学艺人（literary potterer），而是被看成一个危险的异端，或者一名具有煽动性的"异教徒"。这将会把你变成下一章的主题之一：为更具反叛性的目的所驱动的学术人文主义者——至少，他们的敌人是这么来揣测他们的。故事发生的地点仍然在意大利，而且在时间上也很重合。

第三章
挑战者和异教徒

公元1440—1550年的大部分时期

质疑一切的洛伦佐·瓦拉——西塞罗崇拜、异教信仰和罗马——蓬波尼奥·莱托（Pomponio Leto）和巴托洛梅奥·普拉蒂纳（Bartolomeo Platina）惹怒了教宗——托斯卡纳，尤其是佛罗伦萨——皮科·德拉·米兰多拉（Pico della Mirandola）和人类变色龙——莱昂·巴蒂斯塔·阿尔伯蒂和普遍的人——再次以人类为尺度——维特鲁威范式（Vitruvians）——吉洛拉谟·萨伏那洛拉（Girolamo Savonarola）焚毁虚荣事物——洗劫罗马——肖像——一切都在被质疑大约在公元315年，君士坦丁大帝患上了麻风病。他准备按照传统的方法，用儿童的鲜血进行沐浴，来治疗自己。正当此时，一个梦提示他去教宗西尔维斯特一世（Pope Sylvester I）那里寻求帮助。他遵循了梦境的指示，教宗祝福了他，于是他的麻风病痊愈了。为了表示感谢，君士坦丁大帝把欧洲西部所有领土的统治权授予了教宗及其继任者，其中也包括意大利半岛。皇帝把这项礼物记载在一份名为《君士坦丁御赐文》（*the Donation of Constantine*）的文件之中。[1]

后来，签署这份文件的场景被拉斐尔的学生们在公元1520年的梵蒂冈绘制成了一幅壁画，由此永垂不朽：你可以站在这幅壁画面前，亲眼见证这一切是如何发生的。

其实一切并没有发生过——这一事实早在绘制壁画时就已经广为人知了。那个关于麻风病的故事只不过就是个故事，而那份文件也是伪造的。显然，它是公元8世纪才被制造出来的。后来，这份文件被用于强化教宗的土地所有权。同时，日耳曼皇帝也用它来辩护自己的愿望，因为他们自称神圣罗马帝

洛伦佐·瓦拉

国皇帝。这份御赐文件曾一度引发人们的怀疑,不过,最彻底的拆穿则是由一位15世纪的文学人文主义者完成的。[2]他把那个世纪所有的理智热情都投入到了这项工作之中。

他的名字是洛伦佐·瓦拉,他在1440年的论著《论〈君士坦丁御赐文〉》是人文主义者最伟大的成就之一。它把精确的学术攻击和从古人那里学来的高超修辞技巧结合在一起,并辅之以肆无忌惮。所有这些对瓦拉来说都是必不可少的,因为他正试图攻击教会在当时最核心的主张之一:教会有足够的理由宣称对全西欧拥有全部权力。由此出发,瓦拉只需要一小步便可以开始质疑教会在其他方面的权威性,包括它在人们心灵世界中的权威性。

瓦拉看上去是个无畏的人,他永远不可能听从劝说从而保持沉默。他曾游历意大利全境,为很多资助人和支持者工作过——此时他正在那不勒斯生活——但是,他也同样四面树敌。诗人马费奥·维吉奥(Maffeo Vegio)曾经警告他,在写东西之前要先四处询问,以免伤害他人的感情,并且要尽量约束其"理智上的暴力"。[3]但他做不到,也不想这么做。瓦拉的能量是从身体里爆发出来的。另一个名叫巴托洛梅奥·法西奥(Bartolomeo Facio)的学者曾经对他进行过总结,说他昂着头,总是不停地说话,且他说话时手舞足蹈,走路的样子十分兴奋。(用法西奥简洁优美的拉丁文来说,可以总结为八个词:"*Arrecta cervix, lingua loquax, gesticulatrix manus, gressus concitatior.*")[4]瓦拉承认自己的性格有些自命不凡,他在一封信里承认,他之所以接手这项关于《君士坦丁御赐文》的工作,部分原因纯粹是由于展示自己的才能可以给他带来快乐:"这么做就是为了表明,只有我一个人知道这件别人都不知道的事情。"

他的攻击言论就开始于这种口吻。他直接告诉教皇:"我将证明这份文件是非法的,因此基于这一文件的主张也是错误的。"他得意扬扬地侮辱着被这个骗局所愚弄的所有人:"你这个傻瓜,你这个蠢货!"(*O caudex, o stipes!*)事实上,开启该争论的方式也是经过精心设计的修辞策略,它抓住了读者的注意力。借此,他得以进行更多更有针对性的论证。首先,他使用了历史学家的方法,研究了其可能性和证据。他问道：像君士坦丁大帝这种统治者是否有可能愿意放弃这么多的帝国领土？以及是否有人看到过其他佐证文件，证明教宗西尔维斯特一世曾经接受这一礼物？答案都是没有。

除了这些来自修辞学和历史推理的冲击，在其策略中紧随其后的第三个和最后一个武器也是最具杀伤性的：语文学，或者说语言分析。瓦拉证明，这份文件里所使用的拉丁文不符合公元4世纪的正确用法。他列举了一些不合时宜的愚蠢错误，比如，这一文本在一个段落里提到这样一个句子："与我们所有的总督一起（*cum omnibus satrapis nostris*）"。但一直到公元8世纪，人们才开始用总督（satraps）来指称罗马官员。在另一个段落里，文本用 *banna* 一词来指称"旗帜"，但是，中世纪以前的作者会选择用 *vexillum* 这个词。*clericare* 这个词的意思是"任命"，但并未见用于公元4世纪。他还指出了其他一些荒谬之处，比如 *udones* 一词的含义。对罗马人来说，它指的是"毛毡袜子"，但在这一文本里却把这种袜子描述成是用白色亚麻布制作的。瓦拉说，毛毡跟亚麻布一点儿都不像，而且它也不是白色的。他证明了自己的正确性。

瓦拉知道，作为一名拉丁文专家（他还通晓希腊文，后来翻译了荷马、修昔底德和希罗多德的作品），他的论证很充分。[5]在他的作品中，最有影响力的是一本关于优美拉丁文的手册，即《拉丁语言的优雅》（*Elegances of the Latin Language*）。这本书后来成为一代代学生在写作时所依赖的作品。在受益于这本书的人中，有人曾经盛赞道："瓦拉实在是太有才华了！他从野蛮人的束缚中把拉丁文上升到了辉煌的境地。愿泥土轻轻地覆盖在他的身上，春光永远照耀着他的坟墓！"

《拉丁语言的优雅》承担了这么一项任务，它刮除掉了生长在古代语言身上的中世纪藤壶，重新采用更真实、更有原创性的学习范例。这个观念也推动了《君士坦丁御赐文》的研究项目，只不过这整个文本都是一个藤壶。我们也可以把对这个过程的另一个印象描绘成掘除野草。[6]在开始《君士坦丁御赐文》的研究之前不久，瓦拉曾经写过一部作品，就传达了这种印象：这部作品的名字很震撼，叫作 *Repastinatio dialecticae et philosophiae*，意思是对辩证法和哲学进行刈草或翻耕。在这种情况下，中世纪的土壤被耕作成了更加肥沃的田野，真理得以在其中生长。不过，这会导致一些曾经平静熟睡的权威人物走下神坛，比如亚里士多德。在过去的几个世纪里，他们一直备受尊崇。对于更受同时代其他人文主义者尊崇的一些文本，瓦拉也进行了重新挖掘。比如，他针对现存的李维著作做了一系列的修订——他手头上有彼特拉克的私人校订复本。他甚至对《圣经》也做了修订。在其《新约注释》（*Annotations to the New Testament*）中，公元4世纪时哲罗姆（Jerome）从希腊文翻译过来的标准《新约》拉丁文本就经受了瓦拉的一番校勘。[7]同样地，瓦拉也利用了自身从历史角度思考文本源流的能力，不仅指出其错误，还推测了这些错误是如何慢慢产生的。比如，有些混淆就是来自相似的希腊字母。

旧式的亚里士多德主义者，近代的人文主义者，以及教会权威，他们全都投来了敌意，给他造成了风险，但似乎没有人能阻止瓦拉。在这些反对者中，最后一种是最危险的。果不其然，他在1444年成为那不勒斯宗教裁判所的调查对象。他最主要的问题倒并不在于《君士坦丁御赐文》一事，而是他在基督教三位一体和自由意志学说上的一些非正统观点，以及他对古代伊壁鸠鲁哲学的态度：这是一种很不基督教的哲学，它建议人们在现世以智慧和良好的方式生活，而不是去担忧彼岸世界。

早在1431年，瓦拉就已经开始提笔著述，在危险的边缘讨论这一话题：这是一本题为《论快乐》（*De voluptate*）的对话录。它刻画了三个谈话者，他们依次给出了关于该话题的观点。首先，一个斯多葛主义者说，人生一切都是痛苦，对人类来说全无快乐可言。"哦！如果我们生为动物多好，何必生而为人！如果我们从未出生，那该有多好！"

接着，一个伊壁鸠鲁主义者则提出了相反的看法。他说，生命中充满了愉快且美好的经验。例如，聆听女性甜美的嗓音，或者是品尝美酒（他偏题说道，我自己就有酒窖，里面装满了最好的酒）。此外，还有一些更加深切的快乐，如拥有家庭、担任公职和做爱（对于最后一项，他有很多话要说）。更进一步的快乐则是知晓自己的德行何等高尚，这一点足以产生自我满足的光辉；不过，这是一种另类的快乐。

第三个谈话者为基督教的观点做出了辩护：快乐是好的，但我们应该追求神圣的快乐，而不是世俗的快乐。基督徒做的是最终陈述，所以他赢得了这场争论。但是，我们不难注意到，伊壁鸠鲁主义者在这个过程中一直受到同情的对待。特别是在某个时刻，一个名叫洛伦佐的书中人物（其实就是作者本人）曾悄悄对他说道："我的灵魂静静地倒向了你的方向。"

然而，这一点被人注意到了。所以，当该书的第一版招致争议之后，瓦拉对它进行了微调，重新命名了其中的角色，并且把谈话场景从罗马改到了帕维亚。他还把书名从《论快乐》改成了在精神生活上更加振奋人心的 De vero bono——《论真实的善》。他把关于基督徒的最后那一部分内容作为礼物寄给了教宗犹金四世（Pope Eugenius IV）。不过，一起寄去的还有一封脸皮厚到可以作为典范的信："以上帝的名义，还有什么东西带给你更多的快乐比这本书更多？"不仅如此，这封信还向教宗祈求钱财。

所以，1444年，那不勒斯的宗教裁判所有很多理由去调查瓦拉。然而，他几乎是立刻就被其资助人和保护人给救了。这个人就是那不勒斯的阿方索国王，他的干涉使得调查停止了。这位国王欠瓦拉的人情：作为其宫廷随从中的一员，瓦拉已经跟随他有一段时间了。瓦拉总是利用其雄辩的口才为这位国王争取利益。当然，作为一位漂泊不定的人文主义者，瓦拉必须像彼特拉克一样取悦他当下的保护人。这也是除了语文学纯粹主义（philological purism）之外，他研究《君士坦丁御赐文》的主要原因之一：当时，阿方索正在努力保护其领土边界不受罗马教宗犹金的侵犯。通过破坏所有来自罗马的此类领土要求，瓦拉帮助阿方索实现了其目标。但我不认为这会削弱该项成就的意义：从原则上来说，瓦拉仍然热爱清理文本。瓦拉勇敢地对权威发起学术质疑，指出《君士坦丁御赐文》系伪造，并取悦自己的资助人。在这么做的同时，瓦拉也试着把自己从无畏的学术质疑可能招致的后果中解救了出来。

那不勒斯的工作并没有永远持续下去，人文主义者的工作也很少会如此。最后，瓦拉在一个让人最意料不到的地方找到了下家：他在罗马从一位新教宗那里得到了工作机会。尼古拉五世（Nicholas V）在1447年接替了犹金，和他的前任相比，尼古拉五世对人文主义思想和相关活动表现出了更多的同情。瓦拉现在在教廷得到了一份工作，职位是宗座写官（apostolic scriptor），或称抄写员。这让他得以在罗马定居。他还被任命为大学里的修辞学教授，并继续为下一任教宗加里斯都三世（Pope Calixtus Ⅲ）担任秘书。加里斯都三世还给瓦拉在教宗的拉特朗圣若望大殿（basilica of St John Lateran）里安排了一份圣职。你很难再找到更典型的属于人文主义者的工作了：宫廷、教会及大学。如果一个人想按照自己的方式进行自由、大胆的钻研，那么上述机构都会顺畅地编织进他的生活。

但他的生活从来没有彻底轻松舒适过，即使是其死后的尘世遭遇也是如此。他在1457年去世，终年五十岁。[8]他的母亲——白发人送黑发人——给他在大教堂安排制作了一块精美的墓碑，上面的铭文赞扬了他的雄辩口才。大约在16世纪中期的某个时间，宗教改革让教会变得对任何批评者都格外敏感起来，于是人们把他的坟墓迁了出去，迁到了某个不知名的地方。从那时起，这块碑的遭遇越来越不体面。德国历史学家巴托尔德·格奥尔格·尼布尔（Barthold Georg Niebuhr）在1823年访问罗马的时候，他惊讶地发现瓦拉的纪念碑被用作了大街上的铺路石板——很多其他不够基督教化的石块也遭遇了相同的命运。后来，人们把它抢救出来，移到了大教堂里面一个更加安全的地方。一直到今天，它还在那里。

作品才是瓦拉真正的丰碑。但是，就跟他的纪念碑一样，他的作品也以不可预测的方式被重新利用。他关于《新约》的评注貌似被人们遗忘，直到伊拉斯谟在一个修道院图书馆里发现了一份手抄本复本，重新编辑，并在1505年出版——这是一个彼特拉克传统下发现图书的故事，只不过这次发现的是一部现代作品，且它仅仅在"监狱"里服刑了几十年。这一发现启发了伊拉斯谟，他自己开始重译一部新版《新约》。跟瓦拉一样，伊拉斯谟倾向于选取古老且未经解读的文本来源。这么做的原因，一部分是由于优秀的学术研究通常可以带来自豪感，另一部分则在于，伊拉斯谟相信基督教在沉迷于其体制权力之前是一个更好的事物。

无论是伊拉斯谟还是瓦拉，他们都没有以伊拉斯谟时代出现的一种新方式来进行这一论证。这种新方式是新教徒使用的，新教徒反对教会权威，他们从瓦拉的论著里寻求支持。至少当德意志人乌尔里希·冯·胡滕（Ulrich von Hutten）在1517年怀揣明显的反教皇意图为这些著作出版新的印刷本时，这正是其动机所在。这也就难怪教宗尤利乌斯二世（Pope Julius Ⅱ）在当时会感到有必要制作那幅梵蒂冈壁画：该方式可以加深人们对君士坦丁大帝那个故事意义的理解。同时，也可以让人们忽略这一事实，即该事件早已沦为人文主义者钢叉下的牺牲品。

之后，宗教冲突变得不那么重要了。然而，知识分子们仍然被瓦拉所吸引，这是因为他们欣赏他的方法和目标。对他们来说，瓦拉用最宽泛的意义来指征自由思考这个词——也就是说，坚持相信专业知识胜过权威，坚持探索文本和主张是如何演变成它们现在的样子。他们仿效瓦拉，调查可疑文本，分析其源流和可信性。[9]后来，非宗教人文主义者（因此，他们也是更明确意义上的"自由思想家"）也会在瓦拉的坦诚态度和他对伊壁鸠鲁思想的明显同情中找到能让他们认可的东西。

即使是他那狂野好斗的行为方式也产生了一定的吸引力。特别是他还为此创制了一种哲学。在一封信中，他列举了自己对广泛存在的逆向思维的看法。他问道："如果有人想在学习或科学的任何领域进行写作，那么有谁能避免批评前辈学者呢？"比如，亚里士多德就被他的学生和侄子特奥夫拉斯图斯批评过。"确实，我回忆了一下，就我目前的广泛阅读而言，很难找出某个没有在任何一点上反驳或至少批评过亚里士多德的作者。"他们在这么做的时候，效仿的榜样正是亚里士多德本人，因为他就对自己的老师柏拉图提出过异议——"是的，柏拉图，那位哲学家之王！"基督教作者也是如此：奥古斯丁批评过哲罗姆，哲罗姆攻击过更老一些的教会权威，说他们的解释本身也需要进行解释。医生们互相批评，给出的诊断也各不相同。当暴风雨临近的时候，水手们从来无法达成一致，得出怎样掌舵才是最好的。对哲学家来说也是如此："斯多葛主义者几乎可以抵制并挑战一个伊壁鸠鲁主义者所说的一切；反过来，他从对方那里也会遭遇相同的事情。"争论和矛盾才是理智生活的本质，而非尊敬和服从。同时，关键一点在于，瓦拉不是仅仅告诉人们他们错了，他还会给出理由，说明他们为什么错了。

正如他在这封信中总结的：有时候，跟死者作斗争是一个人的责任。因为，这会有益于那些追随他的人。同时，这也是一个责任问题：人们必须训练年轻人，并尽可能地"恢复他人的理智"。

年轻人们拥向瓦拉，向他寻求指导。波吉奥·布拉乔利尼是他的敌人之一，他抱怨瓦拉给学生们树立了一个坏榜样，他不停地找毛病，连最受人尊敬的著作也不放过，比如经典修辞学手册《赫伦尼乌姆修辞学》（*Rhetorica ad Herennium*）。波吉奥抱怨道，瓦拉看上去非常自以为是，觉得自己"比所有古代作家都强"。[10]他强烈补充道，人们需要的"不是言辞，而是短棒，是赫拉克勒斯（Hercules）的木棍，以此来打倒这个魔鬼和他的学生"。

波吉奥之所以如此尊崇《赫伦尼乌姆修辞学》，原因之一在于人们认为它是西塞罗的作品。[11]不过，这事实上是一个错误的归属（真正的作者已经不得而知了）。许多人文主义者都认为，西塞罗是如此杰出和完美，以至无人可以攻击和批评他，波吉奥就是这些人中的一员。因此，他站在跟瓦拉相反的位置，和他发生了一场旷日持久的争论，涉及面甚广。不过，这起源于一个在现在看来十分荒谬，但在那时却十分重要的问题。人们是否应该把西塞罗看成唯一值得追随的拉丁文向导？还是说，人们也可以模仿其他的古典作家？一小部分人文主义者如此执着于第一种选择，以至他们发誓——也许是半开玩笑——在自己的写作中，他们不会去使用那些在他们的英雄的著作中找不到的表达。如果西塞罗没有使用过它，那它就不是拉丁文。

在这种想法背后有一个完整的传统,即人文主义者对西塞罗的崇拜。相对而言,彼特拉克对他所钦佩的人仍会有所批评,所以他经常会以一位朋友的痛苦为代价来找乐子。[12]这位朋友一旦听到有人攻击那位他认为的最伟大的演说家,就会感到深深的痛苦:"请手下留情,请温柔地对待我的西塞罗!"这位朋友承认,西塞罗对他来说就是上帝。彼特拉克评论道,这种说法对一位基督徒来说显得非常滑稽。这位朋友赶忙解释说,他只是把他看成"一位雄辩术方面的上帝",而不是现实的神圣存在。然后,彼特拉克说,啊,如果西塞罗只是一个人,那他可能就会有缺陷——而且必然如此。然后,这位朋友就颤抖着离开了。

这正是困难之一:把西塞罗看成一个超人意味着把他放置到了跟耶稣基督本人相匹敌的水平。如果你觉得这是夸大其词,就来看看哲罗姆这位距当时约一千年的《圣经》译者所做的梦。当时他正住在安条克附近的一个隐修地,遭受着由于饥饿而造成的狂躁,并且决意放弃古典作家和一切世俗快乐。[13]在梦中,哲罗姆被召唤到耶稣面前,他端坐仿如法官。

耶稣问道:"你是一个什么样的人?"

哲罗姆回答:"我是一个基督徒。"

"你在撒谎,"基督说,"你不是一个基督徒,而是一个西塞罗主义者。"他为此鞭打了哲罗姆。当哲罗姆再次醒来时,他发誓再也不去拥有或者阅读任何一本非基督教的书籍了。

不过,哲罗姆事实上依旧继续在他的作品里引用这类书籍。洛伦佐·瓦拉对此慷慨地评价道,这样做是可以的,因为基督只是禁止他使用西塞罗的哲学,而没有禁止他在文学上引用或者进行模仿。瓦拉本人并不讨厌阅读西塞罗的作品,只是他认为其他文学榜样同样优秀,甚至可能更好——特别是昆体良,这是他非常欣赏的一位作家。

所有这些人都热爱他们的经典。但是,这一长串西塞罗主义者的争论表明,两类人文主义者之间出现了裂痕:一部分人无条件地崇拜和模仿某些古代作家,还有一部分人认为没有谁可以超越质疑,即使是西塞罗也不行(事实上也包括教宗）。瓦拉毫无疑问站在后者的一方。除了广泛探究的精神外，他还有一个很好的理由对作家们进行历史性的考察，而不是把他们看成永恒的模范：如果每个人都像西塞罗一样进行写作，那么像瓦拉这类人就不可能再从内部证据上去追溯一个作品的年代了。所有文本看上去都将是一样的，语文学将被终结。

幸运的是，总有一些失误会出卖模仿者。克里斯托弗路斯·隆哥利乌斯（Christophorus Longolius）就是这些极端西塞罗主义者中的一员。他又名克里斯托夫·德·隆格伊（Christophe de Longueil），1490年出生于低地国家。不过，每当他使用自己的名字时都会显露他跟西塞罗的不同之处，无论是其拉丁文形式还是其方言形式，都是如此。因为，克里斯托弗路斯的意思是"背弃基督的人"。死于公元前43年的西塞罗对基督一无所知，自然不可能使用过这个词。

伊拉斯谟在一段讽刺对话中指出了隆格伊的困境，这段对话出自发表于1528年的《论西塞罗的语言》（*The Ciceronian*）。在对话中，有两个朋友试图劝说第三个人不要加入这个潮流，所以他们列出了一个清单，上面全是曾经这么做但最后失败了的作家。他们曾经一度认为自己在隆格伊身上找到了成功的案例，但他的名字让他们意识到这是不可能的。伊拉斯谟在这里是在拿疯狂的西塞罗主义者开玩笑，但他也确实指出了一个非常严肃的问题。如果西塞罗主义者不允许自己提及任何基督教的主题，这对他们的信仰系统意味着什么？也许，西塞罗主义（Ciceronianism）是近现代基督教世界中心位置的一个隐秘、颠覆性的"异教主义"（paganism）标志。

异教徒（pagan）这个词最初的意思是"农民"或"乡巴佬"。基督徒们用它来指所有前基督教的宗教，特别是跟古罗马神祇相关的宗教。这两种传统之间的关系一直非常紧张，早期基督徒的狂热使得他们把罗马的神庙和雕像从大地上抹除。然而，这种关系随着时代变迁缓和了下来。很显然，欧洲文化中的异教传统跟基督教传统紧密交织在一起，难以把它们再次完全分开。从起源上说，罗马的基石是异教的，而且罗马和希腊神话充满了美好的故事，艺术家们对它们尤其没有抵抗力——特别是当爱神身着轻薄的半透明衣服从贝壳里出现时。[14]也许，与其努力抹除异教传统，不如试着吸收它们，并将其基督教化。

  实现这个过程需要动一些脑筋。彼特拉克自我安慰道，如果西塞罗有机会的话，他一定会成为一个优秀的基督徒。其他人则试着重新阐释经典作品，把它们看成新宗教的预言。维吉尔很适合这项工作。他的第四首诗作《牧歌》（*Eclogue*）提到，有一个新时代正在到来，有一个特别的男孩将要出生：这不就是耶稣吗？还有《埃涅阿斯纪》里埃涅阿斯经历的地下死亡世界的来去之旅：这不就是一个关于耶稣复活的寓言吗？回望公元4世纪，有一个女诗人名叫法尔托尼娅·贝提提亚·普罗帕（Faltonia Betitia Proba），她出生于一个从异教徒改宗为基督徒的显赫家庭。她努力收集足够的维吉尔片段，组成完整的叙事，讲述了创世、堕落和大洪水，以及耶稣生平和死亡的故事。[15]然而，维吉尔还是不幸出生得太早，以致不能得到拯救。这也是但丁在《神曲》中以他为向导穿过地狱和炼狱，却不能继续依靠他到达天堂的原因。他告诉我们，维吉尔常居于地狱边缘（Limbo），其他好的异教徒也如是。这里是地狱的第一层，还不是非常令人痛苦。像伊壁鸠鲁（以及他所有的跟随者）这种坏异教徒，他们则居住在更深的第六层。

  西塞罗主义者试着把异教的和基督教的术语进行类似的融合，以此来绕过他们面临的难题。比如，用女神戴安娜来指代圣母玛利亚。但是，怀疑仍然笼罩着他们。就像伊拉斯谟借一位笔下人物之口向另一个人提问："在这些古典主义者珍贵的私人文物博物馆里，你可曾看见过哪怕一个耶稣受难十字架？"提问者自问自答道："没有！到处都放满了异教信仰的遗物。"他说，只要有机会，他们就会把一切都带回来——"祭司和圣女（vestals）……祈祷，庙宇和圣地，神宴（the feasts of couches）①，宗教仪式，男神和女神，朱庇特神庙（the Capitol）和圣火"。

---

① 应该是指 Lectisternium，罗马人举行的一种宗教仪式。他们把神像放在一种跟床相似的载具上，有时是一男一女两尊神像，然后把它们一起放在街道或庙宇前的空地上，并在神像前供奉食物。

伊拉斯谟明显是正确的，因为至少部分早期的西塞罗主义者确实是这么做的。在15世纪60年代，罗马的一些人开始聚集在一起，形成了后来所说的"学园"，意指柏拉图在古代雅典建立的"学园"，或者说学校。对这群西塞罗主义者来说，他们的兴趣并不在希腊，而在他们自己城市的前基督教世界。有一些严肃的历史牵涉其中：这群人里部分杰出的学者在大学里工作，教授课程，并游览罗马的废墟。彼特拉克肯定很乐意参与这样的游览，伊拉斯谟或许也会加入他们。但是，他和彼特拉克也会被这些人给震惊，因为这个群体会在夜间举行某些狂野的活动。他们在废墟间相会，盛装打扮，把月桂花装饰在眉间，并举行古老的庆祝活动。他们还背诵自己的拉丁文诗歌，其中有一些是互赠的情诗，有一些则是赠给其他年轻男性的。他们还上演普劳图斯（Plautus）或泰伦斯的戏剧——这是一个大胆的冒险举动，因为从公元6世纪查士丁尼宣布关闭剧院以后，基督教就反对非宗教的戏剧表演。这些表演背后的主要推动者之一是朱利奥·蓬波尼奥·莱托（Giulio Pomponio Leto），又称尤利乌斯·蓬波尼乌斯·拉图斯（Julius Pomponius Laetus）。他是一名修辞学教授，来自那不勒斯。"拉图乐"是他自己挑选的名字，意思是"快乐"。

快乐的教授们在月光下嬉戏，向他人朗诵情诗，上演精彩的戏剧：他们还是不是……明确的……基督徒呢？事实上，这个"学园"的大部分成员都受雇于教廷。或者，他们以各种方式跟教廷保持着联系，有时候这也和他们其他的职位结合在一起。所以，人们可以认为他们是基督徒。但是，这座城市里的很多知识分子都在教会中占据一个有薪水的职位，这并不必然意味着什么。根据一份米兰大使寄回的报告宣称，他们的真正信仰与基督教非常不同："人文主义者拒绝承认上帝的存在，并且认为灵魂会和身体一起死亡。"他如是说，并且还补充说，这些人认为基督是一个失败的先知。

伴随着他们对罗马共和国的称赞——西塞罗时期的罗马——他们从其他方面看上去也像是煽动者。一些旁观者怀疑，也许他们想通过起义或革命来恢复这种共和国式的政治体系。这么说不是没有道理的：彼特拉克有一个熟人，名叫科拉·迪·里恩佐（Cola di Rienzo），他也对这座城市的废墟和铭文充满了热情，此人就曾经尝试过此等壮举。经历了早期的一些失败后，他成功推翻了这座城市的统治者。在一些公众的支持下，他以古代罗马的方式任命自己为执政官（consul）——不过，不仅这次统治是短命的，连他自己也是短命的。1353年，情况发生了改变，一群人聚集在他的宫殿前面，高喊"叛徒科拉·迪·里恩佐去死！"，他在伪装下逃出这座建筑，和这些人混在一起，喊着相同的口号，企图蒙混过关。但他还是被认了出来，人们刺伤他，并把他带走吊死。有些人怀疑，这些"学园"的成员正在策划第二次相似的政变，看是否能够获取更大的成功。

敌意开始在他们周围聚集起来。最开始的时候，他们还是安全的，分散在不同的秘书性岗位和教廷的神职工作中。因为，此时的教宗庇护二世（Pius Ⅱ）也是一个勤奋的、有人文主义倾向的人，他欣赏这些人对古代的兴趣。但事情在1464年开始发生变化，新教宗保罗二世（Paul Ⅱ）接替了他。保罗二世对人文主义者关心的事物全无理解，并且对他们的研究和技能毫无尊重。尤其重要的是，他不喜欢任何异教色彩。不过，他自己仍然很喜欢奢华的游行，而这种游行其实融合了古典意象和基督教意象。但是，更深入的古代趣味却不太符合他的口味。他说道，与其让年轻人的头脑里装满异教观点和不道德的性故事，不如让他们保持虔诚的无知。"不满十岁的男孩在还没有上学之前，就已经知道了一千种下流无礼的事情；想象一下，当他们阅读了尤维纳利斯（Juvenal）、泰伦斯、普劳图斯和奥维德之后，还有上千件其他恶行等待着他们去学习。"（事实上，学习恶行并不需要古典文学：根据波吉奥一部关于伪善的对话体作品，传教士经常在有关抵抗欲望的布道中提供大量的恶行细节，信众们听完之后就会冲回家中亲自尝试。）[16]

由于不喜欢人文主义者，并且想在他们身上节省开支，保罗二世废止了梵蒂冈提供给他们的秘书性质的岗位和其他职位。但是，占有这些岗位的人一般要先付一笔钱才能获得这些工作，所以人文主义者们抱怨被骗了。他们开始抗议，看上去比以前更加反叛了。在这些人当中，有一个人名叫巴托洛梅奥·萨奇

（Bartolomeo Sacchi）。不过，因为他的家乡在皮亚代纳（Piadena），所以人们都叫他"普拉蒂纳"（Platina）。由于直言不讳，他被拘禁了起来，在圣天使堡（the Castel Sant'Angelo）的教宗监狱里度过了四个月。然后，他被释放了。但是，1468年2月，教宗下令逮捕了大约二十名"学园"成员，其中也包括普拉蒂纳。他们被指控犯有阴谋罪、异端罪、鸡奸罪以及其他罪行，然后被送进城堡里的刑讯室。由于经受吊刑，普拉蒂纳的肩膀遭受了永久性的损伤。施刑的过程十分可怕，罪犯的双腕被绑在背后，然后将其吊离地面。有的时候，还会伴有突然摔落和其他折磨。

最初，蓬波尼奥·莱托并不在逮捕之列，因为他当时正在威尼斯教书。但是，很快他就加入了他们。由于他给自己的男性学生写情欲诗歌，所以在威尼斯被指控鸡奸，由此被逮捕。随后，威尼斯当局把他引渡到了罗马。在那里，对他的控诉发生了改变。跟其他人一样，他被指控为异端。

他们全都经历了长时间的折磨，被拘禁在小房间里，不确定结局如何。一个富有同情心的典狱长给他们带来了安慰。此人名叫罗德里戈·桑切斯·德·阿雷瓦洛（Rodrigo Sánchez de Arévalo），他为这些人传递信件，亲自给他们写慰藉作品，还允许他们之间继续会面。蓬波尼奥写信向他致谢："能够跟朋友谈话，那么拘禁也算不了什么。"罗德里戈很惊讶，即便是在这么凄凉的环境下，这些人不仅仍然坚持写作，而且还会使用他们惯常的漂亮字体。不过，正如我们在彼特拉克的信中所见，人文主义者们认为这没有什么奇怪的，人类就是应该用尽可能优雅的方式来表达他们的痛苦。虽然确实有人会崇拜无言或神秘的静谧——就像对无知的崇拜一样——但这些对他们毫无吸引力。当他们施展雄辩之才时，就是在肯定一种价值，而他们就是因为这种价值而受到了迫害。

他们中有些人在当年就被释放了，但普拉蒂纳又一次经历了最糟糕的命运：他一直被关到1469年3月。对他们的任何指控都没有被证实，后来也没有出现任何证据说明存在真正的煽动活动。几年之后，随着另一位教宗西克斯图斯四世（Sixtus Ⅳ）接任，他们的境况开始好转。西克斯图斯四世允许他们继续在教廷工作。不久以后，普拉蒂纳也被任用为梵蒂冈图书馆的管理员。同时，他也可以继续自己的文学活动了。他出版了一本食谱，此前他已经为此准备了一段时间。这本书有一个非常伊壁鸠鲁主义的题目：《论正确的快乐和良好的健康》（*On Right Pleasure and Good Health*）。[17] 其中有一道菜是香橙烤鳗鱼，列奥纳多·达·芬奇非常喜欢这道菜。在他的《最后的晚餐》里，达·芬奇让它变成了画中席上珍贵的一部分。普拉蒂纳还写了一部讲述历任教皇的长篇历史作品，以迫害过他的前任教皇保罗二世结尾，书中对他的论述相当不留情面。

这个群体最终恢复了他们的会面和活动，只不过比以前谨慎了些。1477年，它以世俗基督兄弟会的形式重新启动，这给了它更受人尊重的氛围。不过，他们有时还是会在废墟中会面，小心谨慎地玩乐。[18]

※

无论是好是坏，罗马的人文主义者都尽量跟教会事务保持联系。然而，住在意大利半岛更北部的托斯卡纳地区的人文主义者则有一系列不同的职责，也有不同的主人要去取悦（当然，由于人文主义者有流浪的倾向，所以有些人文主义者在两个地方都有停留或保有职务）。托斯卡纳的人文主义者更有可能在纯私人性的岗位上工作，如教师或秘书，但他们也有可能在托斯卡纳的大城市里担任市政、外交和政治方面的职位。这些城市想把自己呈现为自由、开放、和谐的灯塔。安布罗吉奥·洛伦泽蒂（Ambrogio Lorenzetti）在14世纪30年代末为锡耶纳制作了一幅壁画，从视觉形式上刻画了它们的理想形象。这幅壁画对比了好政府和坏政府。其中一个画面展示城市中充满快乐的舞者和商人，围绕在他们周围的是肥沃的田野和肥硕的农民，这是好政府造就的成果。和它形成对比的则是空旷的田野，荒无人烟，只有军队在交错行进，城市满目疮痍，一片废墟，这是坏政府在执政。喜爱好政府而不是坏政府，这就意味着喜爱秩序胜过混乱，喜爱和平胜过战争，喜爱富足胜过饥馑，喜爱智慧胜过愚蠢。

普拉蒂纳和教宗西克斯图斯四世身处梵蒂冈博物馆的众多收藏之中

在所有托斯卡纳城市里，佛罗伦萨是好城市的典范。[19]这座城市的人文主义执政官列奥纳多·布鲁尼（Leonardo Bruni）为此做出了论证。在写于1403年的《佛罗伦萨城市颂》（*Praise of the City of Florence*）里，他刻画了这座城市的自由，以及它与自身和谐相处的能力——就仿佛竖琴的琴弦一样。"没有什么东西在秩序之外，没有什么东西比例失常，没有什么东西发出不和谐的音调，没有什么东西是不确定的。"它的居民在所有成就上都高人一等，他们"勤奋、慷慨、优雅、和善，最重要的是文质彬彬"。正如他在其他地方所写的，人文主义研究——也就是说，"最好、最杰出的学习领域，同时也是最适合人类的"——在这里自然蓬勃地生长：

任何一个可以说得出名字的诗人，无论古今，哪一个不是佛罗伦萨人？除了我们的人民，有谁把公共演讲这项曾经完全失传的技艺重新找回并付诸实践？拉丁文曾经卑微倒地，匍匐不前，濒临死亡，如果不是多亏了我们的城市，谁会意识到它的价值，并让它起死回生、恢复旧貌？

除此之外，他还特别提到了一点："希腊文知识在意大利已经被废弃超过七百年，即便如此，我们的城市还是把它们找了回来。由此，我们才得以思考那些伟大的哲学家和令人尊敬的演说家。"

作为一名希腊文专家和译者，布鲁尼自己就与这项事业紧密相连。他对历史学家修昔底德特别感兴趣——在很多材料里，修昔底德都提到了一篇雅典领导人伯里克利在公元前430年所作的著名演讲词。在一场跟斯巴达旷日持久的战争中，伯里克利向公民们发表了一次演讲，纪念去世的士兵，并赞扬了雅典。布鲁尼用来赞扬佛罗伦萨的话，几乎全部直接抄自伯里克利对雅典的赞美。根据修昔底德所说，伯里克利事实上以这样一个提问开篇，即为什么我们比我们的敌人更加优秀。答案是：与沉迷于军事训练和纪律的斯巴达人不一样，我们在自由跟和谐的基础上建立起了雅典。斯巴达人闭关自守，而我们则以开放的态度跟全世界进行贸易。他们残忍地对待自己的孩子，让他们变得强壮，而我们则教育孩子朝向自由。他们是等级制的，而在雅典的每个人都自由平等地参与城市事务。伯里克利不想提到的是，他在这里所说的"每个人"其实排除了女性和奴隶。他唯一提及女性之处是在结尾部分：他提醒听众中的战争遗孀，这些都不适用于她们，因为女性唯一的德行就是不被男性谈论——无论是赞扬还是批评。

佛罗伦萨的女性和奴隶也是如此，既不在公共场所发言也不被正式谈论。总的来说，这两个城市的实情都不像他们所说的那样。雅典的情况远远算不上和谐，它经历过公众骚乱、瘟疫和起义，并且最终在跟斯巴达人的战争中落败。佛罗伦萨也是如此，深陷于王朝冲突、阴谋、政权更迭和常态化的不安全状态中。不过，在这两个案例中，人文主义者们的理想对其自身认同至关重要——而且，佛罗伦萨在15世纪也确实变成了一个充满活力和艺术气息的地方，理智活动十分活跃。那里有很多传奇人物，并且对人文主义者的活动普遍表现得非常友善。[20]

其中，最杰出的一些人形成了一个跟美第奇家族有关的圈子。当时，这个城市正在该家族的有效控制之下。圈子里的一些成员就像当初的罗马人一样，启用了"学园"这个柏拉图式的名字。他们在一起会面，组成了一个非正式的群体。他们这种活动得到了"伟大者"洛伦佐·德·美第奇（Lorenzo de' Medici, "the Magnificent"）的鼎力支持和鼓励。他本人就是一位人文主义诗人、收藏家和鉴赏家，同时也是一位商人、实干家和政治领袖。

马尔西利奥·费奇诺（Marsilio Ficino）是这个群体里的一个中心人物。他利用美第奇家族收藏的书稿翻译了柏拉图的作品，并撰写了自己的研究著作，即《柏拉图的神学》（*Platonic Theology*）。在这部著作里，他提出了一种哲学，把基督教和柏拉图主义融合在一起。由于不幸出生于基督之前，所以柏拉图也是一个倒霉的"异教徒"。不过，他确实提及了宇宙和理想的"善"之间的和谐，长期以来，一些基督徒都认为这在某些方面预示了他们信奉的神学。费奇诺当然不是第一个探索此道之人，但他在这项工作上提出了一种新式的学问。此外，他还准备大胆宣称人类在宇宙中扮演的角色。他强调了人类在文学上的成就、创造力、学识以及政治上的自我管理，并借此问道："谁能否认，人类拥有与天国的作者几乎相同的才能？谁又能否认，只要能够获得工具和神圣材料，人类在某种程度上也可以创造天国？……"这是一个不同寻常的说法：只要我们拥有恰当的工具和原材料（当然，它们都具有很高的等级），那么我们就可以跟上帝这位造物主相竞争。

佛罗伦萨"学园"圈的另一个成员也做出过相似的推断，他就是风度翩翩的年轻贵族和收藏家乔万尼·皮科·德拉·米兰多拉（Giovanni Pico della

Mirandola）。他阅读十分广泛，既包括基督教传统之内的书，也包括该传统之外的书。他还深入研究了各种秘传和神秘主义思想：他收集了此类主题的材料，并在1486年去往罗马，想组织一个大型会议，让与会者们在会议上讨论他提出的九百个论题或命题。这项盛事最后没有举办：教会不喜欢这种论调，所以压下了这件事。皮科逃回佛罗伦萨，因为他害怕自己也可能会被"压下去"。但这些论题保留了下来，后来他还为它们写过一篇介绍性的文章，给它起了一个响亮的标题：《论人类的尊严》（*Oration on the Dignity of Man*）。在数个世纪的时间里，这篇文章被看成佛罗伦萨人文主义世界观的某种宣言。它造就了这样一个时刻，文学学者所从事的人文学科研究从此变成了更伟大的东西：一种自由、普遍且极具人性的哲学视野，以平等的地位自豪地面对宇宙。

近些年来皮科的研究者们试图淡化对他的这种看法。[21]他们论证道，皮科其实对晦涩的神秘主义更感兴趣。而且，他们还提醒读者，题目中"人类的尊严"这一部分无论如何都不是他写的。把皮科的《论人类的尊严》还原到其原始语境，这是一种有益的修正，把人们从过度兴奋中扭转了过来。不过，这并不能否定该文本前几页中造成的情感影响。皮科在这几页中跟费奇诺一样，富有雄心地讨论了一种关于人类能力的观点。就跟比他久远很多的普罗塔哥拉一样，他通过讲述一个关于人类起源的故事做到了这一点。

按照皮科的说法，上帝在一开始创造了所有存在物。他在固定的架子上安排它们的位置，按其所是，或植物，或动物，或天使生物，各得其位。不过，上帝也创造了人类，而且没有给他们预定层级。上帝告诉亚当：我将给予你成为所有存在物的种子，而不是给你一个单一的位置或本质。至于成长为什么样的存在物，选择权全在于你自己。如果你选择了体内的低级种子，那么你就会变得跟动物一样，甚至也可能变得像植物。如果你选择了较高等级的种子，你就有可能达到天使的高度。如果你选择中间等级的种子，你就会实现属于你自己的类型，即人类的本质。因此，上帝说道："我们把你造得既不神圣也不低贱，既非可朽也非永恒。所以，你是自由且非凡的自我塑造者，你可以按照你喜欢的任何形式塑造你自己。"皮科评论道："有谁会对我们这种变色龙不感到惊讶呢？"并且，他还提到："谁还会再高看其他存在物一眼呢？"

迄今为止，这篇文章是皮科的作品中最令人难忘的。这一点不足为奇：通过这种熠熠生辉、形状不定的变色龙呈现出来的人类形象是如此令人激动。比起那些耐心的文学学士完成的工作，这看上去确乎更加激动人心，因为后者不过是在抄录文稿，推敲西塞罗式的拉丁文。然而，皮科事实上跟他们相去不远。他也试图创作一部内容广博的跨学科学术著作，融合大量来自哲学和神学传统的资料。一般来说，人类会变成什么样取决于他的选择。他由此推论，学者们也应该可以从任何源泉汲取其所需的智慧和知识，无论它是不是基督教的。所以，我们就可以看出为什么教会认为他在罗马的会议是令人难以忍受的了。

与此同时，有人也会问：像这种多面向、自主、自由、和谐的奇迹之人真的存在吗？在佛罗伦萨，有多少这种人类变色龙呢？

显而易见，如果你想找到一个这种类型的人，佛罗伦萨的确是个正确的地方。在那里，人们经常会把列奥纳多·达·芬奇这种多才多艺的艺术家和科学天才看成全能型人类的典范，除此之外还有建筑师莱昂·巴蒂斯塔·阿尔伯蒂。不过，这两个名字其实是19世纪历史学家雅各布·布克哈特（Jacob Burckhardt）选取出来的。他把这两人看成范例，认为他们代表了这个时代的人物特色：*uomo universale*，意思是"普遍的人"。这种人没有定型，几乎可以在一个持续变化的流动社会里达到任何成就。

选择列奥纳多确实有道理，因为他的兴趣范围惊人地广泛（我们稍后会提到他）。选择莱昂·巴蒂斯塔·阿尔伯蒂也是恰当的，特别是当我们读到同时代人对其成就的精彩记载。这篇传记的作者是匿名的，不过我们现在可以相当确定他是谁了——他其实就是阿尔伯蒂本人。[22] 在传记中，他不无道理地把自己描绘成多面手，在生活中的各个领域都很有能力，在各种品质上都非常优秀——除了谦逊。

他确实有资格自负。除了设计建筑、绘制图画，他还写过关于绘画、建筑和雕塑等艺术的重要论著。他是一位专业测量师，开发过新技术以便对罗马废墟进行研究。[23]他写过拉丁文诗歌、一部关于希腊神祇的喜剧，还写过一本名叫《数学游戏》（*Mathematical Games*）的书。他在所有这些专业的研究领域都对后人有所助益，比如，他运用他的数学才能找到了在视觉艺术上创造透视效果的规则。

这些成就全都有史可查，但传记记载得更加深入。阿尔伯蒂曾经玩过摔跤、唱歌、撑竿跳，他还爱登山。他在年轻的时候很强壮，可以把苹果扔过教堂的屋顶，还能在不助跑的情况下跳过一个人的后背。他对疼痛有惊人的抵抗力，十五岁时他弄伤了脚，竟可以平静地协助医生进行缝合。

他也培养了一些更微妙的能力。比如光着头骑在马背上（这不是一件寻常之事），哪怕是在冬天的狂风之中，为的是训练自己头部忍受寒冷的能力。他还把相同的原则运用到社会生活的寒风中，"故意把自己暴露在厚颜无耻的行为之下，为的是学会耐心"。他乐于跟每个碰到的人谈话，为的是汲取新知识。他会把朋友们请过来谈论文学和哲学，"一边给这些朋友们画肖像或雕蜡像，一边给他们讲述小型文学作品"。他力求在每种情形下都表现得有德行。"他想让生命中的每件事、每个姿势和每个单词都表现出好人的善良意志，至少看上去是这样的。"同时，他也珍视潇洒不羁这个概念，"在技艺上叠加技艺，使其结果看上去是非人为的"。有三件重要的活动尤其应该如此："如何在大街上走路，如何骑马，如何说话；在做这些事时，人们应该尽量取悦所有人。"在这个过程中，他"保持了一种令人愉悦的行为方式，而且在尊严允许的情况下，他甚至会创造一种欢快的气氛"。

因此，阿尔伯蒂就是这样一个典范，沐浴在时代的阳光下，有着辉煌、自由且有所成就的人生。的确，他非常有能力。但这并不是最重要的，关键是他展现了一种具有普适性的理想人类形象。所有在他身上得到彰显的品质都属于"人学"：理智和艺术上的卓越，美德和坚毅，善于社交，谈吐良好，潇洒不羁，有礼貌地"取悦所有人"。与此相伴的是他出色的身体状况：他的身体比例反映

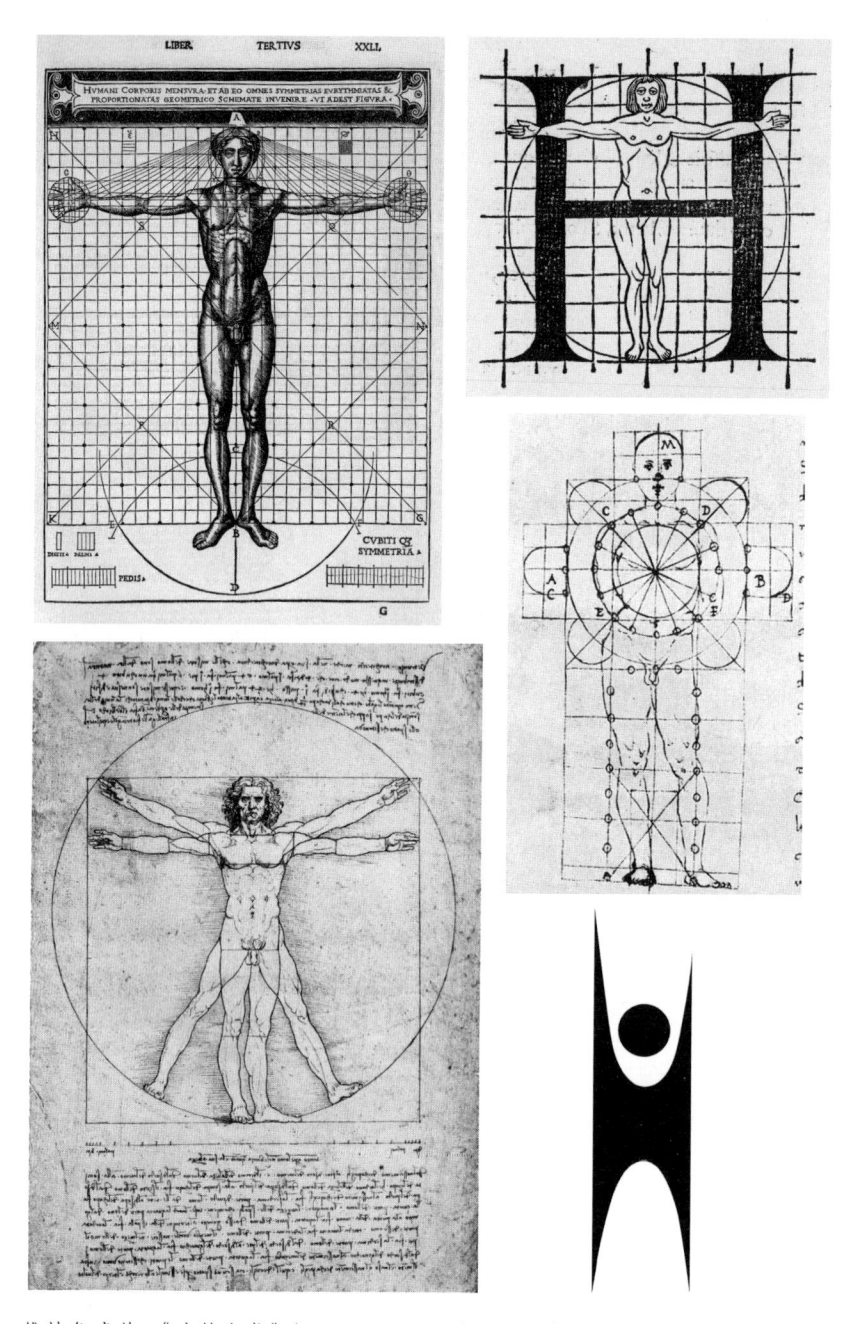

左上：维特鲁威著，《建筑十书》（*De architectura*），1521年，插图为 Cesare Cesariano 所绘
右上：乔弗雷·托利（Geoffroy Tory）著，《鲜花遍地》（*Champ fleury*），1529年，图中展示的字母是托利为让·格罗里耶（Jean Grolier）设计的字体
右中：弗朗西斯科·迪乔治·马蒂尼（Francesco di Giorgio Martini）著，《论民用和军事建筑》（*Trattato di architettura civile e militare*），约1470年，图中的教堂设计与人类形象相匹配
右下：人文主义的标志"快乐人类"，这是一个形象较为圆润的变体
左下：达·芬奇《维特鲁威人》，约1490年

110　为自己而活：人文主义700年的追寻

出了他的精神能力。凡是读过这些描述的人，都会想起那个时代的另一个形象："维特鲁威人"（Vitruvian Man）。

"维特鲁威人"是一个男性形象，他有着完美的身材比例，目光坚定，身形匀称，完全是按照数学比例设计的。他图解了人类身体各部位之间的距离之比：从下巴到头发根部，从手腕到中指的指尖，从胸部到头顶，等等。这些比例的计算是公元前1世纪古罗马建筑师维特鲁威完成的，相比于解剖设计，他对建筑学的兴趣更大一些：对他来说，男性身体的这些比例是庙宇形制的最佳基础。因此——正如普罗塔哥拉所说——人类应该在字面意义上成为"尺度"或标准。维特鲁威给出了得出这些数据的方法。如果一位男性平躺，手脚张开，那么你就可以以他的肚脐为中心画一个圆形，其圆周与他的手指和脚趾相碰触。当他把双脚并拢时，你还可以基于他的臂展和体长画出一个正方形。

15世纪和16世纪的艺术家们尽了他们最大的努力来实现这种维特鲁威式的理想。即使是印刷字体的设计者，也根据维特鲁威的身体来构建字形。米开朗琪罗·博那罗蒂（Michelangelo Buonarroti）延续了这一神庙主题，他根据这样的尺寸为佛罗伦萨的圣洛伦佐教堂设计了外观——不过，由于无法获得他想要的大理石石材，他从未将之付诸实践。[24]

1490年前后，列奥纳多·达·芬奇创作了此类型作品中最有名的一幅画。画面显示一名男性同时处于这两种形态，其身体尺寸框在两个形状中。以他的肚脐为中心，此人被圆围住，同时也被另一个方形围住。他皱着眉，但显得很平静，有着一头秀发。他的一只脚侧立，展示了它的尺寸跟全身的和谐程度。他是完美的——唯一的缺点是手脚太多。

列奥纳多的原作现保存在威尼斯的学院美术馆（the Gallerie dell'Accademia），但它的形象却穿越了巨大的时间和地理尺度，代表了人类的自信、美丽、和谐和力量。它已经成为"文艺复兴"这一理念的标志，同时也是"普遍的人"（universal man）的标志。除此之外，它也用视觉的形式呈现了皮科所说的有尊严的变色龙。甚至连现代人文主义运动的国际标志也回应了这幅画作：丹

第三章　挑战者和异教徒　111

尼斯·巴林顿（Dennis Barrington）在1965年设计了"快乐人类"（Happy Human）的标志。[25]它以类似的方式展示了一个挥舞双手的人类形象，看上去自信、开放且幸福。（有意思的是，英国人文主义协会现在抛弃了这个标志，转向一个更加飘逸的符号，新符号就像一段舞动的线条——之所以选这个符号，是因为它代表了一个随心而动的形象，而不是站立在我们面前等待被测量。你可以在本书最后一章的结尾处看到这个符号。）[26]

事实上，把列奥纳多的这幅画与其他维特鲁威式画作区别开来的地方在于它并不符合对称测量，其中的几何形状也不是同心的。通过把方形下移一段距离，列奥纳多实现了人物形象的视觉美，让画面设计成为可能。画中的圆形以肚脐为中心，但方形的中心则不在此处，而是在该男性的阴茎底部附近。同时，方形的上缘略微超出圆的半径。即使是"理想的"人类，也不可能精确满足方形和圆形的设置。所以，画面比例必须进行调整。不过，这幅画仍然存在很多对应：从指尖到指尖的臂展差不多跟人的身高相等。实际上，如果不经调整的话，一个完全符合规则的"维特鲁威人"看上去将会相当怪异。关于这一点，我们可以在其他一些作品中找到例证。其中，切萨雷·切萨里亚诺（Cesare Cesariano）为1521年的维特鲁威意大利文译本创作了一幅插图，即属此类。

由此透露出的信息表明，一个男性即使肌肉发达，充满阳刚之气，甚至足以拿来当作模特，其身体特征也不是完美和谐的。他们的身体中心会呈现些许偏离。人们不可能找到一个理想和谐的人类，就像找不到一个理想和谐的城市一样（甚至也包括理想的变色龙）。伊曼努尔·康德（Immanuel Kant）在三百年后写下的文字颇能揭示这一真理："像从造就成人类的那么曲折的材料里，是凿不出来什么彻底笔直的东西的。"[①]

[①] 出自康德的《世界公民观点之下的普遍历史观念》一文，这里采用了何兆武先生在《历史理性批判文集》里的译文。

※

在意大利更北部的地方，另有一个年轻人也是从研习柏拉图哲学开始其理智事业。同时，他还学习了医学。这人就是吉洛拉谟·萨伏那洛拉，他于1452年出生在费拉拉的一个医生家庭，原该继承这一职业。在其学习过程中，他撰写过彼特拉克风格的诗歌以及关于柏拉图对话录的文章。不过，他后来聆听到了上帝的声音，于是从医学学校退学，并撕毁了自己关于柏拉图的作品。[27]

实际上，上帝跟他说的是：摧毁虚荣自大！对知识的渴求，创作诗歌，以及对异教哲学家的阅读——这些全都是无益的、自私自利的，而且会让人从虔诚中分心，所以必须被铲除。在尘世间，没有什么事情比为死亡和天国做准备更加重要。萨伏那洛拉后来说，我们从这些话中可以认识到，自己应该"像走进小饭馆的信使一样，连马刺都不放下，吃上一大口饭，然后……说道：'起来，快起来，我们要继续赶路了！'"。

他确实"起来"了。萨伏那洛拉一句话也没留就离开了家，走了大约五十公里，从费拉拉来到博洛尼亚。他在那里把自己介绍给多明我会修道院。修道院接受了他，随后他写信告知父亲自己的所为。为了解释自己的理由，他给父亲推荐了一本自己写的小册子，其中谈到人们有必要蔑视一切世俗的事物。[28]

宣誓进入修道院之后，萨伏那洛拉发现他具有一种非常世俗的才能：他非常擅长用布道鼓舞人心。于是，他从人文主义的雄辩和演讲术里吸取养分，以提高这项技术——这些都是来自异教的技艺，但明显非常有用。他向乔万尼·加尔佐尼（Giovanni Garzoni）求教这些技艺，但加尔佐尼粗鲁地拒绝了他。这不会改变萨伏那洛拉对整个人文主义事业的态度。他开始经常鞭策自己，神情也变得严峻，眉头紧锁，目光锐利，所有这些都跟他的大鼻子十分相配，这也让他的言辞具有了额外的冲击力。1482年，他搬到了佛罗伦萨的圣马可修道院，在那里教育新入学的修士。然后，他又花了几年时间在其他一些城市布道。再后来，洛伦佐·德·美第奇这样一位要人把他召回了佛罗伦萨。

吉洛拉谟·萨伏那洛拉

当时，洛伦佐的关节状况不好，也许患上了强直性脊柱炎，严重到接近死亡的边缘。[29] 可能是因为陷入了这种绝境，所以他需要一个像萨伏那洛拉这样的极端之人在精神上引导他走向人生的终点。不过，他身边的很多人文主义者也开始为萨伏那洛拉着迷，其中就包括皮科和费奇诺。[30] 萨伏那洛拉认为应该清除基督教中滋生的堕落，这种言论深深吸引了他们。正如我们在瓦拉那里看到的，人文主义者对清除堕落很有兴趣，不管这种堕落来自文本还是来自道德。萨伏那洛拉还具有强烈的个人魅力，这似乎也对众人有一定的催眠作用。人文主义者相信了他的说法，但没有意识到他们和他们所珍视的一切事物都将轻易沦为萨伏那洛拉实现其他目标的一个台阶。当他建议为穷人提供更多的资助时，这一可能性变得更加清晰——因为这笔钱要从大学里划拨出来。虽然并不是所有的人文主义者都跟这个机构有联系，但它确实典型地代表了学习和学术研究的各项原则。

萨伏那洛拉看不惯精英主义，斥责神职人员贪婪，由此我们就不难理解他对穷人的偏爱。他在圣马可修道院和佛罗伦萨大教堂的布道吸引了大量的听众，特别是在佛罗伦萨大教堂，那里可以同时容纳一万人聆听他的教诲。这些人聚集在美丽的穹顶之下，那是菲利波·布鲁内莱斯基在这个世纪的早些时候设计的。

他得到了大量的追随者，他们开始上街游行，同时还唱圣歌和哀歌。这些人变成了萨伏那洛拉的 *piagnoni*，意思是"哭泣者"。一群儿童被组织起来，举着横幅游行，进行募捐，这些儿童被叫作 *fanciulli* [①]。他们袭击路人，特别是针对那些穿着不够朴素的女性。他们还挨家挨户地要求他人交出"虚荣"。一个目击者对自己在1496年2月16日的见闻进行了描述：

> 他们口中的言辞非常优雅，以至所有人都被感动哭了。即使是他们的敌人，也会把一切交给他们。不论男女，所有人都在哭泣，然后努力搜找事物，诸如卡片、桌子、棋盘、竖琴、鲁特琴、西特琴、钹、风笛、扬琴、假发、面纱（对当时的女性来说，这种头部饰品非常淫荡）、不得体的淫荡画作和雕像、镜子、妆粉、挑动情欲的香水、帽子、面具、用方言和拉丁文书写的诗集，以及一切上不得台面的阅读材料和音乐书籍。这些儿童每到一地都会引发恐惧，当他们来到一条街上，邪恶之人都会逃到别处。

在之后的岁月里，这种游行发展到高潮，并以篝火的出现为标志。[31] 人们会预先建造有八个侧面的木质金字塔，在里面堆满木头作为燃料。然后，儿童们收集来的"虚荣之物"就会被挂在每个侧面不同高度的部位，或者被平衡放置。据一位目击者所言，所有这些东西——镜子、香水瓶、绘画、乐器——的摆置方式"多样且独特，令人赏心悦目"。（焚毁虚荣的人本身并不缺乏审美能力。）

萨伏那洛拉并不是第一个搞出这种壮举的人。伯尔纳蒂诺·达·锡耶纳（Fra Bernardino da Siena）和伯尔纳蒂诺·达·费尔特雷（Fra Bernardino da Feltre）这两个托钵僧早在十年前就已经在佛罗伦萨焚烧过书籍和其他物件，后者一边焚烧还一边高喊着激情昂扬的口号，诸如"我们每次阅读下流的奥维德都是把基督再次钉在十字架上！"。萨伏那洛拉的火堆对当代作家和经典作家一视

[①] 意思是"孩子"。

萨伏那洛拉在佛罗伦萨大教堂的讲坛上布道

同仁，如果有的书籍字体漂亮、装帧精良，那就更好了：1498年，他把彼特拉克一部"饰有金银色插图"的藏书扔进了火堆。

　　萨伏那洛拉也乐于对某些特定人群做这样的事。[32]比如，他呼吁对鸡奸者进行严酷的惩罚——当时，这些人名义上在佛罗伦萨是非法的，但事实上却很少受到惩罚。萨伏那洛拉认为，应该"毫不留情"地执行这条法律，"用石头砸死他们，用火烧死他们"。在某种程度上，他确实成功说服了城市的立法者。一些微小罪行在过去仅会被处以罚金，但现在却被认为需要对惯犯进行一系列升级处罚：先是戴枷，然后施以烙铁，最后活活烧死。一旦官员们对实施这种恐怖做法显露犹豫之色（毕竟罚金更有利可图），萨伏那洛拉就会大发雷霆："我希望看到你们在广场上为这些鸡奸者生火，或三或两，有男有女。因为一些女性也会施行这种该死的恶行。"所以，必须用他们"向上帝献祭"。

不过，最终萨伏那洛拉自己也难逃这种他汲汲然希望别人遭受的命运。他和教会之间发生了冲突，这倒不是因为篝火或者游行，而是因为他宣称自己的行为得到了神的启示。尤其其中一个启示说，圣母玛利亚告诉他佛罗伦萨人必须为自己的行为忏悔。如果私人启示跟反教权主义联手，就会威胁到教会的权力，因为只有它才是所有宗教体验的中介者。1497年，教宗召唤萨伏那洛拉去罗马解释自己的言行，但他拒绝前去。于是，教宗开除了他的教籍。佛罗伦萨当局不想和罗马发生冲突，于是逮捕了萨伏那洛拉，用吊刑折磨他，直到他签字画押，坦白自己只是假装获得了启示。经过宗教裁判所的一系列调查和审判，他被判处死刑。1498年，他和其他两个人被一起绞死，然后在绞刑架上被焚烧。人们用马车运走了他的骨灰，撒入河中，没有留下任何遗存。在圣马可修道院有一座钟，人们管它叫作"哭泣者"（La Piagnona），萨伏那洛拉经常用它来召集信徒进行布道。这座钟也被人们装上马车，沿街鞭笞，流放出城。[33]无论如何，萨伏那洛拉还是留在了人们的记忆里，难以磨灭。这座城市里最伟大的两个历史学家随后成长起来，他们都拥有那段时期的经历，并深受其影响：其一是弗朗西斯科·圭恰迪尼（Francesco Guicciardini），这是一位 *Piagnone*（窝囊废）的儿子，而且他自己可能就是一位 *fanciullo*（孩童）；其二是尼科洛·马基雅维利（Niccolò Machiavelli），他曾经聆听过萨伏那洛拉的布道。[34]马基雅维利努力想弄清楚，为什么萨伏那洛拉一方面能如此激发群体性情感，另一方面结局又如此之惨。他得出的结论是，主要原因在于萨伏那洛拉没有自己的军队，所以不能保证这种情感的连续性。

人们可能会对萨伏那洛拉的遭遇感到一定的惋惜。因为，他的故事结局如此不光彩，同时他对教会腐败的批评如此有益，他对穷人的利益又是如此支持。他用雄辩的口吻表达了真切的不满。像瓦拉一样，他勇敢地挑战了教会这样一个把自己的权威建立在可疑基础上的庞大机构。而且，他还非常地慷慨：他希望拯救佛罗伦萨人，把他们从死后堕入地狱的危险中解脱出来。

但是，他是一个暴力的人，内心十分凶残。他还用他的修辞技巧在听众中激

第三章　挑战者和异教徒　117

发巨大的情绪风暴，让人们充满愤怒的自以为是。他派出自己的信徒，收集一切表现出对人类身体和心灵之热爱的事物，以及一切豪华、富有装饰性的精工制作。所有有趣的游戏，所有令人愉悦的书籍，所有充满情趣的小饰品，所有代表了世俗乐趣的事物，概莫能外。他把这些事物收集起来，一些伟大的人文主义收藏家也会向他捐献其收藏——然后付之一炬。所有这些代表人类技艺和美好的产品就这么化为一缕青烟和一堆灰烬。

数个世纪以后，托马斯·潘恩（Thomas Paine）对其全部哲学进行总结。他曾写道，某些人"把肥土称为粪堆，把对于生命的一切祝福，统以忘恩的名称，叫作虚荣"①，并且似乎认为这是一种谦逊。然而，在潘恩看来，这更像是一种忘恩负义。

※

在那个世纪的末期，针对艺术和人类这两者的暴力同时席卷了意大利半岛的其他地区。法国军队出兵那不勒斯，侵犯这片被瓦拉以其语文学倾力捍卫的土地。1495年，法国在没有经历硝烟的情况下占领了它。随后，法国人向半岛其他地方推进，给当地人留下了许多创伤。几十年后的1527年，罗马遭遇了最严重的危机。皇帝查理五世（Charles V）手下一群没有拿到军饷的叛乱士兵攻破了这座城市的防线，并且洗劫了它。这些士兵很多都是宗教改革领袖马丁·路德的追随者：宗教改革是一次对教会权威更加成功的反叛，远超萨伏那洛拉的所作所为。由于被剥夺了属于他们的军饷，这些士兵劫掠了一切能够发现的钱财珍宝。至于那些无法使用的事物，他们则选择了予以破坏。在大街上，他们袭击那些不幸遇到他们的人；在教堂里，他们拖出圣人遗物。时至今日，从保留在梵蒂冈墙壁上的种种涂鸦中，人们仍然可以找到一个写作"路德"的单词，它刻在一幅拉

---

① 原文出自潘恩的《理性时代》，本文采用了商务印书馆版《潘恩选集》中的张师竹译文，有改动。

斐尔壁画下方的灰泥上。

这座城市的很多藏书也都被摧毁了,从梵蒂冈图书馆到私人收藏,都没能逃脱劫难。人文主义者雅各布·萨多雷托(Jacopo Sadoleto)的图书馆就被破坏了,他写信跟伊拉斯谟说:"这座城市的毁灭给人类带来的悲剧和损失让人难以置信。尽管它也有恶行,但它的美德始终是最主要的。罗马一直都是人性、好客和智慧的天堂。"

在其他人中,保罗·乔维奥(Paolo Giovio)也失去了他的私人图书馆。他是教宗克莱蒙七世(Clement Ⅶ)的医生,曾帮助克莱蒙七世逃难——当他们借助秘密小道从梵蒂冈前往圣天使堡避难时,乔维奥把自己的披风借给教宗,以此来掩盖他显眼的白色长袍。而圣天使堡,正是教会在六十多年前折磨普拉蒂纳和其他"学园"成员的地方。

随后不久,乔维奥离开了这座城市,在伊斯基亚岛(Ischia)上度过了一段时间,以便恢复心境。在那里,维多利亚·科隆纳为朋友们举办了一个静修活动,用一些传统的人文主义娱乐来抚慰他们的情绪。他们像《十日谈》里的逃难贵族一样,天天聚在一起讲故事。同时,他们还像卡斯蒂廖内伯爵笔下的侍臣们在乌尔比诺所做的一样,就某些话题进行优雅的争论。后来,乔维奥在一部名为《我们时代的高贵男性和女性》的作品里发表了他们的谈话。

在现实世界中,无论是对于人文主义者还是对于其他人,事情都发生了巨大的变化。1527年罗马的悲惨遭遇震惊了整个天主教欧洲。人文主义者嘲笑和激怒罗马权威是一回事,但它也是思想的养料:如果像这么一座古老而庄严的城市都会遭受此等攻击,那么天底下还有什么地方能让人感到安全呢?16世纪剩下的时光证实了这种恐惧,宗教战争和混乱在欧洲蔓延开来。

不只是这些经历,其他一些事情也挑战了欧洲人对生命的理解——最重要的就是他们跟大西洋对岸新世界的邂逅,以及印刷术带来的信息大爆炸——16世纪的人文主义者们不再对古代抱有天真的崇拜,他们对社会的复杂性、人类的不可靠以及大规模事件对个人生命的影响产生了越来越浓厚的兴趣。质疑精神一直伴随着瓦拉和一些人文主义学者，他们拒绝把自己局限在传统的文献框架里。现在，这种质疑精神获得了越来越稳固的根基。皮科和费奇诺表现出的对人类变色龙的兴趣仍然还在，但是变得愈少神学色彩，愈多务实倾向。比如，历史学家尼科洛·马基雅维利和弗朗切斯科·圭恰迪尼就发展出了一种严格的调查态度。他们思考造成历史变化的原因，以及人们如此行动的理由。

对人类复杂性的类似兴趣引发了另一种以人为中心的文学类型的复兴：传记。这种文学体裁对个体生命过程中的因和果提出了疑问。保罗·乔维奥也是这些新型传记作家中的一员，但跟历史学家相比，他的作品显得较为温柔。就像那些想远离骚动和混乱的人一样，他北上回到离科莫湖（Lake Como）很近的故乡，在那里建了一间别墅。他根据老普林尼（Pliny the Elder）和小普林尼（Pliny the Younger）这一对叔侄对古代别墅的描述进行了设计，这两位古人在该地也有过别墅。后者甚至写过，他的卧室窗户正好靠近这个湖，所以他不出门就可以钓鱼：这真是一个美好的创意。乔维奥并没有这么建造他的房屋，不过他却让自己的房屋变成了一扇向生命敞开的非凡之窗。他把房屋打造成了一间博物馆，向游客们开放。博物馆里放满了人物肖像，他希望激发参观者们向画中人学习的热情。他还为这些肖像出版了一本书，为其中的每一幅木版插图写下简介。别墅里的原始收藏已经不存于世了，但克里斯托法诺·德尔·阿尔蒂西莫（Cristofano dell'Altissimo）为科西莫一世·德·美第奇（Cosimo I de' Medici）绘制了这些画像的复本。这些画像如今高悬于佛罗伦萨乌菲齐美术馆第一走廊（或称东走廊）的整个墙上。不过，虽然它们占据了这么荣耀的位置，但很多游客却经常注意不到它们的存在，而是匆匆赶去参观波提切利（Botticellis）的作品。

在一次晚宴上，乔维奥提到他想为同时代的艺术家们写一本书。画家乔尔乔·瓦萨里（Giorgio Vasari）恰巧坐在离他不远处，他对艺术界的每个人都了如指掌。他说，这是一个非常好的主意。不过，为什么不找个真正的专家来咨询一下建议呢？桌上的宾客们插了一句：乔尔乔，你就应该来做这件事情！

于是乎，他就做了这件事请。瓦萨里在1550年发表了《伟大画家、雕塑家和建筑师的人生》(*Lives of the Great Painters, Sculptors, and Architects*)。这是一座宝库，充满了各种流言蜚语和赞扬，同时它也是一份由专业人员撰写的技术评价。(瓦萨里本人就是一位画家，他的作品既包括巨大到有些夸张的壁画，也包括一些小型的绘画。其中，有一幅画是由六位托斯卡纳诗人按年代顺序排列起来的群像：但丁和彼特拉克居中占据主导地位，薄伽丘从他们两人的肩膀间探出头来。)[35]在《伟大画家、雕塑家和建筑师的人生》这本书中，瓦萨里比任何人都更努力地推进了"复兴"和"重生"这一理念，而这种理念正产生于这群诗人所处的时代，因此，他实现了彼特拉克的梦想。不过，他是用视觉艺术实现的，而非文学艺术。但是，瓦萨里也看到了学术界的重生：他将自己的工作跟新一代敏锐的历史学家的成果进行了比较，这些历史学家"认识到历史事实是人类生命的一面镜子——而不只是对历史事件所做的干巴巴的叙述……它是一种方法，指明人类的判断、建议、决定和计划，同时还指出其行为成功与否的原因，这才是真正的历史精神"。

人类的行动、做出正确判断的困难、一切事物的不确定性——所有这些主题都继续吸引着16世纪的作家。他们将会见证西欧的宗教分裂，也会发现世界远比古人所预期的要广阔和复杂。这将会促使他们中的一些人对不确定性以及复杂性有更敏锐的理解。其中，少数人将会意识到，没有什么事物比个体人类更加复杂以及更自我分裂的了。

我们将会看到，这些想法会把他们带向何方。在这之前，让我们先来讨论一下身体吧。

第四章
神奇网络

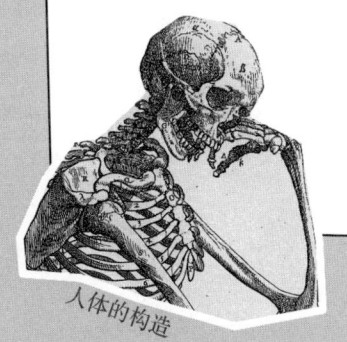

弗拉卡斯托罗

人体的构造

主要是公元1492—1559年

书籍和身体——吉洛拉谟·弗拉卡斯托罗（Girolamo Fracastoro）及其关于可怕疾病的优美诗歌——尼科洛·莱奥尼切诺（Niccolò Leoniceno）：坏的文本能杀人——植物学家和解剖学家——助力生命过程中的死亡乐趣——安德烈亚斯·维萨里（Andreas Vesalius）和他的人文主义杰作——不过，他忽略了一些事情——一切都在变动不居即便像罗马这样强大的城市,也会遭遇入侵,从此伤痕累累,混乱不堪。而人类也是如此,会被疾病侵袭和摧毁。我们可以把这看成一场旅行的起点,尽管这个话题却并不怎么迷人,因为它是围绕梅毒展开的。作为一个人文主义者,医生吉洛拉谟·弗拉卡斯托罗在1530年踏上旅程。当然,在这之前他已经写过相关内容,肆虐意大利半岛的各种灾难也对他产生了影响。他曾向意大利说:看看,你在过去是何等地快乐和祥和——你获宠于上帝,肥沃且富饶——但现在,你的土地遭到劫掠,你的圣地被玷污,你的文物被偷窃。这不禁让人联想起某些相貌英俊的年轻人,一旦感染梅毒,他们的面庞和身躯会被病毒侵袭,心灵和精神会被摧毁。

话虽如此,弗拉卡斯托罗的诗歌却达到了相反的效果:它把一个丑陋的主题变成了美妙的维吉尔式诗句。就像薄伽丘在《十日谈》序言里提到疫情,弗拉卡斯托罗也在诗歌开篇备述疾病的痛苦,但他很快就转向了讲故事的乐趣。他给我们展示了潜流于地下的神秘的水银之河,闪耀着金尘的海滩,颜色明艳的小鸟飞满天空,以及少年牧羊者遭遇的苦难——他认为,所有这些都有可能治愈梅毒。弗拉卡斯托罗尝试了各种途径,使用了那个时代最好的医疗手段。最终,他得出结论,指出一种最有可能成功的药物——树皮上的胶,即树皮受伤后分泌的胶质物,它取材于在新世界发现的一种开花灌木。

我最喜爱弗拉卡斯托罗的地方在于他具有鲜明的时代特征,他把对世界的真诚探索和自娱自乐的文学雅致融合在了一起。他的作品类似于彼得罗·本博的对话体著作《论埃特纳》——所以,本博对此实在是功不可没。弗拉卡斯托罗的诗歌目前有两个英文译本，可以让不善拉丁文的读者也能欣赏弗拉卡斯托罗的想象力。我个人非常喜欢杰弗里·伊托（Geoffrey Eatough）1984年版的译本。尽管该译本采取的是散文体，但译者确实投入了大量精力和热情来处理弗拉卡斯托罗对文字的狂热。让我们来看看此书向梅毒患者提供的一则饮食建议：

> 虽然猪肠[1]很嫩，但一定不要吃，也不要吃猪的肚子部位，那里脂肪厚重，猪的脊椎骨也不应该成为你的选择。无论你在狩猎中捕获多少次野猪，都不要吃它腰部的肉。此外，不要让难以消化的黄瓜和菌块引诱到你，不要用洋蓟和美味的洋葱满足餍欲。

他还在最后赞美了树胶：

> 我们赞美它，这是上帝之手播撒下的神圣种子，它生长成了参天大树，垂下万缕丝绦，并因为新的德行受到人们的尊敬：它是人类的希望，是从异域而来的骄傲和辉煌；它是最令人愉悦的树木……普天之下都在歌颂你，无论人类走到何方，缪斯女神都会借人们的口舌传扬你的功绩。[2]

除了纵情挥洒自己的文学才能，弗拉卡斯托罗还是一位医生，他真心想帮助病人恢复健康。可惜的是，树胶虽然能让人出汗，但对治疗梅毒却无甚疗效。（它在今天获得了另一个用途：由于它可以和血红蛋白发生化学反应，所以被用来标记尿液和粪便中是否有血液存在。）然而，弗拉卡斯托罗只能依赖他那个时代可以获取的材料。如同今日的研究者和从业者，他研究文学，力图在其从事的领域达到优秀水平，向所有医学的共同目标前进：消除痛苦，改善人类的生活。不过，他是用六音步诗来实现的。

从最广义的角度来说，缓解人类痛苦是一个人文主义目标。所以，医学实践沟通了科学世界和人文主义研究。它既要用到定量研究（当代对量化的依赖程度比弗拉卡斯托罗时代要深得多），也要依靠病人对其感受的个人描述。因此，一个好的医生必须懂得倾听，并且跟病人进行良好的沟通。虽说医学是与可观察的经验现象打交道，但它也依赖书籍：通过接受教育和共享专业经验，知识在从业者之间流传。它像其他科学一样，明确利用了诸如历史在内的人文学科，反思自己的过去，改进自己的方法。不过，它又远远地超越了其他科学，吸收了

吉洛拉谟·弗拉卡斯托罗

同时代人对人类的普遍认知。例如，作为人类和宽泛意义上的生物，我们到底是谁以及我们的本质是什么？反过来，医学也促进了我们自身的改变，让我们（有希望）获得更多关于自身系统的知识。最终，我们可以对自己身体里基本的化学和生理过程进行一定干预。

这也就是为什么埃德蒙·D. 佩莱格里诺（Edmund D. Pellegrino）在其1979年的著作《人文主义和医生》中说医学"站在所有人文学科的交汇点上"。19世纪的科学家、教育学家托马斯·亨利·赫胥黎（Thomas Henry Huxley，我们在后面的章节里还会提到他）也推荐人们去研究人类的生理，并认为这是接受所有其他教育的最佳基础：

> 理智的任何一个方面都被它囊括其中，人类知识的任一领域要么属于其根茎，要么属于其分支。这就仿佛横亘在新旧世界之间的大西洋一般，它的波浪同时冲刷着物质世界和心灵世界的两岸。

人文主义和医学在此融合。本章准备做一个案例研究，它将说明近代早期人文主义技艺是如何跟现实的人类研究纠缠在一起的。这是一段很小的插曲，但在我们的故事之中，它也是一个转折点：从此，欧洲的人文主义者不再只是古人的跟班，而是更加关注现实世界。他们探究生理和心灵，追问我们是什么样的生灵，以及拥有一具人类的身体又意味着什么。

※

我说过，医学的目标是缓解痛苦。不过很不幸的是，医学在历史上的大部分时期都未能实现这一目标，甚至还在无意中让事情变得更糟了。有些具有伤害性的疗法是没有任何必要的，比如切开血管释放血液——因为当时人们相信这些血液变得有毒了，或者需要减量。人们还研究诸如粪便、"木乃伊"（小块的人类遗骸，有时会混以沥青）这类物体。正因为看上去很恶心，所以人们认为它们是有益健康的。即便是最幸运的病人，他们获得的也只是无用的治疗，但不会遭遇生命危险。治疗理念也因人而异：有的人认为应该避免吃猪的小肠，但彼特拉克的医生则建议他不要吃任何种类的蔬菜、水果和喝新鲜的淡水——放在今天，这种建议在大部分情况下都是不健康的。这也就不难理解为什么彼特拉克面对医生时只剩下了咒骂。要知道，在他认定的最佳好友中，有好几个人都靠悬壶济世为生。他特别鄙视那些喜欢炫耀自己人文主义学识的医生："这些人一个个都很有学问，也很有礼貌，他们能够进行良好的交谈、热情的辩论，也可以做出有说服力的悦耳演讲——但从长期来看，这些人也会杀人于无形。"

彼特拉克做出该评价的三十年后，杰弗里·乔叟（Geoffrey Chaucer）在其《坎特伯雷故事集》中描写了一位医生，此人认为金子是治疗瘟疫最好的灵药——不过要以金币的形式"施用"在医生身上。"从医学角度来说，黄金对心脏有益，所以他特别中意黄金。"乔叟在序言中记录了这一言论，并罗列了这位医生曾经研究过的医学权威：希波克拉底（Hippocrates）、迪奥斯科里迪斯

（Dioscorides）、盖伦（Galen）、拉齐斯（Rhazes）、阿维森纳（Avicenna）。这相当于对早期医学大师做了一个很好的总结。其中，头两个人是希腊医学先驱，后两个分别是伟大的波斯学者拉齐（Rāzī）和伊本·西拿（Ibn Sīna）。不过，最有影响力的医学权威却是中间那位盖伦，他是公元2世纪罗马皇帝的御医。同时，他的写作几乎覆盖了医学的每个领域，从解剖学到病理学，再到饮食和心理学，可谓无所不包。

所有这些作者都聪慧理智，有各种好建议，但也各有其缺点。而且，如同其他领域一样，他们的文本都已经残缺不全。由于反复抄写，现存的文本也变得越来越残破。此外，大多数西欧人已经长达数个世纪都无法阅读希腊文，所以这些希腊语作家的作品只能通过阿拉伯文转译为拉丁文，误译的风险从而加倍。从1400年至1500年，新一代的人文主义者运用语文学技巧重译了这些作者的文本，并且利用了他们能找到的最精确的文本来源。他们用解放罪犯这一想象来夸耀自己的工作：一位医生在序言中写道，多亏了他的工作，希波克拉底和盖伦双双"从寂静的永恒黑夜中被解救了出来"。

跟其他领域相比，医学人文主义者对这种工作的需求更加迫切，因为没有人会因为你对荷马史诗的一句错误解释而死亡。哪怕像《君士坦丁御赐文》这种伪造的法律或政治文件，虽然对它的利用可能会造成重大后果，但也不会直接致命。然而，对医学文本的误读确实会导致他人死亡。

尼科洛·莱奥尼切诺是第一个有力地指出这一点的人，该观点出自其首次发表于1492年的著作《关于普林尼和其他医学作者的错误》（*On the Errors of Pliny and Other Medical Writers*）。在各种形形色色的话题之外，老普林尼的《自然史》还是公元1世纪各种草药和健康信息的二手资料汇编。[3]即使老普林尼本人对内容质量控制没有做过任何声明，但人们还是经常过分相信这本书。就像中世纪的前辈们一样，人文主义者十分热爱老普林尼。彼特拉克在他收藏的普林尼手抄本上做满了笔记，其中一部复本现藏于牛津博德利图书馆（Bodleian Library），上面有科卢乔·萨卢塔蒂、尼科洛·尼科利和巴托洛梅奥·普拉蒂

第四章 神奇网络 129

纳的笔记,并因此而出名。老普林尼收集的信息包罗万象,这也很符合人文主义者的胃口。如果他们在其中发现了什么错误,只会礼貌地把它归咎为抄写员的失误,而不是批评老普林尼。[4]然而,莱奥尼切诺却直斥他的错误。他说,老普林尼的错误几乎遍布全书,特别是在鉴别医用植物方面,他的错误尤其严重。莱奥尼切诺写道,老普林尼的错误不只是词句方面的,更是内容方面的。人们的生命健康需要依赖医学语言的正确使用。

跟瓦拉一样,当莱奥尼切诺发现真理更重要时,他毫不惧怕批评古代权威。也像瓦拉一样,他乐于把读者的注意力从糟糕的版本上引开,带他们回归到更早、更真实的文本上。对莱奥尼切诺来说,这也意味着亲自观察真实的植物。他用这样一段话为其著作结尾:

> 如果不是为了让我们亲自观察和探究真理,大自然为什么要赋予我们眼睛和其他感官?所以,我们不应总是跟随他人的脚步,但自己却什么都不去关注:因为这是在用他人的眼睛去看东西,用他人的耳朵去听东西,用他人的鼻子去闻东西,用他人的心灵去理解东西。如果我们什么决定都不做,一切只靠他人的判断,那么便与木石无异。

虽然莱奥尼切诺的辩护听起来像是走的当代经验主义路径,但他仍不失为一位人文主义者。他用人文主义者的一贯优雅表明,成为一位良好的语文学家和成为真实世界的优秀探究者并不冲突——事实上,这两种身份可以互相配合得很好。洛伦佐·瓦拉也是如此,其工作不仅有语言学上的考虑,也思考了现实生活中的可能性和真实性。这两个人都不会仅仅因为他人是权威就表现出无条件的尊崇。

莱奥尼切诺也亲自收集手抄本书稿,同时他还具有一个非常人文主义的身份:他是一位侍臣,为富有的资助人工作。在为费拉拉的埃斯特公爵担任医生期间,他的职业生涯获得了发展。在费拉拉的宫廷,智性活动十分活跃。当时，这里由阿方索一世（Alfonso I）和他的妻子卢克雷齐娅·博尔贾（Lucrezia Borgia）主持事务——对人文主义者来说，后者是一位伟大的朋友。莱奥尼切诺把自己一部名为《论 Dipsas[5] 和其他种类的蛇》（*On the Dipsas and Various Other Snakes*）的短篇著作献给了卢克雷齐娅。或许，这是在暗示她对古典文学典籍中被描述为 Dipsas 的蛇类的毒液有着特殊的兴趣。（不过，这些蛇类现在被认为是完全无毒的。）他还在1497年发表了一部关于梅毒的著作，这比弗拉卡斯托罗要早三十三年。无疑，这也是一个跟宫廷生活相关的话题。跟当代的优秀科普作家一样，莱奥尼切诺可以和非专业的听众进行良好沟通，同时兼顾专业性。他在八十六岁的时候完成了一部带有评注的盖伦选集，由法国人文主义出版家亨利·艾斯蒂安（Henri Estienne）在1514年出版。由此，他把编辑和科学结合在一起的事业推到了巅峰。

在当时，人们已经可以越来越容易利用真实植物来验证书本上的知识。原因在于，意大利的宫廷和大学城普遍开始兴建植物园。植物园是一个盛产人文主义者的地方。在费拉拉，宫廷医生安东尼奥·穆萨·布拉萨沃拉（Antonio Musa Brasavola）一边在周围乡下采集植物，一边从书本里寻找其名称在不同语言里的对应叫法。在博洛尼亚，乌利塞·阿尔德罗万迪（Ulisse Aldrovandi）根据他的私人标本博物馆完成了一部卷帙浩繁的自然史，并且还对古代文本做了评注。

在语文学-植物学家们比较植物和词句的时候，更激进的思想家把类似的原则应用到另一个领域，开始将真实的人体跟解剖学书籍描述的人体做比较。

长久以来，人们都认为在条件允许的情况下探索人体内部的秘密是一个好主意。盖伦就非常赞成这么做。但在实践上，却很难做到这一点。因为，无论是在早期罗马，还是在基督教和伊斯兰世界，宗教和政治的统治者都认定这是违法行为。所以，盖伦只能用非人类的物种进行替代性解剖，比如绵羊或巴巴利猕猴。但不久之后，奥古斯丁在公元5世纪早期提出的观点给这种行为投下了长时间的阴影。他认为生理解剖是错误的，因为这种行为忽视了活体的整体和谐——更不要提什么良好的解剖学知识有可能阻止活体和谐地走向死亡。正如19世纪支持解剖学的活动家托马斯·索思伍德·史密斯（Thomas Southwood Smith）后来所说："问题的关键在于，是应该允许医生们在死人尸体上获取知识，还是让他们被迫在活人身上进行摸索。"

　　至13世纪晚期，一些人开始违抗关于解剖的禁令。这一点在博洛尼亚表现得尤为突出，蒙迪诺·德·里尤兹（Mondino de' Liuzzi）用处决后的罪犯尸体给学生们展示解剖结构，其他人也群起而效之。最终，来自传统的压力减小了，解剖学教师每年都可以获得少量尸体。但由于机会仍然非常稀缺，让每个人都能获得良好观看视野就变得重要起来，于是，就有了基于该目标建立起来的阶梯教室。帕多瓦大学至今仍留有一间建于16世纪90年代的此类教室：这是一个令人心生恐惧的小房间，位于中间的是一张桌子，周围有阶次升高的六层狭窄的椭圆形旁观席。学生们需要把身体探出栏杆进行观察，而且没有空间落座。随着解剖的进行，火炬的热烟伴着尸体腐烂的气味逐渐扩散开来，班级里经常有人晕倒。此时，栏杆和同学们的肩膀就派上了用场，它们可以防止晕厥之人一头扎到下面去。

帕多瓦大学的解剖教室，透视画

　　帕多瓦大学的阶梯教室在今天已经变得整洁又空旷。即便如此，它仍然会让人回想起但丁描绘的圆形地狱。不过，这里不需要任何标志告诉来访者在进入时要放弃希望。相反，这里发生的一切正是关于希望的。有一行铭文刻写在阶梯教室的入口处：*Mors vbi gavdet svccvrrere vitae*，意即"在这里，死亡乐于帮助生命"。

在开展这种新型教学方式的早期，无论尸体多么真实以及不符合传统学说，人们还是希望它能够对得上书本的描述。阶梯教室下面会有一位地位较低的理发师或医生负责切割尸体，还有一位"展示者"（ostensor）指出尸体的各个器官。同时，教授则会站在比他们都高的讲台上背诵盖伦的理论（一般情况下都是如此）。

但糟糕的是，尸体有时很不配合。例如，盖伦曾经描述过一个位于大脑底部的器官，他把它称为 rete mirabile，即"神奇网络"。人们认为，它在生命体中把"至关重要的精气"融合进血液，然后经由神经将其扩散。这个过程会产生一种痰状残留物，后经大脑和鼻孔排出。（我们可能都知道这种物质是什么，故而该理论因人们的熟知听起来更加可信。）但是，"展示者"却会为此感到脸红，因为每当人们叫到 rete mirabile 时，他们根本指不出它在哪里。一位名叫雅各布斯·西尔维乌斯（Jacobus Sylvius）的巴黎教授甚至绝望地怀

铭文"在这里，死亡乐于帮助生命"，位于帕多瓦大学的解剖教室

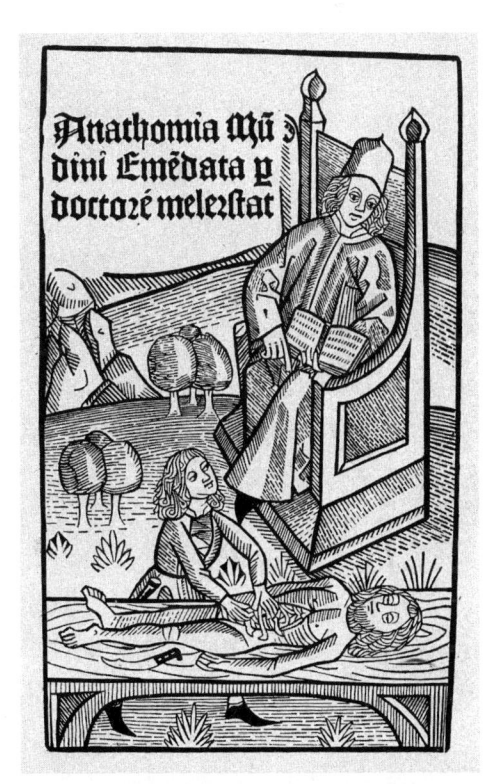

一个人坐在田间的椅子上，手中是一本摊开的书，他正在指挥他身前进行的解剖，约1493年

第四章　神奇网络　133

疑，这个器官曾经存在于盖伦的时代，但在现代人中已经退化消失。[6]

真正的原因很简单，因为人类就没有这个器官。不过，狗和海豚的确有这个器官。长颈鹿也有，当它们低头喝水时，这个器官可以保护它们不会突然血压升高。然而，人类身上却没有这一器官。盖伦可能只是在解剖绵羊的时候见到过它。一些学者开始陆续提起这个发现，其中最著名的是博洛尼亚大学教授吉亚科莫·贝伦加里奥·达·卡尔皮（Giacomo Berengario da Carpi）。他曾经写道："我努力想找到 rete 和它的位置，并为此解剖了超过一百个颅骨，但徒劳无功，至今仍无法理解它。"

西尔维乌斯先前的一位聪明学生给出了最致命的一击：他就是安德烈亚斯·维萨里，1514年出生于布鲁塞尔，荷兰名是安德里斯·范·韦塞尔（Andries van Wesel）。除了是一位解剖学家，维萨里还是一名具有创新性的教育学家、作家和古典文本编辑。从印刷史的角度来看，他也创作过杰出的作品——简而言之，这是一位优秀的人文主义者。不过，他属于那种把古代权威置于审查和检验之下的人文主义者。

维萨里的研究探索很早就开始了，当时他还是鲁汶的一名学生。在那里，他和一位朋友会在夜间偷偷溜出城外。当时，人们会把处决后的犯人放在路边示众，以起到警示作用。所以，他们可以很容易从腐烂的尸体上收集尸块，然后，再将其用于一种截然不同的教化工作。在鲁汶的时候，维萨里还为拉齐的著作写了评注，修改由于翻译造成的术语错误，并试图辨明其所指的物质。显然，这是一项秉持了莱奥尼切诺精神的工作。

维萨里后来又去了巴黎和帕多瓦学习。[7]他在帕多瓦的时候可谓年轻有为，毕业第二天就被邀请教授外科学和解剖学。他立即着手设计更好的方法，为教学展示准备尸体。和其他人不同，他坚持在讲课时自己动手解剖。现存的一本学生笔记显示，他会连续数日探索尸体的各个部位，像其他解剖者经常做的一样，跟时间和尸体腐烂的速度赛跑。

为了克服这一困难，让学习变得更加从容不迫，他开始制作大幅印刷插图。

第一次的产物是一套六幅图表，画面很大，足够清晰地展示身体的各个部位，上面仍然标注了 rete mirabile。[8] 维萨里后来坦白，自己其实是用了一具非人类的动物尸体作为参考，因为他羞于承认自己未找到这个器官。

这种羞愧感后来随着他的自信心增长而发生了改变。几年后，他在博洛尼亚跟同事马特奥·科蒂（Matteo Corti）一起做解剖。通常情况下，维萨里扮演地位较低的执刀人和"展示者"的角色，朗读书本上的描述则由科蒂负责。但是，由于科蒂始终忠于标准说法，维萨里变得恼怒起来。于是，他不断打断科蒂，指出身体和书本上的不同之处。最后，这两个解剖学家竟在参观者面前公开大声争辩起来。（我可以想见他们互相抛掷肾脏和锁骨的画面，当然这只是我的想象。）

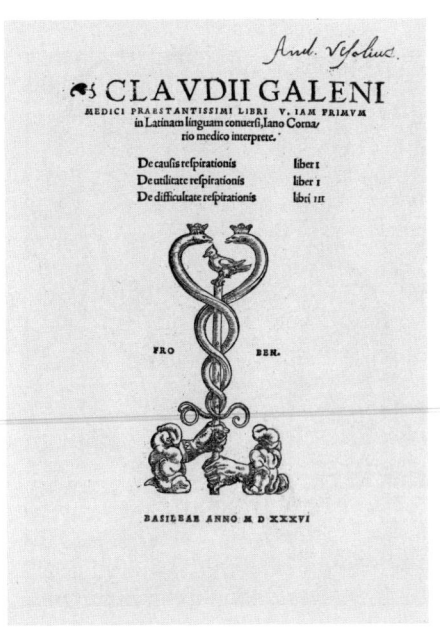

维萨里收藏的盖伦讨论呼吸的著作复本，书名页上有签名"And. Vesalius"

最终，维萨里在1543年完成了他的代表作《论人体的结构》（De humani corporis fabrica）。[9]他在这本书里一劳永逸地否定了人类具有 rete 这个说法。他批评说，自己和其他解剖学家都太依赖盖伦了："我不去过多地批评别人，而是拿自己举例子。我惊讶于自己曾经竟如此愚蠢，盲目信任盖伦和其他解剖学家的著作。"在结束这一部分的时候，他督促学生们要依赖自己的细心观察，而不是奉任何人的话语为圭臬——甚至也包括他说的话。

这是一个很好的建议，因为维萨里自己也不可能事事都对。比如，他对阴蒂的识别就是错误的，他把它看成了阴唇的一部分。另一个名叫瑞尔多·科伦博（Realdo Colombo）的帕多瓦解剖学家纠正了他。[10]瑞尔多甚至还知道阴蒂的

第四章 神奇网络 135

安德烈亚斯·维萨里

用途,这说明他不只是在解剖台上进行过观察,还在一定的场景中注意过它。他把阴蒂命名为"*amor Veneris, vel dulcendo*"("维纳斯的爱,或快乐之物"),详细描述了它在女性性爱过程中扮演的角色。瑞尔多评价道:"让我非常震惊的是,如此多的著名的解剖学家都对这个可爱的器官一无所知。它出于实用目的而存在,却在艺术上臻于完美。"

除了少数这种错误,维萨里的《论人体的结构》在细节上做得都很好,他还在书中对准备尸体的方法进行了描述,对古典权威的错误之处做了明智的评价,这些都让该书显得十分出色。除此之外,它在人文主义书籍制作和视觉艺术方面也是一部杰作。这本书采用了一种清晰易读的字体,而且包含了八十三幅版画,极具特色。这些版画是让·范·卡尔卡(Jan van Calcar)在维萨里的指导下完成的,制版过程历经多人之手。雕版在意大利本土制作,采用的木材来自梨树,然后由商行穿越阿尔卑斯山将其运往巴塞尔,在那里有维萨里指定的出版商——约翰内斯·奥普瑞努斯(Joannes Oporinus)。维萨里紧随其后,不想错过参与任何一个流程。而且,他也在这本书里亲自出镜了。书里有一幅他的画像,画中的他正在展示手臂上的肌肉,相貌严肃,带有挑战的神情。除此之外,扉页上还有一幅版画,描绘了他在一个拥挤的阶梯教室里解剖尸体的场景。尽管有栏杆挡着,周围还是有很多学生和名人——如盖伦、希波克拉底、亚里士多德,甚至还有一条狗——他们全都急切地想要看上一眼,以致几乎要掉了下去。整部作品都充满了这种雅致的笔触:有小天使们围着柱子飞行,也有一架人骨斜倚在坟墓上盯着一个骷髅看,还有一个肌肉发达的男人痛苦地向后仰着头。大多数人物形象的背景要么是自然景观，要么是很多人文主义者热爱的残破古典建筑。当需要展示肌肉的结构时，他们一般会摆出英雄的姿势。

看到这些有尊严的人，并想到他们有可能是被吊死的罪犯，也可能是在贫困中死去的穷苦之人，他们没法掌控自己身体的命运，这不禁让人有些伤感。显然，他们几乎不可能选择以书本上的方式安排自己的身后事：在整个19世纪，很多人都拒绝被解剖。一个原因在于，他们相信人死后肉体还会复活，所以没有人愿意作为骷髅或一摊支离破碎的筋肉神经升入天堂。用自己的身体帮助学生们学习解剖学——并不像帕多瓦大学阶梯教室入口处的铭文中所说的那么令人快乐，这反而更像是对犯罪的一种强有力震慑，其效果几乎不下于处决本身。

不过，这些不幸的无名之人确实让他人的生存成为可能。而且，他们终究还是保留了全部的尊严，被人类历史上最重要的书籍之一所铭记：在书中，他们表现出率直、肌肉发达且美丽，许多人看上去都好似米开朗琪罗的雕像。

这种相似性不是偶然的，为了提升艺术水平，米开朗琪罗对解剖学进行过细致的研究。他不仅对人类尊严感到着

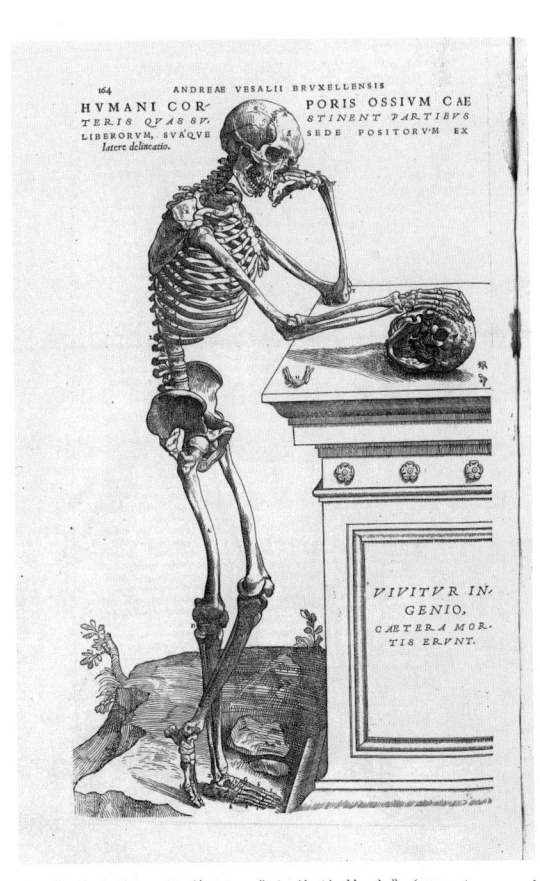

安德烈亚斯·维萨里，《人体的构造》（*De humani corporis fabrica libri septem*），第164页

第四章　神奇网络　137

迷，也对肌肉组织和纯粹的身体重量感兴趣。米开朗琪罗和瑞尔多·科伦博是朋友，曾计划一起写书。虽然这一计划没有实现，但瑞尔多有一本在其死后出版的解剖学书，可能得益于他们的合作。

在这之前，其他艺术家也做过解剖学研究，列奥纳多·达·芬奇就是一个杰出的例子。作为一个严肃的研究者，他不仅研究人类身体的美与和谐，也对其生理机制进行了深入探索。在其职业生涯的早期，他曾详细绘制过一个人类头骨以及一条强壮的人腿。不久，他又研究了不同年龄段人类的临终状态。他解剖了一个两岁的儿童和一个百岁老人。后者是一个贫民，住在佛罗伦萨圣玛利亚诺瓦（Santa Maria Nuova）的慈善医院里。此人在临死前告诉列奥纳多，自己一切都好，只是感到有些虚弱。列奥纳多写道："我对他进行了解剖，寻找导致这种甜蜜死亡的原因。"

虽然做了如此多的工作，但列奥纳多只是将其结果记录在笔记本中供自己参考。所以，同时代的人很少意识到他是许多门科学的伟大先驱。尽管他经常用 *omo sanza lettere*（文盲）描述自己，但他在古典文化方面其实受过很好的教育：他曾经补习过拉丁语，以弥补年轻时在这方面遗留下的欠缺。[11] 而且，他还拥有数量可观的藏书（其中包括普林尼的手抄本）。列奥纳多曾想写一部完整的解剖学专著，但只完成了一个提纲："这部著作应该以人类的概念开篇，然后描述子宫的形式，以及胎儿是如何在其中生存的……在婴儿出生后，我们可以描述其哪部分身体生长得比其他部分更大，并在他一岁的时候，对他的身体尺寸进行测量。随后，我们再描述成年男女以及他们的身体尺寸……"以此类推，这种测量可能一直延续到百岁老人为止。

如果这本书能够完成，那么它将不只是一本解剖学教科书，它还会对人类一生中的不同身体形态进行描述。仅从这个角度来说，它也是非凡的。艺术家和解剖学家都很清楚，一生并非一成不变。跟《维特鲁威人》刻画的形象不同，人体并不遵循单一的静态模型。我们每个人都要经历出生、成长，然后安息。正如卢克莱修所言，精神和身体都有"生日和祭日"。在这两者之间，一切皆流，无物常驻，心灵当然也不例外。身为精神性的存在者，我们常为此产生各种崇高感。但是，酒精会把我们的自我意识搞得晕头转向，疾病也会让它变得虚弱。假如石头掉落头顶，即使是最有智慧的圣人也会失去理智。卢克莱修和他的前辈德谟克里特都曾注意到，在整个生命过程中，感官和事件会对心灵和身体产生影响。所以，他们提醒到我们，每个人都会有一个终点。在那个终点，我们会悄无声息地分解成原子。16世纪和17世纪的作家们不仅延续了这样的思考，而且还形成了一种新的感受力。最终，这种感受力将表明书籍和身体都不完全可靠。

第五章

人类之事

蒙田

伊拉斯谟

主要发生在16世纪

和来自北方的人文主义者一起翻越阿尔卑斯山——康拉德·策尔蒂斯（Conrad Celtis）——鲁道夫斯·阿格里科拉（Rodolphus Agricola）——德西德里乌斯·伊拉斯谟在人群中推行文明生活和友谊——米歇尔·埃康·德·蒙田（Michel Eyquem de Montaigne）让人文主义走上了一条不同的道路——小说家

在翻越阿尔卑斯山时，维萨里和他的梨木雕版险些陷入交通堵塞的危险。这条道路在当时挤满了艺术、医学和文学等领域的旅行者。很长一段时期里，南北方的旅行者互访是一种常态。意大利人去北方或者是出于好奇，或者是为了寻找、奉承和取悦新的资助人；北方来客南下则是为了获取那些让他们心心念念的意大利物事：藏书、最好的大学体验、最新的学术方法，以及在举止和语言上得到进一步的人文主义提升。用这些武装了自己以后，他们会返回故土，急切地把新发现跟其他人共享，并把学到的新方法应用到自己的历史和文化研究中。

有一个早期例子可以说明这个过程——为此我们需要往前追溯一段时间，挖掘康拉德·策尔蒂斯的生平。他于1459年出生，当时他还叫康拉德·皮克尔（Konrad Pickel，像很多人文主义者一样，他后来把名字转换成了拉丁文形式）。策尔蒂斯曾跳上一条木筏沿美因河顺流而下，逃离自己处在巴伐利亚的家乡，那是一个名叫维普菲尔德（Wipfeld）的小地方。他先后在科隆大学和海德堡大学求学，然后又花了两年时间周游意大利。在那里，他跟威尼斯、帕多瓦、费拉拉、博洛尼亚、佛罗伦萨和罗马等地的人文主义者多有交往——特别是后两个城市的"学园"成员。然后，他再次北上，有了一段辉煌的职业经历。他曾在很多学校教书，并在多地建立自己的"学园"。他还设法让自己的经历造福于同胞，比如，他斥责醉酒的学生，并建议身为教师的同事学会正确的言谈方式，而不是"像鹅一样乱叫"。

同时，策尔蒂斯也对日耳曼文学抱有很大的兴趣和自豪感。正是他在雷根斯堡（Regensburg）的圣埃梅拉姆（Saint Emmeram）修道院发现了10世纪的修女作家赫罗斯维塔（Hrotsvitha）的戏剧手抄本，并对其进行了宣传。他帮助哈特曼·舍德尔（Hartmann Schedel）修订了《纽伦堡编年史》（*Nuremberg Chronicle*），这是一项大规模的历史和地理研究。他还编辑出版了一部在当时刚刚发现的历史著作，即罗马历史学家塔西佗的《日耳曼尼亚志》（*Germania*）。这本书赞扬了日耳曼人的朴素、诚实，以及他们野蛮却相当性感的行事方式。

这全是典型的意大利式人文主义者的活动，只不过应用到了一个不同国度的新材料上。不过，策尔蒂斯也提出了些新的研究形式。他敦促自己认识的每一个人提升自己的理智水平，而这不仅是指文学追求方面，还指一些在我们现在看来属于科学的领域：

> 去发现无形式的混乱的本质……从高屋建瓴的角度发现个体事物的原因：探究风的吹动和汹涌大海的潮汐……探究地球上的黑暗洞穴为什么会产出硫黄和浅色的金属矿脉，以及温泉为什么可以恢复病体的健康……学习一些世界上不同人群的知识，了解他们的语言和习俗。

这种对于不同类型知识的渴求也出现在其他人的建议中，比如一个名叫鲁道夫（Rudolf）的北方人。他也叫鲁道夫斯·阿格里科拉，出生时的名字是鲁洛夫·胡伊斯曼（Roelof Huysman）。这两个名字的姓氏都是"农民"之意。在写给一位老师的信中，他建议学生们探究"大地、海洋、山峦和河流的外貌和性质，生活在地球上的不同民族的习俗、疆界和环境……树木和草药的药用属性"，等等。当然，他们也应该学习文学和道德课程，因为这将帮助他们良好地生活。但是，学习"事物本身"仍然是有价值的，因为它们非常"有趣"。

这些列表中体现的渴求很容易招致人们的嘲讽。果然，它在1532年招来了法国讽刺作家弗朗索瓦·拉伯雷（François Rabelais）的讽刺。他让自己虚构的巨人卡冈都亚（Gargantua）给儿子庞大固埃（Pantagruel）展示了一份类似的教学大纲①，让他带着去上大学。庞大固埃先要学希腊语，然后是拉丁语，再接着是希伯来语，还有迦勒底语和阿拉伯语。他还要学习历史、算数、音乐，学习"一切精美的民法文本，将其铭记于心，并与道德哲学进行比较"。研究自然当然也少不了，"不要让任何江河湖海里有你不认识的鱼类，要知晓空中所有飞行的鸟类，以及树林里所有的乔木和灌木，土壤里生长的所有植物，还有深藏在地球子宫里的所有金属矿藏"。此外他还要研究医学，"通过经常性的解剖获得对另一个世界的完美知识，这个世界就是人类……简言之，我希望你成长为文宗渊府"。卡冈都亚补充说："我发现，即便是今天的强盗、刽子手、雇佣兵和马夫都比我那个时代的教师和传教士受过更好的教育。即使是女人和孩童都渴望得到这样的赞扬，获得好学带来的神圣食粮。"

　　事实上，拉伯雷本人就深谙其中的很多技能。[1]他不仅曾是修士，会多门语言，做过训练有素的律师，还是一名执业医生：他编辑了盖伦和希波克拉底的著作的学术版本，并且至少参加过一次公开解剖。阿格里科拉也有类似的巨大成就。从其优雅的行为举止和个人魅力来看，阿格里科拉就仿佛是另一个莱昂·巴蒂斯塔·阿尔伯蒂。他在意大利旅行长达十年，他在那里不仅给学生教授修辞技巧，还演奏教堂里的管风琴。那段时间，他大部分时候都是埃斯特公爵随从中的一员。他富有乐感的耳朵也许助力了他的语言学习，认识他的人都对他好听的声音印象深刻。他可以说法语、意大利语、高地德语和低地德语，以及家乡的弗里斯兰语，当然也少不了拉丁语和希腊语。在临近生命的终点时，他还学了些希伯来语。绘画也是其众多技能中的一项：他经常在教堂里偷偷观察人们的相貌（我严重怀疑他同时还在演奏管风琴），事后再用炭条作画，进行完美重现。阿格里科拉相貌英俊，有着维特鲁威人一样的身材比例，朋友们对他的描述充满了赞美："他身形高大强壮，个头比大多数人都高，有着宽阔的肩膀和胸膛，从头到脚无一处比例不和谐，所以他的整个身体十分引人注

---

① 出自《巨人传》第二部第八章卡冈都亚寄给在巴黎学习的庞大固埃的书信。

第五章　人类之事　145

目。"所有人都爱他,虽然他出版的著作相对较少,也不特别激动人心,但他的影响却比其著作要大得多。[2]

我们尤其应该注意,阿格里科拉在1480年访问荷兰代芬特尔(Deventer)的一所学校时给一个十四岁的小男孩留下了深刻印象,这个男孩当时是这所学校的一名小学生。阿格里科拉可能是去那里给学生做一场演讲。至于他说了些什么,我们已经不得而知,也许跟我刚才引用他信里给出的建议是一样的。他甚至可能照着信中的思路进行了扩展,建议学生们不应该太过于依赖学校中学到的东西。相比之下,根据原始文献和宗教文本学习历史、诗歌和哲学显得更加重要,而最重要的事情则是要学习一项终极技艺:如何好好生活。

鲁道夫斯·阿格里科拉

不管那天阿格里科拉说了什么,这个小男孩显然都牢记于心——他的名字叫德西德里乌斯·伊拉斯谟。我们现在已经知道,他一出生就获得了这个名字,而不是之后才改名的。他后来成长为那个世纪最杰出的北方人文主义者。伊拉斯谟也是这章的两位主角之一,另外一人则是法国作家米歇尔·埃康·德·蒙田,他也是跨阿尔卑斯山(transalpine)文化影响下的又一产物。蒙田属于更年轻一代的人,所以具有一种不同的感知力。伊拉斯谟所在的欧洲处于15世纪晚期至16世纪早期——当时欧洲正在经历社会巨变,作为这场巨变的目击者,他常常感到震惊。相反,蒙田从一开始就处在这个已经发生巨变的世界之中,不稳定对他来说是一种常态。如果不考虑这种区别,我们可以发现他们其实具有相似的性情,这种品性是通过忍耐和对心灵生活的巨大热爱造就的。我相信,如果他们互相认识的话，一定会非常喜欢对方。

如果伊拉斯谟和阿格里科拉能够以成年人的身份和平等的地位重逢，他们应该也可以建立起良好的友谊。但不幸的是，阿格里科拉很快就去世了。他的死亡来得非常突然，不过死因在当时很常见。假如他生活在一个具有更高医疗水平的时代，这原本是可以避免的：在又一次游历意大利的返乡途中，他突发肾部感染，高烧不退。当时他正在赶往居住地海德堡，面对这种感染，人们没有任何有效的治疗手段。当他因感染而身亡时，仅四十二岁。此时的伊拉斯谟只有十九岁左右，正在思考人生何去何从。

※

德西德里乌斯·伊拉斯谟是最多才多艺的人文主义者之一。[3]他是个多面手，作为一个作家，他不仅从事过翻译工作，还创作过对话录、檄文、神学小册子、写作手册、学习指导、谚语集、消遣文，以及数量惊人的信件。他发展了一批通信者和朋友，足堪匹敌彼特拉克。较之于彼特拉克，过去近二百年的学术研究为伊拉斯谟提供了额外的助益，欧洲大陆的联系网络也越加发达，为他提供了探索的便利。他非常虔诚，不是基督教的质疑者——不过他也深信，在现世明智且美好地生活是十分重要的。作为和平和友谊原则的倡导者，他很重视礼仪和文明的行为方式。他还坚信教育的益处，相信文学和研究可以帮助人们在纷扰的复杂时代实现繁荣。

伊拉斯谟可能于1466年出生在鹿特丹。当时的人们可能不太会相信他能在

德西德里乌斯·伊拉斯谟

第五章 人类之事 147

未来完成那一长串文化贡献。他是一个非婚生子：他的父母尽管有着融洽的家庭生活，但却不能结婚，因为他的父亲是个神父。不过，他们尽力给了伊拉斯谟和他哥哥最好的学校教育——这所学校是各类经院机构经过长期发展在代芬特尔达到的巅峰，由一个名为共生兄弟会（the Brethren of the Common Life）的组织运行着。

这些代芬特尔的修士受到高度的尊敬，长久以来，该组织也因其出色的抄写手抄本的活动而为人所知。不过，伊拉斯谟却是以厌恶的眼光看待这所学校以及他先前上过的学校。原因之一是它们的暴力氛围。在那个年代，体罚学生被看成是正常的，甚至是非常重要的。但是，这给伊拉斯谟造成了创伤。在其早年的学校经历中，挨打有时甚至只是为了测试他的忍受能力，而不是因为他做了任何错事。他写道："这个事件摧毁了我内心对学习的所有热爱，把我幼小的心灵抛入了深深的沮丧之中，以致我几乎在心碎中日益衰弱下去。"代芬特尔的修士也许没有这么专断，但在伊拉斯谟看来，他们仍然是想摧毁男孩的精神，好让他们为未来的经院生活做准备。

然而，这给伊拉斯谟造成的影响却正好相反，他自此终身厌恶任何形式的虐待和恐吓。数个世纪后，E. M. 福斯特也对自己在公立学校接受教育时遭受的苦难做出评价："他们对我做的最糟糕的事情是让我相信学校是一个微型世界。这妨碍了我发现世界原本可以如此可爱、欢乐和友善，可以如此简单易懂。"伊拉斯谟可能会对此表示赞同。

伊拉斯谟对其学校经历评价不高的另一个原因是：修士的态度总是远离世俗，跟现实生活毫无联系。人文主义者普遍抱怨此类机构过时、迂腐，并与现实脱节。对伊拉斯谟，以及对阿格里科拉和后来的福斯特等人来说，年轻的心灵应该从这些无知大师们教授的没有意义且无用的知识系统中解放出来。因为这些大师就像过时的邮票一样，自己都不知道该怎么生活。

其实，伊拉斯谟接受这个观点也经历了一个过程。最初，他确实走上了人们对他期许的道路，接受了一所修道院的任命。他甚至写过一篇论文来称赞修道院的存在:《论对世界的蔑视》(*On Contempt for the World*)。不过,他差不多在同一时间又写了另一篇论文,并大胆地题为《反对野蛮人》(*Anti-Barbarians*)。这篇文章攻击了缺乏教育的修士,以及他们忽视道德哲学、历史和拉丁文等人文主义课程的倾向。伊拉斯谟显然在着手尝试不同的观点,展示其在文学领域的多才多艺,而也正是这种写作技巧为他赢得了逃跑的机会。当时,康布雷主教选他担任秘书,陪同自己旅行。但出发以后,伊拉斯谟就再也没有回到这座修道院。该主教还安排他前往巴黎,到索邦大学进行学习。

但这也不是一个令人满意的安排。原因是相似的,索邦大学在当时是中世纪经院哲学的重镇。其他欧洲大学逐渐对人文主义者的学习理念表示欢迎,但巴黎则不:在那里,教师仍然是一群在社交上无能的古怪之人,天天沉迷于悖论和三段论。伊拉斯谟在巴黎的住所卫生状况堪忧,经济上也十分困窘。由于缺乏文明的居住条件,伊拉斯谟已经抛弃《论对世界的蔑视》里的观点,而秉持另一种态度。他认为,教育应该培养人们在世俗生活中的"在家感",教会人们如何与他人和谐相处,并提升交友能力,以明智的方式行事。同时,还要待人以礼,分享知识的光辉。也就是说,教育为"成人"的发展助力。

于是,伊拉斯谟离开巴黎,开启了终其一生的生活方式:一名漂泊不定的人文主义者。他做过学者、作家、出版助理、教师,还在全欧洲的各类机构里担任综合人文主义顾问,以此谋生。这种生活并不容易,他居无定所,而且不得不像很多人文主义者一样,依赖于取悦那些资助他的人。但从智性层面来说,这种生活在大部分时候都很自由。

他曾在不同国家逗留,光是英格兰就去了好几次。其中一次是从1509年停留到1514年,那段日子他同时在牛津和剑桥授课——这两所大学当时已经稍稍放宽那些极具中世纪色彩的课程大纲,允许一些人文主义亮光照射进来。伊拉斯谟就曾为此添砖加瓦,他还跟英国人文主义者约翰·科利特(John Colet)合作,为科利特在圣保罗大教堂新开的学校设计课程。在这期间他还认识了另一位英国好友——托马斯·莫尔。莫尔是一名律师和政治家,后来跟国王亨利八世有过致命的纠缠。通过阅读他们为纪念对方所写的两本著作,我们可以感觉到莫尔跟伊拉斯谟之间的深厚友谊。伊拉斯谟的《愚人颂》一书的书名 *Moriae encomium* 就是莫尔这一名字的双关语,这本书更是充满了恶作剧般的想象。其中有些大胆的想法以"愚人"之口被说了出来。如此一来,作者就可以确保自己不受这些话语的牵连。莫尔的政治讽刺名著《乌托邦》讲述了一场虚构岛屿之旅,这个岛上的社会对宗教几乎有着类似伊壁鸠鲁主义的容忍程度。同时,岛上还流行着一些奇怪的想法,比如共享工作和房屋。伊拉斯谟花了很大力气帮莫尔进行创作,并协助他出版该书。

根据其在英格兰制订教育计划的经验,伊拉斯谟创作了一系列论著,主题包括如何训练年轻人过人文主义生活以及掌握学习技巧等方面。跟策尔蒂斯等人一样,伊拉斯谟也认为让学生们习得良好举止是非常重要的——也就是说,其行为方式要表现出对他人的共情和体谅。在其1530年的著作《论男孩的良好举止》(*De civilitate morum puerilium*)中,他总结了文明举止应该做什么和不应该做什么:不要在袖口上抹鼻涕,应该把它擤到手帕上——但声音不要太大,因为只有大象才会"吹喇叭"。打喷嚏的时候要避开他人,当人们向你表示祝福时(或者当你认为他们祝福了你,你却因为打喷嚏而没听到时),要抬帽致谢。吐痰时要注意不能吐到别人身上。要注意牙齿卫生,但也没必要用粉末将它们抹成白色。"用尿液刷牙是西班牙人的习惯。"不要像嬉戏的马一样乱甩头发。但对于如何对付肠道里的气体,则人言各殊:有人说应该缩紧臀部,堵塞出口,但若"因此给自己带来疾病,那也算不上什么良好举止",所以表现得贴心一点儿,远离他人即可,或者至少用咳嗽来掩盖这种不雅的声音。而且,做这些举动的时候一定要保持轻松镇定的姿态。"眉头也不应该显露忧色,看上去要光滑,这样既能表明你是个有良心的人,还表明你有一个开明的头脑;警惕不出现皱纹,这是老年人的标志。不要像只刺猬一样犹豫不决,也不要像公牛一样充满威胁。"

这样的举止多少有些类似于卡斯蒂廖内理想中的悠然自若状(casual poise),但其主要意图并不是为了展现自己有多酷。倒不如说,这样做的目的是让他人的生活变得更好一些。这种做法不会把个人与世界分离，因此不同于那些笨拙的索邦大学教师和坏脾气的修士。这意味着，你要懂得如何让身边的同伴感觉自在，并学会在一个充满愉快氛围的社会中找到自己的位置，也即在各种意义上与人类共处。我们甚至可以把这看成是造就人类的关键，一如温彻斯特公学和牛津大学新学院仍然坚持的格言——"礼以成人"（Manners maketh man）。事实上，这种说法可以一直上溯到数个世纪之前。[4]

当然，教育和"成人"的意义并不止于面色自如和悄无声息地出虚恭。伊拉斯谟也教授了理智生活所需的生活习惯，指出其关键之处在于拥有一个格局尽可能高且知识丰富的心灵。这不仅可以让人们做出更好的判断，还能让人以知性、优雅的方式表达自己。他推荐人们阅读好书，并且运用一个在当时非常流行的技巧：分门别类地记笔记，这样既可以帮助人们记住阅读过的内容，还能以有用的方式跟其他想法结合在一起。如果手边没有纸笔，就把笔记画在墙上，甚至也可以将其画在窗玻璃上。最重要的是，要在你的头脑中建一座"宝库"（treasure house）——从字面意义上来说，这也是一座"词库"（thesaurus）——如此一来，它便可以作为一种资源长久存在。

他在自己的论著《论丰裕》（*On the Abundant Style*，拉丁文题为 *De copia*）中给出了大量构建此类宝库的材料，该书同时让人们想起了抄写和丰饶。（在英语中，copious 一词也有"丰裕"之意。）这篇论著列出了各种方式来改变和扩充你的说话方式，其遵循的原则来自修辞学家昆体良的一句名言："大自然最喜欢多样性。"（Nature above all delights in variety.）[5]例如，你可以从因果的角度对某事件提出一个解释，也可以从与其相关的生动细节处进行扩展。伊拉斯谟以普鲁塔克举例，因为后者曾费很大力气从不同角度描写埃及艳后那条以豪华著称的大船。伊拉斯谟的大部分著作都由各种列表组成，这些列表有些是关于短语的，有些是关于不同表达方式的，你可以借助它们传递诸如"习俗"、"怀疑"或"哄骗"等概念。举例来说，假如你的鹦鹉死掉了，那么编号195的内容可能会对你有所帮助：

mortem obiit：他来到了自己的终点。

vita defunctus est：他的生命已经死去。

vixit：他的生命结束了。

in vivis esse desiit：他不再与生人为伍……

concessit in fata：他迈过了命运的终点。

vitae peregit fabulam：他上演了人生的最后一幕。

伊拉斯谟显然把这种表达上的丰裕应用到了自己的作品中。在其一部名为《格言》的集子中，这种不断扩展、迅速发展的方法表现得最为明显。[6]这部作品点评了一些老掉牙的成语和表达方式，如"千方百计"（to leave no stone unturned）和"同舟共济"（to be in the same boat）。该集子在第一版中收录了818条格言，但在最后一版中，数量却增长到了4251条。有些点评篇幅很长，甚至可以单独成书，经常包含作者在饱读诗书之余的个人思考。《格言》最初只是一种文学训练，但后来却在某种程度上发展成了伊拉斯谟渊博思想的写照。其内容充满了伊拉斯谟的个人特质：讽刺、多闻、学识渊博，以及由于多年的旅行、阅读和与他人交往所造就的博闻强识。

这些也是他人生中的三大主题，其中每一个都跟另外两个相辅相成。旅行为他带来了无穷无尽的新朋友，新朋友们带来了新的计划、新的会面和可供深入研究的新想法；而这些反过来又促进了新的旅行，如此循环往复。伊拉斯谟追随着这些机会指引的方向，有时会在一个地方停留很久，有时则只是简单路过。正如他自己曾说的："我的图书馆到哪儿，我的家就在哪儿。"

※

瑞士城市巴塞尔是伊拉斯谟停留时间最久的地方之一。对人文主义者来说，这是一座伟大的城市，有一所极好的大学，以及大量的出版商——这也是维萨里选择于1543年在此地付印其《论人体的结构》一书的原因。更早一些的伊拉斯谟时期,约翰内斯·弗洛本(Johannes Froben)是这座城市里最重要的印刷商。此人十分有学问,而且跟威尼斯的阿尔杜斯·马努蒂乌斯一样,他还领导着一个由爱书者组成的共同体。伊拉斯谟搬进弗洛本的家中,兴奋地给一位朋友写道:"这里的人全都懂拉丁文和希腊文,大多数人也懂希伯来文。他们中既有历史专家,也有经验丰富的神学家,还有人精通数学,有的人则热衷文物收藏,有的人是法学家……在过去,我从未有幸跟这么一个才华横溢的群体一起生活过。更不要说,他们还这么坦诚率真、充满欢乐,他们相处得是何等融洽啊!"他欣赏弗洛本,因为他乐于为文学做出贡献:"每当看到他手中拿着某本新书的头几页,看到被他认可的作者,都会让人感到愉快。而他的面容则洋溢着欢愉的光芒。"

伊拉斯谟把自己正在进行的工作带到了巴塞尔,包括最新版的《格言》。除此之外,他还开始为弗洛本做一项重要的工作,即重新把《新约》翻译成拉丁文,以摆脱4世纪哲罗姆的标准译本。这项工作与伊拉斯谟的其他智性活动是一致的:他不仅想提升欧洲人的教育程度,还想通过回归原始文本以提高其道德水平和精神生活的质量。对基督徒来说,根据最新研究获得一个好版本的《圣经》,就跟古典学家获得古代作家的好文本一样重要。伊拉斯谟认为,新的学术研究可以振兴人们的信仰——而不是像某些人害怕的那样,会有损旧有信仰。

重新翻译《圣经》文本,这种可能性有一部分是被我们的老朋友洛伦佐·瓦拉激发出来的。他在哲罗姆的《新约注释》里找到了一些漏洞,由此推测在教会认定的不可变易的真理中,有一些当属人为的错误。伊拉斯谟很了解瓦拉的思想,他甚至在年轻的时候编写了《优雅》的简写本。《优雅》是一部瓦拉风格的册子,一部无可非议的作品,纯正的瓦拉风格。《新约注释》是更具争议的文本,但伊拉斯谟在鲁汶附近的一个修道院里找到它的手抄本,并将其于1505年付印。[7]如今,他明白了瓦拉的意思,重拾希腊文的《新约》,并亲手创制一部可以将希腊文和拉丁文进行对照的新版本。[8]这个版本于1516年由弗洛本出版。

根据工作习惯，伊拉斯谟在其出版后还定期对其进行修正——这当然是因为他也跟其他人一样容易出错。有些人反对他的这项工作，认为他从一开始就不应该这么做。伊拉斯谟对他们发泄了自己的怨气，反驳道："如果可以结束争吵，每个人都开开心心向公共利益竭诚奉献，并怀着善意接受他人的奉献，这才算得上真正的基督徒！"

可惜的是，当时的欧洲并没有把争论愉快地搁置一边。1517年马丁·路德于维滕堡贴出九十五条反对教权的论纲，随后与罗马决裂，教皇将其开除教籍。自此，西欧开启了漫长的宗教冲突。断断续续的血腥战争持续数个世纪，并因为政治斗争而变得更加复杂。这些都足以撕裂各种共同体，给人们带来痛苦。其中，最大的受害者是那些希望安稳度日之人，他们完全不希望自己的生活受到神学的影响。伊拉斯谟和他后来的欣赏者、追随者在一切场合明确反对这种破坏。但是，他们通常也会发现自己很难阻止这种事情发生。

最开始时，伊拉斯谟对路德的遭遇表示了一定的同情。他认为，教会应该用更明智谨慎的方法来处理对其权威地位的挑战。伊拉斯谟在1519年提出，在这种时候徒呼"异端"能得到什么呢？

> 任何让他们不高兴、让他们不理解的人都是异端。懂希腊文的人是异端，言谈优雅的人也是异端。一切他们没做过的事都是异端……谁不明白这些人的立场和他们想做的事情呢？一旦放松对其邪恶激情的约束，他们就会开始不加区别地攻击每一个好人。

另一方面，他也遭到了路德的谴责和攻击。路德是一位天生的叛逆者和战士，但伊拉斯谟不是。他认为，"用礼貌的方式来处理一个本质上十分尖锐的问题，远比以恶意对待恶意更有意义"。对伊拉斯谟来说，谦恭有礼就是一切：它并不只是社交场上的假面具，而是所有相互尊重与和谐的重要基础。他跟路德在神学上也有不一致的地方，特别是在关于人类的自由意志方面。（伊拉斯谟仍然跟教会保持一致，相信人类可以自由选择自己的道路，或善或恶；路德则认为，我们没有这种意义上的自由，而且通向拯救的唯一道路在于上帝的恩赐。）[9]

伊拉斯谟对路德的行径日益不满，这让弗洛本犯难，因为他正在制作一套路德的作品集——这是一个很好的出版计划，因为路德的反叛此时已经成为欧洲大部分地区的热议话题。巴塞尔变得越来越支持宗教改革。但这让伊拉斯谟感到很不舒服，所以他再次出走，前往布赖斯高的弗莱堡（Freiburg im Breisgau）：这也是一座大学城，不过这里气氛平和，仍然信仰天主教。伊拉斯谟喜欢平静，他毫不掩饰这一事实。"当教宗和统治者们做出正确的决定时，我会谨遵，因为这是神圣的；当他们做出错误的决定时，我容忍他们，因为这是安全的。"伊拉斯谟是一个勇敢的人，但这种勇敢是另类的：他虽然谨言慎行，却也会平静且坚定地为和平进行辩护。

伊拉斯谟最讨厌的就是战争。早在宗教改革之前，他就在《愚人颂》里把战争描绘成魔鬼、野兽和瘟疫。在1515年版的《格言》中，他用了很长的篇幅来讨论维吉提乌斯（Vegetius）的一句名言：*Dulce bellum inexpertis*——把这三个简洁的拉丁单词翻译成英文会变得很冗长，意思是"战争只对那些未曾经历过的人才是甜蜜的"。在这本书和1517年的《和平的抱怨》（*Complaint of Peace*）里，伊拉斯谟给出了规避战争的理由。在他看来，战争从根本意义上违反了我们的真实人性，而我们原本应该要努力去提升和完善它。

跟过去的普罗塔哥拉和皮科一样，他用一些幻想叙事来表达自己关于人类本性的观点。他说，设想一下，自然女神降临人世，看到一个满是士兵的战场，于是她惊呼道："你们从哪里弄来了这些恐怖纹饰，那些闪闪发光的头盔、铁质的角和那些带翅的护臂？还有那些鳞状胸甲、黄铜色利刃、金属盔甲和致命的飞镖？为什么这里充斥着野蛮的声音和堪比野兽的面容？"这些不是人类该有的特征，她补充道："我当初可是把你们创造为一种近乎神圣的生灵。"那么，是什么进入了你们的身体，把你们变成了野兽？

两位15世纪时期的着盔骑士

伊拉斯谟带我们进行了一场身心之旅，指出我们身上的每一个特征都更适合过一种互助、善良的生活，而不是战斗的生活。公牛有角，鳄鱼有坚韧的皮肤，但人类有的是柔软的皮肤、适合拥抱的臂膀，以及"可以展露灵魂的友好的眼睛"。我们能够欢笑，能够哭泣，这说明了我们的敏感。我们有语言能力，有理性，并借此进行交流。我们甚至对学习有着天生的热爱，被它吸引，它是"编织友谊的最伟大力量"。

当然，我们是自由的，所以可以选择忽略自己身上的这些特质。不过，只有顺应天生的人性，我们才能做得更好。伊拉斯谟让我们回想起洛伦泽蒂为锡耶纳创作的壁画《好政府的寓言》（*The Allegory of Good Government*）：精耕细作的田地，庞大的畜群，工人有的在建造新建筑，有的在翻修旧建筑，各项艺术都在繁荣发展，年轻人努力学习，老人享受闲暇时光。这是一种平静的生活，伊拉斯谟给了它一个美好的定义，即"存在于许多人之间的友谊"。

然而，我们并没有过上这种生活，战争的狂暴及其丑恶后果在人间回荡：强奸，劫掠教堂，"践踏庄稼，焚烧农场，火烧村庄，抢夺牲畜"。这不是许多人之间的友谊，而是许多人之间的谋杀。

我们为什么会这么做？伊拉斯谟的答案跟锡耶纳壁画上的答案如出一辙：这些都是坏政府导致的。战争肇始于统治者的愚蠢和不负责任，是他们煽动起人们最恶劣的情感。律师和神学家本应为寻求和平而殚精竭虑，但他们反而让事情变得更糟，状况升级至一发不可收拾。战争是一个愚蠢的错误，它的存在就是在表明人类的失败。在普罗塔哥拉的故事里，宙斯赋予了人类建立快乐社会的技能，但对这些技能的提高和完善则取决于人类，否则它们便毫无用武之地。伊拉斯谟同意这种观点。我们的本性中早已具备我们所需要的东西，但我们仍然必须学习管理我们的人际关系、社会和政治。人们从彼此身上获得这种学习，并应使其永远传承下去。所以，教育在人文主义者的观念中处于核心地位，对公民和文明所需技艺来说更是如此。

后来的评论者悲伤地指出，伊拉斯谟似乎低估了暴力、非理性和狂热对人类的强大吸引力——这可能是由于其热情真诚的人格所致。[10]他对战争的刺激感和激进思想带来的沉醉感是免疫的，他根本无法理解为什么别人会认为它们无比强大。当解读战争起因的心理（包括政治和经济）机制时，伊拉斯谟不是一个马基雅维利主义者。其他时代的一些人文主义者也有类似的盲点，他们中的许多人都感到无助，想知道为什么周围的人看上去像发了疯一样。不过，他们并非总是错的：伊拉斯谟式的精神时有回归——哪怕时间比较短。当它归来之时，通常都是为了抗衡其对立面所造成的痛苦。

同时，跟很多爱好和平的人一样，伊拉斯谟有时也很固执，他的朋友见证了这一点。1536年，快要七十大寿时，他的身体已经十分虚弱，但仍准备接受来自匈牙利女王兼荷兰摄政玛丽的邀约——在流浪一生后——返回临近自己出生地的布拉邦特居住。不过，出发前他又重新在巴塞尔小住了一段时间。当时正是七月，他突发痢疾，随后去世。巴塞尔的朋友们将其安葬于这座城市的大教堂里，为他制作了一块纪念墓碑，上面印刻了罗马边界之神泰米努斯（Terminus）的标志和格言。伊拉斯谟长期把这句格言奉作自己的信条：*Concedo nulli*，"我不向任何人屈服"。

跟我们这个故事里其他的人文主义者一样，伊拉斯谟的理念成为不朽的遗产：关于教育（伊拉斯谟提出的建议和原则至今仍具有巨大影响）、宗教（他撰写的神学论著及其译本在很长一段时间里都被视为标杆），以及和平与国际合作运动。

就最后一项而言，最值得赞赏的例子之一是欧共体在1987年开启并运营的一项计划。这项计划允许学生们在不同国家间旅行和学习，其成果资质可以得到欧共体所有地区的认可。这项计划的推出花费了很长时间，支持者为此付出了不懈的努力。其中最著名的支持者是意大利教育学家索菲亚·科拉迪（Sofia Corradi），她在1969年提出了这一设想，并为之活动了十八年。在我写作本书的这段时间，有超过千万人正在参与这项计划。他们有机会生活在不同国家，学习当地语言，结交可以延续一生的朋友和人脉，从中受益匪浅。

这个计划的官方名称是"欧洲地区大学生流动实施方案"（European Region Action Scheme for the Mobility of University Students，现在通常在末尾处加一个"+"号）。不过，巧合的是这个名称每个单词的首字母恰好可以拼成"伊拉斯谟+"（ERASMUS+）。因此，它实际上是将这位伟大先驱的思想发扬光大了：提倡互相理解、教育创新、知识和经验共享、自由流动，特别是"许多人之间的友谊"。

※

就在伊拉斯谟去世的同时，一个三岁大的男孩正在法国西南部接受一种不同寻常的教育。这种教育出自男孩的父亲之手，他完全服膺于人文主义提出的新路径。这个男孩的名字是米歇尔·埃康·德·蒙田，他将接受、熟稔这种人文主义教育，并且将其反转、解构，引向一个全新的方向。

那位名叫皮埃尔·埃康（Pierre Eyquem）的父亲是一切的缘起。他自己并没有受过太多人文主义的影响，不过，他曾在法国侵略战争中以士兵的身份去过意大利。诚然，他了解这个国家的方式可能并不符合伊拉斯谟的风格。然而，他肯定吸取了一些意大利精神——也包括一些伊拉斯谟主义——因为，当他的长子米歇尔出生时，他决定让他的人生以完美的拉丁文化作为开端。他准备把儿子打造成一种已经消失了千年的人：以拉丁语为母语的人。其方法是聘请一位在德意志出生的只会说拉丁语不会说法语的家庭教师，并禁止包括仆人在内的任何人在儿子面前说拉丁语以外的语言。即使是最极端的西塞罗主义者都未曾有过这种设想。

在早年教育的熏陶下，成年蒙田写出了一部内容广博、才华横溢的人文主义文学作品——不过，他用的却是法语。[11] 他解释道，之所以做出这种选择是因为法语是一种短暂的、易变的现代语言，很可能会完全从世界上消失，从而不同于古人的永恒语言。不过，他认为自己也是短暂的、易变的，并且在几年之内就会从世界上消失，因而此法甚为合理。

蒙田

这种对非稳定和无止境运动的相似喜好也启发了这本书本身：《随笔集》（*Essais*，这个词是蒙田自己创造的，意思是"尝试"或"试探"）。该书首次发表于1580年，后来又有所扩充。书中的言语是流动的，有时会发生意想不到的转变，甚至会互相矛盾；有时候还会出现偏题，然后衍生出数页之长的内容。这些言语不仅显露了蒙田提出新思想时的内心变化，还记录了蒙田身体上的各种变化：他会因为某天的阳光很好而感到精力充沛，也会因为某天脚上长了鸡眼而脾气暴躁。其中一篇文章回忆了他从马上摔下来差点死掉的过往，探究了在半昏迷状态下濒临死亡的感受。其他文章则事无巨细地记载了他的饮食、疾病、性习惯和衰老的过程。

蒙田对肉身和变化都有着浓厚的兴趣，这不禁让人怀疑他是否读过伊壁鸠鲁哲学——没错，他确实读过。他有一本卢克莱修的《物性论》抄本存世，里面密密麻麻全是他做的笔记和点评，可见所读之细。但是，他也从周围的日常生活状

第五章 人类之事　159

态里感觉到了人类生命易逝的无常本质。伊拉斯谟生活在一个充满政治和宗教动荡的时期——他在15世纪早些时候首次看到了这种动荡,这之后的发展指向了更长期的后果。这种后果一直伴随着蒙田成年时期的全部人生:由于宗教分歧和各个政治派别的权力争斗,法国遭受了一波又一波的内战。天主教和新教之间的分裂影响到了各种共同体和家庭,蒙田自己也饱受其害:他站在天主教的一边,而他的兄弟姐妹中则有人变成了新教徒。

如果伊拉斯谟能活着看到这一切,肯定近乎崩溃。路德和约翰·加尔文(John Calvin,这是一位从不妥协的日内瓦神学家,他在法国新教徒中有很大影响)的好战精神稳占上风。在这个时代,狂热者因其坚守不移而受到赞赏,趋于宽容或妥协的人则遭到鄙视。蒙田跟他的前辈伊拉斯谟一样,是一个狂热的非狂热主义者。他不赞同这种想法,即"我们应该通过屠杀和血腥来让上天和自然感到满足,因为这是所有宗教的共同信念"。蒙田也尊崇边界之神,试图在各种事物之间寻找中间路线。开明与和解永远是首选。

蒙田不喜欢暴力,他对当时一些流行的做法十分厌恶,如烧死异端、女巫和一切被认为跟邪恶有关的人。正如他所说:"仅仅因为某人的猜测就把他人活活烧死,这个代价未免太大。"同时,他也不想以高价大力兜售自己的思想,或为之付出太大的代价。他倾向于选择谨慎的道路,使自己远离政治分歧。在这一点上,他也跟伊拉斯谟很像。不过,这并不容易做到,因为蒙田是一位地方法官,后来还担任了波尔多市市长。此外,他也是

蒙田,《随笔集》,作者修订本

未来法国国王亨利四世的好友。父亲死后，他继承了葡萄酒庄园，因此又多了很多需要切实履行的义务。尽管有这么多令人烦恼的责任，但蒙田还是会溜进庄园一角的小小石塔进行写作。

事实证明，回避政治是一件难事，那么宗教呢？在这方面，蒙田与伊拉斯谟迥然相反。更早一些的人文主义者大都跟宗教思想以及学术有很深的渊源，蒙田却很少往这方面想。无论是精读或编辑、重译《圣经》，还是重振基督教以提高欧洲人的道德水准，蒙田都没有显露出太大的兴趣。作为一名天主教徒，他宣称自己乐于相信教会告知他应该相信的一切。他解释说，这种做法在战争期间曾确保了他的安全，保护他不受打扰。

如果这是真的，那他真正的宗教信仰可以用其书中最后一篇文章结尾处的一段话进行总结：

> 我热爱生命，上帝把它赐予人类，我将按照上帝所乐见的方式成长……对于大自然的恩赐，我心中满怀感激。我对自己感到满意，为自己的所作所为而骄傲。如果我们拒绝伟大全能造物主的礼物，毁坏它，让它变得丑陋，那将是大错特错。

如果说这段话总结了蒙田的神学，那么同一篇文章中的另一段话则表达了他的哲学：

> 以良好和正确的方式成就人这一角色——没有什么比这更美好且正当的事情了，同样，以顺应自然的方式好好度过一生——没有什么知识比这更难获取了。鄙视我们自身的存在，这是人类所有弊病中最野蛮的一种。

这些思想再加上充斥于《随笔集》里的怀疑、文学和文明精神，无疑使蒙田成为历史上最伟大的人文主义者之一。不过，作为人文主义者，他远没有那么简单。

首先，我刚才引用的段落形成了一个思想上的莫比乌斯环，这在书中的结尾处显现出来。蒙田花费了数百页的篇幅来驳斥人类自诩的理性和优越："这种生物可悲且微不足道，暴露在所有事物的攻击之下，且对宇宙中最细微处一无所知，更遑论对它发号施令。他连自己的主人都不是，却号称是宇宙的主人和皇帝，我们还能想象比这更荒谬的事情吗？"他甚至对普罗塔哥拉也提出了强烈的批评，说他在做出"人是万物的尺度"这一论断时肯定是在开玩笑，因为就像我们一样，他甚至无法就其自身获得任何确定的尺度。

其次，作为一个人文主义者，蒙田跟书的关系也不同于彼特拉克以降之所是。他确实对经典非常了解，也对喜欢的作家有深沉的热爱。他建立了自己的藏书，把它们收藏在塔中，里面有贴合圆形内壁的书架。他在塔的横梁上绘制了典故名言，以便时时能够看到——这也许就是受了伊拉斯谟的影响，把笔记刻在固定设施上。其中，处于首要位置的名言就是泰伦斯的那句"*Homo sum, humani nihil a me alienum puto*"："我是人，我认为人类之事没有什么与我漠不相关。"《随笔集》里充满了辛辣的古典名言，就像橘子里放着蒜瓣。这本书的学究气不能更浓郁了，因为它完全浸润着一种人文主义的文化气息。

然而，蒙田抛弃了人文主义者在阅读这一主题上的所有虔诚。他说，一旦自己厌倦了某本书，就会将其抛诸脑后。最让他厌烦的书就是那些广受尊崇的书：他在这方面毫不掩饰，并且称西塞罗是个"假大空"。蒙田还说，维吉尔很不错，但他在《埃涅阿斯纪》里书写的某些段落仍有提高的空间。此外，他对修辞学和雄辩术所关心的主题也没有多少耐心。说话好听当然是个优点，"但也并不像他们所想的那么好，而且我们终生都在忙这件事，这令我很恼火"。

与之相反，他喜欢那些可以提升生命的书，或者可以增进对过去之人的理解的书。传记和史书对他来说都是很好的选择，因为它们对人类的展示"比任何其他书籍都更鲜活且全面——既全面具体地展示了人类内在品质的多样性和真实性，也展现了人类被结合在一起的不同方式，以及威胁到人类的各种意外"。泰伦斯的戏剧也"为生命描绘了灵魂的运动和人类的品质状态，我们的行动每时每刻都把我带回他的身边"。蒙田并不是唯一一个在书籍中找寻这种个人联系的人文主义者，但其例外之处在于坚持认为书籍本身对他毫无吸引力。（他只是碰巧阅读了大量书籍，并为之修建了书架，又恰巧掌握了大量典故名言，且保留在了脑海之中。）

蒙田当然是一个人文主义者：《随笔集》经常回归到一些经典的人文主义式的主题，如道德判断、礼仪、教育、德行、政治、优雅写作、修辞学、优美的书籍和文本，以及人类到底是卓越的还是可鄙的等诸如此类的话题。但是，他以怀疑的眼光看待这些主题，并将其拆开。一旦这些主题分散开来，蒙田便以一种比过去更有趣、更令人困惑但也更具有启发精神的方式将其重新组合起来。

因此，他虽然以道德学家的身份进行写作，但承认易错性的存在，并且不认为存在始终一致的道德准则。他有政治化的一面，但在表达观点时却闪烁其词，坚持个人隐私，拒绝顺从。他有自己的教育理论，但这种理论没有为学校、修辞学训练或任何强迫性学习留下空间。当谈到礼仪、风格、德行以及几乎任何事情时，他总是习惯性地加上一句"但我并不了解"或"话又说回来"，然后转向难以预料的新角度。

这些新角度往往来源于他对多样性和差异化的尊重。他写道："我相信并且设想过有一千种不同的生活方式。"这种信念令他成为旅行的支持者，他认为旅行是遇见不同生活方式的最佳途径。出于对家庭的责任，他不能像伊拉斯谟那样四处旅行。（同样的，跟伊拉斯谟等人文主义者不同，他也不喜欢欠雇主和资助人情面；蒙田是幸运的，因为他继承了庄园，所以可以保持经济独立。）不过，他还是努力在16世纪80年代早期完成了一次历时十八个月的旅行，游览了德意志、瑞士和意大利等地，这是属于他的伊拉斯谟式经历。他曾沉浸地体验各地风俗，认识尽可能多的人。为了了解更远方的文化，他在自己的图书馆里塞满了旅游行记。他甚至跟一些来自巴西的图皮南巴（Tupinambá）人进行过简短交流，这些人曾乘坐一艘法国船穿越大西洋。他通过一名通事询问他们关于法国的看法，这些人回答，在各种见闻中，最让他们震惊的是当有些富人在宴会上狼吞虎咽时，他们贫穷的"同胞们"却在旁边饿肚子。这些图皮南巴人对此深感不满，因为这种事在他们所在的社会是不可能出现的。蒙田乐于提醒自己，欧洲人认为自己的文化优越于其他文化的假设并非毫无疑问，人们总是可以反过来看待这一观点。（这并不意味着蒙田会停止出席或举办宴会。）他对多样化视角有巨大的热爱，所以选取 *diversité* 一词来结束《随笔集》的第一版："世界上从来没有两个完全相同的观点，正如不存在两根相同的发丝或两粒相同的谷粒。唯有多样性才是最普遍的。"

同时，《随笔集》的全部写作计划还依赖这样一个信念，即全人类都共享着一种不可或缺的共同人性。蒙田写道，我们每个人都以"完整形态"承载着人类的境遇。由此便可以解释，为什么人与人之间的文化态度和背景相差如此悬殊，却仍可以在各异的经历和品性中看到自己的影子。这也可以部分解释，为什么蒙田会以自己为主题进行大量写作：他是普通人类的一个典范，而且他恰巧熟稔这个典范。"你可以把全部道德哲学跟一个普通的个体生命联系在一起，这跟与一个内涵更丰富的生命发生联系没有区别。"

正是对不可或缺的人性的大胆表达使得蒙田的书成为人文主义写作史上的一大进步。这是一本人类之书，我们既可以把它看成传统意义上的绅士化学术写作，也应该关注到它体现出来的革命化创新，它兼具哲学性和个人性。书中体现的人性带来了另一种益处：在写作这种类型的书籍时，蒙田知道自己不必为忽略神学问题而感到愧疚。他写道："我按照人类观念本身的样子提出了人类的观念和我的观念。"他还说，自己听到过有些作者被批评为太过"人类化"，因为他们没有考虑任何跟神圣领域相关的东西。但这对蒙田来说没什么不好的：他也正准备做相同的事情。他说，应该让神圣写作留在它该在的领域，就像王族跟平民互不相犯一样。我们以人类身份自由地进行写作，去写关于人类的事情——这几乎等于是他为自己，也是为那些追随他的众多散文家和小说家撰写了一份宣言。

※

蒙田没有建立正式的思想流派，他不追求哲学化的严谨，也不提倡任何教条。但他对文学的影响是十分巨大的。在他之后的一个世纪，即17世纪，这种以他为典范的个人化散文写作呈现出爆炸式增长：它们既具有反思性、怀疑性，又妙趣横生、自我放纵，而且又在最宽泛的意义上推动了自由思考的精神。这种写作在当代世界也处处可见。我们经常以享受的姿态在线上或线下去阅读某些人自然流露的感受和思想，其内容在博学和深刻程度上深浅不一。每当这时，我们都应该意识到，自己仍然受益于逝去已久的蒙田。

这种枝蔓横生、探究的、个人性的精神也渗透进了其他文学类型，19世纪的批评家沃尔特·佩特（Walter Pater）将其称之为"文学中的蒙田式因素"（the Montaignesque element in literature）。尤其是，它延伸进了一种非常成功的文学形式：小说。我们其实可以把蒙田看成一位小说家，不过，他只塑造了一个中心人物——也就是他自己——除此之外，他在生活或阅读中接触到的其他人都是为他跑龙套的。早在20世纪的现代主义者进行实验性写作之前，蒙田就已经开创了意识流叙事，而这恰好是现代小说的特征之一。18世纪和19世纪那些伟大的心理和社会小说都具有典型的意识流色彩。它们能让读者轮流附身于不同的角色，占据他们的视角，在经验的流转中体验不同视角下的思考以及跟他人的互动。这种蒙田式的丰裕精神广泛流布开来：人类生存的丰富质感会随着时间的推移而表现出来。亨利·菲尔丁（Henry Fielding）在1749年的《汤姆·琼斯》一书中，于开篇处就向读者保证，即将贡献给大家的"食粮"（就像饭店里的菜谱一样）只有"人类的本性"。千真万确，他只给我们提供了一道菜——但不要害怕太过单调："在这个共同的名字下面，有大量不同的事物，作家要想探索完这个内容广泛的主题，远比厨师探索世界上各种荤素食材所需的时间更长。"

后来的小说更深入地探索了角色的心灵世界。例如，托尔斯泰的《战争与和平》和《安娜·卡列尼娜》，乔治·艾略特的《米德尔马契》，这些都在内心描

第五章　人类之事　165

写方面达到了大师级的水准。后一部小说在好几种意义上都充满了人文主义色彩，不仅构思巧妙，而且不断在各种角色间转换。心理学家威廉·詹姆斯曾称其为"富于人类之事，远超历史上的任何小说"。该评价也很适合蒙田的《随笔集》：这本书全是关于人类之事的。

乔治·艾略特相信，阅读富有想象力的小说可以带来真正的道德利益，因为它扩大了我们同情心（sympathy）的范围——如今我们也将其称为"共情心"（empathy）。她在一篇文章中写道："无论是画家、诗人，抑或小说家，他们作为艺术家对人类最大的贡献就在于同情心的扩展……伟大艺术家对人类生活图像的刻画甚至可以引发微不足道的、自私之人的惊讶，引导他们去关注自己之外的事情，我们可以把这些事情叫作道德情感的原材料。"

近些年来的一些研究确实支持了这种观点，它们指出阅读小说可以让我们变得更具有共情心，在道德上做出更加慷慨的选择。[12]不过，另一些评论家则不同意这一点，有些人甚至怀疑共情心的提升不是一件好事，因为理性有时才是行动的最佳指南。就目前而言，整个问题仍然处于一种蒙田式的复杂性和不确定性之中。

除此之外，还有一个因素需要考虑。如果仅仅是理解和同情他人的痛苦，并不会让我们走得太远，最好的办法莫过于彻底阻止此类痛苦的发生——乔治·艾略特就是这么认为的，而且从蒙田的时代到她的时代，有很多作家也都坚信这一点：有的时候，人们会为他们贴上"启蒙"这个标签。现在，也是时候让他们加入我们的故事了。

第六章

永恒的奇迹

伏尔泰

休谟

1682—1819年

启蒙者——存在即合理吗？——伏尔泰、德尼·狄德罗等——无神论者和自然神论者——共感（fellow feeling）与道德趣味——沙夫茨伯里伯爵（the Earl of Shaftesbury）——皮埃尔·培尔（Pierre Bayle）——监狱与手稿的冒险——马勒泽布（Malesherbes），一位拯救了书籍的审查员——托马斯·潘恩及《理性时代》——大卫·休谟（David Hume），一个无情但又和蔼可亲的人

1755年11月1日的里斯本，上午九点半左右，英国商人托马斯·蔡斯（Thomas Chase）感觉所有东西都开始震动。[1]他爬上屋顶，想看看外面发生了什么。由于建筑之间离得很近，所以他很自然地伸手去抵住邻居的墙以保持平稳，墙却从他的手里滑落了——邻居的房子没有倒塌，倒塌的是他自己的房子。他从房子的最高处重重摔在地上，然后惊讶地发现自己还活着。

不过，其他人就没这么幸运了。在那个清晨，有三波地震接连袭击了里斯本，最后造成的死亡人数有三十万到四十万人，这还不包括周边地区死亡的一万

里斯本大地震，1755年

余人。海啸卷走了港口的船只，大火四起，远在法国和意大利的人们也可以感觉到余震。据称，连苏格兰和斯堪的纳维亚半岛的湖水都因此有所涨落。

这个事件给欧洲人带来了巨大的心理震动。18世纪的里斯本是一个繁荣自信的国际化大都市，全世界的商人云集于此。就好像2001年9月纽约世贸大厦遭受袭击后一样，很多人都不敢相信，这么幸运的一个地方居然会在短时间里遭受如此严重的破坏。

知道这个消息的人都试图去理解该事件，其中就包括身在法兰克福的约翰·沃尔夫冈·冯·歌德（Johann Wolfgang von Goethe）。当时他只有六岁，大人对这件事情的讨论令他感到恐惧和迷茫。后来，这个事件与一场局部性的自然灾害一同融合进了他的记忆。地震后的第二年夏天，一场冰雹袭击了他的家，打碎了房后的窗户。于是，"家里所有的仆人抓着他跑进了一条黑暗的通道，他们在那里跪拜，发出可怕的哭泣和哀号，希望以此安抚愤怒的上帝"。

但是上帝为什么要降下如此天谴？就像发生在14世纪的瘟疫一样，神学家和传教士已经为里斯本发生的事情准备好了解释。耶稣会士加布里埃尔·马拉格里达（Gabriel Malagrida）说道，这场地震是对那些沉迷于音乐、戏剧和斗牛之人的惩罚。洛朗-艾蒂安·龙代（Laurent-Étienne Rondet）则代表詹森派（Jansenists）——他们是耶稣会的死对头——指出，这场地震是上帝对耶稣会的惩罚。这表明，上帝很不赞成耶稣会在五十年前针对詹森派的香榭皇家港口修道院（abbey of Port Royal-des-Champs）所造成的破坏——至于为什么隔了这么长的时间才降下天谴，而且这座修道院还在距离里斯本很远的地方，这个就不好深究了。[2]

哲学家考虑到了另一种可能性：即使上帝没有特意降下这场灾难，我们仍然可以将之解读成是上帝关于宇宙的全面计划或平衡行为的一部分。这种解读延续了"神正论"的传统，试图以此来解释和辩护上帝的行为，特别是那些明显对人类不甚友好的行为。奥古斯丁曾经敦促他的读者超脱个人感受，以更高的视角来看待"（上帝的）全面规划，虽然其中的某些细节可能令我们感觉很不舒服，但它们组合起来却能造就出一幅有序美好的画面"。戈特弗里德·威廉·莱布尼茨（Gottfried Wilhelm Leibniz）在1710年将其发展为正式的论证：上帝确实可以给我们创造一个没有发生过这些坏事情的世界，但他没有这么做——因为他也许知道，那些可能的世界从长期来看并不是特别美好。如果我们所处的世界是一个可行的最佳世界，那么在其中发生的任何事情都必然是最好的，但人们在表面上可能感觉不到这一点。这一观念导致了一种乐观主义哲学：一切事物都是好的（everything's fine）。几十年后，诗人亚历山大·蒲柏（Alexander Pope）在其诗歌《论人》（*An Essay on Man*）中用简洁的言语表达了类似的想法："存在即合理。"（Whatever is, is RIGHT.）

尽管哲学家给出了解释，但经历了创伤的人仍然坚持自己的个人视角。乔叟曾经讲述过布列塔尼妇女多丽根（Dorigen）的故事，她的丈夫是个水手，要在暴风雨中出海。看着大海的惊涛骇浪拍打着礁石，她承认学者可能有理由认定"一切都是最好的安排"，但若要由自己选择，她宁愿把每一块该死的石头送进地狱，以保丈夫的平安。这是一个非常人性化的选择：谁会反对她有这样的权利：在痛苦中大声疾呼，反对世上所有的神正论？

里斯本大地震之后，这种权利得到另一类哲学家的支持：他就是法国诗人、剧作家、百科全书式作者、辩论家、历史学家、讽刺作家和社会活动家弗朗索瓦-马利·阿鲁埃（François-Marie Arouet）。他还有一个更广为人知的名字：伏尔泰。

当伏尔泰听说发生大地震后，他跟其他人一样陷入了怀疑和焦虑之中。他试着想象那里

写作中的伏尔泰

的人遭遇了什么，他们肯定像蚂蚁似的被碾碎，或者是在废墟里慢慢死去。他的同情心和理智使他抗拒任何搪塞这种痛苦的理论尝试。作为一个诗人，他很自然地产生了写诗的冲动，讨论"关于里斯本的灾难"，质问人们为什么要接受这种灾难甚至为它辩护。尽一切可能抗拒灾难不才是最自然的反应吗？后来，这个难题在其《哲学辞典》（*Philosophical Dictionary*）中被再次提起，标题为"善，一切皆善"（Good, all is，法文为 Bien, tout est bien）。他写道，看一颗漂亮的肾结石在身体里成长，惊异于它对医生治疗的顽强抵抗，然后它产生毒素，最终把我痛苦地杀死，这可真是一件好事——的确，它在抽象的意义上可能是一件好事。但是，不要奢求我去爱这颗肾结石，或者认为它意味着"一切皆善"（all is good）。至少要允许我挥舞自己弱小的拳头去反抗痛苦，也就是说：人类的尺度跟神圣的尺度同样重要。

伏尔泰对里斯本地震最雄辩的回应是写于1759年的哲学小说：《康迪德，或乐观主义》（*Candide, or Optimism*）。康迪德是一个天真的年轻英雄，他的家庭教师邦葛罗斯（Pangloss）给他灌输了这样的信念：我们所处的世界是所有可能世界中最好的，所以发生在这个世界里的一切也都是最好的。但是，所有可能出错的事情都出错了，康迪德、邦葛罗斯以及小说里的每个人都不例外。邦葛罗斯的遭遇最惨：他先是赶上了地震，后来又因为异端而差点被吊死（险些被解剖）。他幸运地逃跑了，但又被人抓上一艘土耳其船只，变成了奴隶。经历这一切之后，他仍坚持认为世界上发生的一切都是最好的。不过，刚开始时他是愉快地承认这个观点，但后来则越来越面露难色。

与此同时，康迪德也在经历属于自己的苦难，并开始彻底怀疑这个理论的正确性。他意识到，"当一切都在变坏时仍然狂热地坚持一切皆善"这种想法并不像人们所断定的那样乐观。这更像是一种绝望的哲学，因为它表明事情已经没有改善的空间了（伏尔泰在另外一封信里给出了这个解释）。一个真正的乐观主义者应该希望事情可以变得更好，甚至是想办法亲自将其变好。虽然我们无法阻止地震发生，但可以研究地震，并修建更安全的、不易倒塌的建筑。后来的人类确实拓展了这些成就：当代的地震学家已经学会更准确地预测地震和海啸的类型。当代其他领域的专家也更加神通广大，可以用碎石机打碎肾结石，设计抗生素预防感染，在船只上安装声呐，通过追踪天气形态确定风暴是否到来，并在其来临之前驶入海港躲避。

在《康迪德，或乐观主义》的结尾，伏尔泰让所有人都聚在一起耕种田地。康迪德不再继续寻找宇宙存在的正当理由，而只是说："要耕种我们的园地。"这听起来貌似是康迪德想归隐田园，优游乡间，但伏尔泰实际想表达的却并非如此。他的意思是说，无论我们身处何方，都应该行动起来让事情变得更加美好。

很久以后，E. M. 福斯特在其小说《最漫长的旅程》（*The Longest Journey*）中区分了两种面对灾难时的不同反应。由于铁路道口的警报系统失灵，小说中有一个小孩被火车撞死。一群人围绕这个孩子灵魂的命运展开讨论，并向一位年轻的哲学家尖锐地提问，让他对这起令人震惊的死亡事件说出一些深刻的哲理。（哲学家经常被问到这种问题：这到底是怎么回事呢？嗯？）他回答：这说明，市政机构应该在轨道上方建造一座合适且高质量的天桥，让人们不再去走那个铁道口。"如此一来，你们所说的那个孩子的灵魂——呃，好吧，其实对这个孩子来说什么都不再有意义了。"

简单来说，这就是伏尔泰及其智识圈子的哲学——如果要用一个词来概括，那么可以是"进步"、"发展"、"理性"及"启蒙"。至于到底选择哪一个，就要看你的喜好了。其中，最后一个词内嵌着"光明"（light）这一原则，它后来成为欧洲语言中用来指称这些思想家及其观点的术语词源：在法语中，它是 *lumières*；在德语中，它是 *Aufklärung*；在意大利语中，它是 *illuminismo*；在英语中，它是 *Enlightenment*，即启蒙。这些思想家里很少有人会给自己贴上这种标签，但他们确实倾向于使用一种关于光明和黑暗的语言——这种语言让我们联想起早期人文主义者，他们也喜欢这个比喻，还有那些在修道院储藏间里翻箱倒柜的人，他们也使用过类似的说法。这些人文主义者认为自己是拯救者，他们把文学重新带到光明的世界，将它们印刷出版并使其能被自由阅读；而作为新生代的启蒙主义者则认为自己在帮助人类走向光明。他们希望借助更好的推理论证、更有效的科学技术以及更有益的政治系统帮助自己的人类同伴融入阳光和空气之中，过一种更加勇敢和快乐的生活。

我们也可以用另一个术语来描述他们这种实用主义的进步哲学，只不过它的出现要晚一些："世界改善论"（meliorism），它来自拉丁文中的"更好"一词。[3]这个单词在19世纪中期才开始出现在英语中。乔治·艾略特是这个词的一个早期接受者，她曾在1877年的一封信里提到自己在过去使用过它。这跟她的世界观是很相称的。关于艾略特的世界改善论，其传记作家罗斯玛丽·阿什顿（Rosemary Ashton）将其定义为这样一种信念："它既不认为我们所处的这个世界是所有可能世界中最好的，也不认为其是最坏的，而是认为可以通过人类的努力在一定程度上改善它，缓解其中的痛苦。"[4]伏尔泰的传记作家西奥多·贝斯特曼（Theodore Besterman）在对其传主的描述中精辟地指明了这一点："伏尔泰主张人类的境遇可以变得更好，并邀请人们对此做出行动。"

这种观点珍视人类的尺度，把它置于服从神秘命运之上。这种态度和倾向表明，该观点将启蒙主义和人文主义精神结合在一起，从而呈现出两个特征。并不是每一个启蒙主义者都是人文主义者，反之亦然：这两套观念在侧重点上有所不同，而且这两类人的内部个体间差异也非常大。不过，总的来说启蒙主义者和人文主义者都有一个共同的倾向，即更看重此岸世界而非彼岸世界，更看重人性而非神性。两者都认为，改善人类生活的最佳途径就是运用人类的理性和科学理解，促进技术和政治的进步。

这些信念体现在启蒙主义最著名的成果中，即多卷本的豪华插图本《百科全书》（*Encyclopédie*）。德尼·狄德罗和让·勒朗·达朗贝尔（Jean le Rond d'Alembert）于1751年发起这个项目。但在其后续阶段，则主要是由勤勉的狄德罗单独进行大部分内容的编纂，他还亲自写了大约7000个词条。不过，他还不是最多产的贡献者，这个名号最应属于路易斯·德·若古（Louis de Jaucourt）。他撰写了大约1.7万个词条，占全部内容的28%。其中，他贡献的大部分词条都是医学方面的，这显然是因为他原打算自己完成一部更完整的医学词典，但在最后修改阶段他却在海上遗失了手稿。

《百科全书》的贡献者不仅撰写了哲学、宗教、文学以及大量的人文主义主题的词条，还撰写了关于机械、工艺、工具、工程系统和各种设备装置的词条。达朗贝尔是一位数学家和物理学家，狄德罗的父亲则是一位刀匠，他们都认为实用发明有益于人类的生活。对于这项计划，狄德罗也有自己的哲学解读。他在"百科全书"这个词条下给出了该计划的指导思想，认为其总体目标是书写世界——世界，即现实构成的大圆——不过，他总是把"人类"放在这个圆圈里所有话题的中央位置。因为，正是我们这种有意识的存在者将这些话题聚合在思维之中。人类是轮轴，知识的车轮围绕我们旋转，并且对所有人开放——至少对那些买得起书的人是这样的。

一些启蒙思想家对技术给人类带来的益处有更高的评价。例如，尼古拉·德·孔多塞（Nicolas de Condorcet）是一位统计学家和政治理论家，他就把自己的数学技能应用到每一个能够提升民生的项目之中，从民主投票分析到运河设计，再到船只的吨位测量，不一而足。[5]他认为，日益增长的知识可以带来更好的社会和政治环境，反过来，最终会促进一个完美世界的出现：它充满了理性的幸福，实现了性别、种族和阶级之间的平等。随着教育的进步，迷信和神职人员都会消失，社会在各个方面都会变得更加开明——直到有一天，"暴君和奴隶，神父及其愚蠢伪善的工具"将只留存于历史书中（当然，它们也少不了会出现在一些戏剧中，为的是提醒人们逃离过去是一件多么美好的事情）。

但伏尔泰并没有迷失于对未来的想象中，他的态度只是认为，我们应该耕种自己的园地，看看到底会发生什么。不过，他也认同人文主义的总体愿望：人类可以对自己的命运有更多掌控，并以更理性宽容的方式安排自己的生活，从而走向幸福。简单来说，就是人类可以过得更快乐，并且生命在某些情形下也更有保障，而不至于被疾病、劣质的工程、地震或狂热者的暴力所杀害。

※

对一些启蒙主义作家来说,对宗教的不同看法隐藏着某条通往进步的主要道路。

他们中的有些人在这条道路上走得很远,认为宗教信念对宇宙运行机制的描述是错误的,它给人类带来的心理伤害远大于其益处。狄德罗有一位亲密好友,名叫保罗-亨利·西里·霍尔巴赫男爵(Paul-Henri Thiry, Baron d'Holbach),他是一位彻底的唯物主义者和无神论者。他在1770年写下《自然的体系》(*The System of Nature*)一书,鼓励人类逃脱宗教用来囚禁他们的"黑暗迷雾"——这里再一次用到了光明与黑暗的对比。[6]霍尔巴赫之所以会有这种观点,部分原因在于其个人的生活经历。在他妻子的弥留之际,一位神父曾来到床前给她讲述地狱的可怕。霍尔巴赫目睹了妻子听完之后的恐惧。这让他坚信伊壁鸠鲁和卢克莱修很久以前说过的话,即关于神和来世的信念会给人类造成恐惧和痛苦。霍尔巴赫写道:"宗教并不能给人们带来慰藉,也不能培养人们的理性或教导人们服从必然性的安排。宗教只会让死亡变得更加痛苦,让人类身上的枷锁更加沉重,把他围绕在众多的可怕幻觉之中,带他走上一条可怕的道路。"不仅如此,"它最终劝说人们相信自己的真实存在只是一段前奏,在这之后他会获得更重要的生命"。但是,我们可以学习怎么更好地理解这个世界,以此来解放自己——这意味着,我们要把这个世界的本质看成物质的。

霍尔巴赫本人就是一个很好的例子,展示了这种解放的效果。他是一个狂热分子,收集了大量的博物学标本,供他在白天进行研究。同时,他还储藏了大量的美酒和美食,让他可以在晚上举办沙龙,每周两次跟自己的启蒙主义同伴在一起消遣。在这个群体中,他和狄德罗被认为是最伟大的两个无神论者。不过,狄德罗对完全公开这种倾向显得更谨慎一些。

其他启蒙主义思想家则完全不是无神论者,有些人还信仰正式的宗教。有时候他们也需要在神学和政治权威方面站队,而他们几乎全都站在错误的一边。比如，哲学家兼历史学家皮埃尔·培尔就是一位新教教徒——尽管他对该宗教的看法生动地表现在他被问及宗教时的回答中："我是一个好的新教徒，而且充分体现了这个名称的全部意义。因为，我从灵魂的深处抗议人们所说的一切，也反对一切现存的事物。"①

有些人疏离了正式宗教机构宣传的信念，但并没有完全变成无神论者，伏尔泰就是其中之一。他四处奔走，反对宗教狂热引起的危害，尤其是曾为一个名叫让·卡拉斯（Jean Calas）的新教徒呼吁平反。此人被诬告因反对儿子改宗天主教而杀害了他，由此被折磨、处决。伏尔泰的走动获得了成功，但没来得及救下卡拉斯，不过还是帮助了他的家庭，并为宽容事业提供了关注。人们可以这么说，宽容曾经是伏尔泰的宗教。更重要的是，他是一位自然神论者。

自然神论自17世纪晚期以降广泛传播于欧洲知识分子群体中。该理论始于这样一个信念，即宇宙是如此地巨大和复杂，所以必然有一个同样巨大且全能的造物主。不过，这并不意味着最高存在者有兴趣亲自参与这个星球的日常管理和人类事务。一些自然神论者对此表示支持，然而他们的做法却是不再对最高存在者流露出太大兴趣。

因此，我们可以对肾结石和海难表示不满——这是很自然的事情——但是，不要期待有一个最高存在者关心甚至注意到我们的祈祷和抱怨。就算我们找到详尽的方法来为灾难进行辩解，最高存在者也不会对此表示关心。他不会降下特殊的奇迹来帮助我们改宗，也不会派自己的独子来拯救我们——这是自然神论跟正统基督教的一个关键分歧——那只是纯粹的人类神话。另一方面，这也是一种慰藉，说明上帝不会发动地震和疾病来发泄自己对音乐演出或耶稣会士行为的轻微不满。

如果我们还是需要奇迹，那有什么能比我们身处的这个美丽有序的大千世界更像奇迹的？正如伏尔泰所写："'奇迹'这个词的完整内涵是指值得赞赏的事

---

① 新教徒（Protestant）可以直译为"抗议的人"。

第六章　永恒的奇迹　177

物。就这个意义而言,一切事物都是奇迹。大自然的伟大秩序,围绕一百万颗太阳旋转的一亿颗地球,光的活动,以及动物的生命,这些都是永恒的奇迹。"

与此同时,如果我们想减少人类的痛苦,改善我们的命运,就必须亲自动手。事实上,这也是人类最常做的事情,而且与其信仰无关。引用一句19世纪人文主义者罗伯特·英格索尔(Robert Ingersoll)的话来说,就是"人类在每个时代都会祷告求助,但最后却总是自己动手帮助自己"。

所有教会当局都对自然神论感到不安,因为这一理论也可能变成无神论。自然神论没有为基督教关于个人救赎和牺牲的说法留下任何空间,它闭口不谈死后的世界,跟《圣经》第一页之后的几乎所有故事都相抵触,甚至压根儿不提。因此,教会当局相信这个理论非常危险,并予以镇压。他们还压制了跟该倾向相似的其他神学理论,比如从17世纪哲学家巴鲁赫·斯宾诺莎(Baruch Spinoza)思想中引申出来的观点。斯宾诺莎认为,上帝无所不在,跟人类周围的万物融为一体,所以我们几乎可以把它当成大自然的代名词。确实,我们很难将这种观点与"大自然即一切存在的事物"这一主张区分开来。在斯宾诺莎还没有发表任何作品的时候,他就已经被阿姆斯特丹的犹太社群给开除教籍了。这是灾难性的惩罚,他的朋友和家庭都不能再跟他说话,也不能以任何方式帮助他。后来,新教和天主教当局也都封禁了他的作品。

这些观点中的人文主义要旨对理论内容的意义远不如其对人类生活造成的后果重要。如果祈祷和宗教仪式不再重要,如果在大自然的普遍秩序之外再也无事发生,那么人类应该关心的就只剩下自己的生活了。我们为自己生活的世界负责,从中获得利益,这补偿了我们在个人关切和奇迹方面失去的东西。并且,我们可以按照自己的意愿来改善事物,而无须获得来自上天的许可。

这种结论对伦理学的影响是巨大的。如果我们希望生活在一个管理良好的和平社会里,就必须亲自创造、维系这样一个社会。我们不再将道德问题诉诸十诫,而是自己创造出关于善、慷慨、互利的伦理体系。我们可以试着建立自己的规则——例如"己所不欲,勿施于人",或者"把任何人都视为目的,而非实现他物的手段",又或者"选择可以实现最大多数人最大幸福的行动",等等。这些都是实现道德思考的便利工具,但不同于上帝刻在石碑上见诸文字的律条。我们的道德生活仍然是复杂的、私人化的——而且是人类化的。

由此,人文主义者和启蒙主义者回归到了一个古老的观点:人类道德世界的最佳基础即潜藏在我们自身中的一种自发倾向,这种倾向让我们与他人互动时能够进行共感,这就是"同情心",或称"共情心"。"仁"和"*Ubuntu*"也表达了这种相互关联的感觉。孔多塞说:"大自然已经把这种微妙且慷慨的感觉植根在了所有人的内心之中,只待启蒙和自由来临,便可以开花结果。"

早期的人文主义者已经对这种共感有过描写:蒙田就观察到自己有很强的共感能力,而且它不只是跟人类联系在一起。他不忍看小鸡被拧断脖子做成晚饭,并推断"人性中包含一种特定的敬重感和普遍义务,它们不仅把我们跟有生命、有感觉的动物联系在一起,而且也让我们跟树木和植物发生联系"。每当他看到别人哭泣,即使对方只是画中人,也会令他眼角湿润。更重要的是,作为其公务职责的一部分,他有时不得不出席并目睹一些司法酷刑甚至是处决。这些行为在当时是很正常的,却令他感到非常痛苦。他就像一块海绵一样,可以吸收他人的感觉,然后将其与自己的感受糅合在一起。

顺便一提,既然人类确实有这种反应倾向,就很难解释为什么有的人想到别人在地狱里受罪还会感到高兴。但一些早期的神学家如德尔图良(Tertullian)显然对此毫无心理压力。他写道,对基督徒来说,看到迫害基督教的人被烧死可比观看马戏、戏剧或赛马等活动要有趣得多。诚然,当他写下这段话的时候,基督徒正遭受大量迫害。所以,他们渴望复仇,这是可以理解的。不过,我们在12世纪仍然可以发现类似言论。修士克吕尼的伯纳德(Bernard of Cluny)承诺道:"既然你现在乐于看到鱼儿在海洋中遨游,那么你就不会因为看到自己的子孙在地狱而哀叹。"所以,似乎有必要对那些悲天悯人的有德信徒在死后进行某种重要的心理手术,好让他们看到自己的子女受到折磨而不会有任何反应。到了19世纪,这变成某种可能导致人们远离基督教的主要原因。达尔文说,他之所以丧失宗教信仰，部分原因即在于不能理解为什么有人希望关于地狱的故事是真实的。哲学家约翰·斯图尔特·密尔（John Stuart Mill）也说："如果我不能在相同的意义上用'好'这个词来赞美我的人类同伴，我就不能说某个存在者是好的，如果这个存在者因为我没有说他好就把我罚入地狱，那我就去地狱好了。"对密尔来说，这种人文主义的善是一个普世原则，即使是上帝也最好遵循它。

这种伦理体系植根于共感和一种道德上的"良好品位"。1699年，英国哲学家安东尼·阿什利·库珀（Anthony Ashley Cooper），即第三代沙夫茨伯里伯爵，把这两个根基结合在了一起。沙夫茨伯里也是一个自然神论者，认为宇宙是一个遍布良善与和谐的处所（伏尔泰因此在其"一切皆善"的词条下揶揄了他）。对他来说，所有事物都是互联的，也包括人类。以此为基础，我们形成了通过同情心与他人进行互动的能力。反过来，这种互动也是一个种子，我们能从中培养出一种全面发展的道德生活。更重要的是，这种道德养成不需要任何特定的信念系统，因为它是从我们本质中生发出来的。我们需要做的只是提升自己在道德上的良好品位，就像培养艺术上的良好品位一样。这个过程对快乐的依赖度远高于其他事物：每当我们对他人做好事，他们就会喜欢并认可我们——这是一种愉快的感觉，所以我们会做更多的好事。最终，人们会变成法语里所说的 honnête homme，按字面意思可以翻译成"诚实的人"。这种人有教养，充满人性，性格中庸，在这个世界上随心所欲而不逾矩——这是一种"成人"之人。

沙夫茨伯里在《美德探原》(*Inquiry Concerning Virtue and Merit*) 里提出了这些论证，并给法国读者留下了深刻印象。狄德罗特意对其进行了翻译，他的译本富于自由度和创造性，既可以说是沙夫茨伯里的作品，也可以说是狄德罗自己的作品。狄德罗虽然出版了这本书，但他必须小心法国的审查机构。所以，译本标题页上既没有他的名字，也没有沙夫茨伯里的名字，连出版地都伪装成是阿姆斯特丹。

这些预防措施是必要的。当时，在信奉天主教、政治专制的法国论证道德情感来源于人类是一件危险的事情。以人为本的道德理论意味着我们不需要外在权威来指导自己的伦理抉择。政治和宗教机构都为此感到忧虑，因为它提出了一种道德无政府主义，人们只遵循自己的想法就可以了。但这是不可行的：对统一的国家来说，它必须是一元化的，不能是多元化的；人们必须严守规矩，不能各行其是；阶层必须等级分明，不能强调个体性。除此之外，"无神论者"一词在当时仍然被看成"不讲道德的人"的同义词。如果一个社会可以容忍这种人的存在，那它必将走向崩溃。（因此，英国哲学家约翰·洛克虽然在很多场合都为宗教宽容做过辩护，却不对无神论者做辩护，因为承诺和誓言对他们没有约束力："如果上帝不存在，哪怕只是在思想中消失，那么一切也都会土崩瓦解。"）

然而，反叛者却认为并非如此。皮埃尔·培尔在1682年写了一本书，它有一个温和的欺骗性书名：《彗星下的不同思考》（*Various Thoughts on the*

1680—1681年的大彗星。荷兰版画家扬·吕肯（Jan Luyken）印制

Occasion of a Comet）。这指的是1680年年末首次出现的彗星，当时很多人都认为它是一个信号，代表了上天对人类事务的神圣干涉。培尔反对这种想法，并且进一步思考了人类在没有这种干涉的情况下能够好好生活的各种可能。虽然有些人不认可宗教权威，但仍可能有良好的道德水准——他甚至说，由这种人组成的社会也可能是一个道德良好的社会。或许，依靠我们自身的道德价值和社会联系去生活，这种能力才是人类最需要的。每个人都有一种内在的欲求，渴望被他人喜欢，被他人看成一个好人，它指引着人们的行动。

培尔深知自己不可能在法国出版这样一本书，而且他还是一个因非正统宗教观点而为人所知的新教徒，所以比较明智的选择是离开此地。他来到低地国家寻求庇护，在那里出版了自己的书。为了进一步保护自己，他匿名出版这本书，还印上了一个虚假的科隆出版商名称。他搬进了一个由其他难民聚居而成的社区，朋友帮他找到了一个教职。

但法国当局有其他途径来表达他们的信仰：道德、教会以及国家是必须要捍卫的。既然无法找到培尔，他们就拘押了他的兄弟雅各布。他被关押在恶劣的环境中，五个月以后，他就离世了。培尔听说了这件事之后，心态彻底崩溃了。

※

这些精心设计的威胁行为，包括监禁、骚扰、流放、焚书，甚至还有一些更糟糕的措施，一直伴随着法国的启蒙主义家。伏尔泰在早年曾经非常不明智地对一名法国贵族进行暴力威胁，而激怒对方的下场就是伏尔泰在监狱里度过了一段时间，然后自我流放到了英格兰。不过流放对他产生了不错的影响，使他得以跟英国的科学家和道德哲学家进行接触。除此之外，这次流放还让他接受了牛痘接种——这是在英格兰掀起的一股风潮，也是一种行动上的世界改善论。所有这些经历都为他积累了素材，帮他写出了一本成功的书，即《哲学通信》。不过这本书里有一些敏感的材料，他在一些文章里批评了法国的审查系统。他对法国压制言论自由的指控惹怒了某些人，为了发泄怒火，他们在巴黎司法宫（Palais de Justice）的台阶上焚烧了《哲学通信》一书。几年后，他的《哲学辞典》也遭遇了焚毁的命运。这次焚书不仅发生在信仰天主教的巴黎，也发生在信仰加尔文宗的城市国家日内瓦，当时那里也采取了专制政策。为了保险起见，伏尔泰选择住在靠近法国和日内瓦边境的地区，哪边更严重地迫害他，他就随时跑去另一边。

拿狄德罗来说，他也曾于1749年在万塞讷（Vincennes）的堡垒监狱服刑。他用谦卑的口吻写信，乞求自由，并承诺停止出版那些不合时宜的书。即便如此，他还是被关押了好几个月才得以释放。如果可能的话，他和伏尔泰都不想重蹈覆辙。这不意味着他们要停止写作，但他们——以及跟他们同类型的作家——采取了一系列迂回手段和小花招来避免麻烦。他们在国外印刷自己的作品，然后再偷偷运回国内。通常情况下，这些作品都是通过旅行者用有夹层的箱子等工具一点点运回来的。他们会使用具有误导性的书名，不署名或者使用假名字。有的时候，他们只用抄写本传播作品——这导致了前印刷术时代手稿抄写和传播等旧技术的复兴，不过这也伴随着相应的风险，如丢失和损坏。

在之前的一个世纪，荷兰的斯宾诺莎也借助手抄本传播作品。他生前确实出版了少数作品，但其最伟大的著作《伦理学》却只在朋友间以手抄本形式流传。临终前，他在病床上嘱托朋友把一个装满文稿的箱子用船送到阿姆斯特丹。在那里，人们可以为它们制作更多的手抄本和译本，甚至有希望出一个作者的身后印刷版。当他们着手进行这项工作时，荷兰的新教和天主教当局都听说了该消息，于是穷追不舍。天主教信徒甚至专门雇了一个阿姆斯特丹的拉比[①]，试图找出手稿的所在。三组宗教猎犬同时出击，但都没有及时找到手稿以阻止其出版。

抛去压制政策造成的痛苦和损失不谈，你可以说它也有好的一面，那就是促进了创造力的发展。霍尔巴赫男爵为了出版《自然的体系》一书，把手稿寄给了自己秘书的兄弟，由他制作了一个复印本，然后销毁了原始手稿。这么一来，人

---

① 犹太人中的一个特别阶层，是老师也是智者的象征。

们就不能通过笔迹来追溯作者。然后，秘书的兄弟把新抄本包好密封起来，寄给一个在列日的朋友。这位朋友又将其寄给一位名叫马克－米歇尔·雷伊（Marc-Michel Rey）的出版商，由他以一位已故法国作家让－巴蒂斯特·德·米拉博（Jean-Baptiste de Mirabaud）的名义出版了这本书。

伏尔泰也为其著作增加了一丝神秘色彩，《康迪德》出版时采用了"拉尔夫博士先生"（Mr le Docteur Ralph）的化名，这是一个从德语中翻译过来的假名。然后，他写了一封信给朋友，开玩笑说自己总是听人说起这本臭名昭著的书，还问他们可否帮自己搞一本。在其他时候，他总是在国外印刷自己的书。不过，在偷运回国的过程中有时会被人查获。他抱怨道："当今这个时代，任何一本通过邮寄进入法国的书都会遭到官员的查抄，他们正在建立一个非常不错的图书馆，这些人很快将会成为真正意义上的文人墨客。"

巧合的是，主管这一时期审查工作的关键人物之一真的是个文化人，而且他还是个启蒙主义者：纪尧姆－克雷蒂安·德·拉穆瓦尼翁·德·马勒泽布（Guillaume-Chrétien de Lamoignon de Malesherbes）。此人一生中真正想做的事情是追随自己对植物采集的热爱，并思考植物学分类的相关问题。但事与愿违，他发现自己总是处在冲突最前沿的岗位上，比如为法国国王路易十五提供政策建议，以及担任出版界负责人。这使得他成为一个重要的审查者，手下掌管上百号人整日检查各种书籍和小册子，找出任何可疑的内容。但是，某些书籍的作者是马勒泽布的朋友，他也敬重他们写书的理由。在1788年写的一篇讨论出版自

拉穆瓦尼翁·德·马勒泽布

由的论文中，马勒泽布指出过度审查会带来一个弊端：起来反抗这一政策的人往往都是较极端的作者，而许多更温和、对社会持有益观点的作者则会推迟表达观点，这有损于建立一个消息畅通、各方平衡的公共舆论环境。

每当被要求审查或封禁朋友的著作时，马勒泽布表面上都会服从，但同时背地里想办法帮助他们。《百科全书》就属于这种情况，出版两卷之后，它被王室法令禁止，理由是其中的一些材料有损害道德和王室权威的危险，并会引发独立、反抗和无信仰的精神浪潮。所有正在进行的相关工作都被查禁了。马勒泽布接到任务要突袭搜查狄德罗的住所，这可能会搜查出更多危险的材料。不过，他在搜查的前一晚秘密会见了狄德罗，提出建议把这些材料藏在自己的房子里：没有人会想到去搜查那里。后来，马勒泽布还促成了一项新的审查安排，要求《百科全书》在出版前先经过一个审批程序：虽然这不是一个理想的安排，但总比在事后被封禁要强。国王后来也恢复了对审查工作的容忍，因为他的前任情人和至爱蓬帕杜夫人（Madame de Pompadour）支持它。蓬帕杜夫人说，她想查询自己衣服上的丝绸是从哪里来的。于是，《百科全书》第四卷以及伏尔泰等人的书籍便作为道具元素出现在莫里斯-昆廷·德·拉图尔（Maurice-Quentin de La Tour）为她画的一幅精美肖像画里。

狄德罗的其他文稿不可能通过任何前置审批程序，他甚至都没想过要出版它们。有些作品直到他死后才被人知道，如《怀疑主义者的漫步》(*The Sceptic's Walk*，内容为发生在无神论者、自然神论者和泛神论者之间的对话)、《修女》(*The Nun*，揭露了修道院里的强制化生活)以及《拉摩的侄儿》(*Rameau's Nephew*，书中谈话内容涉及音乐、道德和快乐)。其中，最后这部作品直到1821年才出版了一个质量很差的法文译本，它是从1805年歌德所做的德文译本转译过来的——歌德的译本则是基于一部从原始文稿抄写过来的复本。一直到很久以后的1891年，那部原始文稿才再次出现在一个二手书摊上。对狄德罗来说，这真是一件讽刺的事：在《百科全书》提到的各种现代技术中，他对印刷术大加赞赏，但他自己却有这么多作品不得不依靠中世纪修士的方法进行保存传播。

还有另一件事也令他十分痛苦。当《百科全书》重启出版时，狄德罗得知自己的出版商曾私自删除条目，去除了所有他认为可能造成麻烦的内容——不仅如此，他还毁掉了底稿，导致损毁的部分没法复原。震惊之余，狄德罗对这项工作的热情再也没有恢复到以往的程度。

不过，狄德罗和伏尔泰至少在他们一生中没有经历过更严重的个人风险。马勒泽布就没这么幸运了，但杀死他的不是教会或君主，而是一套新建立的镇压机关，即法国大革命后建立起来的恐怖政权。

当时，马勒泽布已经退休，最终投入到了他的植物学事业中。然而，他在1792年12月做出了一个令人惊讶的举动，已经七十一岁高龄的他重新回归法律领域，为被捕的国王路易十六进行辩护，求取宽恕。这个举动是勇敢的，也是没有结果的，国王依然被送上了断头台。马勒泽布躲到了自己乡下的庄园里，但拒绝逃离法国。一年以后，大恐怖全面展开，他和家人几乎都被逮捕，罪名是帮助逃亡者出境。他们被关押了几个月，然后一个接一个被处决。最先死的是马勒泽布的女婿，然后，在1794年4月22日，他的女儿、外孙女阿琳（Aline）以及阿琳的丈夫也都被斩首。马勒泽布被迫目睹了这一惨剧，最后自己也死于断头台上。相同的事情也发生在他的姐姐以及两个秘书身上，只有他的贴身仆人幸免于难。

其他一些启蒙思想家也因为反对处决国王而遭受厄运。其中有一位名叫奥兰普·德古热（Olympe de Gouges）的女权主义者和反奴隶制社会活动家，她曾于1791年在法国议会上发表了《女性和女性公民的权利宣言》(*Declaration of the Rights of Woman and of the Female Citizen*)，敦促大家把启蒙运动大力鼓吹的新人权平等地赋予女性和男性。然而，人们忽视了她的言论，并在1793年11月3日将其斩首。牵涉此事的理论家皮埃尔－加斯帕尔·肖梅特（Pierre-Gaspard Chaumette）解释了她的罪行："她忘记了自己的性别该有的德行，因此走上了断头台。"（不过，肖梅特自己也在几个月后死在了断头台上。）

还有一个人也是革命的受害者，他相信人类可以通过更好的数学运算和共感实现进步。不过，这个人并没有真的被砍头，他就是孔多塞。他也提倡女性应享有完整的公民权利，但同样无果。孔多塞在自己的主要作品《人类精神进步的历史图景纲要》(*Sketch for a Historical Picture of the Progress of the Human Mind*)中介绍了关于进步的理论，但他一直害怕被逮捕或发生更可怕的事情，后来还跟朋友躲了出去，所以其写作显得十分仓促。[7] 孔多塞本身是支持法国大革命的，但不同意革命中表现出来的暴力，特别是反对杀害国王。因为持有这种观点，他也上了黑名单。1794年3月的一天，他变得焦虑起来，害怕自己会置女房东于危险之中，所以打扮成一个农民想藏到乡下去。但人们发现了他，把他关进一所地方监狱。他在第二天就死在了狱中，目前为止没人可以确定他是自杀还是被杀。当我们今天读到这本在孔多塞死后才出版的《人类精神进步的历史图景纲要》时，面对其想象的那个没有任何压迫、不平等、暴力或政治蠢行的完美理性社会，再回想一下写作这本书时的环境，不免产生一种奇妙的感觉。当然，这也是其意义之所在：试想一下，他作为一个痛苦的哲学家在那里写作，思考人类的未来——"他们迈着坚定的步伐，沿着真理、德行跟幸福的道路前进！"这是一件多么令人欣慰的事情。同时，"这种思考对他来说是一个避难所，那些迫害他的记忆再也追赶不上他，他生活在思想中，人类在那里恢复了自己的自然权利和尊严，忘记了自己曾因贪婪、恐惧和嫉妒而遭遇何等的折磨和堕落"。

我们再来介绍最后一位因为提倡对国王采取仁慈措施而遭受监禁（但没有被处决）的作家，这个人叫托马斯·潘恩。他是孔多塞的朋友，其支持革命的著作闻名于美国和法国。尽管他出生于英国，但他是美国公民，这一点救了他。他在1793年12月被逮捕，在监狱里待了十个月。在这期间，他一直害怕会被突然处决，但他最终还是被释放了。因为詹姆斯·门罗（James Monroe）来到法国成为新任美国代表，从而为他争取到了被释放的机会。

就在他被送往监狱的那一天，潘恩刚刚完成了一部名为《理性时代》的著作的第一部分。他在其中为开明而宽容的自然神论提供了论证，并反对传统宗教。由于自己快被逮捕，他设法把书稿交给了一位朋友。现如今，门罗已经可以保证他的安全，他重新开始中断的工作，完成了这本书的第二部分。

然而，正是在匆促间写成的第一部分才是这本书里最有说服力、最雄辩的内容。（第二部分主要由《圣经》文献组成，是用来支持其论证的。）潘恩写道，一想到教会居然因为伽利略研究天空而对他进行迫害就不禁令人感到震惊——因为天空的美丽和秩序无一不生动地展示了造物主的力量。"任何事物的存在都被归于一个宗教之下，但这个宗教却认为人们去研究、思考上帝创造的这个宇宙的结构是一种不够宗教化的行为"，这实在是不可思议。潘恩的思想是典型的自然神论，所以他也反对耶稣下凡为人类送来个人救赎这一观点。特别是，潘恩认为《圣经》里描述耶稣被钉在十字架上的故事十分残忍："这种故事只适合那些躲在斗室之中具有阴郁才华的修士，也只有他们才能写出这种东西。"所以，其作者不可能是任何"在这个世界上呼吸过自由空气的人"。他认为，后来成立的教会机构为此类故事推波助澜，情形更是恶劣：这些故事都是"人类的虚造，用来恐吓和奴役人类，以垄断权力和利益"。

与此相反，潘恩更青睐人文主义者的原则：感激生命，不崇拜苦难，宽以待人，尽可能理性地解决困难。他还总结了自己的启蒙主义人文信条：

> 我相信人类是平等的。我还相信，宗教义务包括行使正义、悲天悯人，并努力让我们的同胞变得快乐。

《理性时代》向我们传达了共感、平等、幸福，以及对宏伟宇宙的开明赞美，但它带给潘恩的一些经历却远远说不上令人开心。1802年，一个马车司机拒绝潘恩乘坐他的车从华盛顿去往纽约，因为他在报纸上读到了对此书的一些诋毁报道。在同一年的平安夜，一位不知名的人试图在潘恩位于纽约新罗谢尔（New Rochelle）的家中射击他的头部，险些成功。潘恩去世（他死于自然原因）时，遗愿是能被埋葬在贵格会墓地（Quaker graveyard）——他也是贵格会教徒——但这个愿望也落空了，因为贵格会团体拒绝了他。于是，他被埋在了自家的土地上。但这件事并未结束，且后续之事相当奇特：英国政治记者威廉·科贝特（William Cobbett）在1819年把他的遗骨发掘出来并带往英格兰，准备为他找一个更合适的安息场所。但该计划遭遇了一些意外，导致科贝特直到去世都没能将潘恩的遗骸下葬。自此之后，它们就下落不明，再也没有出现过。

在美国和英国，《理性时代》仍然继续吸引着越来越多的读者——不过，即使在最好的情况下，当权者也不过是对其采取无视态度。最坏的情况则是，它被列为禁书。英国认为这是一本亵渎神明的书，把出版该书视为非法行为。潘恩其他作品的出版情况也是如此，即使不被看成渎神，也被认为在政治上是反动的。但是，仍然有一小部分出版商坚持了下来，甚至为劳工阶层的读者制作了廉价版本——这造成了更严重的隐患，因为这很可能引发真正的暴动，而不只是那种更安全、更绅士的非正统主义。

理查德·卡莱尔（Richard Carlile）是潘恩在英国最重要的拥护者，他是一名社会主义者和自然神论者。由于出版了包括廉价版潘恩著作在内的各种作品，他总共在监狱里待了差不多十年。1819年，卡莱尔尝试出版自己在彼得卢大屠杀（the Peterloo Massacre，骑兵们在曼彻斯特的圣彼得广场上对抗议者进行了致命冲击）中的经历以及潘恩的《理性时代》。为了绕过当时对第二本书设立的禁令，卡莱尔借助法庭搞了一个聪明的把戏：因为该书对于理解案情的原则十分重要，所以他在法庭上完整地复述了整本书，作为对自己辩护的一部分。他的计划是这样的，法庭上所说的一切都可以在事后作为合法文本出版，那么《理性时代》的完整内容当然也就包括在内了。如果他成功了，这将是人文主义者在历史上对抗审查制度的最佳战绩之一。但遗憾的是，并没有任何文本因此出版。

理查德·卡莱尔被判有罪，然后在多尔切斯特监狱（Dorchester Prison）里服刑两年。刚开始的时候，他的妻子简在没有他的情况下继续运营着出版社。但后来她也因此被判刑，人们把她送往多尔切斯特跟丈夫会合。于是，他的妹妹玛丽·安·卡莱尔（Mary Ann Carlile）承担起出版工作，不过最终也被送进了监狱。他们三人被关在同一间囚室里。在这段时期，理查德主要把时间花在写作上，这些作品要么被偷运出国，要么被藏起来以待来者。《写给科学人的信》（*An Address to Men of Science*）就是他在这一时期的作品之一，他在其中指出教育应该以天文学和化学这类科学为根基，而不应该用宗教或经典来代替它们。由此我们就可以让孩子们接受这样的理念，即我们是物质性存在物，而且是自然的一部分。

于是，这种智慧上的斗争一直持续着：牢房里不断关进来非正统的思想家，而他们也不断找出新的、更复杂的规避方法以及具有巧思和误导性的技术手段。其中，老一代人文主义者的抄写技艺占有重要地位。

但是，这种处境也让他们被迫过上了一种令人不安的不诚实的生活。[8]他们不能直率地表达观点，任何人都难以成为正人君子或淑女。他们不得不频繁通过"隐秘性"写作与内部人员往来，也就是在直白的显性表达中融合进真实隐蔽的意图。他们变得难以捉摸，含沙射影，这并非出于个人选择，实在是时势下的必然。正如沙夫茨伯里在1714年观察到的，如果不允许人们直白地进行表达，他们就会通过反讽来做相同的事："谐谑正是由迫害造就的。"

在这么做的过程中，他们失去了一些本应属于他们的正直，把自己和他人都置于危险之中。潘恩写道，被迫装成一个相信自己所不信的东西的人，这比直截了当的不相信更恶劣：因为这是"精神谎言"，它一定会让人付出某种代价。比如，人们会指责无神论者和自由思想家缺乏道德——然而，他们的道德之所以会打折扣，正是由于他们经常遭受迫害。当此情形之下，假如他们中的大多数人还能完整地保持 *honnêteté*（诚实），那我们简直可以说这就是个奇迹。

※

对那些相信无宗教信仰的人不可能是好人的人来说，有一个反例可以让他们哑口无言：那就是苏格兰启蒙哲学家大卫·休谟。他实在是个大好人。

还有另一个方面让人困惑：在其所处时代的思想家中，休谟在理智层面上是最无情的。他在1739—1740年出版了名著《人性论》，这本书几乎摧毁了人类对生命、经验和世界所能感觉到的所有可靠性和确定性。他告诉我们，我们不能确定任何原因导致的后果，比如明天太阳会继续升起，或者我们有任何连续的个人同一性。我们感觉到存在真实的、一致的因果和同一性，但这些也只是感觉，它们来自习惯和观念之间的联想。20世纪的哲学家兼广播员布赖恩·麦基（Bryan Magee）曾很好地对休谟进行总结：

大卫·休谟

"每当你带着困难去找休谟，他给你的回答总是'情况比你想象的还糟糕'。"

休谟还对传统信仰进行攻击。他说，人们总是告诉我们关于奇迹的故事——比如瘫痪的人站起来走路，圣人显灵，祈祷者得到回应，等等。但是，让我们停下来仔细想想，哪种可能性才是真的：到底是确实发生了一些与你的所有其他经验相悖的事情，它们不符合你对自然运作机制的理解，还是说有人犯了错、撒了谎、编造了故事、篡改了历史，又或者是听众误解了他们的某些言论？休谟建议用一条基本原则进行判断："任何证据都不足以证明奇迹，除非它是这样一种证据，即与其想要证明的奇迹相比，该证据的错误本身是一种更大的奇迹。"（科普作家卡尔·萨根后来用更简洁的方式重述了该原则："不同寻常的主张要求不同寻常的证据。"）[9]

休谟继续说，想象一下有人说他看到死人复活。通常情况下，这种事情从未发生过，它跟我们关于尸体的所有经验相冲突。如果你要应用这条原则，就应该问一下哪种情况的可能性更大：第一，这件奇怪的事情确实发生了；第二，关于这件事的报道出了一些差错。在写给基督徒的话中，这可以充当一个很好的例

第六章 永恒的奇迹 191

子。因为，基督徒的信仰很大程度上依赖于基督复活的故事。

显然，休谟第一次使用这一论证就打击到了他要说服的人。这并不奇怪，因为对方是个耶稣会士。当时休谟正住在法国的拉弗莱什（La Flèche）写作《人性论》，那里有便宜的住宿，而且大学里还有与他交好的耶稣会士，他们允许休谟使用自己的图书馆。有一次某个耶稣会士告诉休谟，他所在的社群里发生了一件奇迹般的事情。一听到这儿，休谟立刻想到了他的测试原则，就把它说了出来。那个耶稣会士想了一会儿，说这个原则肯定是错的，否则它不仅可以反驳现代奇迹，还可以用来反驳《新约》中的故事。不过，休谟显然考虑到了这种可能性，并且感觉无甚所谓。

最初，他本打算将这个关于奇迹的论证写入《人性论》，但最终还是欠缺了一点儿勇气。这个测试原则后来只出现在他对《人性论》中的哲学修改后的产物之中，即《人类理解研究》。他还有一些作品也保留了很长时间没有发表，比如关于自杀的道德问题以及灵魂不朽方面的文章。在完成《宗教的自然史》一书之后，他推迟了好几年才出版。除此之外，他还写了《自然宗教对话录》一书，这本书一直都没有出版。书里的对话者讨论的话题之一即我们是否可以期待无神论者做出善的行为，他们就这个话题比较了各自的不同观点。一个对话者（他的观点明显跟伏尔泰是相同的）说，相信彼岸世界的存在很可能是有用的，因为它可以提供动力，敦促人们行善。而另一个对话者则表示不同意，且问道，若果然如此，那历史上为何充斥了诸多关于迫害、压迫和宗教内战的故事？"我们可以肯定，任何历史叙述一旦提到宗教精神，随后的描写必然包含与之而来的痛苦细节。反倒是那些与宗教无关、看不到宗教身影的时代，它们才是最快乐、最繁盛的。"

尽管休谟慎之又慎，但生活在其家乡爱丁堡的人以及法国的启蒙主义者似乎都知道，他在最低限度上也是一个极端的、持怀疑主义立场的自由思想家。[10]别人给他起的外号既有"无神论者"，也有"大异教徒"。这给他带来了恶名，反对者阻止他在爱丁堡和格拉斯哥获得大学教职，在一些人的运作下，他在爱丁堡律师公会（Edinburgh's Faculty of Advocates）的图书管理员职位也被剥夺。但事情远没发展到最糟糕的程度：要知道，这座城市在还不算久远的几十年前曾出现过一名二十岁的学生，此人名叫托马斯·艾肯黑德（Thomas Aikenhead）。他对《圣经》里的故事不屑一顾，还说"上帝、世界和自然同为一物"。人们认为这些言行亵渎了上帝，就把他处决了。

然而，尽管有着令人恐惧的名声，休谟却有着善良的本性和讨喜的性格，这让每个碰到他的人都感到惊讶。[11]他还有另一个外号：le bon David——"好人大卫"。一个名叫詹姆斯·鲍斯威尔（James Boswell）的苏格兰人写道："如果不是因为他写了那些异教著作，每个人都会爱上他。"有一次建筑师罗伯特·亚当（Robert Adam）想请休谟去他位于爱丁堡的家中共进晚餐，不过他的母亲却阻止了他："我很高兴看到你的朋友来家里吃饭，但我还是希望你不要把那个无神论者叫来，这会打扰我的安宁。"但不久之后，亚当还是在另一场晚宴上把休谟带了过来，却没有点破他的身份。等到客人都离开了，亚当的母亲说这次的每个客人都很可亲，"不过，坐在我身旁的那个快乐的大块头是所有人中最讨人喜欢的"。亚当回答，那个人就是你说的无神论者。"要是这样的话，"母亲说，"只要你喜欢，尽可以把他再请过来。"大卫·休谟在《自然宗教对话录》里的代言人说："跟神学理论和体系提出的那些浮夸之言相比，出于自然的最微小的诚实和善意对人们的行为反倒有着更有效的影响。"诚哉此言，休谟自己就是一个活生生的、令人开心的证明。

此时的休谟已经变得非常随和，也变成了人们口中的"快乐的大块头"。但是，他在年轻时曾做过大量徒劳的哲学争论，并为此接受了治疗。那时候，他花费了许多脑力去思考不可解决的哲学疑难，为此憔悴不堪，于是给一个医生写信请他给予建议。[12]这个医生建议休谟放下哲学，每天喝一品脱干红葡萄酒，并配合不剧烈的骑马运动。休谟依方照做，不久之后他写道，自己已经变成了"你见过的最结实、健壮、健康的人，面色红润，笑容灿烂"。

后来他又重新开始阅读哲学，但这种健康壮实的状态一直持续了下来。一个重要原因在于，他现在是从"人类的本质"出发，以一种更具有建设性的方式来探索哲学，而不是在一些抽象的基础上建立理论。跟蒙田一样，他是从人类的尺度出发：观察自身和他人，并把这些经验和行为作为发问的材料。

休谟在其他方面也跟蒙田很相似。最为显著的是，他惊人地将智性上最严格的怀疑主义跟幽默宽容结合在了一起。我们可以在休谟的言论中听到蒙田的声音。比如，在其非常令人震撼的《人性论》第一卷的结尾部分，休谟告诉我们，这本书的内容把他带到了一种奇怪的境地，他现在感觉自己像个怪物（"我在哪儿？又或者，我是谁？我的存在原因是什么？我要回归到什么样的境遇？我应该争取谁的支持，又应该畏惧谁的愤怒？我的周围都是什么样的存在物？"）——只有到了这一步，才可以得出结论，即没有什么需要担心的理由。理性也许不能帮助他，但大自然可以通过生活中的日常快乐分散他的注意力，从而迅速治愈他的"忧虑和谵妄"。"我享用晚餐，玩双陆棋，与人交谈，跟我的朋友在一起欢乐。"

恢复正常后，他回归到自己的推理，《人性论》的其他部分探索了关于情感和道德的问题。[13]跟蒙田和沙夫茨伯里一样——他的朋友亚当·斯密也写过这方面的文章——休谟把"同情"（sympathy）或共感当成道德的基础。当人们产生某种情感时，它会表现在这个人的脸上或声音中。如果我看到或听到它，那么基于我过去有过的相似感觉经验，这种情感就会在我身上重现。他说，我们的思维就像"面向他人的镜子"一样工作：这是一种非常蒙田式的说法。休谟在这里似乎预见到了某种类似于今天人们所理解的"镜像神经元"这种东西。不过，他借鉴的是当时已经在道德心理学中确立的传统。跟过去的前辈一样，他贯彻这个想法，建立了一种伦理理论。他解释道，由于存在情绪镜像，每当我们想到他人也会感到快乐时，我们通常会感觉更快乐。所以，这导致我们倾向于认可所有能够在我们人类同胞中促进普遍繁荣的事物。

休谟跟蒙田（还有伊拉斯谟）多有共同之处，比如他们都倾向于在思想上胆大包天，但在行为上十分谨慎。休谟的生活方式不是洛伦佐·瓦拉式的，甚至也不是伏尔泰式的。他所享受的生活建立在友谊和对智性的追求上，而非以丑闻和冲突为根基。他在写给朋友的一封信中说："反对我的书籍和小册子足以铺满一间大屋子的地板，但我从没有对它们做过一丁点儿的回应。这倒不是因为我鄙视他们（实际上，我非常尊重其中的一些作者），而是因为我渴望安宁和平静。"

因此，他始终保留着那些可能会打扰到这种平静的作品，不予发表。最开始的时候，他决定把关于奇迹的论证剔除出《人性论》。他承认，"这确实是一种怯懦，我也因此感到自责"。后来，他在1757年发表了题为《四篇论文》（*Four Dissertations*）的论著，其内容包含各种话题。但在发表的最后一刻，他删除了其中的两篇文章：其一是关于自杀的，其二是关于灵魂不朽的。它们被他从复本中剪下来，然后换上了另一篇完全不一样的文章。用书目学术语来说，它们被"取消"（cancelled）了——当时，这个术语刚刚获得了一种更广泛的文化内涵，即用来描述某些不能被公众所接受的人物与其作品，他们被迫保持沉默或收回所说的话。休谟取消了自己的作品，但没有销毁它们，也没有停止写作这类作品。

从其他方面来看，休谟是相当无畏的。詹姆斯·鲍斯威尔就被休谟的一种能力震惊过，他完全不担心死后的天堂生活，甚至对此没有个人期待。于是鲍斯威尔决定盘问休谟一番，而这是他跟名人在一起时的惯常做法。他曾经跟随朋友塞缪尔·约翰逊（Samuel Johnson）到处走动，记下他所说的一切，包括他对宗教的评论。鲍斯威尔还曾经拜访过伏尔泰，并对他进行了尖锐的提问——"我要求他诚实地坦白自己的真实观点"。伏尔泰说自己的真实观点就是热爱伟大的存在者，渴望向善，从而达到与"善的创造者"相似的程度。听到这些话，鲍斯威尔承认，"我被感动了，但我也很抱歉，因为我怀疑他的真诚度，我激动地大声问他：'你是真诚的吗？你真的真诚吗？'"。伏尔泰回答说是的。

有一天，当鲍斯威尔在教堂里听关于信仰慰藉作用的布道时，他在心里面记下一件事：一定要问一下休谟，他是如何作为一个无信仰者还能保持良好精神状态的。对鲍斯威尔来说，知道这一点也许是很有意义的，因为它可以防止自己的信仰欺骗自己。对休谟来说，只有为鲍斯威尔提供他所需的一切建议才是"人道的"。

1776年，适合这场谈话的时机到来了，但当时的情况已经超出了鲍斯威尔的最坏预期：休谟刚刚在腹部诊断出一个致命肿瘤，它已经变得很大，隔着皮肤都能摸到，休谟自知离死不远了。鲍斯威尔比任何时候都更想知道休谟如何能够忍受未来生活的缺失。

鲍斯威尔拜访了这位哲学家，发现休谟正在自己的前屋里。他看上去瘦弱且病态，没有了以往的健壮。但是，休谟仍然十分高兴，而且实事求是地承认了自己大限将至。鲍斯威尔询问了他的信仰，休谟回答道，自己很久以前就已经失去了它。"他直截了当地说，任何宗教的道德都是坏的。他还说，每当自己听到某人宗教信仰虔诚时，就可以推断出此人是个无赖。我确信，他说这话的时候不是在开玩笑。"鲍斯威尔十分惊讶，当死亡近在眼前时，休谟仍然可以用这种方式说话。

鲍斯威尔问休谟（我重新组织了鲍斯威尔对休谟原话的转述）：难道真的不存在死后的未来生活吗？

休谟回答说，把一块煤放在火上，它确实有可能不会燃烧——这是在暗指其关于因果性和奇迹的哲学论证——但这种可能性不大。

确实如此。鲍斯威尔又问：但一想到自己会被彻底毁灭，这不会让你感到不安吗？

休谟说，一点儿也不。

从一方面来说，这些回答让鲍斯威尔感到很高兴："休谟先生的玩笑让谈话变得不再沉重，死亡也显得没那么凄凉。"但另一方面，他也感到了不安："我在离开他时产生了一种烦恼的感觉，这种感觉纠缠了我不少时日。"假如一个人在面对死亡时还能以这种方式讲话，那么当下盛行的那些关于无神论者的说法怎么可能是真的？——比如，说他们都是坏人；说他们最后总会回归宗教，因为他们没有宗教就不能活；说他们缺乏大无畏的精神和高贵的品质；等等。

事实上，鲍斯威尔后来跟塞缪尔·约翰逊说了休谟的事，而约翰逊则断然拒绝相信休谟的话。约翰逊说："休谟撒谎了，他有自己的虚荣心，喜欢以随和的面目示人。与其相信有人不害怕死亡，不如相信他在撒谎，这种可能性更大。"由此，约翰逊机智地借用了休谟关于奇迹的论证，以彼之道还施彼身。但是，鲍斯威尔敏锐地感觉到了约翰逊粗鲁言论背后的真实理由：他特别容易陷入对死亡和信仰不坚定的焦虑中，所以他必须努力保持一种确定的感觉。

与此同时，当休谟病情恶化时，他的朋友亚当·斯密也在爱丁堡陪伴着他，并在后来发表了一份简短的记录，讲述休谟人生的最后几个星期。休谟也写了一部简短的回忆录，名为《我的一生》（*My Own Life*），后来也由斯密代为发表。在此期间，休谟一直在修改自己的其他作品。很多朋友都过来拜访他，休谟就跟他们玩惠斯特纸牌游戏（whist），这是他新增的一项爱好，并且沉迷其中。在很多时候，他看上去十分正常，以至朋友们难以相信他真的大限将至。但休谟说，这是真的，"我将会很快死去，正如我的敌人所希望的那样——假如我有敌人的话——同时，我也会死得很轻松快乐，正如我最好的朋友所希望的那样"。他开玩笑说希望找到一些理由来说服冥河渡神卡戎（Charon），让他推迟一些时日把自己渡往死亡之地（当然，休谟并不相信包含这个典故的神话）。"好人卡戎啊，我还在修改自己的作品，打算出一个新的版本。请给我一些时间，这样我就可以看到公众对这些修改作何反应了。"

在重新整理的这些作品中，就有他长期以来秘而不发的关于宗教和怀疑的文本。他尽一切努力做出安排，确保它们可以在自己身后出版。最初，他问斯密是否可以承担这项工作，但斯密看上去很紧张，所以休谟就放过了他。休谟更改了遗嘱，请求他最常合作的出版商威廉·斯特拉恩（William Strahan）在两年内出版《自然宗教对话录》，并自由裁量是否出版被他取消过的《论自杀》和《论灵魂不朽》这两篇文章。跟很多人文主义者一样，这些尘世中的出版和读者事务才是休谟最关心的不朽之事。

然而，斯特拉恩并没有出版这些著作。《自然宗教对话录》在1779年匿名出版，但安排出版事宜的人是休谟的侄子，而非斯特拉恩。关于自杀和灵魂不朽的文章也以匿名和未授权的版本面世，带有休谟名字的正式版本要一直等到19世纪才出版。

卡戎并没有让休谟如愿，他等不及了——休谟只会不断增加他的修订任务，永无止境。于是乎卡戎说，停下吧，"请登船"。1776年8月25日，休谟去世了。据他的医生说，休谟直到生命的最后一刻都面无惧色，"心智充满愉悦的沉着"。四天以后，一群人在大雨中聚集在他家门外，见证他的灵柩运往墓地。鲍斯威尔一路随行，在远处目送他的离去，满怀敬意。人群中有人说："啊，他是一个无神论者。"其他人则回应道："无所谓，他是一个诚实的人。"

斯密对此表示赞同，并在文章中对休谟之死做了盖棺之论："无论是其生前还是死后，我都认为他是在人类脆弱本性允许的范围内最大程度上接近智慧和德行上的完人。"

谨慎和英勇并存，既因为自己的友善受人爱戴，也因其对错误推理的攻击而令人生畏，热爱消遣，又一心想要提升供人类心灵所用的智性和道德工具："好人大卫"可谓启蒙运动的完美例子——他是一个"成人"之人。

第七章

全人类的领域

王尔德

玛丽

1405—1971年

普遍性、差异性、批判性推理、道德联系：这四个观念塑造了人文主义，又被人文主义再塑造——玛丽·沃斯通克拉夫特（Mary Wollstonecraft）、哈丽雅特·泰勒·密尔（Harriet Taylor Mill），最大和最高——杰里米·边沁（Jeremy Bentham）、奥斯卡·王尔德（Oscar Wilde），为例外而生——弗雷德里克·道格拉斯（Frederick Douglass）和永恒的清醒——再谈 E. M. 福斯特——把碎片连接起来话又说回来，用"完美"这个词来形容休谟并不恰当（所有人都不例外）。

截至目前，这本书里提到的所有人文主义者几乎都存在一个严重的局限性：他们只把自己关于人性或"成人"的观点运用于肢体健全的白人男性——也就是说，只适合于那些看上去符合列奥纳多笔下的维特鲁威人的形象。只有这一部分人才渴望成为"普遍的人"，其他类型的人则被视为有缺陷的、堕落的，甚至有可能堕落到完全不能称之为人的地步。

人文主义思想家采取的这些假设并不罕见，而且欧洲历史上的知识分子大都表示赞同。不过，启蒙时代的人文主义者在谈论这些话题时却带有一种特殊的倾向，他们往往显示出一种似是而非的科学自信。休谟也是其中一员：他在一个臭名昭著的脚注里指出，有色人种"天然低劣"，他们没有创造出过任何可以跟欧洲人相提并论的文化。[1]"他们没有任何精巧的制造，没有艺术，没有科学。"詹姆斯·贝蒂（James Beattie）对此提出批评，指责休谟和其他哲学家的谬误："认为每一种实践和情感都是野蛮的，这与现代欧洲对这些词的用法不符。"于是，休谟修改了自己的侮辱性言论，只将其使用于来自非洲的人种——但这种修改实在算不上什么进步。

其他一些启蒙作家同样在这件事上犯了相似的错误，其中就包括一个我们可能寄予厚望的人：孔多塞。总的来说，孔多塞强烈谴责过殖民主义、种族主义和性别主义，并想象出一个全人类可以共享的光明未来。但是，他也认为人类成员在这个进步阶梯上的起点并不相同，他甚至怀疑有些文化根本没机会走到最后，在此之前就会消失。而且它们消失也就消失了，不会影响到全人类的进步图景。

女性也是争论的主题之一。让－雅克·卢梭（Jean-Jacques Rousseau）是那个时代最激进的政治思想家之一，但当其写作触及女性教育话题时，他立刻就变成了一个沉闷的老古板。在教育论著《爱弥儿》中，他写到女孩不需要学习哲学或科学，因为她们需要知道的一切就是如何取悦丈夫。（他这么说的时候并不是在反讽。）伏尔泰确实相信女性可以成为优秀的科学家，他的朋友兼情人夏特莱侯爵夫人（Émilie du Châtelet）就是一位数学家和翻译家，伏尔泰会把自己关于牛顿物理学等方面的研究跟她分享。即便如此，他还是在夏特莱侯爵夫人死后用这样的话来赞美她："我失去了一个有着二十五年友谊的朋友，她是一个伟大的人，唯一的缺点就是生为女性。"

总的来说，这些启蒙作家继承了一个混杂着真知和糟粕的古老传统。比如，柏拉图早在古希腊的时候就赞同对女性进行教育，但他同时也认为女性在前世是男性，只是因为懦弱或不道德才转世为女。（如果犯的错误更严重，还可能转生为贝类。）亚里士多德撰写了欧洲历史上最伟大的伦理学和政治学奠基之作，但其适用的语境却只限于自由的希腊男性。他认为，其他类型的人在本性上都要略逊一筹——这当然是意指女性，但也包括那些被他归类为天生为奴的人。亚里士多德辨识这类人的标准是这样的："如果某人具有成为他人财产的能力（且由于该原因事实上的确成为了他人的财产）；又如果此人本身没有理性，却能在理解他人之理性这个意义上参与理性活动，此人就是……天生的奴隶。"最后一个从句的作用，主要是把处于奴役状态的人和非人类的动物区分开来，因为动物即便遇见理性也无法理解。有了这个限制语，这段话的要义就成了这样：人们可以在处于奴隶状态的人中，发现天生的奴隶。在亚里士多德看来，对这些人来说，奴隶状态明显"有益而公平"。为了说得更清楚些，亚里士多德还把奴隶制比作当时的男女地位关系——因为男人对女人也同样具有天然的支配权。

在其后的历史中，亚里士多德的"奴隶本性"理论被用来为剥削辩护。在16世纪，哲学家胡安·希内斯·德·塞普尔韦达（Juan Ginés de Sepúlveda）

运用该原则为西班牙对加勒比和中美洲人民的虐待进行辩护。他说，这些人是另一种创世活动的产物，因此可以将其视为家畜。在1844年的一场演讲中，美国亚拉巴马州的医生乔赛亚·克拉克·诺特（Josiah Clark Nott）又一次引用了这个"异种起源论"来为北美的奴隶制辩护。[2]此外，他还附加了一个精彩的结尾——他在结尾处引用的典故不是来自亚里士多德，而是来自亚历山大·蒲柏。这是一句来自《论人》的名言，十分简洁好用，并使用了表示突出强调的排版："有一个真理是清楚的，存在即合理。"事实上，这也是亚里士多德的论证大意所指——只有一点不同，那就是据说诺特是以基督徒身份进行写作的。

事实上，一些基督教观点在人性问题上比世俗哲学家做得更好。奥古斯丁在《上帝之城》里有过一个影响力很大的表述，他指出，不管人类之间的差别有多大，所有人都有共同的起源——只不过他举的例子都是些古老的故事，如长着狗头的种族，或者单脚大如伞的种族。他指出，即便是这些人也必然具有人类的灵魂，所以只要接受基督教的信条，他们就能获得拯救。由此可以得到两个结论：奴隶制是坏的，传教活动是好的。这一神学观念在1537年获得承认，教皇发布了一项诏书，宣布在美洲的奴役活动是错误的。然而，争论并没有就此结束。基督徒一直在寻找不同的方法来捍卫这一实践，他们通常否认不同种族确实有共同的起源。但是，有几个教派相继站到了废奴主义一方。最先站出来的是贵格会教派，随后福音派和其他一些教派也发起了相关运动，它们全都强调普遍人性的原则。1787年，乔赛亚·韦奇伍德（Josiah Wedgwood）为"废除奴隶贸易协会"（the Society for Effecting the Abolition of the Slave Trade）制造了一枚奖章，以最具冲击力的方式表达了这个原则：奖章上有一个身戴镣铐的黑人跪在地上高呼"难道我不是人类，不是你们的兄弟吗？"。

不过，一旦谈到女性对人性和自由的呼吁，基督教就更倾向于"存在即合理"的路径。面对熟识的女性，特别是成长于上流社会中的斯文女性，当时的男性很难从她们身上感觉到任何教育的成果和修养：她们的兴趣爱好很无聊，她们的行为举止很谦恭顺从。所以，人们可以从中得出结论，保持现状对她们来说永远都是"有益的和正义的"：这意味着，她们应该在一种不重要的最低限度的教育状态中成长，压制任何不谦逊的自作主张行为。

令人惊讶的是，启蒙时代的人文主义者似乎并没有如前所示的那样打破这种思路。要知道，他们可是经常为自己对既有观点的批判性质疑而感到骄傲，而且很多人都重视"同情"和共感，将其视为道德的基础。在大多数时刻，他们也都同意泰伦斯的观点："我是人，我认为人类之事没有什么与我漠不相关。"但目前看来，他们似乎很喜欢在这句话的后面附加例外情形。

不过，并非所有人都是如此，有些启蒙思想家确实为这个领域拓宽了视野。几个关键的人文主义者都曾发声，支持全人类在基本人性上都是相同的这一观点。而且，他们的理由跟此岸世界的当下生活相关，而不是出于对彼岸世界救赎的渴望。由于人文主义包含理性和世界向善论，所以伏尔泰论证了不同宗教之间应该互相容忍，孔多塞和奥兰普·德古热支持把女性和欧洲以外的族群也纳入到法国大革命提出的人类解放这一理念中，跟他们同时代的启蒙思想家杰里米·边沁则论证了今天被我们称之为 LGBTQ+ 的权利。

这些思想先驱和他们的追随者试图以人文主义的四大理念为根基提出自己的论证。其中第一点我们刚才已经提到过了：我们全都被自身的人性统一在一起，所以"没有人是不同的"。

而第二点则恰好相反，它不再强调普遍性，而是强调差异性。的确，我们都是人类，但我们的生活体验会因为文化、政治环境和其他因素的不同而发生变化——当然，我们应该尊重并欣赏这些差异。

第三点原则是要珍惜批判性思维和探究精神。无论是哪一种人文主义者都应该明白，人类生活中没有什么事情是自明的，也没有什么东西仅仅因为权威或传统就可以被接受。存在不一定合理，而且应该被质疑。

第四点表现为一种普遍信念，即人性的核心是道德生活，人类只有努力寻求联系和沟通，才能最好地为这一核心服务。

普遍性、差异化、批判性思维和道德联系，这些价值在今天已经获得广泛承认，不过在程度上可能仍然未达到人文主义者的期望。他们每个人都从我们之前介绍过的人文主义传统中继承了一些东西：从普罗塔哥拉的人类尺度到蒙田的差异（*diversité*），再到瓦拉的批判性思维，以及沙夫茨伯里和休谟的以同情心为基础的伦理学。

与此同时，这种影响也表现为另一种形式：人文主义者提出新的观点，探索了一种新型的、更加开放的方式去思考人性，而这种新思维方式也反过来帮助重塑了人文主义者的内涵。人文主义者变得不再那么精英主义，对文化差异也更加友好，一些人开始更多地质疑起自己的思考前提。他们仍然会继续使用批判性探索和雄辩的旧技巧，却是将其适用于新的探究领域。

接下来，让我们依次考察这四个理念——这一章会进行一定的时间跳跃——看看不同时代的人文主义者试图思考何种变化。

※

某人声称自己具有平等的人性这种第一要素，光听起来就像是一个巨大的挑战——特别是此话还来自一个错误类型的人。

1900 年，古典学学者简·哈里森（Jane Harrison）写了一篇文章，题为"Homo sum"，即泰伦斯作品的开场白。这种做法很有挑衅性，因为人们一般把 homo 翻译成"男性"（其实在拉丁文里 homo 就是指人类，vir 才指成年男性），但现在居然有个女性把这个词用在自己身上！当然，她的意思是说自己有足够的权利像男性一样使用这个词，并且在生活中邂逅随之而来的一切可能性。1938 年，但丁作品翻译专家和小说家多萝西·L. 塞尔斯（Dorothy L. Sayers）做了一次题为"女性是人吗？"的惊人演说，重提了这一观点。她举例论证：人们会问，女性应该穿裤子吗？有些人认为不应该，因为裤子更适合男性而不适合女性。但塞尔斯却认为，裤子十分舒服。"我希望以人类的身份享受生活，所以有何不可呢？"[如此看重这个例子似乎有些奇怪，但仔细想一下 20 世纪阿梅莉亚·布卢默（Amelia Bloomer）遭遇的嘲笑，就不难理解其深意。她用自己的名字命名了一种灯笼裤，这种裤子把女性从烦琐的穿衣打扮中解救出来。在这之前，旧式服装让女性几乎没法舒服地坐下，更不要说进行适当的运动。］塞尔斯在这里还讨论了另一个问题：女性应该上大学吗？有些人回答否，因为在一般情况下女性显然没兴趣研究亚里士多德。可关键在于，塞尔斯是个例外，她很想研究亚里士多德。

要想让大学向任何特定的女性敞开大门，必须进行一些集体斗争。事实也确实如此：经过大量宣传活动之后，思想进步的伦敦大学在1868年录取了九名女学生，开启了先河。其他学校也陆续跟进，相继出现了第一批招收女学生的大学。但是，还需要经过更多活动才能说服这些大学，让它们相信女学生应该因为自己的研究而获得实际的学位。1915年，塞尔斯在牛津大学完成本科课程后没有获得本科学位。一直到1920年，当牛津大学的态度缓和下来时，她才得以将本科学位与自己的硕士学位一起拿到手中。当她在1938年做演讲的时候，剑桥大学仍然在坚持老传统，并且又延续了十年之久。

不过，她不认为女性应该团结起来共同斗争。在她看来，斗争的理由是个人化的，只有这样，每个人才能在生活中做自己想做的事。男性总是喜欢问："女人到底想要什么？"答案很简单："我的好兄弟，作为人类，女性想要的东西其实就是你们男人想要的东西——有趣的工作、合理的自由消遣及充分的情感宣泄。"她们希望自己可以像男性一样，头顶上是一片自由开阔、充满可能性的蓝

穿着灯笼裤的阿梅莉亚·布卢默

天，而不是一片小小的屋顶。

早在1851年，女性主义者哈丽雅特·泰勒·密尔就在一篇文章中为该思想据理力争。她写道，人们谈论女性时似乎总是认为她们有自己的"特定领域"（proper sphere）。但是：

> 我们不认为人类这一物种的某一部分可以为另一部分做决定，或者是某个个体有权为另一个个体做决定，给其指定什么是"特定领域"，什么不是"特定领域"。人类可以达到的最高、最大的领域就是其特定领域，它是属于全人类的。如果没有完全的选择自由，就没法确定它是什么。

人们从一出生就被局限在某个有限的领域中从事特定的活动，当其与社会阶级、种姓、种族等因素相关时，这种情况尤其明显。如果你跟柏拉图一样也相信灵魂转世说，那你至少可以寄希望于来世得到更好的地位，以此获得安慰。不过，假如你跟大多数人文主义者一样认为此生此世最为关切，那就无法接受仅因社会角色固化而丧失生命中"最高、最大"的选择。拒绝这种局限性隐含着某种哲学主张，即普遍人性属于我们每个人。这正是蒙田说过的——我们每个人都背负着人类境况的全部形式——不过，他是否愿意将这一原则应用于女性尚不明确。（任何事物在蒙田那里都是不明确的。）

对人性的主张也蕴含着另一个主张：我们应该追求全人类的德行，而不只是属于特定群体的德行。这一主张对人文主义者意义非凡，因为他们普遍关心德行问题，他们想知道成为一个好人意味着什么。你也许还记得公元前430年伯里克利向雅典的自由公民说的话：他们之所以是卓越的，是因为他们和谐、负责并且在政治上很积极——不过他还说，这不适用于女性，她们唯一的德行就是不被任何人提及。千年以来，这种规则一直存在。人们把女性排除在人类卓越品质的主流之外，她们被赋予一系列负面德行：谦逊、沉默、安静、天真、贞洁。所有这些德行都可以刻画为某种正面品质的缺失（自信、雄辩、积极负责、老练——好吧，至于贞洁的反面德行是什么，这个就由你自己决定吧。不过，无论我们如何称呼它，都肯定十分有趣）。据说，奥兰普·德古热在法国大恐怖时期被送上断头台就是因为被指控忘记了这些负面的"性别德行"。

跟奥兰普·德古热同时期还有一位叫作玛丽·沃斯通克拉夫特的英国女性主义者，她也是革命启蒙运动中的一员，正是她提出了德行问题。[3]她在1792年写的《为女权辩护》（*A Vindication of the Rights of Woman*）中是这样开头的："首先，我是从人类这一光环下来看待女性的，她们跟男性一样，来到这个世界上就是为了施展自己的才能。"随后，她又指出，女性只有具备人类的全部优良品质才能施展这种才能。不过，有的时候女性确实要承担一些不一样的责任，特别是涉及和母亲相关的事情时［她后来很快明白了这意味着什么，因为不久以后她就给吉尔伯特·伊姆利（Gilbert Imlay）这个无赖生了一个女儿，成为单身母亲］。尽管如此，她仍然认为，不管这些责任有多么不同，它们仍然属于全体"人类责任"的一部分。

为了在德行事宜上更加人性化，女性就必须接受更加人性化的教育。沃斯通克拉夫特严厉批评了那个时代的女性教育，特别是针对特权阶级的女性教育。她们接受的教育包括言行举止和一小部分家政，以及为吸引丈夫而学习的大量调情方法。因此，她们经常具有很强的局限性。"她们就像囚禁在笼子里的金丝雀，无所事事，只能顾影自怜，带着虚伪的威仪从一个枝杈跳到另一个枝杈上。"恰恰相反，她认为女性应该获得能让自己自立成人的教育，并作为一个"成人"承担起生活的责任。正如她所写的，"我希望看到我的性别变得更像一个道德主体"。

为了达到这个目标，最重要的一点就是要有自由——《妇女的屈从地位》（*The Subjection of Women*）更清楚地断言了这一点。[4]此书出版于1869年，作者是约翰·斯图尔特·密尔。他是哈丽雅特的第二任丈夫，也是一位伟大的女性主义者。在这本书里，他请男性读者回忆自己达到法定年龄的人生时刻，突然之间，他们就开始有权作为成年人决定自己的人生道路，这是多么地激动人心。他问道，"跟过去相比"，你是否有一种"重生再世、二次为人"的感觉？但是，纵览女性的一生，她们绝不会有这种感觉。这差不多等于说，她们根本没有变成完整人类的可能。

※

所以，全部领域及蒙田所说的全部境况都应该向全人类开放，而不能仅限于某种特定的群体。但如此一来，人文主义者又必将面临特殊性的难题。

这听起来相互矛盾。但是，第一个理念（也就是普遍性）和第二个关于差异性或特殊性的理念之间并不存在真正的冲突。事实上，它们在一起配合得非常好。没有差异化的普遍性是空洞抽象的，甚至会变成一种非人类的事物。不包含普遍性的差异化会导致我们走向孤独疏离，老死不相往来。所以，它们是互相促进的。当这些原则在高压社会中消失时，它们通常是一并消失的。不尊重人类差异的政权也往往意识不到人类生活中的普遍性——但它们的重要性就像"镜子"一样，我们正是从中看到了自己和他人。

举例来说，我们可以想象一下残疾人的生活经验。假如你生活在一个充分意识到普遍性的社会，你就可以做出合理期待，这个社会的一切事物都是为你而设，你可以利用自己的能力通过各种方法去享受和"展现"人性——就最低限度而言，它至少应该确保你可以坐在轮椅上轻易进入某栋建筑。隐藏在这一现象背后的是你对他人生活经验的镜像认可：显然，你也跟所有人一样，渴望去不同的场所，做各种事情，追求个人的兴趣爱好，充分地参与到这个世界之中。

不过，对于什么才是完整的人类生活，一个尊重差异性的社会总会有自己的理解。而且它可能会寻求扩展自己的观点，以此回应你的生活经验。丹·古德利（Dan Goodley）在其2021年的著作《残疾和其他人类问题》（*Disability and Other Human Questions*）中指出，那些自认全能的社会通常会有一种倾向，即把建立"能够让其沾沾自喜的自足人性"作为自己的目标。(这不禁又让人想起独自站立、肌肉发达的维特鲁威人形象。)这种社会可能较少关注人类其他生活领域的不同需求,而倾向于在每个人"自足"的基础上采用一种更加严厉的经济模式。相反,一个怀疑自己并非全能的社会则会更加强调互助和共同体,同时也会更清楚"人性在本质上是危险的、不确定的、多样化的和不稳定的"。

性行为就是这样一个领域,如果只强调"自然的"单一化排他模式,那么它造成的危害将大于其带来的好处。19世纪初期,启蒙思想家、政治理论家边沁就对此做过研究。他最著名的事迹是设计了一个伦理体系,作为一种理论替代,它不再把道德选择建立在神圣律令或"自然厌恶"(repugnancy to nature)等虚假观念之上。对边沁而言,大自然并不会厌恶什么事物,真正厌恶事物的是人类自身。如果仅仅只是某些人不喜欢某事物或者不喜欢去做某事,并不能说明该事物或这件事就是错的。

边沁提出了一个不同的测试标准:假如我做了某件事,那么(在我能够分辨的范围内)它会让每个相关之人变得更快乐,还是会让他们变得更痛苦?这就是"幸福演算"(felicific calculus),或称为对幸福的计算,它是功利主义伦理体系的核心观点。当然,应用这一测试的过程永远是复杂的,因为它牵涉到很多问题,诸如由谁来做决定?这种数学计算能精确到什么程度?痛苦和幸福的构成是什么?作为一种工具,它是会出错的。但是,当其发挥作用之时,不仅有效,还符合人文主义的要求。因为,它不是把律令而是把人类放在事物的中间位置。而且,边沁并没

杰里米·边沁

把这种原则局限于人类之中,他还将其扩展到动物福利之上。他写道:"问题的关键不在于它们是否有理性,或它们能否说话,而在于它们能否感受到痛苦。"

在《论非常规性事》(*Of Sexual Irregularities*)及一些短篇作品里,边沁把这种计算应用到了诸如同性恋(不过他没有用这个词)这种少数派性行为当中。对边沁来说,这种情形唯一需要关心的问题是:它是否伤害到了任何人?它是否引发了痛苦?如果这些都没有的话——而且参与其中的人感到快乐,还没有伤害其他人(除了强加给自己的"厌恶感")——那这种行为能有什么不妥之处?关键在于,这种行为增加了世界的幸福总量,而不是削减了它。人们有的时候把功利主义看成一件冷酷的事物,但对我来说,它是一种相当慷慨且美好的生活原则。

边沁从来不害怕走自己的路,他因为服饰和思想异乎寻常而闻名于世。(对幸福演算来说,异乎寻常是另一个很好的测试对象:在边沁的例子中,这让他感到快乐,同时又没有伤害到其他人。)根据他的遗嘱,他捐献了一部分遗体用作医学解剖,另一部分被用来制成塑像,即"个人肖像"(auto-icon),以鼓舞朋友、追随者和未来之人,让他们感到高兴——这显然也增加了幸福感。不过,我不确定他是否把坟墓中蛆虫的失望给计算了进去。

但是,即使坚定不屈如边沁,在1814年写完《论非常规性事》之后,他也不认为自己能出版这部作品。像很多其他人文主义作品一样,这部主题特别的作品作为手稿尘封多年,直到两百年后的2014年才付梓出版。

他的谨慎是可以理解的。男性之间的同性性行为在当时仍然是违法的,相关法律对人类幸福产生的负面影响在那个世纪的末期变得愈加明显。从1895年开始,作为剧作家和唯美主义者的才子王尔德就是因为边沁所批驳的"自然厌恶"而被关押了两年之久。除了丧失自由,王尔德还因为要支付强制性法律费用而丧失了几乎全部财产。他在自家的门外大街上搞了一场混乱的拍卖会,所有可能会被萨伏那洛拉称为"虚荣"的事物——他的藏书、精美瓷器、家具和珍宝——都被变卖,有些甚至可以说是被"打劫"了。王尔德自己也被送进本顿维尔监狱服苦役，在里面干一些枯燥的工作，如制作填絮：这是一项有意针对手指设计的惩罚性工作，它要求把旧缆绳撕扯成可以再次利用的纤维状密封用品。后来，他被转移去了条件稍好一些的瑞丁监狱。但这次转移是一场充满羞辱的旅程，他和看守在克拉帕姆转运站（Clapham Junction）换乘火车时被认了出来，人们对他进行了嘲笑。这种丧失一切的经历——他的收藏、尊严和自由——永远地改变了他的性格，他不再那么浮夸，变得更加忧郁。

不过，他并没有完全改变。最后被释放的时候，他沿着来路返回，再次经过克拉帕姆转运站。监狱看守陪同着他，但没有给他戴手铐。他们再次等待换乘火车，而看着站台边盛开的植物，王尔德朝它们张开双臂，大声喊道："啊！美丽的世界！多么美丽的世界！"监狱看守跟他说："王尔德先生，你不应该这么放飞自己。在英格兰，你是唯一一个会在火车站这么说话的人。"

的确，他就是这样的人。当几个月前还在监狱的时候，他就写下了《自深深处》（De Profundis），其中有言："我是为例外而生的，不是为律法而生的。"

※

人文主义者不仅身处普遍性和差异性的缠绕交织之中，还珍视第三种品质：他们总是尽最大努力去批判性地思考，而不是仅仅因为情况一向如此就接受现状。他们总是追问情况为什么会发展成现在这个样子，并且质疑：有的时候，"存在"到底有没有可能是不合理的？

有些人文主义者在很久以前就讨论了关于女性的话题。汇编历史或神话中的著名女性形象，将其做成列表，早就是一种风行的游戏。其中，最早的著名列表就是薄伽丘在14世纪60年代早期写就的《论著名女性》（On Famous Women）。保罗·乔维奥在1527年的对话录《我们时代的贵族男性和女性》（Notable Men and Women of Our Time）中援引了人文主义政治家乔万尼·安东尼奥·穆塞托拉（Giovanni Antonio Muscettola）的名言，他认为，只要人们向女性教授"最好的艺术和卓越的德行"，那么她们也可以变得跟男性一样聪明。他还说，女性的身体也是由跟男性相同的血液、骨髓组成的，她们也"对生活有相同的渴望"。所以，她们的思维怎么可能不同呢？蒙田所处的时代要更好一些，他也做过类似的观察，指出女性确实会有特定的行为方式，但这是出于社会期待和社会角色，而不是出于自然本性。

这些观点都来自男性，女性自己也在相同的历史长河中提出过此类看法。我们曾经提到过克里斯蒂娜·德·皮桑这位人文主义先驱，在其1405年的作品《妇女城》中，她就把这个看法当成了核心观点。她笔下的"理性"形象问道："你知道为什么女性知道的比男性少吗？"她回答道："因为她们必须整日待在家中料理家务，所以她们欠缺各种各样的经验。"她还把女性与偏远山村的村民进行比较：他们看上去可能很幼稚迟钝，但这只是因为他们对这个世界了解太少。

后来，这种观点成为沃斯通克拉夫特批评女性教育的基石，20世纪的女性主义者又用思想实验对其进行了检验。弗吉尼亚·伍尔夫（Virginia Woolf）曾想象过威廉·莎士比亚的妹妹会有什么样的人生，她可能跟莎士比亚有着相同的文学才能，但总是受到排挤和打压。西蒙娜·德·波伏瓦（Simone de Beauvoir）在其1949年的著作《第二性》（*The Second Sex*）里追溯了女性从女孩到青少年再到成年和老年的人生历程，展示了她的自信和自我感受是如何在不同阶段受到社会期望及压力的影响。她用简洁的语言写道："女性不是天生的，而是后天塑造的。"（One is not born, but rather becomes, a woman.）

所有这些都是谱系学和批判性思维的例子，即寻找起源和原因。约翰·斯图尔特·密尔在其《妇女的屈从地位》中写道，我们无从得知一个性别"真正的"样子是什么，因为女性在所有社会都受到男性的支配和影响。这种状况扭曲了女性，就像温室中的植物经过塑造会长成某种特定的形状和大小。（不过，这也同样扭曲了男性。）同时，"男性没有分析性思维，不能意识到自己的作用，盲目相信树木是自己长成了它们被塑造而成的样子"。

但是，人文主义者的传统之一就是未经分析不要"盲目相信"任何事物。正如洛伦佐·瓦拉检查过去的文本一样，人文主义者会问：这个事物来自哪里？支持它的证据来源是什么？它为谁的利益服务？密尔非常赞赏自己的导师边沁，因为他对所有事物都进行这种提问：他把边沁称之为"对既有事物最伟大的质疑者"和"伟大的颠覆者（subversive），或者用欧陆哲学家的话来说，就其所处的时代和国度而言，他是一位伟大的批判性思想家"。从大多数方面来看，这句话也同样适用于密尔。例如，他发现为奴隶制辩护的理由跟为压迫妇女辩护的理由之间存在联系。在这两种情形之下，很多人都明显忽视了广泛存在于人类社会中的关键因素：经历和教育会影响人类。对密尔来说，社会进步最大的障碍即在于这种洞察力的缺失。

不过，要意识到这一点并不需要太多的思维能力。美国伟大的废奴主义者和传记作家道格拉斯在1852年7月4日的国庆日演讲中以清晰有力的方式指出了这一点，他说："苍穹之下，没有任何人不知道奴隶制对自己来说是错误的。"这句话摧毁了自亚里士多德以来的所有错误论证。[5]

在这个貌似简单的观点背后隐藏着深刻的批判性分析——甚至还有大量的个人经验。道格拉斯在身心层面上亲自体会过此类谬误造成的后果。他知道奴役和非人待遇对人类意味着什么，因为他自己就是受害者。

道格拉斯出生于1817年或1818年，地点是马里兰。他的母亲是一位奴隶，名叫哈丽雅特·贝莉（Harriet Bailey），他的父亲是一位白人，但我们不知道他叫什么（他也许是位监工，也可能就是"主人"本人）。道格拉斯从未被那位父亲承认过，他在很小的时候就跟母亲分开了，母亲被送到了十二英里外的另一处庄园。自那以后，他只见过母亲四五次，每次都是在晚上。母亲偷偷在夜色中长途跋涉来跟他相处几个小时，然后再步行回去，赶在第二天日出之前回到田里干活。如果她回去稍晚一点儿，就会遭受鞭笞的惩罚。道格拉斯后来被送往一个更残忍的家庭。在那里，孩子们只能光着脚走路，铺盖和衣服也很少。他们像猪一样在食槽里吃玉米粥，教育就更不用想了。

长大之后，道格拉斯好几次尝试逃往北方，但每次都被抓住，好在最后终于成功了。获得解放以后，他用震撼人心的雄辩和力量书写及讲述了自己的经历。道格拉斯写了三本自传作品，其中，1845年的《一个美国奴隶的人生——弗雷德里克·道格拉斯自述》(*Narrative of the Life of Frederick Douglass, an American Slave*) 一直都是美国经典。同时，它在多种意义上也是一部人文主义文学经典。这是一个关于教育的故事，也是一个关于在宗教问题上自由思考的故事（道格拉斯是一个基督徒，但他痛恨美国南方传教士的虚伪，因为他们为奴隶制进行辩护）。除此之外，它还讲述了社会对一个人的非人类化行为，而这个人又是如何摆脱这种处境的。

在道格拉斯的作品中，有一封公开信是专门写给他的第二任主人托马斯·奥尔德（Thomas Auld）的。这封信写于他成功逃亡十周年之际。在信中，他试图让奥尔德用最基本的批判性思维来思考自己的所作所为：设想一下，如果他们之间发生了角色互换会怎样，然后再思考一下原因和后果。道格拉斯提醒奥尔德他所遭受的残酷虐待，他还特地回忆了一次被重新抓获的经历，他"像市场上的牲口一样"在枪口的威胁下被拖到十五英里之外售卖，双手被绑在一起——"我现在用来写这封信的右手……当时紧紧地绑在左手上"。他问道，假如这样的痛苦和羞辱落到了奥尔德的女儿阿曼达（Amanda）身上——假如她也在半夜被人捆绑起来折磨、运走，像一件物品一样被登记在册——他会作何感想？他又会想什么办法来为之辩护，让这种做法显得自然而然？

道格拉斯在别处也提到过这一点，他在《我的奴役和自由》(*My Bondage and My Freedom*) 中指出，人类世界中没有什么东西会必然或自然而然地表现为它所是的样子。他甚至把这一点应用到了残忍的奴隶主身上，认为他们只要生活在一个不一样的环境中，同样可以成为有人性的可敬之人。因为从道德和人性的层面来说，奴隶制度也摧毁了他们："奴隶主和奴隶一样，都是奴隶制的受害者。"正如我们之前提到的，德斯蒙德·图图大主教后来对南非的种族隔离政策说过类似的话，詹姆斯·鲍德温（James Baldwin）在1960年也说过："这是一条可怕且不可抗拒的定律，即人们无法在不损害自身人性的情况下否认他人的人性。"道格拉斯写道："总的来说，一个人的性格取决于其周围的事物。"

环境塑造了我们。但另一方面，我们也确实拥有一种重要的自由——我们可以努力改变那些影响我们的力量。这正是道格拉斯毕生的事业，他不停地旅行和写作，为废奴运动孜孜不倦地摇旗呐喊。作为一名演讲者，他产生了相当大的影响。但这不只是因为他的文字精妙（西塞罗和昆体良早就已经知道，讲演术并不只局限在语词中）：道格拉斯的声音非常吸引人，而且他还有一种天赋，可以惟妙惟肖地模仿奴隶主和其他敌人的声音，这让周围的听众时不时哄堂大笑。不过，他的状态又总是可以迅速从幽默剧转到正剧。外貌帮他实现了这一点：他身材高大，有着令人难忘的英俊面孔，而他也有意识地利用这个条件，更借助了拍照技术。这项新的艺术形式深深吸引了他，他曾就该主题做了四次演讲，并至少拍摄了160幅不同的个人肖像照，成为那个时代拍照最多的美国人之一。[6]

除了这些，他还拥有高超的修辞技巧——这很大程度上归功于他在七八岁时的一次罕见运气。后来，他把这次好运看成是人生中的一个重大转折点。当时，他被送往巴尔的摩，跟奥尔德家族的成员们在一起住了些时日。城市环境为他提供了稍好一些的学习机会，这家的女主人索菲娅·奥尔德（Sophia Auld）也教了他一些基础阅读。但她的丈夫后来阻止了教学，认为教一个奴隶男孩学习阅读只会让他变得更加不满。一点儿不错，确实会出现这种结果。当道格拉斯听到这段话时，

弗雷德里克·道格拉斯

他瞬间开了窍："我知道了从奴隶走向自由的道路。"虽然授课停止了，但他通过向街边及周围的白人男孩求助，一直将阅读和写作训练坚持了下来。

在这个过程中，他遇到了一本改变他一生的书：凯莱布·宾厄姆（Caleb Bingham）的《哥伦比亚演说家：包含各种原创作品和选集，附有规则，旨在为青少年等群体提升优美有用的雄辩技艺》（*The Columbian Orator: Containing a Variety of Original and Selected Pieces; Together with Rules; Calculated to Improve Youth and Others in the Ornamental and Useful Art of Eloquence*）。这本书里充满了各种可供学习和模仿的雄辩例子，并且很多都是在提倡废奴主义和广泛的社会正义等理念。其中，有一场对话是讨论奴隶制的，它发生在奴隶主和某个逃跑三次又被抓回来的奴隶之间。这个奴隶很好地论证了自己的观点，以至奴隶主被说服，最后主动给予了他自由。这个故事显然过于乐观了，但它却令年幼的道格拉斯相信，学习得体的言语和站在真理的一边是两件有价值的事情。他的灵魂被唤醒，并从此"进入永恒的清醒状态"。

成年以后，道格拉斯在组织其演讲和写作时会运用大量雄辩技巧，它们来源广泛——包括但不限于《哥伦比亚演说家》里提到的希腊和罗马范例。他喜欢西塞罗的句式，如结束句要尽量长，结尾最好姗姗来迟。还有"交叉配列法"（chiasmus），它是指把一个句子里的两个部分进行倒错，如"你已经见证了一个人是如何变为奴隶的，你还将见证一个奴隶如何变成人"。在他的自传里，道格拉斯大量运用顿呼法（apostrophe）这种修辞技巧，对远方切萨皮克湾（Chesapeake Bay）的船只说道：

你从停泊处被释放，从此自由；我却被紧紧束缚在铁链中，成为一个奴隶！你在温柔的海风中笑傲前行，我正悲伤地品尝着鞭打的血腥！你是自由的天使，用轻快的翅膀遨游世界，我只能被困在沉重的枷锁之下！

他毫不保留地使用自己生动的语言，一再痛斥美国南方的教堂："牧师里有盗窃男性的人，传教士里有鞭笞女性的人，教会成员里有抢夺摇篮的人。那些在平时挥动带血皮鞭的人，一到了礼拜天就拥入教堂……奴隶拍卖师的钟声和教堂的钟声齐鸣。"

雄辩术——正如几个世纪前的人文主义者和各种文化中的演讲者已经知道的——对人类来说至关重要。一般来说，我们可以把语言看成是人性的一种组成要素：它是社会和道德生活的根基。语言让我们得以细致地对现存世界做出理智批评，把我们最好的思考应用于其中，并以语词的形式设想事物是否有其他不同的可能性——我们还可以劝说他人接受这些设想和思考。

语言也帮助我们团结成为德斯蒙德·图图大主教所说的"人类之束"（bundle of humanity），并且它在这个过程中发挥了很大的作用。我们跟他人交流，并联系在一起。这正是第四个能够帮助人文主义者扩展其关心领域的理念。

※

反人文主义者忙着宣传"存在即合理"。那么，假如人文主义者也要找一个旗鼓相当的口号，我们之前在本书提到过的一句话将成为不错的选择，那就是福斯特的"唯有互联"！

这句话出现于他1910年的小说《霍华德庄园》中。该小说讲了一个复杂的故事，情节围绕施莱格尔（Schlegels）和威尔科克斯（Wilcoxes）这两个资产阶级家族展开，而来自工人阶级的巴斯特（Bast）夫妇跟他们的生活紧密纠缠在一起。威尔科克斯家族的首领亨利是一个喜欢褒贬他人的虚伪恶棍。玛格丽特·施莱格尔站在施莱格尔家族的角度指出此人不关注任何事物。他不会注意到"最灰暗对话中的光明与阴影、路标、里程碑、碰撞、无限的视野"。他看不到这些事物之间的联系是什么，也注意不到人类的生活会受它影响。因此，他没有把自己的不足之处（他与巴斯特夫人私通，并给了她丈夫一些灾难性的商业建议）与它们对他人的影响联系在一起——也没有把它们跟别人对其做出的回应联系在一起。于是，玛格丽特在沉思中总结道："唯有互联！……不要再生活在碎片当中了。"后来，她直接对亨利说："亨利，当某天这种联系杀死了你，你就会看到它了！……一个男人为了自己的欢愉而毁了一个女人……还给出了很糟糕的财务建议，却居然说自己对此没有责任。而你就是这个男人。"

这也是弗雷德里克·道格拉斯对托马斯·奥尔德所说的话：他曾敦促奥尔德比较一下黑奴遭受的痛苦和自己家庭享受的舒适生活，他也曾比较过牧师在礼拜天保有的美好想法和在其他日子里所施行的残暴折磨。在其领导的社会运动中，道格拉斯总是试着找到这些现象之间的相似之处——这就可以解释他为什么在支持废奴运动的同时也赞同女性为了争取投票权而斗争，而这也正是他跟很多人不一样的地方。[7]

福斯特也力求把这种正直的原则应用到自己的生活中。他在1915年写给朋友的一封信中说："在任何终极审判中，我的辩护都将是'我力求把自己与生俱来的所有片段都放在一起联系利用'。"但做到这点并不那么简单，特别是当他要坦诚自己是同性恋之时——这也是福斯特说这段话时的背景。当时，同性性行为在英国仍然是违法的。福斯特写了一本名为《莫里斯》（*Maurice*）的小说，其主人公是同性恋，跟他非常相似。他也不得不面临现实，不能冒险将之出版。

这本书的想法来自两年前。当时，他正在拜访作家爱德华·卡彭特（Edward Carpenter）。令人惊讶的是，后者公开和自己的伴侣乔治·梅里尔（George Merrill）生活在一起。他们把家安在一个风景如画的森林中，过着反主流的素食者生活，自己砍伐木头，卡彭特还写书。这些书介绍了女性权利、更好的性教育，还劝导人们接受多样化的性行为。他在1869年出版了《爱的成熟》（*Love's Coming-of-Age*，显然王尔德当时还没出狱），该书对人类生活提出了一种内涵更丰富、不那么碎片化的理解。这种理解把性跟我们生命中的其他部分结合在一起，而不是将其视为某种不应当被提起的现象。对卡彭特来说，这种拒斥会让生命变得贫瘠，它导致了"人性的淡薄"。所以最好是把性变成一门学校课程。当然，授课内容不只限于传授一些基础生理知识，而是要将"爱情中的人性因素"作为重点加以讨论。

卡彭特和梅里尔欢迎各种访客来到他们快乐的森林营地，但也有例外。一个挨家挨户传教的传教士问他们，难道你们不想上天堂了吗？梅里尔把他赶了出来，告诉他："你没看到我们已经在天堂里了吗——我们不想要比这更好的生活了，所以请你赶快离开吧！"

福斯特受到了他们的热烈欢迎。他在后来说道，有一次梅里尔在调情的时候以开玩笑的方式从后面拍了他一下，然后《莫里斯》的故事就突然在他脑海里成形了。这改变了福斯特——倒不是说改变了他的性取向（他早就知道自己是同性恋），而是说他开始意识到人类应该快乐、公开地生活，认可自己生命中的所有部分，而不是让某些部分处在可耻的阴影地带。他几乎是立刻开始着手写作这部小说：主人公莫里斯从学生时期开始逐渐意识到自己的性取向，最终，莫里斯和一个工人阶级的男性亚力克·斯卡德（Alec Scudder）坠入爱河（这可能是受到了梅里尔的启发，因为他也来自工人阶级）。

在这本书中，阶级是一个重要的面向。福斯特再次做出了联系，他探索了阶级和性之间的关系，因为当时富裕的男同性恋必须警惕不被敲诈勒索。莫里斯和亚力克也必须想方设法摆脱这种恐惧给自己带来的影响。同时，莫里斯也摆脱了他早先对特权的毫无批判的接受。那时，他曾经很随意地说出

爱德华·卡彭特和乔治·梅里尔

了这样的话：穷人们"没有我们的感受，他们不像我们一样为之痛苦"。现在，他得知别人跟他一样也有自己的内心生活。于是，他跟他人发生了联系。

福斯特也经历了类似的觉醒。他自己倒没有跟贫困和阶级偏见有关的经历，但他确实对这些因素造成的危害产生了一种强烈的感知力。他在《霍华德庄园》里探索了这一点（尽管有些人觉得这种探索很拙劣）：志向远大的莱纳德·巴斯特（Leonard Bast）发现自己被某些文化形式排斥在外，因为一些人认为这是他们与生俱来的，不可与人分享。

当涉及女性时，福斯特的联系能力不得不跟一些更困难的情感相竞争。他在一本晚期的笔记中写道，他支持女性的政治权利，但他个人想远离她们。毫无疑问，这种对女性陪伴的退缩态度很大程度上源自这样一件事，即他本想获得男性陪伴，却遭到了拒绝。此外，他也厌倦了总是让小说围绕异性恋为中心展开，这让他感到很无聊。[8]这可能也是他最后完全放弃小说写作的原因。

尽管如此，事实上福斯特塑造了一些非常优秀的女性角色，他也很清楚哈丽雅特·泰勒·密尔所描写的对最大"领域"的渴望是什么。他在1908年的小说《看得见风景的房间》（*A Room with a View*）里描写的主人公露西·霍尼彻奇（Lucy Honeychurch）就很渴望自由，她想获得机会作为一个人类个体去生活，而不是像中世纪传奇中的女性那样过着高贵但空虚的生活，漫无目的地等待骑士的到来：

> 狂风，无限的美景，绿色的海洋，这些都让她沉迷。她标记了这个王国，而它属于这个世界。它是多么富饶、美丽，甚至充满战争——圆形的地壳包裹着中心的火，围绕着远去的天堂旋转。男性宣称是她唤醒了自己的感情，他们在这个世界的表面快乐地四处奔走，跟其他男性进行最快乐的欢会；他们开心，不是因为他们是男性，而是因为他们活着。在这一切结束之前，她想放下"永恒的女性"这个庄严头衔，以暂时性的自我走向那里。

在这些联系和普遍性中，福斯特从未忘记阶级、种族和性向的重要性，它们远比大多数同时代人所认为的更加重要。当时，有一部（更冷酷的）以男同性恋为主题的小说《詹姆斯·汉利的男孩》（*James Hanley's Boy*）。但它受到了压制，这件事启发了福斯特。1935年巴黎举办了一场国际作家大会，福斯特在会场的演讲中评论道，英国意义上的自由既强大又有限："它既受到种族的限制，又受到阶级的限制。它意味着英国人的自由，但这种自由不属于其帝国境内的其他种族。"即便在英国境内，这种自由也只属于富裕阶层，而不属于穷人。当涉及性向时，这种局限性会变得非常突出。

这种局限性是如此之大，以致福斯特本着开明诚实的心态将《莫里斯》匆匆写完之后却没有出版。我们在本书的故事中已经碰到过很多这类书稿，《莫里斯》也是其中一员：这些书稿被隐藏起来，抄写为不同的版本，甚至几近消失。福斯特曾将书稿打印出来，但为了保险起见，他把它分为两个部分，交给两个不同的打字员。如此一来，（他相信）这些打字员就没法知道这本书的完整内涵。这本书也因此沦为碎片化的言语，丧失了联系！

这部作品在福斯特的书桌上躺了六十年，他只是偶尔重新拾起来做些修改删订。直到1970年他去世——英格兰和威尔士对二十一岁以上的成年男性同性性行为正式合法化的三年后——人们才把《莫里斯》的书稿送到出版商那里，并于次年出版。

联系、交流、各种道德和理智方面的关联，以及对差异的认同和对专制规则的质疑，所有这些都构成了人性之网。它令我们每个人都可以在地球上过一种充实的生活，无论身处何种文化语境都能找到在家的感觉，并且竭尽所能地理解他人。它还会促进一种面向世俗繁荣的伦理走向成熟，从而跟另一种信念体系形成鲜明对比——后者刻画了一个个失意的灵魂，他们苦等彼岸世界的到来，希望自己的命运能在那里有所改观。但是，现代人文主义者更愿意赞同罗伯特·G.英格索尔的观点：欢愉之地就在此地，就在这个世界，让自己快乐的方法就是让他人也快乐。

跟很多宗教及世俗道德都有联系的古老的金规则在此处多有启发:"对别人做那些你自己愿意被对待的事情。"或者用它更温和的相反形式来说也可以,这样会显得对差异性更加友好:己所不欲,勿施于人。

这条规则并不完美,却是一条为人文主义者所推崇的好的规则:如果你不喜欢被人训斥,要求保持安静和没有存在感的状态,如果你不想被奴役和虐待,如果你不想由于没人为你安装残疾人通道而进不了某栋建筑,如果你不想被视为非人——那么,其他人很可能也不喜欢被这么对待。

一切正如曾子之语:"夫子之道,忠恕而已矣。"[9]

第八章

人性的展现

哈丽雅特·泰勒

主要发生于19世纪

幼熊和幼苗——教育、自由和繁荣：三位伟大的自由人文主义者——威廉·冯·洪堡（Wilhelm von Humboldt），一个想成为完人的人——约翰·斯图尔特·密尔，一个希望获得自由和快乐的人——马修·阿诺德（Matthew Arnold），一个想要甜蜜与光明的人西蒙娜·德·波伏瓦写道："女性不是天生的，而是后天塑造的。"事实上，她这是为伊拉斯谟等教育家做了一种新诠释，后者曾说"人不是天生的，而是被造就的"。伊拉斯谟援引了一则来自普林尼的古老传说：幼熊刚生下来时是一堆没有形状的肉块，母熊把它们舔成了熊的形状。也许，人类也需要被塑造成人类的样子，如果不是在肉体层面上，至少也应该是在精神层面上。

这种想法对教师来说是个利好消息，因为这让他们听起来变得很重要：是他们塑造了人类！然而，有些人更愿意这么说，人类虽然需要良好教育的影响和指导，但他们只要顺应人性中固有的天然"种子"，将之发扬光大，就可以达至最佳状态。这两个方面并不冲突，学生仍然需要有良师来培养其成长，为其抵御不良影响。虽然教师只是起到辅助和引导的作用，而不是将学生塑造成形，但他们仍然有理由为自己的工作感到自豪。我们甚至可以这么认为，是他们在指引全人类的未来成长。如果每一代人都能有比前一代人更好的教育，并在这种循环中不断诞生更优秀的新教师，最后达成的结果就是启蒙运动的伟大目标——进步。18世纪末期，普鲁士哲学家伊曼努尔·康德在一系列关于教育的演讲中提出了这样的想法：通过帮助个人实现最高的天赋，教师也在广泛的意义上帮助"人性从种子中展现自身"。[1]从这种标准来说，教师的重要性很难被超越。

这种把教育看作展现人性的类似观点后来贯穿于整个19世纪。最初，它们流布于普鲁士和其他说德语的地区，然后其他国家也采纳了这些（字面意义上的）进步理念。这种路径可以用两个德语单词来概括。其中一个是 *Bildung*，意即"教育"，但它还有一些附加含义，指制作或形成某个图像，因为这个词的词

第八章 人性的展现　227

根是 Bild，即"图画"。[2] 人们通过用 *Bildung* 来指称某个人的成熟或成形，它通常面向年轻人使用。在其成长过程中，生活经历和老师的影响帮助他培养出完整的人性，直到他已经准备好在成人社会里作为一个全面发展的人占据属于自己的位置。

另一个词是 *Humanismus*。令人惊讶的是，这个单词在德语里直到19世纪才作为一个名词描述人类活动的所有领域和生活哲学。早在先前的几个世纪里，意大利就已经有很多 *umanisti*（人文主义者），但他们的所作所为还没有被人们总结为 *umanesimo*（人文主义）。最初的时候，这个德语单词主要意指一种严重依赖希腊罗马经典的教育路径：1808年，教育家弗里德里希·伊曼努尔·尼特哈默尔（Friedrich Immanuel Niethammer）对这个词首次有记载的使用即出自该语境中。后来，人们对它的使用扩展至历史、语言、艺术、道德思想和教育等各种领域。到了19世纪中期，德国历史学家也将其回溯到更早一些时候的意大利人：莱比锡教授格奥尔格·福格特（Georg Voigt）在其1859年的著作《古典时代的复兴，或人文主义的第一个世纪》（*The Revival of Classical Antiquity, or The First Century of Humanism*）里，明显具有这种用法——这部浩瀚巨著以彼特拉克开篇，用了一个很长的章节介绍他，把他刻画为"成人"的化身，说他是"人类精神和灵魂领域中的一个特别之人"。在次年出版的瑞士历史学家雅各布·布克哈特的《意大利文艺复兴时期的文化》（*Civilization of the Renaissance in Italy*）一书中，这也成为一个主题，不过布克哈特对藏书家和语文学家其实都没有太大的兴趣。他更感兴趣的是列奥纳多·达·芬奇这类人物，他们是那个时代的"普遍之人"，都是多才多艺的多面手。现在，北方的教育家在思考能否借助一种新的教育系统培养出这类人，或者至少是相当接近于他们的人。这应该是一种具有多面向或旨在实现人类和谐的教育，而不应该局限在狭隘地灌输技巧之中。

洪堡是第一个有机会将这种设想大规模付诸实践的人。1809年，普鲁士政府委托他为新时代设计一种全新的教育体制。普鲁士的教育以其严格死板著称于世，但令人惊讶的是，它的设计者却在很多方面一点儿都不循规蹈矩，对自由和人文主义文化的巨大热爱为他提供了动力。他的思想——包括那些他在一生中得以推广的想法，以及不得不暂时压下来不予公开的想法——将激励全欧洲的其他教育家和思想家，包括英国在内。这些想法尤其影响到了两位英国作家，我们将在稍后的章节中予以介绍。

首先，我们还是先来关注一下洪堡。除了教育工作，他还是一位艺术收藏家，以及重要的语言学家。在性生活方面，他也有着与众不同的喜好。你是否对他收藏了什么样的艺术品和学习了哪些语言感到好奇？那么就请继续阅读。

※

洪堡早期的"人性展现"生成于一个非常荣耀的家庭环境里。他出生于1767年，家族坐拥泰格尔（Tegel）豪宅。这座修建于16世纪的建筑十分漂亮，位于柏林周边的某一个湖畔。他在那里和自己的兄弟亚历山大（Alexander）一起跟随家庭教师接受教育。尽管亚历山大比他小两岁，书本功夫做得也少，却吸引了更多的注意。正如洪堡自己承认的那样，他属于安静内向的类型，而亚历山大则是一个活泼外向的人。亚历山大后来成了一个探险家和科学家，花了五年时间在中美洲和南美洲进行无畏的探险，他还写过一套多卷本的科学著作《宇宙》（Cosmos），并因为这两项事业而闻名于世。后来有大量的事物以他的名字来命名，从山峰到植物再到企鹅，不一而足。在一次拜访活动后，歌德对他震惊不已，这么评价道："这真是一个优秀的人！……他就像有着很多管道的喷泉一样，只要你在下面放上一个容器，就可以盛到流之不尽的爽冽甘泉。"

洪堡也有自己的魅力，却像平静的小溪，而不是奔腾的喷泉。尽管他也对科学和博物学感兴趣，但真正吸引他的却是人文学科，特别是语言学、艺术和政治。在这些领域中，他以其"内向"的方式变得跟亚历山大一样富有冒险精神，特立独行，用自身的光芒照亮了生活。他刻苦勤奋，但并不死板，他的女儿后来说他平时都是一副"快乐且诙谐"的样子，并且"非常善良仁慈"。很多事物都用他的名字来命名，只不过都是些学校和大学，而非企鹅。

随着年龄稍长，这两个男孩一起进入大学，他们的家庭教师也很别扭地跟着他们一起去了。1789年，发生了两件影响洪堡一生的事情。当他和另一位教师在法国旅行时，法国大革命爆发了。他们赶到巴黎，洪堡因此有机会目睹这一事件并积攒了宝贵的教育经历。在那里的见闻没有让他转向革命政治，但他确实被空气中弥漫的自由氛围震惊了。同时令他震惊的，还有这座城市里显而易见的极端贫困现象。他由此写道："为什么几乎没有人去研究人类的困苦能够达到怎样可怕的程度？到底哪种研究才是更必要的呢？"他感觉到研究人类生活和经历才是更重要的，而且自此以后从没忘却。

1789年的另一个重要事件发生在他的思想领域

1789年的另一个重要事件发生在他的思想领域，而非外界。他把这些思想写在了一个名为《论宗教》（*On Religion*）的小册子里，当时他还只是名学生。他讨论了这样一个有争议的话题，即国家是否有权告诉人们应该去相信什么，人们曾一度认为对这个问题的回答应该是肯定的（至少对当权者来说是这样的）。但在漫长的启蒙运动中，包括约翰·洛克和伏尔泰在内的哲学家都质疑了这种看法。年轻的洪堡也倾向于质疑这种观点。在完成这本小册子两年之后，他将自己的结论放进了一部更长的政治著作中：《尝试界定政府的法律权限的一些思考》（*Ideas for an Attempt to Define the Legal Limits of Government*）。这个书名是从德语的字面意思直译过来的，它还有两个不同的英文版本，分别是《政府的范围和职责》（*The Sphere and Duties of Government*）及《国家行为的界限》（*The*

Limits of State Action）。书名叫什么无所谓，反正都平平无奇，但书中的内容却着实大胆。

洪堡指出，国家在人民的生活中自命为道德和意识形态方面的裁决者。政府似乎感觉有责任把一些特定的宗教或信条强加给社会，否则一切都会变得没有道德，从而陷入混乱。洪堡基于人文主义对此表示反对。在道德方面，他认为道德的种子埋藏在我们向善的自然倾向和共感之中。这些因素需要引导和发展，但不应该成为国家的强制戒条。对洪堡来说，诸如爱和正义这些原则可以跟我们的人性"甜蜜且自然地"和谐共存。但必须存在一个自由的合作领域，这种和谐才可以发挥效果。如果国家通过强制命令施加这些道德原则，就必然会阻碍其自然成长。由此可知，如果一个国家强制施行某种特定的信念，它就会在事实上否定人们成长为完全之人的权利。

因此，洪堡建议国家对自身进行限制，至少处理那些关乎个体人性和道德方面的事务时需要如此。人们应该以自己的方式去探索这些事物——不过，也有例外：如果某些人的行为（如采取了暴力或破坏性的行为）对他人的成长或幸福造成侵害，那么国家就应该干预阻止他们。事实上洪堡指出了政治自由主义的关键原则。政府要做的并不是告诉人们去嫁给谁，相信什么或者说什么，抑或崇拜什么，而是应该保证人们的选择不会伤害到他人。我们并不需要从国家那里获得宏大的道德视野，我们需要的只是让它提供实现自由及体面生活的基本条件。

洪堡在教育方面也运用了相似的原则。他认为，只有"让灵魂的内在生命展现出来，而不是把一些外在影响强加其上或强行灌输"时，人类的品性才能得到最好的发展。为了实现这个目标，我们需要良好的人文主义教师，但不需要也不想要任何来自国家的强制性规则。

这种哲学不太可能对任何传统政权产生吸引力。（它对革命者的吸引力也是有限的，因为他们更希望对社会的各个方面进行激进改革，这最终会侵犯到个体的平静生活和私人选择。）很难想象，政府会在某一天把国家教育规划的主要设计工作交给写了这么一本书的人。但当时几乎没人知道他写了这本书，因为它根本无法出版。洪堡确实曾经试图出版这本书，他得到了剧作家朋友弗里德里希·席勒（Friedrich Schiller）的帮助，但席勒也只能设法以期刊的形式出版了其中的一小部分。整部作品遭遇了其他人文主义作品常见的命运：它被藏在作者的书桌里，一躺就是几十年。洪堡偶尔会把它拿出来重新翻阅一下，做些修订。但大多数时候，它只是在静静地等待着未来。

与此同时，他成了一位显赫的当权者。他在欧洲各地行走，担任政府和外交职务：在不同时段里，他曾在罗马、维也纳、布拉格、巴黎和伦敦生活过。当普鲁士在1809年提出教育改革计划时，他充实的工作经历为他赢得青睐。洪堡系统性地研究了这项工作——不过，他似乎也终于有机会把自己的某些自由理念付诸实践。他相信，年轻人如果可以得到尽可能多的自由，就能将他们的"人性"发展到极致。他的改革把这种信念与他对 Bildung 的热爱结合到一起。

他认为，所有人在幼年期都应该接受一种相同的全面基础教育。（这里指的当然是男孩，因为跟当时的其他人一样，他不打算把女孩纳入教育体系。）他不认为劳动阶层的儿童应该立刻接受工作技能方面的训练，而是应该从一种面向形成良好品性的一般化的 Bildung 开始其教育生涯。各个层次的教育目标都不应该只是为了让人获取技能，而是应该培养具有道德责任感和丰富心灵生活的人，而且这种人应该在智性上向知识开放。获得这一切之后，无论人们的境遇如何改变，他们都能以一种良好的方式面对生活。

对那些有学术天赋的人来说，他们可以升入更高的学习阶段。一旦进入大学，他们就应该自己管理大部分的学习活动，通过讨论课（seminar）和独立研究来获取知识，而不是被动地听课（lecture）。洪堡说道，大学教育应该意味着"从被动学习中解放出来"。而且，即使学生毕业了，也不意味着教育已经结束。他提倡终身学习，而不是挨过学校这一遭后就把学到的东西全都忘掉。

从某些方面来看，这是当时常见的一种观点，包括但不限于对女孩的忽视。但从另一些方面来看，它又像是20世纪中期才出现的某些激进的教育实验——只不过，它们进一步发扬了其中的自由元素。洪堡的原则并不是"无所谓式教学"（anything goes），他寻求允许和促进真正和谐、多面向的人类发展。他对人性和自由的看法一直是普鲁士教育系统的核心，并且影响了其他地区的教育思想。一直到今天，我们仍然在努力寻找他提出的这些问题的答案：人文主义教育到底为了什么？如果它的目标是培养素质全面、负责任的公民，我们应该如何量化这一目标？如何在经济或政治上为这一目标辩护？实用技能和素质教育（all-round *Bildung*）的关系如何协调才正确？学生应该享有多大的自由，教师作为一种个体存在应该在学生的生活中扮演什么样的角色？职业训练结束后的终身学习有什么样的价值？这些问题已经超越了教育理论，触及了人生中一些更深层次的东西，如我们的生命欲求是什么。

洪堡自己当然乐于追求终身化的学习。他喜欢一个人静静地做智性上的研究，没有什么能比这更让他快乐了——他经常采取各种形式来探索一种难以捉摸的研究主题：人类。正如他在一封信中写道：

> 人生的顶峰只有一个：把人类对世界的感受作为标准，清空命运对你的安排，宁静致远，让新的生命按照内心的意愿自由成形。

这种生活追求为他带来了无上的快乐，他可能就此天真地以为别人也会如此——但实际上，他知道这种生活不能强加给别人，最多只能鼓励他人接受。生命必须在我们身上以个体的形式自由成形。洪堡不仅把他关于自由的信念应用在教育、政府和宗教上，还将其应用在个人生活中。

洪堡与卡洛琳·冯·达赫略登［Caroline von Dacheröden，不过他经常管她叫"莉"（Li）］结了婚，生育了子女且生活美满。但是，他的婚姻理念和实践都是非常规的。在那本关于国家角色的秘密著作中，洪堡已经指出，自由意味着应该相信人们可以在婚姻和性行为方面做出自己的选择——当然，这么做的同时不可以对他人造成伤害，要达成双方都同意的局面。此外，每段婚姻都应该走自己的路，正如每个人都应该有自己的生活。每一段婚姻都有其特点，它根源于两个身处其中的人的个性。强迫婚姻适应外部的规则只是有害无益。国家在这方面的责任一如既往，应该是保护人们不受伤害，并让他们做自己想做的事情。

所以，卡洛琳有自己的情人，而且有时跟他们厮混的时间比跟洪堡在一起的时间还要多。同时，洪堡也在追求自己梦想中的生活。我说过，他的性癖很特殊。我们之所以知道这一点，是因为他自己记录了下来——当然不是以公开发表的形式，而是通过日记。在他的日记里，我们可以看到他记录下的白日幻想。其中，最令他着迷的性幻想是在各种场景中尽力征服强壮的劳动女性。比如，有一次他看到一位女性在穿越莱茵河的渡船上工作，这强烈地吸引了他的眼球。有的时候他会跟妓女一起尝试这种场景扮演，有时则只是想象。十分有趣的是，他还依据自己的记载，从个体心理角度思考了这种癖好的根源和影响。早在西格蒙德·弗洛伊德（Sigmund Freud）提出他的观点之前，洪堡就已经在日记里思考过能否用这种欲望来解释人类本性的其他面向。他推测，在生活中出现的这种活跃的性幻想促成了自己人生的大体走向，让自己变得更加"内向"。这也激发了他对人类关系的兴趣，推动他关注"不同个性的研究"——这也是其智性工作的核心追求。

那么，普鲁士的教育体制是否部分得益于洪堡？在某种程度上，确实如此！而且更加有趣的是，他生活的这两个方面展示出他对人类本性的一般问题是何等关注，这不仅指其复杂性，也包括其易变性。

他和卡洛琳之间这种不同寻常的生活侧面还为我们带来了另一个堪称幸运的结果：由于他们经常分居，所以留下了大量的书信。如果他们总是喜欢一个在客厅，一个在书房，那么我们今天就看不到这么多书信了。他写给妻子的信是宝贵的思想矿藏，里面充满了他的思考，包括人性、教育和他感兴趣的其他研究话题。总的来说，他是一个很好的通信者——在众多书信作家中，他可以和彼特拉克、伊拉斯谟或伏尔泰并列。尽管洪堡是个内向的人，但他毕竟在欧洲很多地方居住过，所以认识各地的人，也对他们一直保持着浓厚的兴趣。正如他在一封给卡洛琳的书信中写道：

一个人在生命中越是寻求和发现其他人类，就越富有、自足和独立。同时，他也更能够发现自我。他不仅会变得更加人性化，也更容易对人类本性中的各个部分和世界的所有面向产生感触。亲爱的莉，这是本性敦促我去实现目标。这是我为之生存和呼吸的所在。对我来说，这是人生所有欲求的关键……假如一个人临终时可以告诉自己"我已经尽我所能地理解了这个世界，并且将其转化为我的人性"，那么他也就实现了这个目标。

然而，在经历了这一切之后，他最爱做的事情却是返回泰格尔庄园的家中——他和亚历山大此时已经从父母那里继承了这笔遗产。洪堡在19世纪20年代早期将这个地方彻底重建，改造为一座颇具新古典风格的豪宅。他和卡洛琳一起住在这里，创建属于自己的艺术收藏，其形式在当时的德意志地区非常流行：它们是一些用石膏制作的雕塑和人像，仿自希腊罗马那些伟大的经典作品。他喜欢让孩子陪伴在身边，先是他的孩子，后来是他的孙辈。他就在那里阅读、写作、做研究。

他将自己最大的智性激情投入语言研究中。他认为，这是研究人性自身的关键。因为，人类是文化的产物，主要生活在由符号、思想和语词构成的世界之中。他给卡洛琳写信道："只有透过语言的研究才可以深入灵魂，它是所有思想和感觉的源泉，思想的全部领域和一切关乎人类的事物都来自它。它有着无与伦比的重要性，超越一切，甚至在美和艺术之上。"

他在其他国家的工作经历为这项研究提供了便利，使他有机会沉浸在当地的语言之中。在西班牙半岛及其附近工作时，他学习了巴斯克语；居住在罗马期间，他研究了伊特拉斯坎（Etruscan）铭文。除此之外，冰岛语、盖尔语、科普特语、希腊语、汉语和梵语，他都有所涉猎。亚历山大还通过自己的旅行给洪堡带来了一些资料，让他能够学习一点儿关于美洲原住民语言的知识。

随着时间的推移，亚历山大逐渐成为泰格尔的常客——在生命的早期阶段，他一直尽量避免来到这里。但此时，他却喜欢带着来自外部世界的故事和政治趣闻，来到洪堡家中逗他们开心。与亚历山大相反，洪堡总是声称自己从未读过哪怕一张报纸："你应该倾听重要的事情，而不是在其他琐事上浪费时间。"这两兄弟之间的不同之处就像以往一样明显：一个向外看，一个向内看；一个紧跟时代潮流，一个沉浸于深刻长久的文化研究。

卡洛琳于1829年去世，洪堡在泰格尔的剩余时日都奉献给了他最后的课题：研究卡维语（Kawi），这是爪哇岛上的神职人员和诗人使用的古典印度尼西亚语。他希望做好这项工作，在工作之初就开始写一本导论，但它的篇幅后来变得跟正常书籍一样长。导论介绍了他关于语言的一般性看法：他秉持着惯有的整体论路径，把语言看成是某个特定文化的总体性世界观的表达。

不幸的是，时间跑在了他的前面，他没能完成这本书的其余部分。卡洛琳去世五年后，他的健康每况愈下。他的女儿加布里埃莱·冯·比洛（Gabriele von Bülow）离开英格兰的家，来到这里帮助他，还带来了自己的孩子。这些跨国生活的孩子在言谈间总是不经意地混用德语和英语，这给作为一名语言学家的洪堡留下了深刻印象。1835年3月，他突发高烧，进入半昏迷状态。在这期间，他一直口齿不清地用多种语言说胡话，有时是法语，有时是英语，有时是意大利语。但有一次他的话说得很清晰："有些事情是一定要遵循的——有些事情仍然会发生——会出现——会……"在他最后的时日里，家人围绕在他的身边。4月8日，他让别人把卡洛琳的肖像从墙上拿下来递给他，他用手指给了她一个吻，留下最后的遗言："再见了！现在把她重新放好吧。"随即他离开人世。

洪堡的教育范式影响广泛，在大部分说德语的地区占据主导地位，进入20世纪后仍是如此——一直到1933年纳粹掌权，才将其中的人文主义理想完全丢弃。他们用一种巨大的灌输教育体制代替了洪堡的教育范式，他们把男孩全都培养成战士，把女孩变成不断生育战士的母亲。在法西斯的世界里，具备全面素养、人性充沛、自由且富有文化的个体没有立足之地。法西斯无意去"人化"他人，他们想获得的恰恰是其反面。

洪堡的教育理念在其身后的遭遇便是如此。与此同时，他年轻时关于自由的政治理念也经历了一番曲折。在其去世之后，他的继承人开始搜检他的研究著述，于是那本关于国家权限的小册子被发现了——半个世纪过去，它还静静地躺在那里。多亏了亚历山大，这本书最终才得以出版。他肩负着一项艰巨的任务，为洪堡出版一套多卷本的著作集。关于国家权限的这本书也作为其中的一部分在1852年问世。

这本书后来被译为多种语言，其中也包括英语。该书的英语版本一经问世，便引得英国读者浮想联翩，其中就有约翰·斯图尔特·密尔，他也是后一个时代中最重要的自由主义思想家之一。跟密尔一起关注这本书的还有他的新婚妻子，也是他的合作者和伴侣哈丽雅特·泰勒，当然，此时我们应该称呼她为哈丽雅特·密尔了。

※

在上一章里，我们已经因为密尔夫妇的女权主义观点而认识了他们。哈丽雅特主张女性有权去追求那个最高最大的"对全人类敞开的领域"，这个观点对人文主义者来说正中下怀。同时，约翰还提出了一种全面的政治自由主义理论。在这个理论的形成过程中，他的女性主义思考和他跟哈丽雅特之间的讨论产生过巨大影响，他对洪堡的阅读也功不可没。1859年，他发表了自己那部非常有影响力的短篇著作《论自由》(*On Liberty*)。在这本书的序言中，他引用了洪堡的一句话，而它正来自那本重新面世的讨论国家权限的书：

> 迄今为止，这本书里的所有观点都直接汇聚为一项宏大的指导原则，即人类发展绝对的和根本的重要性体现在人类的丰富差异之中。

密尔的主题是自由，而从其在开篇处引用的这句话可知，他将自由深植在更广泛的人文主义传统之中。差异和发展是这句话中的两个亮眼词，它们在密尔的

第八章 人性的展现　237

思考中总是与自由同行。这三个词可谓相辅相成，缺一不可。对他来说，我们必须拥有自由才能变成全面发展的人类，同时还要大量接触差异化的人类生活方式——甚至包括那些最古怪的生活方式。一个自由的社会应该允许我们在与差异化的接触中发展出属于自己的可能性，而这一切必须发生在一个文化丰富的环境之中，不能有国家的干预——当然，如果我们伤害到他人则另当别论。对密尔和洪堡来说，国家的任务就是当我追求自由和生活的行为伤害到你时进行一定的干预。国家无权告诉人们应该做什么：它的工作不是去定义一种单一的完美生活方式或道德形式。国家的角色应该是保证我们每个人都有足够的空间去扩展自己，而无须掠夺他人的空间。

对密尔来说，正确的教育路径也很重要，而且他再次在这个话题上强调了差异化。我们需要自身经历得以扩展，而这意味着"生活经历"的创造。洪堡也曾写到过我们应该如何通过"不同的场景"获得最好的学习效果，而不是坚守一种单一的生活模式。[3]除此之外，差异化可以帮助我们变得更加宽容，正如蒙田所说，旅行会给我们带来益处，"（旅途中）大量的情绪、教派、评判、观点、法律和习俗可以教会我们明智地评判自己的相关事务"。

因此，密尔认为一个自由的社会应该使得"在所有话题上的观点和情感都能获得绝对自由，无论是实践的还是理论的，无论是科学、道德还是神学"。这意味着，必须保证人们在所有这些话题上都能公开地自由表达，因为秘密状态的自由根本不是自由。他也注意到了，这种表达可能会冒犯到他人的情感，因为某些人可能会做出一些被他人

《论自由》在其他方面也另有深意

认为是"愚蠢、不当和错误"的事情。不过,除非它会给他人造成切实的伤害,否则就不应该将其视为一个问题。(当然,定义"伤害"是一件相当复杂的事情,我们至今仍对此争论不休。)[4]

《论自由》在其他方面也另有深意,特别是在性行为和宗教等话题上。跟洪堡一样,密尔也相信个体应该在不伤害他人的原则下自由地创造属于自己的社会关系。他和哈丽雅特的关系也跟洪堡和卡洛琳一样不循常规,只是这次不再有强

哈丽雅特·泰勒·密尔

壮的渡船女什么事了(仅就我们所知而言)。从相识并坠入情网开始,他们有二十年的时间无法结婚。因为,当时哈丽雅特已经嫁给了另一个人,而离婚在那个时代几乎是不可能的。她的丈夫叫约翰·泰勒(John Taylor),听起来是个不错的小伙子。但要知道,哈丽雅特嫁给他的时候只有十八岁,后来她才意识到两人并不般配。她遇到密尔后就爱上了他,因为他们可以在一起畅谈哲学和政治,一聊就是好几个小时。他们从挚友发展为情人,最后在约翰·泰勒的默许之下(或多或少)开始同居。这种状态一直持续了大概十五年,直到约翰·泰勒在1849年死于癌症。经过体面的哀悼期之后,哈丽雅特跟密尔结婚了。但是,他们对当时的标准婚姻誓言做了一些调整。在当时的婚姻中,丈夫几乎可以全权支配妻子的所有事务,包括她的财产。而且,丈夫不能合法地声明放弃这种控制权。但是,密尔在婚礼上宣读了一份"婚姻声明",宣称自己不同意这些权利,而且保证不会行使它们。由此,他们也跟洪堡夫妇一样,拒绝了国家为其安排的既定道路,选择了合乎自身信念的生活原则。

另一个微妙的话题是宗教。终其一生，密尔对宗教的态度前后并不相同。[5]晚年时的他似乎考虑过这样一种可能性，即在远离人类事务的某个地方存在一个抽象的自然神论的上帝。但总的来说，他始终没有显露出对于这种信仰的任何痕迹。他在成长的过程中也没有接受过宗教教育，这在当时是很不寻常的：因为他的父亲詹姆斯·密尔（James Mill）是一个不可知论者，他拒绝了自己接受的长老会教育，并反过来支持朋友边沁提出的功利主义哲学。由此，约翰也接受了这种教育。现在，让我们再花一点儿时间来回顾一下他的童年时期。

从蒙田的父亲想把蒙田培养成一名拉丁语母语者开始算起，密尔接受的沉浸式功利主义教育是我们看到的又一个怪异的儿童教育实验。詹姆斯倒没打算把儿子培养成拉丁语母语者，但他为孩子创办了家庭课堂，并且在约翰很小的时候就向他教授古典作品。三岁时，还在蹒跚学步的约翰已经开始用《伊索寓言》学习希腊文，稍后他开始接触希罗多德、色诺芬（Xenophon）和柏拉图。七岁时，拉丁文也被加入了他的课程。除此之外，他还有了一项工作，就是把自己所学的东西教给年幼的兄弟姐妹。他每天的生活开始于早餐前的散步，父亲带着他游走于令人愉悦的美丽田园风光之中。这片区域就在他们位于北伦敦的家附近，地处纽因顿格林（Newington Green），那里在当时还是乡下。这真是一种幸福度爆表的经历，但也有一点儿不愉快的地方，因为约翰必须在散步期间口头汇报自己在前一天阅读了什么，然后听詹姆斯高谈阔论"文明、政府、道德、精神修养"等。最后，约翰还要用自己的话把观点要旨复述出来。如果我们能知道他的母亲哈丽雅特·巴罗·密尔（Harriet Barrow Mill）对此有何观感就更好了，但詹姆斯在自己的自传中并没有提到过她——考虑到他是一名女性主义者，这显得有些奇怪。

约翰一开始深受父亲的影响，幼年时期就建立了一个有三个成员在内的功利主义学会。后来，他继续发展和使用功利主义的观点：你可以在《论自由》里看到他是如何用这些观点来平衡自由带来的利益及其伤害。然而，他在二十岁时的经历，改变了他对这些平衡的看法。当时，他陷入抑郁，并产生了严重的后果：冷漠。五个世纪以前，彼特拉克也曾遭遇过这种状态，任何事物都无法让他感到快乐。这让他对幸福演算产生了怀疑：如果你由于某些更深层次的原因感觉不到幸福了，那么对这些幸福单位进行加减乘除还有什么意义呢？

一个意想不到的发现成为密尔走出这种状态的重要助力：诗歌。[6]无论是父亲还是边沁，都没有看到诗歌的意义；边沁还轻率地把诗歌定义为写不到书页边缘的句子。但密尔现在却以叛逆的姿态爱上了这种文学形式，他还对威廉·华兹华斯（William Wordsworth）的作品情有独钟，因为它充满了恣肆的情感和对自然的热爱。在《序曲》中，华兹华斯还尝试追溯了一个人从孩童时期开始逐渐展现的内在经验和成长经历，这是一种非常具有 *Bildung* 风格的写作。

阅读华兹华斯的经历让密尔意识到人类有更深层次的满足感，在这一点上似乎不同于动物。我们渴求意义、美及爱。我们寻求各种各样的成就，它们存在于"自然对象、艺术成就、诗歌想象、历史事件、人类之道、过去和现在，以及人类对未来的展望"之中——也就是说，它们存在于文化的所有面向之中。（有人可能会联想到詹诺佐·马内蒂，他在《论人类的价值和卓越》中写道："人类的判别力、记忆力和理解力等多种能力为我们带来了何等的快乐！"）在密尔看来，幸福仍然是一种值得追求的善。但从那时起，他知道了有些形式的幸福比其他种类的幸福更有意义。那就是自由的感觉，即作为一个"活生生"的"人"而存在——他在《妇女的屈从地位》中如是说。严格的功利主义是不会轻易承认这一点的，因为这会把我们带回那些庞大且不可估量的性质，而不再只关注那些可以计算的幸福单位。虽然密尔的新路径丧失了严格性，但更加微妙。他的功利主义理论比边沁的理论更加人性化。

密尔所重视的人类因素推动着功利主义和自由主义共同向前。比如，他的自由主义不同于人们如今讽刺的所谓"新自由主义"（neo-liberalism），后者允许富人在不受任何控制的情况下尽情追逐财富，而其他人则只能吞下这种社会体制造成的苦果。对密尔和洪堡来说，这不是自由的应有之义。一个真正自由的社会应该珍视并想办法实现更深层次的成就：追求意义和美好，追求文化和个人经历的差异化，追求智性发现带来的刺激感，追求爱和陪伴带来的快乐。

密尔常常提起哈丽雅特贡献了《论自由》中的大多数思想，后来的《妇女的屈从地位》也是如此。不过，他并没有把她的名字列在这两本书的封面上。就算他想这么做，也只能在她死后再施行了，因为哈丽雅特没能活着看到这两本书的出版。1858年，她死于呼吸道疾病，可能是肺结核。当时他们正在阿维尼翁，打算前往南方追逐阳光和更健康的空气。密尔在悲痛欲绝中把妻子就地埋葬，他甚至专门在附近买了个房子，这样就能和女儿（泰勒所生）留在当地。他为妻子撰写墓志铭，盛赞她的成就，其中有句话是这么说的："如果能多几个像她一样的灵魂和智者，这个世界将变成理想的天堂。"他没有提及任何其他的天堂，因为跟所有人文主义者一样，离世后的她只能凭借生平事迹和作品所造成的影响长留于人类的记忆当中。

密尔继续在政治和哲学领域推进自己的工作

密尔继续在政治和哲学领域推进自己的工作。1865年，他参与竞选英国议会议员，将他的女性主义思想部分付诸实践，部分政纲是为女性争取投票权。他赢得了席位，并于1867年针对选举改革法案提出了关于女性选举权的修订案［他建议把"男人"（man）改为"人"（person）］，但最后失败了。然而，议会能就此事展开讨论，已经是一大进步。他后来回顾这段经历时，把它看成是自己在这个职位上做出的最重要的贡献。五年以后的1873年，他去世了，人们把他跟哈丽雅特安葬在一起，长眠于阿维尼翁的墓穴中。

洪堡和密尔的思想仍然是当今自由社会的基石，这不仅是因为他们关于自由的思想，还因为他们持有的人文主义立场：他们对社会的展望基于人性的实现，在这样一个社会里，我们每个人都可以展现自己的生命，将人性实现到最大的限度。没有一个社会能声称自己已经实现了这样一个完美的状态——甚至可以说远远不够。但是，达到这样一个静态的完美状态从来不是自由主义或功利主义的目标，当然也不是人文主义的目标。对这三者而言，共同的目标都只是在生活中多创造一点儿好的东西，少制造一些坏的东西。

※

马修·阿诺德是另一个受到洪堡启发的英国人。[7]他是一名诗人、批评家，还是一个机智且富有争议的散文作家。除此之外，他还是一名职业教育家，他曾经花了三十五年时间考察国内的各所学校，同时撰写了很多关于其他国家教育体制的报告——所有这些努力都致力于提升人类展现自身的水平。

当然，这种提升还有很大的空间。在英国，供穷人上的学校在质量上良莠不齐。阿诺德主张，应该为其提供一致的标准，并将这一标准再提升几个等级，方法主要是为课堂提供一些更好的文化材料。他在1869年的研究著作《文化与无政府状态》（*Culture and Anarchy*）里写道，这种教育改革的目标是为人们创造一种可能性，使其发展"人性的各个侧面"。我们从这种观点可以看出，他应该是读过洪堡的书。不仅如此，他还认为社会中的所有阶层应该一起发展自己的人性，这也透露出洪堡的风格。这种观点意味着，没有人应该在这方面落在后边：我们都是"一个整体的组成部分，人类本性中固有的同情心使得一个人不会对其他同胞漠不关心，或者独立于其他同胞享受完美的福利"。人类个体不应该满足于独自成长，而是应该"竭尽所能地扩大和充容人类的河流，不断冲向远方"。阿诺德使用的"去远方"（thitherward）一词深得我心。长久以来，我都认为人们应该重新使用包括 thither（去那里）和 thence（来自那里）在内的词系，而阿诺德在此处做了一件远比重新启用部分词汇更棒的事情。

阿诺德出身于书香门第，他的父亲是托马斯·阿诺德博士（Dr Thomas Arnold），一个严格且虔诚的基督徒，同时也是拉格比公学（Rugby School）的校长。阿诺德后来去了牛津接受教育，可能就是在那里对宗教产生了怀疑。这个主题一直困扰着他，并反复出现在他的诗中。（下一章我们会重提这一点。）他娶了一个有着虔诚宗教信仰的女人，此人名叫弗朗西斯·露西·怀特曼（Frances Lucy Wightman），人们也戏称她为"流感"（Flu）。阿诺德的婚姻同洪堡和密尔都不同，他走了一条常规道路，却充满了刻骨的悲伤。当托马斯[①]将《文化与无政府状态》从一篇演讲修订为一本书时，他们夫妇正承受着丧子之痛——大儿子才刚刚去世，他是从马驹上掉下来摔死的——此时他们已经在一年中失去了两个孩子。

然而，《文化与无政府状态》却闪耀着智慧和趣味的光芒，当然它也提出了严肃的观点。阿诺德的大体观点是，他所赞赏的文化作为一种手段可以避免他所反对的无政府主义。但是，其论证过程却不止于此。他的言语多变，让读者感到惊讶和愉快；他同样清楚什么样的节奏可以使人文主义者的胸中充满激情。即使有时候他的主张是荒谬且没有多少根据的，他也能用超凡的魅力让你表示赞同。有时候，你会疑惑地看着他在一两页的篇幅里离题万里，就像是骑着怪异的

---

① 原文错误，此处应为阿诺德。

木马一样四处游走，但最后又折返回来。更有甚者，他几乎表露出一种故意的倾向，即用那些通常不具有该意义的词汇来意指某些事物，从而让读者感到迷惑。比如，他从德国犹太诗人海因里希·海涅（Heinrich Heine）那里借用了"犹太主义"（Hebraism）一词，却主要用来指称基督教的清教主义。当他提及"野蛮人"（Barbarian）这个社会阶层时，粗心的读者可能会误以为他在轻蔑地谈论底层民众，但事实并非如此：这个词在他这里实指贵族。［在他口中，劳动阶层是"平民"（the Populace），中产阶层是"市侩"（Philistines）。］

他在书中经常使用的另外两个表达也很有误导性。其一，他将"文化"定义为"世界上可以被想到且可以被言说得最好的东西"。其二，也是对文化的一种定义，他用的表达是能带来"甜蜜和光明"的东西。

从前一个表达来看，"最好的"一词听起来带有精英主义色彩，似乎意味着某种只有通过小众的品位和不同寻常的教育才能通达的高贵物事。然而，阿诺德事实上论调鲜明地反对流行于中产阶层和上流阶层的一种倾向，即认为所有文化都是他们与生俱来的——哪怕他们没碰过一本书，也没看过一件艺术品。对他来说，真正的文化通达于所有人，它来自"对精神事物的渴望"。文化意味着惊讶及对外界观点的质疑，它还意味着"用一股新鲜自由的思想之流洗刷那些被我们固守的观念习俗，我们总是坚定而机械地遵循着这些古旧的东西"。这正是洪堡在信中曾经描述过的境界：当你扩展自身并融入人类世界时，会产生一种兴奋感。不仅如此，这也是密尔的信仰，即通过跟差异化的生活相接触，你可以拓宽生命。阿诺德说，哪怕只是读一份报纸，你也可以受到文化的熏陶。但是，你必须怀着自由、新颖且批判性的思维去阅读它才能实现这个效果。

但是，假如你没有接触过足够的高质量文化材料，就很难发展出这样一种思维，这是教育之所以重要的原因。而且，这才算是正确的教育。即使是最贫困的社会成员也应该有机会去接触那些优良的、具有原创性的艺术和文学作品，而不是设想他们只能处理一些被别人整理过的简单材料，然后像以往一样给他们那种粗制滥造的精神食粮。阿诺德认为，教育者在这里要面临一个挑战：一方面

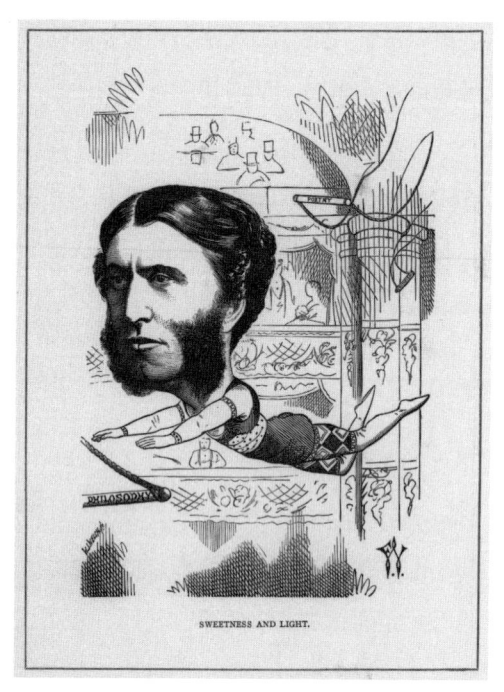

马修·阿诺德。插图名为"甜蜜与光明",图中的他是一个空中飞人,在诗歌和哲学间飞荡

要想方设法以原初的丰富性来呈现这种最好的文化,一方面也要让它们变得容易获取。我们必须让文化"变得人性化,使其在有教养和有学识的小圈子之外保持活力"——同时,还要确保它是"这个时代最好的知识和思想"。

后一个关于"甜蜜和光明"的表达更加糟糕,因为它似乎在暗示某种童话式的甜美蓬松。但事实上,这个典故来源于乔纳森·斯威夫特(Jonathan Swift)的《书籍之战》(Battle of the Books),而且最终要追溯至贺拉斯的拉丁文诗歌。在斯威夫特的这个讽刺故事中,蜘蛛和蜜蜂之间发生了一场激烈的争论,主题是谁更优秀。蜘蛛说,我更优秀,因为我是一个原创性的创作者。我用自己的丝线进行建设,不需要任何其他东西。蜜蜂则说,我更优秀,虽然你可能确实更有原创性,但你创造的是蛛网和恶毒。相反,我虽然是从花朵中采集花粉,但我却用它们生产蜂蜜(甜蜜)和可以用来制造蜡烛的蜂蜡(光明)。对阿诺德来说,文化也来源于很多的二手经验,这些经验会被转化成新颖且光明的事物。他所说的"光明"并非故弄玄虚,跟彼特拉克式的人文主义者在把书籍从修道院斗室里解救出来时提到的理智之光很相似——或者说,跟启蒙主义者的理性之光也很像。

根据不同的倾向,你可以从《文化与无政府状态》这本书中读出不同的信息。保守主义者对它十分上心,因为他们也跟阿诺德一样害怕"无政府主义"。尤其是当这本书出版时,英国正处于公共秩序混乱和街头示威游行之中。因为阿诺德本人是特权阶层，所以他认为，如果那些人有机会读到贺拉斯，就无须做出这种粗鲁、不和谐的举动。抛开这一点来看，他的某些观点还是颇具进步性的：他反对排他的态度，观点开明，支持批判性和富有好奇心的思维方式。他还将自己称为自由主义者。《文化与无政府状态》的核心思想是一个经久不衰的人文主义理念：共同的人性将我们联系在一起，没人有权利俯视他人，或者认为其他人不重要。

阿诺德的思想确实给人一种真诚的感觉。阿诺德去世后，他的思想在英国和其他地方产生了长久的影响，并得到了进一步发展。建立于20世纪的英国广播公司（British Broadcasting Corporation）就曾受到这种思想的影响，这家公司旨在启蒙大众，为其增长见闻，同时兼顾娱乐效果。在那个世纪之初，人们建立了无数成人教育机构，如建立于1903年的工人教育联合会（the Workers' Educational Association）。英国广播公司在这些机构之中居于中心地位。

阿诺德的思想对出版业也造成了影响，无论是美国还是英国，它们都经历过一个阿诺德时期。[8]各种系列的"经典丛书"对出版商来说是很有赚头的生意，因为莎士比亚和弥尔顿不会向他们索取版税。翻译事业也发展得不错，只需要花钱雇一些译者即可。波恩标准文库（Bohn's Standard Library）就是这样一套早期的系列丛书，它用英语出版了很多希腊和罗马的经典。但是有一点让它的读者很不满意，原著里关于性的文字都没有被翻译过来。

随后，市面上又出现了"艾略特博士的五尺书架"（Dr Eliot's Five-Foot Shelf of Books）这种优秀的产品。这套书的名字来自哈佛大学的校长查尔斯·W. 艾略特（Charles W. Eliot），他在1909年编撰了一套足有五十一卷的文学经典。在英国则有1906年J. M. 登特（J. M. Dent）创立的"普通人的图书馆"（Everyman's Library），此人来自工人阶级家庭，是一名油漆工的儿子。不幸的是，登特有一个坏习惯，他经常冲自己的员工大喊："你这头蠢驴！"这表明他自己并不热爱每一个男性和女性。事实上，这些雇佣工人正是出版商成功的秘密之所在。对该系列丛书的编辑欧内斯特·里斯（Ernest Rhys）来说尤其如此：在转向出版业之前，他原是煤炭开采工程师，为矿工组织过读书小组。他为这个系列的图书风貌定下基调：书籍必须便宜，但在设计上要采取最高标准。每本书都有很引人注目的木版画标题页，更添加了海豚和锚的印刷标志，这是阿尔杜斯·马努蒂乌斯的标志——所以，这套书明显是在向这位印刷清晰版口袋书的先驱致敬。

为了帮读者在大量书籍中找到最有益的内容，一些阿诺德风格的"最佳书单"开始出现，如由工人学院院长约翰·卢伯克爵士（Sir John Lubbock）在1886年选出的"最好的一百本书"。他不仅像往常一样以欧洲为中心选取了西方名著，还推荐了孔子的《论语》，以及简写本《摩诃婆罗多》（*Mahābhārata*）和《罗摩衍那》（*Rāmāyana*）。他承认，自己并不喜欢这个书单上的每一本书："以使徒教父为例，很难说他们的写作有什么有趣的或富有教益的地方，不过好在这些作品篇幅都很短。"

这份书单还考虑了其他一些人的观点。卢伯克曾向一些知名人士寻求建议，为这份书单添砖加瓦。约翰·罗斯金（John Ruskin）曾说，他希望看到更多关于博物学的书籍："有一天吃早餐时，我突然想多知道一点儿关于虾的事情。"亨利·莫顿·斯坦利（Henry Morton Stanley）是一位探险家，他曾经去非洲找回了大卫·利文·斯通（David Living stone）。他讲过一个带有传奇色彩的故事：他在旅行中携带着《古兰经》《塔木德》《一千零一夜》和荷马、达尔文、希罗多德等人的许多读物。但是，每当挑夫离开他或生病时，他就必须扔掉一些书，直到"我只剩下《圣经》、莎士比亚、卡莱尔的《旧衣新裁》、诺里（Norie）的《航行》（*Navigation*）和1877年的《航海历书》（*Nautical Almanac*）。后来，那些生活在津加（Zinga）的愚蠢之人要求我把可怜的莎士比亚也烧掉"。

工人阶级的人民也重新思考过阿诺德的信念，即通过阅读和文化实现自我。但是，他们在思考的结果上出现了分歧。一些人认为——作为棉纺工人出身的激进作家埃塞尔·卡尼（Ethel Carnie）曾在1914年写给《棉花工厂时报》（*Cotton Factory Times*）的信中提到过这一点——太多的文化将麻醉劳动人民，转移他们的注意力，使其不再投身可以给他们的生活带来真正改变的激进社会运动。对工

248　为自己而活：人文主义700年的追寻

人阶级的读者来说，最好的阅读材料应该是卡尔·马克思，然后转向政治革命运动以改变自己的生活境况，而不是去阅读孔子或虾的传记。

然而，另一些人则认为不存在这种矛盾。他们指出，阅读和研究是让人们开眼识别社会剥削的最好途径，也是武装人民思想对其进行反抗的最佳方式——所以，人们不会因此陷入麻醉，相反，他们会变得更加清醒。乔治·W. 诺里斯（George W. Norris）是一名邮局工人和工会官员，他曾在工人教育联合会接受过二十二年的课程。他在回顾这些课程对自己产生的影响时写道："思维技艺方面的训练使我具备了很多能力，让我能够看穿当代报纸那些耸人听闻的大标题背后隐藏的真相和诡计，让我看穿党派政客和滔滔不绝的演讲家背后的虚伪，还有那些在全世界播撒仇恨的教条主义意识形态。"

另一个因素同样也要加以考虑。研究、阅读和欣赏艺术品，这些都能锻炼一个人的批判能力，同时，所有这些活动也都能产生快乐。

※

人文主义者总是喜欢强调文化生活中享乐主义的一面。马内蒂曾提到过，思考和推理可以给人带来快乐。西塞罗之所以为诗人阿尔奇亚斯力争罗马公民权也是因为他给罗马人带来了快乐和道德进步。本章提到的三位人文主义者一致赞同该观点：追求文化，将人性提升至最高程度，是一件能令人感到满足的事情。对阿诺德来说，它让生活变得比蜜还甜。密尔的故事告诉我们，在"诗歌想象力"方面的个人体验和对"人类生活方式"的研究使他重新找回了感受事物的能力。洪堡是这三个人中最容易感到开心的人，他曾在信中写道："一本重要的新书，一个新的理论，一门新的语言，这些都对我意义重大，它们帮我打破了死亡的黑暗，赋予了我无法言表的快乐。"

无法言表的快乐！要想理解这种感觉和某些盛行于古板教师群体的狭隘文化观念之间的区别，只要看看曾在20世纪早期短暂盛行于某些美国大学里的一种意识形态就够了,这就是我们接下来要说的"新人文主义"(the New Humanism)。

该名称是后来才出现的,但这种意识形态的发明却要归功于欧文·白璧德(Irving Babbitt)。[9]他也是一位哈佛学者,然而他的思想却跟校长查尔斯·W. 艾略特截然不同。白璧德主张的道德训练完全基于一种单一的文化标准:主要是古希腊的文学经典,也许还有一些罗马经典。至于其他的文化资源则都不重要,更谈不上什么教育领域的自由。他的论争生涯开始于对艾略特教育哲学的公开批评,这一批评出现于"五尺书架"丛书出版的前一年。白璧德很讨厌这类扩展到其他文化的项目。他在某些方面赞同阿诺德,但在其他方面则不然,他没有兴趣去推动全部人类走向远方。对他来说,普罗大众走向何方并不重要。人文主义者的工作只是训练精英,我们应该鼓励他们对他人怀有一种"选择性的"和纪律性的同情心。同时,这种同情心还应该辅之以判断力进行调和,而不是对所有人都一视同仁。我们并没有被自己的人性联系在一起。对于泰伦斯的名言"我认为人类之事没有什么与我漠不相关",他认为这是一个错误,因为它没有足够的选择性。对他来说,这句话是社会上随处可见的乡愿式行善的原因,它造成了软弱意志的泛滥。无论是白璧德还是之后出现的新人文主义者,"最好的"选择都是高筑城墙,抵御外来者。

这种谈话方式忽视了文化生活让真正的人文主义者感觉有意义的一切因素:联系他人经历的能力、对好奇心的自由追逐、鉴赏力的深化等等。特别重要的是,它丧失了快乐,并代之以强迫——或者,如果你愿意的话,也可以说代之以 *accidia*(懒惰)。当辛克莱·刘易斯(Sinclair Lewis,他有一部小说的名字就是《白璧德》,这也是其主人公的名字,这明显是一个故意为之的恶作剧)在1930年获得诺贝尔奖时,他在获奖演说中直斥新人文主义者。[10]他说:"身处美国这片新鲜的、充满生机的、实验性的热土上,人们原本期望文学领域的导师可以少一些修道院气息,多一些人的气息,而不是总处在旧欧洲的传统阴影之下。"然而,我们看到的是什么?仍然是古旧的干瘪无趣和消极。

很久以后,爱德华·萨义德(Edward Said)在另一场文化战争的语境中指出,这种"没好气的噘嘴",这种"退缩和排斥",以及人文学科跟"人文"关怀之间的脱节产生了一种无趣之感,像伊拉斯谟和蒙田这种人文主义者是不会认同它的。他可能还会再增加几个人,如洪堡、密尔或阿诺德,他们也同样不会认同这一点。相反,正如蒙田在谈及他那个时代的学校时所说:

> 如果他们的课堂里全是鲜花和树叶该多好,这远比摆放血迹斑斑的桦木教鞭更合适!我将在那里放上愉快和欢乐的肖像,以及花神和三女神的画像,就像哲学家斯彪西波(Speusippus)在他的学校里所做的那样。他们的利益在哪里,就让他们的欢乐也在哪里。

这似乎是一场很久以前的争论,新人文主义者大多已经被人遗忘。然而,他们在某些方面给人文主义留下的恶臭,经久不散。在当代,对某些寻求以差异化和更慷慨的方式去接触文化的人来说,"人文主义"这个词意味着一种狭隘的精英主义。因此,如果有人把今日学术生活中的人文主义看成是保守的,认为它反对差异化和包容性等价值,那么至少部分必须归咎于新人文主义在"成人"上的欠缺。

事实上,每当白璧德和他的支持者为了论战奋笔疾书时,他们就已经输了。阅读、写作和文化生活方面的爆炸式增长正在全世界范围内酝酿。各种便宜的流行书籍,向各色人等开放借阅的新型流通图书馆,还有只要报名就能参加的各类课程,都已永远留存于世。

除此之外,那些可供借阅的图书馆、便宜书籍和课程为众人提供了一条途径,让他们能够接触到那个世纪出现的某些最激进的思想。只需要几个先令,人们就可以读到对上帝的怀疑性研究、马克思主义经济学著作,以及对地球起源及对地球上现存生物的科学重估。你还可以读到关于人类起源的著作。所有这些新的不同之处均起源于阿诺德所说的"用一股新鲜自由的思想之流洗刷那些被我们固守的观念习俗"。反过来,它们也将人文主义带上一条新的道路。

第九章

梦幻国度

主要发生于1859—1910年

人文主义的科学化转变——查理·达尔文（Charles Darwin）和托马斯·亨利·赫胥黎——作为不可知论者——莱斯利·斯蒂芬（Leslie Stephen）的《阿尔卑斯山上的五分钟》（*five minutes in the Alps*）——"有疑问的牧师，有困惑的牧师"（vicars with problems, vicars with doubts）——玛丽·沃德（Mary Ward）的《罗伯特·埃尔斯梅雷》（*Robert Elsmere*）——对人性难题的一些奇怪回答——欧内斯特·勒南（Ernest Renan）和奥古斯特·孔德（Auguste Comte）——转型时期在密尔和阿诺德所处的时代，公众得知了一些新的科学发现，这对人们思考人性产生了重大影响，而宗教权威对此很难跟得上脚步。首先，地理学家激动地挥舞着证据告诉人们，地球不仅比《圣经》所说的古老，而且还处于一种持续性的运动变化之中，因此不符合《圣经》的一次性创世学说。然后，古生物学家也来到公众面前，还带着已经消失的或发生了变化的物种的化石。甚至连洞穴专家也过来凑热闹，向人们献出了自己在德国尼安德山谷洞穴发现的一种已经灭绝的人科动物遗骸。

然后，达尔文来了，他在1859年出版其著作《论依据自然选择即在生存斗争中保存优良族的物种起源》（以下简称《物种起源》，*On the Origin of Species by Means of Natural Selection*）。他关于生命多样性的理论十分简洁：物种成员在长时段内进行繁殖活动，在这期间会发生随机变异，从而长出更大的鸟喙、更长的脚趾，或者在耳朵上长出新的松软绒毛。这些还会遗传给它们的子孙后代。如果这种变异能够很好地适应环境，其个体就能繁荣壮大，产生更多的后代；如果不能，它们就会死去，而且很难留下后代。正如他在书中总结的一样，这就是生命如何"从一个简单的开端开始，演化出如此无穷无尽的美妙形式，而且这个过程至今仍在继续"。这是一幅壮观的图景，但也充满了恐怖。因为达尔文承认，这一切都取决于失败和痛苦的轮回。"因此，我们可以从自然战争、饥荒和死亡中顺理成章地感觉到一种最崇高的目标，即更高等动物的诞生。"这不仅告诉我们生命来自死亡，还告诉我们，自己可能就是那些"更高等的动物"，因此只不过就是这一过程的结果。在这个时期，他对我们人类之事就只说了这么多。

直到1871年，他才在《人类的由来及与性相关的选择》(*The Descent of Man, and Selection in Relation to Sex*)中又提到这个话题，并将其置于一些能够分散人们注意力但又与此相关的材料之中。其实，他原本还可以做得更加分散一些，达尔文想在书名中使用更简洁的"性的选择"(sexual selection)一词，但被出版商制止了，因为他们认为"性的"(sexual)比"性"(sex)更令人震惊。[1]尽管如此，《物种起源》一经面世，其对人类的影响就已经显而易见了。

《物种起源》在英国赢得了广泛的关注，其中一个原因在于米迪（Mudie）流通图书馆为它进行了大量宣传，而这是最重要的新型流通图书馆之一。[2]《论自由》也在同年出版，它的作者密尔就曾津津有味地阅读了《物种起源》这本书。乔治·艾略特也读过该书，她和自己的伴侣乔治·亨利·刘易斯（George Henry Lewes）都对达尔文产生了浓厚兴趣，主要因为他们都是热忱的博物学家，他们在不久前的1856年曾花费一个夏天的时间探索海边地区，并撰写了关于潮水潭及其化石的材料。除此之外，该书还有一个与众不同的读者，即卡尔·马克思。他认为，从达尔文思想中可以找到同社会阶级斗争理论之间的联系。他曾向弗里德里希·恩格斯（Friedrich Engels）说道："尽管这本书是以粗陋的英国风尚写成，但它在博物学领域为我们的观点提供了根基。"他出版《资本论》(*Das Kapital*)时曾给达尔文寄了一本。不过，尽管达尔文确实曾给马克思写过一封热烈的感谢信，但那本书后来却一直放在这位博物学家的书架上，连纸页的毛边都没有剪裁。

还有一位读者，他立刻意识到《物种起源》将引发一场论战，此人就是托马斯·亨利·赫胥黎。作为一位动物学家、教育家及雄辩的散文家和辩论家，他在当时花费了比其他人更多的精力去宣传达尔文主义，并在这个过程中将19世纪两股伟大的潮流结合在了一起：教育和自由思想的蓬勃发展，以及以科学为根基的思维方式思考我们自身。由此，他开创了一种新的类型：科学人文主义者。

接下来，我们将在本章中看到这些人文主义潮流融合在一起将会产生什么结果，以及它对人们（特别是对英国人）会产生什么样的影响。它在各种群体间获得回应：从牧师到诗人，从小说家到博物学家，从那些想把人性变得神圣的人，到那些反过来想让神圣变得更人性化的人，等等。我们将与这些类型中的某一部分人相遇。不过，首先让我们来看一下赫胥黎和他的论战。对达尔文主义理论来说十分幸运的是，论战恰好是赫胥黎之所长——他比达尔文本人更擅长这一点，而后者十分讨厌这类事情。

※

赫胥黎和达尔文的友谊开始得更早。当时，达尔文请他去唐屋（Down House）参观自己的海鞘收藏，那里也是达尔文位于肯特的家。

赫胥黎热爱海鞘。他虽然是一位博物学家，但最初是作为医生接受的训练。当他结束环太平洋旅行回到英国时，他已经在船上做了四年正式医生。由于他在旅行中花费很多时间收集海洋生物和其他物种，所以他此时承担起为大英博物馆编写海鞘标本目录的工作。他很快就接受了达尔文的邀请，并且很享受在唐屋的时光。他参观了那里的植物和温室，具有异国风情的鸽子，以及还在不断扩大的实验和收藏。达尔文貌似是一个与人为善的、勤奋的爱好者。几乎跟其他人一样，赫胥黎并不知道他正在把这一切用作材料，去构建一种引人注目的关于生命的新理论。

直到《物种起源》出版，赫胥黎才意识到达尔文在那段时间一直在干什么。他很愿意为达尔文提供帮助。跟绅士的达尔文不同，赫胥黎出身更加平凡。对他而言，自己在职业生涯中遇到的一切都是战斗。首先，他为这本书写了书评，给予最高的评价，而且说得十分具有戏剧性："落败的神学家躺在每一门科学的摇篮旁边，就像被扼杀的蛇躺在赫拉克勒斯身边一样。"其次，他还利用引人注目的道具进行演讲。为了在皇家研究院（The Royal Institution）展示繁育过程中选择的效果，他当着观众的面把一群活鸽子从篮子里放出来，就像魔术师的舞台表演一样。

然后就是1860年由英国科学促进会（The British Association for the Advancement of Science）举办的会议，地点在牛津的一座崭新又美丽的自然历史博物馆。达尔文没有参加此次会议，他以反复发作的胃病做借口，避免跟任何人做不得已的碰面。同时，来自宗教界、文化界和科学界的各方代表已经准备好了诙谐的俏皮话，严阵以待。罗伯特·菲茨罗伊（Robert FitzRoy）是达尔文远航时乘坐的"小猎犬号"（*Beagle*）的前任船长，他也到了那里。他曾经给达尔文写信说："我亲爱的老朋友，想到自己是最古老的猿类的后代，我（至少对我来说）就无法感到有什么'高贵的'地方。"塞缪尔·威尔伯福斯（Samuel Wilberforce）在会议上也做了相似的评论。他是牛津主教，一个爱唬人的粗壮大汉，他的俏皮话很有名，以至人们经常在他开口之前就忍不住开怀大笑。当他站起来准备向赫胥黎提出他的问题时，会场的人可能就是这种反应。他问道：你是通过你的祖父还是祖母宣称自己享有猿猴的继承权的？

赫胥黎的回答很巧妙，他说自己宁愿要猿猴当祖先，也不希望自己的祖先是滥用自己的长处和影响力将嘲弄引入科学讨论之中的人类。听完赫胥黎的描述，房间里的人立刻哄堂大笑——至少，赫胥黎是这么说的。不过，正如很多历史佳话一样，这个故事还有很多其他版本。植物学家约瑟夫·多尔顿·胡克（Joseph Dalton Hooker）认为，他用一个机智的回应"碾压"了威尔伯福斯，但是威尔伯福

托马斯·亨利·赫胥黎。图中的他正在学校董事会上做演讲，旁边的海报上写着"人属：有学问的婴儿"

258　为自己而活：人文主义700年的追寻

斯离开会议时仍兴高采烈,明显觉得自己才是占据上风的那个人。达尔文非常感激赫胥黎为这一立场之争所做的一切,但同时也感到非常紧张。他说:"看在上帝的分儿上,不要写反达尔文主义的文章,因为你肯定会做得十分出色。"

由于出色的表现,赫胥黎本人也变得更加出名。他继续撰写了一些成功的达尔文理论普及著作,特别是其1863年的《关于人类自然地位的明证》(Evidence as to Man's Place in Nature),里面有一幅著名的卷首插图,展示了一系列猿类的骨骼,它们列队前行,最终形成了一个人类的形象。

现在,人们已经很少记得赫胥黎曾经是一个全面的公共知识分子,同时还是一位人文主义和科学思想的传播者。他对教育有着浓厚的兴趣。跟阿诺德一样,他坚信所有的社会阶层都应该有机会获得高质量的学习材料;同样,他也认同洪堡的观点,相信学习应该贯穿一个人的一生。他做到了知行合一,1868年他帮忙建立了南部伦敦工人学院(South London Working Men's College)——他的一些最重要的演讲就是在这些工人教育机构里完成的,而不是那些面向精英和专业听众的机构。

同年,他还在南部伦敦工人学院做了另一场讲话,即"自由教育在何方?"(A Liberal Education and Where to Find It)。[3]他在这场讲话里提出了自己的教育观念。首先,他批评了当时学校的一些做法,他们似乎认为自己只要传授一些简单的道德律令及中东的历史和地理知识就足够了,因为后者跟《圣经》相关。(查尔斯·狄更斯在《荒凉山庄》里也以讽刺的笔调写过,穷人的教育似乎主要是由古代亚摩利人和赫梯人的历史构成。)对赫胥黎来说,这甚至没有为人文学科打下一个良好的根基,更不要提关于人类的其他知识了。这倒不是说他不喜欢这种研究,他说过,自己很喜欢学习古代文化,因为它构成了人类全部过往故事的一部分。他在其他地方也援引过泰伦斯的话:人类之事没有什么与他漠不相关——也没有什么不会引发他的兴趣。

他之所以做出这种批评,是因为他有着更广阔的人类研究视野。他赞同阿诺德和洪堡的观点,认为教育的目标是培养全面的人类,使其具备丰富的精神生活和对世界的深度理解。但是，他不赞同他们将人文学科视为唯一的起点。相反，他认为研究科学可以打下更好的根基。科学不仅可以向儿童传授物理世界的基本知识，还赋予他们人文主义的技艺。而且，这一切都伴随着探究的态度。它教给儿童以切近的方式观察现象，通过实验进行主动学习，而不是从古代权威文本那里获取一切——甚至也不是完全依靠老师。由此，科学可以帮助他们更好地理解那些文本和老师。密尔曾经说过，研究古典文学和辩证法可以为通用批判性思维提供很好的训练。赫胥黎在另一场演讲里援引了密尔的这个观点，但他的观点却颇有不同：他用"科学"代替了原话中提到的"辩证法"及类似说法。[4] 这两个人对自由思想和探究的热爱是相同的，手段则明显不同。

1880年，赫胥黎又一次在演讲中论证了教育应该始于科学基础。随后，阿诺德发表了《文学和科学》(*Literature and Science*) 一文。他说，科学确实很重要，但人文学科更重要，因为它们掌握着使得科学发现具有人类意义的关键。比如，当我们听到科学告诉我们说自己的祖先长得像猴子，我们就会跳跃式地（遗憾地）得出某些关于自身和人类本性的结论。此时如果不能将其引向更具建设性的方向，这些结论可能就是危险的、消极的。例如，我们可能会这么想：好吧，原来我们只是动物而已——如此一来，我们就不会再对自己有很高的道德期望了。阿诺德写道，与之相反的是，建立在伦理和人文学科上的良好教育可以帮助我们更巧妙地应对人类和伦理世界。而且，它也为我们提供了更高的人生标准。

事实上，这是一个非常好的论证。阿诺德不是一名反科学主义者，他也没有说过用科学思维方式来审视我们自身这种做法是错误的。他只是指出，我们需要大量的文化理解，才能以最优的方式应对此类挑战。几乎没有人会不赞同他的这个观点。

不过，赫胥黎的论证也很好。对他来说，如果我们从科学本身的良好根基出发，将会更好地提出这类跟道德和人类相关的回应。而且，我们也能知道自己在说什么。只需要一点点的科学训练，就可以让我们免于这样一种错误倾向，即出于对事实、证据和实验的误解而陷入愚蠢的解释之中。我认为这很有说服力，本书有相当大一部分内容写作于一场全球性疫情之中,其间充斥着各种错误信息和迷信。这些信息对疫情里挽救生命的因素产生了破坏性的影响,如人们对疫苗的接受度。更好的科学教育有助于平息这些浪潮。不过,阿诺德主义者同样会论证道,疫情也展示了一些经典人文主义事物的重要性,如良好的政府、跟他人的道德交往,等等。事实上,这两方面的东西我们都需要。

阿诺德和赫胥黎的争论展开于两位有教养且雄辩的作家之间。其中,每一方都被注入了其所处时代的精神(只不过方式有所不同)。这场争论捕捉到了人文主义思想转型氛围中的一个特殊时刻。从那时起,"人文学科—人文主义"和秉持社会向善论的启蒙人文主义都发现自己有了一个新的伙伴,即科学人文主义。后者的原则——对现代科学方法和推理的兴趣,以及人类如何融入这幅图景的自然主义解释——变成了一个更大的人文主义世界观的组成部分,直至今日。

以人文学科为根基的、讲究伦理的人文主义提醒我们,人类是精神的、文化的、道德的存在者,我们所属的人群环境和物理本性塑造了我们。科学人文主义则提醒我们,人类也是一种动物,我们生活在一个很大的宇宙中,居住在一个变化的地球上,身处在一个不断转变的过程中。如果一切都处在良好的平衡之中,那么这些对人类自身的不同设想就不会互相冲突。相反,它们会相辅相成,相互促进。

※

在《物种起源》的结尾段落里,达尔文惊异于简单的自然过程居然可以产生如此美丽非凡的结果。不过,他也意识到自己的自然选择和生存理论无法为人类道德提供一个显而易见的根基。[5]

的确,这种理论没有提供直接基础。[6]但是,达尔文在《人类的由来及与性相关的选择》中提出了一种间接的可能性解释,用来说明道德如何进入人类世界。他的理论在很大程度上归功于启蒙时代的人文主义者,如休谟。因为,他认为——正如启蒙思想家所认为的那样——道德可能源于我们天生的共感和"同情"倾向。反过来，这些倾向源自我们作为群体动物的本性。跟所有社会性生物一样，早期人类必须应对群体内的人际挑战，这使得我们对他人的反应非常敏感。当他人以积极的态度对待我们时，我们会感觉良好。其他动物也有这种敏感性，但人类不同，因为语言的使用，所以我们可以用赞扬和责备的话语来深入表达自己的情感。我们的道德世界由此获得了深化，通过回顾过去的情境，我们把所行之事与其所引发的回应进行比较。由此，一种普遍的伦理观点开始形成，而且与人共享。正是在"习性、范例、指导和反省"的这种结合中，一套道德体系就此问世。

达尔文对道德的解释完全是人文主义的：它产生于社会情感和行为，不需要依赖任何来自上帝的东西。如果说有什么联系的话，他认为这个过程的发展方向与宗教相反。也就是说，按照他的猜测，在文化发展的后期阶段，来自他人的一般性道德凝视将相当于一个想象中的宗教形象，即"一个全知全能的上帝"。

达尔文也把人文主义道德视作自己的人生指南。他在年轻时，就已经丢弃了基督教信仰。一个很重要的原因在于他无法忍受存在地狱这一说法——这是最没有同情心的一种说法。他在私人日记里反思道，每当自己帮助了他人，且他人因此认为自己是一个好人时，他都会感到最深刻的满足——当这些人是自己的亲近之人时，感触尤深。对他来说，这种感觉足以填补丧失上帝所造成的信仰空白。他虽然还不至于认为自己是个无神论者，即使在私人日记里也是如此，但他的确自称为不可知论者。

真正为这个词的普及化做出最大贡献的人仍然是赫胥黎。他在1889年写了一篇文章，题目就是"不可知论"（Agnosticism）。他解释说，在经历了种种可能的自我描述之后，他终于获得了这个标签。他是否有可能是"无神论者、有神论者或泛神论者？又或者，是唯物主义者或唯心主义者？再或者，是基督徒或自由思想家？"，无论哪一种似乎都不对，尽管最后一个标签其实还算不错。其余的标签都指向了某些关于世界存在方式的确定信念，但赫胥黎并没有这种信念。

他落脚在了"不可知论"（agnostic）上，因为这是"诺斯替主义"（gnostic）的反面——其信徒主张"灵知"（gnosis），即神秘知识。

事实上，不可知论远比赫胥黎所讲的要更具确定性和积极意味。与他同时代的理查德·比瑟尔（Richard Bithell）在一本名为《当代不可知论者的信条》（*The Creed of a Modern Agnostic*）的书中强调，不可知论并不意味着飘浮在神秘的无知疑云之中。对他而言，不可知论者也有确定的道德原则。不可知论者也相信，只要通过科学方法提出假设并用证据对它们进行检验，人们就可以获知关于这个世界的真相。只是相较于其他人，他们对这些认知结果采取了更为保守的态度。哲学家兼广播员布赖恩·麦基也是一位不可知论者，他离我们所处的时代更近一些。他为自己写了一篇简短的遗嘱，题名《终极问题》（*Ultimate Questions*）。他写道，不可知论对他来说意味着"面对未知之事保持开放态度，一方面在心灵上完全接受，一方面在理智上诚实探究"。

19世纪另一位著名的不可知论者莱斯利·斯蒂芬爵士对于这个词的选择略显轻率。他说，自己之所以更喜欢"不可知论者"，是因为"无神论者"仍然纠缠于"现世的利益和来世的地狱之火"。不过，不可知论者其实也带有一丝这种气息。根据教育改革家弗里德里克·詹姆斯·古尔德（Frederick James Gould）回忆，他有次跟一位和蔼的基督教救世军（The Salvation Army）人员共进茶点和三明治，并谈到了来世："我问他，真诚的不可知论者都变成了什么。他夸张地指了指地板，然后平静地用力咀嚼着面包、黄油和西洋菜。"

莱斯利·斯蒂芬爵士因为编纂了极具维多利亚时代特色的《国家传记辞典》（*Dictionary of National Biography*）而闻名于世。不过，他后来能够被人们记住主要是因为他是弗吉尼亚·伍尔夫的父亲，后者是一位坚定的反维多利亚风的实验小说家。此外，斯蒂芬还是一位著名的登山家。他在阿尔卑斯山上的一次经历变成了一篇有趣文章的素材，即1872年的《阿尔卑斯山上糟糕的五分钟》（*A Bad Five Minutes in the Alps*）。[7]这篇文章总结了他面对各种可能信念的心路历程，展示了他通过这些信念得出的结论，同时还讲述了一个扣人心弦的故事。

据他说,那时他正在当地的一个山区度假,那天午饭前正巧出去散步放松。当时风很大,后来又开始下雨。斯蒂芬打算回去,便走了一条有可能是近道的路。但是,这条路突然在一块岩石上中断,下面就是激流,路在可见的另一边延续着。他决定冒一下险,攀爬过去。刚开始的时候很容易,然后他跨了一大步,试图抓住一块在自己上方的凸出石块,以便稳住自己。就在此时,他滑倒了。河流在下面很深的地方,当他向那里下滑时脑子里只有一个想法,那就是"最终到了这一刻":长久以来,他都对死亡感到恐惧和好奇,现在它终于来了。

莱斯利·斯蒂芬

所幸他及时伸手抓住了他刚才站立的地方,阻止了下坠。然后,他又努力把右脚放到了另一块凸出岩石的边缘,以获取更多助力。不过,他再也没办法把自己牵引上去了,于是就靠着一只手和一只脚悬在那里——并且它们已经开始感到吃力。大概再过二十分钟,他的力气就要耗尽了。此时就算大声喊叫也没有意义,因为没人能听见他,而他也会因此虚弱得更快。他开始想象自己的随行客人进入餐厅,坐下调笑他的失踪。在其中有人开始着急并找到他之前,他就会像"一团可怕的东西"滚落到河水当中。

既然结局已经注定,斯蒂芬就开始寻找一个适合死亡的精神状态。然而,他在过去接受的任何跟这一庄严过程相关的教诲都失效了。他的思绪变得游移不定,不过主要是为自己犯下这样一个错误而恼怒。他提醒自己,大约还有四分之一个小时去回答生命中的大问题:宇宙是什么?我们在其中应该扮演什么角色?

他接触到的所有宗教和教派——新教、天主教、泛神论——指出的方向各有不同。他在大脑里将它们挨个浏览了一遍，产生了一个可怕的想法：如果它们全都是真的，自己也应该同时相信它们所有。但是，他却出于意外未能相信其中的一条，如《亚他那修信经》(The Athanasian Creed)。那该怎么办？上帝可能会对他说：抱歉，你很好，也很善良，但由于你忘了这一条，所以现在必须去地狱。

幸运的是，斯蒂芬意识到这种僵化的规则已经跟其他一些老旧观念一样过时了，如人类的生命是卑微可鄙的这类想法。但是，过分乐观的积极观点似乎也是错误的。自己真的重要吗？斯蒂芬只是宇宙中一粒无关紧要的、即将被抛弃的微尘吗？他知道，自己血肉中的原子将消散在河流中，然后重新组合成其他事物，就像伊壁鸠鲁学派所说的那样。但是，他很难从中找到个人层面的参与感。除此之外，他还想到了共通的"人性"：自己是其中的一员，离开了自己它仍会继续前行。但是，这种想法也无法给他安慰。事已至此，他仍然希望"存在某种可以抚慰离别时刻的祝福——或者说某种神圣的感觉"。

思虑及此，他想起自己有一次参加泰晤士河上的划船比赛，他的船落后于其他人。他们已经接近终点线，而自己明显获胜无望。但是，他仍然继续像之前一样努力划船，因为他有一种模糊的感觉，即拼尽全力就是他的"责任"所在。现在，他吊在这块岩石上，重新想起了这种感觉。游戏的结局已经注定，但他必须坚持抵抗到最后一刻。这给予了他某种道德根基：这种道德不需要上帝，甚至不需要在宇宙中有任何意义，而只是出于人类的个人需要去履行某种属于他的责任。

维多利亚时代的人对"责任"有一种强烈的感受，几乎将其视为某种超越性的东西。乔治·艾略特对它也非常重视。有一天，她和朋友出去散步的时候就提到了"上帝、不朽、责任"这三个词语。她认为，第一个词语是难以想象的，第二个词语是难以置信的，唯有第三个词语是"不容置疑且绝对的"。[8]达尔文也曾写道，"对权利和责任的深刻感受"是"人类所有属性中最高贵的"（达尔文猜测，它们跟其他常见的道德属性一样根源于社会群体）。斯蒂芬貌似也思考过类似的事情，他在几年前曾经提到过自己的信仰丧失。"我现在不相信任何东西，但我并不比别人更不相信道德。"他还补充道，"如果可能的话，我希望像个绅士一样活着并死去。"

当然，我们在今时今日仍然对责任有很强烈的感受，但往往是将其置于某种特定的语境之中，如把它跟家庭或工作的需要联系在一起。然而，对维多利亚时代的人来说，责任几乎本身就是一个独立的实体。同时，它在本质上是人文主义的：它不需要上帝进行担保，而是来自我们自身的道德本性。做正确的事情是一种以人类为中心展开的愿望，它不仅是为他人而做，更是为我们自己的生命而做——同时也是为了我们的人性而做。

那个发生于阿尔卑斯山的故事有一个快乐的结局（从作者仍然活着这一事实你大概也能猜测出来）。领会到责任的真谛之后，斯蒂芬发现自己如果再冒一次险也许就能抓到另一个抓手。但是，这意味着他要纵身一跃，放弃现有的依靠。不过，他也已经没有什么可以失去的了。他确实触碰到了新抓手——但又错失了——然后开始下滑。然而，他又几乎立刻停住了。原来，有另一壁垒一直就在他的下方，可以更稳固地支撑着他，让他从那里退回原路。他看了一下手表，发现整场戏只过了五分钟——当然这是阿尔卑斯山上十分糟糕的五分钟——他还来得及赶上午饭。

在故事的最后，斯蒂芬暗示这只不过是个故事。不过，他的叙述可能还激发了另一个更加著名的虚构情节：托马斯·哈代（Thomas Hardy）小说中的一个事件。[9]他的《一双蓝色眼睛》也是在1872年开始以连载的形式面世的，哈代让他笔下的角色斯蒂芬·史密斯（Stephen Smith）跟他喜欢的年轻女性埃尔芙瑞德·斯旺考特（Elfride Swancourt）一起到海边的悬崖上散步。史密斯失足落崖，抓住了旁边凸出的岩层，悬挂在悬崖之上。埃尔芙瑞德离开去寻找帮助，但短时间内似乎不可能回来，因为周围压根儿没有其他人。史密斯的身体在那里荡来荡去，渐渐难以支撑。突然，他看到了一个三叶虫化石，正好就镶嵌在眼前的岩石里。他想，虽然我们相隔数百万年，但在死亡之时却距离如此之近。

但是，埃尔芙瑞德几乎是立刻就回来了。因为她并没去找人，而只是躲到灌木丛里脱下了长衬裤。然后，她把衬裤绑成绳子，把一头扔了下去，很快就把史密斯救了上来。事实证明，衬裤的用途不只限于制造纸张。

※

哈代既是小说家也是诗人。他有好几首诗都触及了上帝从人类精神图景中逐渐退出的现象。他的一些诗句充满了对古老确定性的渴望——如舒适的乡村教堂、赞美诗等——同时，他的另一些诗歌则暗示了一场伟大的解放。"上帝的葬礼"（God's Funeral）和"悲叹人类"（A Plaint to Man）展示了上帝的逝去，他就像西洋镜中的画片一样，随着后面的灯光熄灭而消失。当然，光一直都和人类的起源同行。哈代还说，上帝告诉人类今后要从同伴那里获取力量和慰藉：

> 在兄弟之情中紧密相连，无比荣耀，
> 令到处都充满善良的慈爱，
> 不再从那些不可求、不可知的想象中寻求帮助。

其他诗人也捕捉到了这种某些东西正在逐渐消失的感觉，如阿诺德。他在1851年前后开始创作诗歌《多佛海滩》（Dover Beach），直至1867年才发表。在这首诗中，诗人半夜里透过窗户看向海滩，听着退潮的海水滚动着鹅卵石。他想象这是一片信仰之海，人们的信仰也在退潮，只留下一个没有意义的充满冲突的世界："在这里，我们身处黑暗的荒原／争斗和逃亡带来的困惑惊惧席卷了一切／无知的军队在夜间冲杀。"他总结说，如果还有什么微弱的希望，那只存在于我们对他人的忠诚之中。（显然，他在海边度蜜月时受到了卧室窗外景色的启发，这让人怀疑那是不是一个令人愉悦的假期。）但是，阿诺德在其他时候依旧采取了务实的态度。他在《文化与无政府状态》里提出建议，认为应该坚持英国国教信仰。因为它的观点十分温和,并且属于官方,由此,我们可以在大多数时间里选择性地忽视它,自由思考,却不至于有什么危险。

其他作家的想象更加诚实,但也更加暴力。有人说,如果上帝死了,那一定是一场凶杀。英国诗人阿尔杰农·查尔斯·史文朋(Algernon Charles Swinburne)在1869—1870年写了《人的颂歌》(*Hymn of Man*),描绘人类首先创造上帝,然后审判上帝,最终杀害上帝。这不禁让人联想起弗里德里希·尼采一段更为著名的直到1882年才发表的文字:一个疯子提着灯笼穿越市场,他在寻找上帝,他大哭道:"我们全是杀害上帝的凶手。但是,我们是如何做到的?我们是怎么把海水喝干的?是谁给我们海绵,擦去了整个地平线?……这样的壮举对我们而言是否太过伟大了?我们自己难道不是必须成为神,只为了看上去与这些壮举相匹配吗?"在这种犯罪中,不会有人被判入狱或被处决,对凶手的处罚是令其承担起曾经属于被害人的工作。

19世纪还有其他一些比喻用来描述信仰的丧失,让人感到晕眩和迷失。小说家兼传记作家J. A. 弗劳德(J. A. Froude)如此描述他那一代人:"他们发现所有的光都漂移不定,指南针全都失灵,除了星星,已经没有什么可以用来指引方向的东西了。"他自己也有过一次这种迷失方向的经历。当他还是牛津大学埃克塞特学院的一名年轻研修员时,他发表了一部小说,题为《信仰的报应》(*The Nemesis of Faith*),内容是关于宗教怀疑的复杂性。结果,学院里的一名同事搭起篝火,公开焚烧了他的书。弗劳德也被迫辞职。总的来说,在牛津和剑桥的学院里很难出现宗教方面的怀疑论者,而且这种情况在整个19世纪都很少有所改变。在20世纪之初,珀西·比希·雪莱(Percy Bysshe Shelley)因为跟他人合著了一本名为《无神论的必要性》的小册子而被牛津大学的大学学院开除;再到20世纪之末,伯特兰·罗素(Bertrand Russell)又由于其著名的无神论立场而未能成为剑桥大学三一学院的研修员。之所以出现这种情况,是因为某些学院是作为英国国教神职人员的培训机构来设计的,丧失信仰就意味着失去饭碗。如果你是在成为神职人员之后才承认丧失了信仰,那你不仅会丧失生计,还会面临起诉。1860年，六名神职人员合写了一部关于宗教事务的批判性思考著作，名为《随笔和评论》(*Essays and Reviews*)。在威尔伯福斯的授意下，其中两人在教会法庭上被指控为异端并定罪（不过，这个判决后来被推翻了）。[10]

在这些象牙塔之外，承认自己持有这类怀疑论很可能会导致跟家庭痛苦决裂。当年轻的罗伯特·路易斯·史蒂文森（Robert Louis Stevenson）告诉父亲自己丧失了宗教信仰时，父亲用可怕的口气跟他说："你让我的整个人生都失败了。"另一个作家埃德蒙·戈斯（Edmund Gosse）花了很多年才得以摆脱普利茅斯兄弟会（the Plymouth Brethren）的禁欲生活，他的父亲菲利普·亨利·戈斯（Philip Henry Gosse）就是该组织的一员。在最极端的时候，埃德蒙的童年完全没有任何访客和游戏，除了《圣经》也没有任何书籍可以阅读。他在提及人文主义文化和友情时写道："我没有人性，而且我被小心翼翼地保护着，以防被人性所'感染'，就好像它是最危险的细菌。"后来他悲伤地回顾了那段经历，如果不是因为那个信仰体系，他和父亲原本可以建立起深厚的情感。特别是，他们在当时还有着共同的伟大追求：探索海边的潮水潭，收集标本。事实上，老戈斯在这些方面并非一个业余爱好者，他是一位著名的博物学家。但是，他在书里提出了很多怪异的解释，用来调和《圣经》的创世故事及古生物学家和地理学家的发现，认为它们可能同时都是真的。他的理论认为，上帝把这个世界造得比看上去的实际年龄更古老。但是，即使是虔诚的神职人员都不认为这个观点令人信服，甚至对他的说法感到愤怒，因为这相当于说上帝是一个蓄意骗人的骗子。这些都让老戈斯感到很伤心。[11]

其实，英国国教内部的很多神职人员对达尔文及其他新观点展现出了远超一般人想象的更开明的兴趣。他们都是受过良好教育的人，是各种文学作品的深度读者。除此之外，他们还有各自的兴趣爱好，如收集蝴蝶或探索海边的潮水潭。他们很可能是书店或图书馆里达尔文著作的第一批读者。

不过，他们很难平静地阅读这些书，捕捉蝴蝶的网有时会陷入进退两难的地步。正如赫胥黎的传记作者阿德里安·德斯蒙德（Adrian Desmond）所说："赫胥黎的邮箱里收到一封接一封来自牧师的信件，有的满含疑问与困惑，有的则试图追究其责任。"由于内心的变化，他们中的一些人心潮起伏，摇摆不定，就像罗丝·麦考利（Rose Macaulay）在其小说《白痴之言》（Told by an Idiot）中描写的那位牧师父亲。在那本书的开头处，母亲这么告诉她的六个孩子："好吧，亲爱的孩子们，我必须告诉你们一些事情：你们可怜的爸爸又丧失信仰了。"

一个女儿哀叹道："啊，我觉得爸爸实在太坏了。妈妈，难道他一定要在这个冬天——丧失信仰吗？我是说，他就不能等到下个冬天再丧失吗？"

一旦他承认丧失了宗教信仰，就将被解雇，全家人就要受苦。显然，这就是这个家庭的困境之所在。不过，另一个女儿却很乐观："也许，他到了下个冬天就会重新找回信仰。"

对文学来说，19世纪是一个伟大的世纪，作家们创作了很多有深度的长篇社会小说。其中很多主题都是关于怀疑论和达尔文的，它们甚至形成了一个鲜明的文学流派。[12]我们不妨来看一部具有代表性的作品：1888年玛丽·奥古斯塔·沃德（Mary Augusta Ward）的小说《罗伯特·埃尔斯梅雷》——她是一位多产的作家，而且娴静内敛地选择以自己婚后的全名汉弗莱·沃德夫人（Mrs Humphry Ward）进行创作。事实上，她也是一位"阿诺德"，因为阿诺德是她的叔叔。此外，她和赫胥黎家族也有联系，因为她的妹妹跟赫胥黎的儿子结婚了。

当我们看到她那巨大的、令

玛丽·奥古斯塔·沃德

人望而生畏的维多利亚时期的画像时，恐怕很难联想到娴静内敛。至少，当弗吉尼亚·伍尔夫（她自己也是一个令人心生敬畏的人）看到她时，立刻在附近找地方躲了起来。她之所以要躲着沃德，部分原因在于后者跟她在女性投票权上的观点不一致：伍尔夫非常赞同这一点，但沃德表示反对。而且，她还是"反对妇女投票全国联盟"（Women's National Anti-Suffrage League）的重要成员之一。然而，她却又为女性享有受教育权而不断奔走，跟其他人共建了"女性教育联盟"（Association for the Education of Women），为在牛津学习的女性提供帮助。本着阿诺德的精神，她也相信应该为穷人提供更好的教育。时至今日，你仍然可以在伦敦找到为成人提供教育服务的"玛丽·沃德中心"。

沃德绝不是一个不信教的人。但是，她着迷于怀疑论的发展及其在人类生活中产生的影响。《罗伯特·埃尔斯梅雷》——她二十六部小说中最经久不衰的一部——以一位牧师为主角，他的名字也是书名，他的妻子凯瑟琳（Catherine）是一个虔诚的信徒。他们的婚姻十分幸福，不过埃尔斯梅雷经历了一场悠长又缓慢的信仰转变。他不再关心布道，而是把时间花在给教区内的病人施医送药上，还竭力改善当地不健康的生活环境。凯瑟琳把他这项工作称为"跟尘土和下水道相关的肮脏活计"。他还用故事娱乐自己的信众，为了让他们开心，他经常为他们讲述莎士比亚和大仲马；他为信众提供了一种新的文学体验，让他们在半小时内"过一过别人的生活"。他还没有变成一名怀疑论者，就先成了一名人文主义者。这个过程不断发展，埃尔斯梅雷又相继读到达尔文的著作，并研究了历史。他十分苦恼，因为基督教引发的暴力和痛苦似乎远比它阻止的要多。他想知道，一个只作为人类出现的基督会是怎样的？通过想象，他可能是"纯粹人性化的，可以被诠释，同时总让人感觉很美好的基督教。这虽让他心碎，但这些描述好似将人引入梦幻国度，生命中所有的熟悉事物透过新的联系和视角得以再现"。

这种"纯粹人类"的世界就是一个梦幻国度，或者说类似于爱丽丝的仙境。现在，很多有思想的人都在那个国度探险。当你读过达尔文或赫胥黎以后，就会发现这个世界变得有所不同了。不过，每个人的人性需求仍然未变，人们仍然需要药物和下水道，仍然渴求确定性和意义。对那些追随埃尔斯梅雷的人来说，人文主义者秉持的价值或"人类基督"同样可以像传统神学那样提供这些东西，甚至做得更好。

因此，埃尔斯梅雷在属于他自己的"教义问答"中总结道，自己相信基督，但只是将其视为一个智者或老师，而不是一个制造奇迹的人，也不是一个能直接跟上帝沟通的人。他认为，即使是上帝本身也只应该被视为"善"的同义语：这是一种品质，当人们帮助自己的同伴或为他人牺牲时，它就会出现。这些思想最终内化为他的一部分，他指出："当每一个听到上帝声音的人类灵魂都跟拿撒勒的耶稣一样成为圣子，当'奇迹不再发生！'，一切就都功德圆满了。"

他不得不离开教会，加入了一个为劳动阶级男孩开设的不信奉神学的周日学校。他在课堂上展示电学和化学的奇迹，向孩子们介绍博物学收藏。他还在工人俱乐部里做演讲。总之一句话，他变得越来越像赫胥黎，甚至是沃德本人——只不过，他走得更远一些，因为他后来建立了一个跟教会相仿的替代性组织，这个组织以世界改善论为宗旨，致力于改革穷人的生存境遇。此处是沃德受到现实生活中一个名为托马斯·希尔·格林（Thomas Hill Green）的社会改革家的启发，此人就是小说里的"格雷"（Grey）。

埃尔斯梅雷的转变（在某种程度上）为这本书提供了一条漫长但清晰的叙事线索。其他人物角色都交织进了这条线索，每个人都对这些相同的问题展示出不同的视角。凯瑟琳的妹妹罗斯是一位很有天分的音乐家，她坚决不肯为了宗教的克己而放弃自己的艺术，即便凯瑟琳一直希望她这么做。埃尔斯梅雷在牛津的老朋友朗格汉姆（Langham）爱上了罗斯，他也是一个自由思想家。但是，跟坚强的埃尔斯梅雷相比，他为自己的怀疑倾向深感苦恼。纽科姆先生（Mr Newcome）则完全处在这条人物光谱中的另一端，他是一名有着"仪式主义"倾向的牧师，沉迷于各种严格的宗教仪式实践。听说埃尔斯梅雷认为不同的信仰可以共存，他竭力怒斥："我们怎么可以如此草率地去选择信仰，就好像这只是一个游戏？要知道，我们一直处在令人绝望的危险之中，罪恶和撒旦这两只'猎犬'一直跟在我们身后！"他还说："我一直将生命视为一条夹在悬崖之间的狭路……人类用流着鲜血的手脚匍匐向前，朝着一个狭窄且唯一的出口爬去。"当他说出这番话时，还用双手比画出爪子的样子来解释"爬行"这个词。埃尔斯梅雷只是平静地想："这是一种多么畸形的生活啊！"

我认为，他的妻子凯瑟琳是书中所有角色里最感人的。她并不是纽科姆那种行为丑陋的狂热者，甚至尝试容忍埃尔斯梅雷世界观的转变。不过，由于一个充满爱的理由，她发现这很困难：那就是丈夫死后的命运。达尔文的妻子埃玛（Emma）也有相同的担心，达尔文在婚前给她打过预防针，告诉她自己不是一个信仰者。她很感激他的诚实，但也很害怕自己死后不能再见到他。德尔图良或克吕尼的伯纳德宣传的那种基督教已经深入人心：想到最亲近、最亲爱的人将来会下地狱，这种前景实在让人开心不起来。

凯瑟琳为丈夫的未来感到伤心，不过，还有一个更直接的麻烦等待着她，那就是丈夫的失业。沃德生动地传达了这些精神和现实的危险。哪个女人能眼睁睁地看着跟自己生活在一个屋檐下的心爱丈夫走向地狱？然而，这却是维多利亚时期很多家庭的共同遭遇。

即使按当时的标准来看，《罗伯特·埃尔斯梅雷》的篇幅也不算短。[13]有一些很受尊重的批评家如威廉·格拉德斯通（William Gladstone）十分恼火，并给出了苛刻的评价。他认为，这本书不仅在宗教方面令人不安，在叙述上也过分说教化。亨利·詹姆斯（Henry James）将其比作一艘满载密密麻麻货物的慢船——他应该知道这一点的！

事实上，我是怀着忐忑的心情接近这本书的，然后惊讶地发现自己居然会对其非常着迷。如果你已经对那个时代的信仰危机和怀疑论倾向有一定的兴趣，那将会对阅读该书很有帮助。在这方面，我并不孤独。《罗伯特·埃尔斯梅雷》在出版上赢得了口碑，大获成功，仅第一年就在英国卖出约四万册，在美国卖出约二十万册。其中，有一些是盗版——而且数量很多，以至这本书成为一个重要判例，经常被那些想为作家和出版商争取国际版权保护的社会活动人士援引。这些人后来胜利了，并在1891年获得了想要的保护：这本身也是人文主义的一次小小胜利。

从人文主义者的视角来看，最有趣的是埃尔斯梅雷并没有止步于怀疑的海洋，或在黑暗的荒原中迷失。他确实丧失了某个版本的自己，但这不是故事的最终主旨。相反，它要做的是寻找一套积极的、人文主义的价值取而代之。对埃尔斯梅雷来说，这种价值可成为一种新宗教。

其他人也在寻找一种新的、人类化的宗教。不过，其中一些探索结果显得非常怪异。

※

如果你想重新设计基督教，让其适应这些人文主义的新理念，那么一个方法就是把耶稣故事中所有超自然的部分去掉，只剩下一个古早的伟大的道德导师激励人心的故事。在这方面已有先例，最著名的就是美国建国先贤托马斯·杰斐逊（Thomas Jefferson）。1819年，他把《新约》的书页进行剪切重组，形成了一个新的故事，讲述了耶稣的生平，但去除了诸如处女受孕、奇迹和复活之类的元素。剩下的部分主要强调了耶稣的道德教诲，特别是"登山宝训"。[14]杰斐逊把这个新的文本叫作《摘自希腊文、拉丁文、法文和英文福音书的耶稣生平和道德》(*The Life and Morals of Jesus Extracted Textually from the Gospels in Greek, Latin, French & English*)。不过，发售之后，人们更喜欢把它叫作《杰斐逊圣经》(*Jefferson Bible*)。正如他在一封信中所说，其意图在于去除那些被他称为"amphibologisms"的内容，抑或说模糊不清的元素——他怀疑，《圣经》里有些内容历经多人增删，有些根本就是假的。如此一来，剩下的内容便是"人类历史上最崇高仁慈的道德准则"。从某个方面来说，他的工作遵循了瓦拉和伊拉斯谟的传统：质疑文本，努力回归更纯粹、更有益的内容。他只是更进一步地推进了这一想法。

其他人倒是没有真正把《圣经》的书页剪碎，但他们的想法也是保留《圣经》的积极理念和故事，去除其超自然的内容。阿诺德就是其中一员，他有一篇长文《文学和教条》（*Literature and Dogma*），论述了应该主要把神圣文本视为文学的观点——如此一来，它们也就成了在文化上造就甜蜜和光芒的纯粹人文之源。[15]他希望用这种方式重新吸引那些远离宗教的人，同时阻止更多的人离开宗教。但是，没有了这些超自然的内容，用什么把人们重新吸引回来呢？答案只能是优秀的文学：既要文以载道，又要有一个令人难忘的中心人物。

对一些人来说，作为一个文学男主角的耶稣甚至远比其所象征的道德目标更加迷人。在19世纪中期，出现了两部很有影响力的耶稣传记，他的生平被放在了历史语境中进行考察，并审视他的生平及其神话所透露出的意义。其中，较为重量级的一部是德国历史学家大卫·弗里德里希·施特劳斯（David Friedrich Strauss）在1835年出版的《耶稣传》（*Life of Jesus*，后来由乔治·艾略特翻译为英文）。另一部更具可读性的则是法国人欧内斯特·勒南在1863年出版的《耶稣的生平》（*Life of Jesus*）。

正是由于阅读了施特劳斯的书，勒南才走上了这条道路：当年轻的他在家乡布列塔尼为了成为一名神父而努力学习时，他恰巧读到了这本书。影响是立竿见影的，他决定离开神学院。不过，他仍然是一位《圣经》学者和历史学家，更赞同自然神论而不是无神论——他相信上帝创造了这个世界，并且在抽身离去之前使其充满了"神圣的灵感"。耶稣只是一个人类，但又不是普通的人类。勒南用自己的妙笔刻画了一个极端但又有远见的人，他一点点远离了尘世的牵绊，走向一个只有他才能看见的梦幻天堂。到最后，耶稣事实上已经不再属于这个星球。勒南让我们感受到人们为什么对耶稣如此着迷，他运用心理小说家的技巧展现了耶稣的品性，描绘了他的品性如何从普通人性中逐渐升华，但又从未完全离开它。同时，他还运用了自己无比渊博的学识（以及多次去历史事件发生地旅行获得的经验）把耶稣扎根在他的历史和地理语境之中。他生动地描绘了在希腊和罗马的文化世界之外成长意味着什么。

欧内斯特·勒南

尽管勒南声称自己在出版前已经放低了调门，防止造成太多的冒犯，但这本书还是跟施特劳斯的书一样引起了轰动。他逃离巴黎，回到布列塔尼，却发现自己的恶名早就先自己而到。他先前的一个老师对他说："我一直觉得你阅读得太刻苦了。"从个人的角度来说，勒南似乎挺享受这种轰动。根据某个听过他演讲的观众的叙述，每当他要开口（露出一排"非常细小的牙齿"）说一些惊世骇俗的观点时，圆脸上的眼睛总是会闪烁。[16]美国自由思想家罗伯特·G. 英格索尔认识勒南，而且跟他一样喜欢闪烁眼睛。每当他看到一些顽固守旧的人被勒南快乐且谦虚的行为激怒时，都会感到好笑。英格索尔写道："他的精神举止太棒了，如此快活，如此富有哲理，像小丑一样诙谐，充满了玩笑和打趣，但又是如此可靠且符合常识。"

英格索尔其实属于另一个思想路径，他既不认为耶稣的故事激动人心，也不认为他在道德上是明智的。英格索尔认为，基督没有对理解物质世界的运行过程表现出太大兴趣，也没有想办法提升生活于其中的人类的生存境遇，这是他的失败之处。福斯特也有相同的感受：他承认，自己不喜欢耶稣不理尘世及其对智性好奇心的拒斥，并且发现"他缺乏幽默感和乐趣，以致我的血液都要为此而凉了"。福斯特不认为他会喜欢作为个体的耶稣。个体维度对他来说是一个非常重要的因素，因为个体的感受就是一切。也许，所有问题的关键在于始终有一些神圣的东西是跟耶稣绑定的，无论你相信那种神圣与否。有些人确实会尝试把耶稣变成"人性的，太人性的"，但他始终还是那种把自己完全奉献给超越与救赎的人，臣服于上帝，爱戴圣父。

对那些想让自己的宗教更加人性化一点儿的人来说，其实还有另一种选择，就是把人性本身放在上帝或耶稣的位置上进行崇拜。

这条路径也有其先驱者。法国大革命之后，曾短暂出现过一个势力很大的世俗"宗教"。当时的革命者希望消灭天主教，所以将其设计出来取而代之。他们把教堂洗劫一空，甚至曾一度考虑拆除一些大教堂，如沙特尔大教堂。直到某位建筑师站出来指出，拆除这样一座大型建筑所产生的垃圾足以堵塞整个市中心好几年，他们才最终作罢。不过，他们也明白普罗大众需要一个精神替代品，所以他们打造了一些拟人化的偶像，如理性、自由和人性，把它们作为崇拜的对象。巴黎圣母院的祭坛被换成了一座向自由献祭的祭坛，1793年11月10日人们还在那里举办了一场"理性节"（Festival of Reason）。活动内容包括"理性女神"（Goddess of Reason）大游行，"理性女神"由组织者安托万－弗朗索瓦·莫莫洛（Antoine-François Momoro）的妻子索菲·莫莫洛（Sophie Momoro）扮演。不过，这个崇拜人性和理性的宗教在之后的第二年就失宠于马克西米连·罗伯斯庇尔（Maximilien Robespierre）。他把安托万－弗朗索瓦·莫莫洛和其他人都送上了断头台，以此来表达自己的不满。然后，他向众人介绍了自己的信仰，即更倾向自然神论的"至高存在崇拜"（cult of the Supreme Being）。这种崇拜一直持续到1801年，拿破仑将其禁止，然后传统宗教又被请了回来。

对此类抽象理念的崇拜一直持续着。在德国，哲学家路德维希·费尔巴哈（Ludwig Feuerbach）在1841年的著作《基督教的本质》（这本书后来也被乔治·艾略特翻译成了英文）中提出要遵循一种人类宗教。费尔巴哈认为，一神论宗教来源于人类，因为他们总是选择自己身上最优秀的品质，然后将它们命名为"上帝"，并对其进行崇拜。所以，人们不妨去掉这个中间商，直接崇拜人性本身，或者说崇拜我们身上属于道德的那一部分。费尔巴哈自己倒没有建立这样一个宗教，但是有些人的确这么做了，其中最著名的就是法国思想家奥古斯特·孔德。

LA FÊTE DE LA RAISON, DANS NOTRE-DAME DE PARIS, LE 10 NOVEMBRE 1793
D'après le tableau de M. Ch. L. Muller, dix-neuvième siècle.

巴黎圣母院的"理性节",地点在巴黎,时间是1793年11月10日,索菲·莫莫洛扮演理性女神

孔德有些很棒的想法:他建立了社会学这个学科,并且用"实证主义"这个术语来描述他的信念,即如果我们的生活建立在经验(或称"实证")科学之上,我们就可以更好地支配生活。他的科学化世界观使得他对传统宗教持拒斥态度,但他的社会学告诉他,人们在生活中又需要某种仪式性的东西来替代它。因此,他就设计了"实证主义宗教"(Positivist religion),又称为"人类宗教"(Religion of Humanity)。这种宗教崇拜抽象的对象,但它的宗教实践却一点儿都不抽象。

首先,孔德从小就是一个天主教徒,他很确信自己的宗教需要一个理想的女性形象来代替圣母玛利亚。恰巧,他在一位自己很喜欢的女性身上找到了这个形

象,即克洛蒂尔德·德·沃(Clotilde de Vaux)。她经历了一场不幸的婚姻,丈夫抛弃了她,且她在很年轻的时候就去世了。这些经历让她变成了一个完美的符号,象征着温柔和痛苦的女性美德。在"人类宗教"中,她有时似乎显得比人类本身更伟大。但对于现实中的女性,孔德的宗教就没这么大方了:它对她们唯一的期待就是一心一意抚养孩子。[17]

除此之外,他还需要用自己的圣人来取代天主教的圣人。孔德在一系列展现人类卓越品质的艺术家、作家、科学家甚至宗教思想家里寻觅可靠的人选,如摩西。他用这些人的名字来命名月份——这个灵感来自革命历①(Revolutionary calendar)。当然,一个高高在上的教宗也是必不可少的。他似乎有意把这个角色给他自己,却没有时间公之于众,因为他在1857年就去世了。

在这之后,实证主义宗教像滚雪球一样扩大,并在全世界各个国家都赢得了信众。它在巴西获得了持久的胜利,因为该国在1889年发生了政变,建立了新共和国,而它的一些建立者接受了该宗教。实证主义宗教对理性主义哲学的推崇及对战争和奴隶制的反对深深吸引了他们。于是,他们在里约热内卢建起了一座壮观的人类圣庙(Templo da Humanidade),它以巴黎先贤祠为原型,在里面陈列了一幅克洛蒂尔德·德·沃怀抱婴儿的巨幅画像,极具特色。不幸的是,它的屋顶在2009年的一场风暴里倒塌了,不过其他实证主义教堂仍然屹立在巴西的其他地方。

实证主义者在英国的表现也十分出色。在那里,早已经有很多人沉浸于怀疑论的无尽海洋之中。1859年——这一年也是《物种起源》和密尔的《论自由》出版的年份——孔德作品的英国译者理查德·康格里夫(Richard Congreve)在伦敦开设了人类宗教的分支机构。刚开始时,大部分聚会都在他自己的家中举行。为数不多的信众聚在一起听取布道,吟诵《实证主义信条》(Positivist Creed),

---

① 又叫法国大革命历、共和历、法国历等,是法国大革命期间创建和实施的一种历法,法国政府在1793—1805年使用了12年,巴黎公社在1871年使用了18天,目的在于割断历法与宗教的联系,消除天主教在群众生活中的影响。

其中包括这样一些句子,如"我相信人性的统治即将到来"等。在一次布道之中,康格里夫甚至说人性是"我们在这里承认的最高的伟大力量"。[18]人们在那里放音乐、朗诵诗歌。其中,一个常见的选项就是乔治·艾略特的《无形的唱诗班》(*The Choir Invisible*)。[19]它表达了这样一种愿望,那就是她更愿意在人类记忆中不朽,而不是死后进天堂。实证主义者将它谱成乐曲,当成赞美诗来吟唱:

啊,我希望加入这个无形的唱诗班,
死去的人在那里重生,
他们生活在一个因其存在而变得更好的思维世界之中,
活在慷慨的心态之中,
活在勇敢正直的行为之中……

乔治·艾略特对人文主义和世俗理念有很大的兴趣,我们可以从她选择翻译的书目看出这一点。不过,每当她碰到实证主义教会的英国信徒,却总是避而远之。部分原因跟福斯特对待耶稣基督的态度是相同的:从个人的角度来说,她不喜欢他们的领导人。她和康格里夫是邻居,不过,她感觉在康格里夫和蔼可亲的表面之下隐藏着一颗冷酷的心。

同时代的其他伟大的知识分子一旦涉及宗教和科学等主题也会表现得非常谨慎。密尔曾经撰写过一篇文章嘲笑孔德主义者对宗教仪式的迷恋。他还特意指出,尽管孔德在仪式上如此崇拜女性形象,但在现实生活中却对女性的际遇一点儿都不关心。赫胥黎观察了一眼这个宗教,然后就将其总结为"没有基督的天主教"。

当然,英国的"人类宗教"教会的一些成员对过多的宗教仪式也持保留态度,结果就是它遭遇了所有宗教的共同命运:宗派分裂。这场分裂开始于1881年的一场聚会,关于该事件还有个笑话——它来自T. R. 赖特(T. R. Wright)在《人类宗教》(*The Religion of Humanity*)中的有趣叙述——"他们乘坐同一辆出租车来到教会，出门的时候却分成了两路"。

脱离康格里夫领导的那路人马奉弗雷德里克·哈里森（Frederic Harrison）为首领。他更偏爱那种不太烦琐的宗教意象和法器。而且，他还认为"在肮脏洞穴里嘟嘟囔囔进行的天主教仪式"让实证主义看起来非常荒谬。不过，赞美诗仍然是存在的，他的妻子埃塞尔就编了一本赞美诗的选集，其中包括《向你欢呼！向你欢呼！人类之子！》（Hail to Thee! Hail to Thee! Child of Humanity!）等作品。不过，他们的聚会场所确实更加明亮了，在伦敦脚镣巷（Fetter Lane）的牛顿大厅。此外，哈里森的整个宗教路线也更加温暖人心。没有人认为他冷血，相反，他非常亲切，富有幽默感。安东尼·特罗洛普（Anthony Trollope）有一天看到他骑马外出，形容他看上去就像"一个骑在河马上的快乐屠夫"。哈里森的儿子奥斯汀在回忆录里为他留下了一幅精彩的肖像。据他回忆，父亲会在家里表演他最喜欢的作家莎士比亚的作品。他的表演非常滑稽和夸张，引得孩子们大笑不止，一直到大家笑不动了他才停下来。他还为孩子们请了一个家庭教师：手头拮据的小说家乔治·吉辛（George Gissing）。吉辛讲述了自己在不同求学阶段的恐怖故事，孩子们听得很是入迷。因为当吉辛回忆到鞭打的情节时，还会模仿响亮的"噼啪"声，从而让故事更完整。

尽管有着如此大的人格魅力，还有那么多欢乐的赞美诗，"人类宗教"总的来说留下的仍是不幸的遗产。即便是在今天，人文主义者仍然普遍认为"人类宗教"只不过是想用一个宗教来替代另一个宗教，他们用人类制造出一个偶像，把所有其他物种都看成低人一等的存在。就孔德的宗教设计来说，这些评价大部分都是对的。然而，它们却不是现代人文主义的特点。相反，现代人文主义反对所有类型的教条主义，而且强调应该像尊重人类一样尊重非人类的众生。

在我看来非常遗憾的一点在于，孔德关于理性和道德的人文主义理念原本是很好的，但它们居然必须跟另一个极具侮辱性的想法结合在一起，即人类必须拥有圣人和处女圣母，否则便会出现理论上的困难。密尔就此对孔德的思想表示了反对，他问道："为什么总要普遍地把思想给系统化，为什么总是系统化和系

第九章　梦幻国度　281

化！"为什么要如此迷恋意识形态、仪式和规则？密尔哲学中一切关于自由、差异化和"生活实验"的观点都与此背道而驰。他震惊地看到，一种始于人类"进化"欲求的哲学居然以对教条的服从为结尾。

19世纪是一个转型时期，无论是科学还是人文学科皆是如此。所以，当我们看到这种出乎意料的时代回应时，无须感到惊讶。人类化的基督和"人类宗教"只不过是其中的两朵浪花，除此之外还有更多的可能性存在。哈里森的儿子奥斯汀在回忆录里为我们提供了一幅生动的年代图，描绘了维多利亚时代伦敦知识界的自由氛围，他自幼生长于这样的环境。他说，那里充满了激进主义者、进化论主义者、自由思想家、不可知论者和实证主义者，如果不成为他们中的一员，就会"变成一个透明人"。关于"上帝之死"的种种戏剧、丧失信仰所带来的迷失、代替传统的疯狂尝试、对道德导师的渴望、对科学产生的兴奋——所有这些都交织在一起，形成了人文主义历史上一个不同凡响的时刻。

与这一幕相关的戏剧仍在我们的时代继续上演，我们仍在做出相似的提问，只不过表达方式有所不同：人类如何融入其他类型的生命及物质宇宙？我们要怎么做才能调和科学推理的结论和宗教思想留下的遗产？我们是否需要英雄、圣人和道德楷模？人类到底是什么，为什么他们会主导着这颗星球，以至很多人开始把我们所处的时代称为人类世？当然，我们现在还没有答案，也许永远也不会有答案。不过正如不可知论者所说，有时候没有确定的答案才是最好的。

当哲学家伯特兰·罗素回顾这段时期时——19世纪正是他的童年时期，从紧随其后的那个与之完全不同的世纪的角度看——他写道，那个世纪似乎很天真，而且充满了"谎言"。不过，它有一个很重要的优势：人们在那时更多地被希望所推动，而不是恐惧。在他看来，人类要想繁荣或者是继续存活，就必须明智地应对恐惧，并恢复一些希望。

第十章 希望博士

主要是1870年以后

另一个三人组，这时的人文主义者怀着积极的态度生活在一个充满希望的时代——路德维克·拉扎鲁·柴门霍夫（Ludwik Lejzer Zamenhof）发明了一门语言——罗伯特·G.英格索尔相信幸福——伯特兰·罗素满怀壮志，环顾四望在19世纪，人们有很多种方式让自己充满希望。有些人把希望放在政治革命上，有些人则梦想在英国人的带领下让全人类走上进步的阶梯。有些人信仰民族主义的胜利或宗教的超越性。还有一些人是另类的乐观主义者：为了全人类的利益，他们希望找到某些理性的方法，推动人类走进一种没有偏执、没有迷信、没有战争的生活。

本章就讲述了三个怀抱这种希望的英雄。他们都属于19世纪，继承了很多那个世纪的精神。其中，有两人活过了那个世纪的末尾——如罗素，他甚至在那之后还活了很久。但是，英格索尔则在1899年去世，没能挺到最后。

另一位活到了第一次世界大战，他对人性的希望在这次战争期间遭受到很大打击。我们首先要介绍的就是他：柴门霍夫。他是一门语言的发明者，而你从这门语言的名称上就能看出他的乐观主义。

※

柴门霍夫于1859年12月15日出生在比亚韦斯托克（Białystok）的一个犹太裔家庭。这给了他第一手的经验，让他得以见识压迫和民族偏见会对人民生活造成多大伤害。比亚韦斯托克现在属于波兰，但在漫长的历史上曾属于多个不同的国家。最初，它属于立陶宛庞大领土的一部分，后来曾短暂归属波兰，之后又成了普鲁士的一部分。在柴门霍夫的青少年时期，名声不佳的俄国人控制了该地。不久，德国人又侵略了它两次。此地既有俄国人、波兰人，也有德国人和犹太

柴门霍夫

人,是个大杂烩:每个族群都不喜欢也不信任其他族群,而犹太人则是所有人中境况最糟糕的。

当柴门霍夫还是一个男孩的时候,他就注意到这座城市里不同族群之间缺乏理解。不同族群只对自己的语言满怀认同,把其他语言和族群看成是异己的、具有威胁性的,这进一步加剧了不同族群之间的不理解。不管他走到哪里,总是听到人们在提俄国人、波兰人、德国人和犹太人,但从未听到他们提及"人"。

比亚韦斯托克的居民经常要学习一点儿其他族群的语言,但这项工作非常辛苦,而且这意味着对他人领域的渗透:没有哪门语言是完全中性的。当柴门霍夫还是青少年时,他就在考虑能否找到一门新的语言,学起来不那么费劲,同时也不被某个族群所专有。他认为,这样也许可以改善现状。他倒不是想让大家忘记自己的母语和文化,而只是希望出现一种额外的语言作为工具帮助大众进行沟通,理解别人的生活,从而认识到所有人的生活都是相似的。

这是一个美好的想法,而且带有一丝古代传说的气息。《旧约》就讲述过巴别塔的故事,一群说着共同语言的大城市居民聚在一起设计建造了一座高塔,几乎探到了天堂。上帝向下看着它说:"看啊,人类团结在了一起,他们有着共同的语言;现在,他们开始做他们想做的事情了,没有什么可以阻止他们。"上帝不喜欢人类的这一发展前景,于是摧毁了高塔,将建造者四下分散,让他们的语言变得多样化,这样他们在未来就很难为了共同利益在一起工作。从那时起,语言和文化上的理解困难就困扰着人类,让人类变得软弱,难以形成福斯特所说的"互联",也无法达成伊拉斯谟所说的"许多人之间的友谊"。

对伊拉斯谟所处的时代及欧洲历史上很长一段时间来说，拉丁语扮演着这个角色。它发挥了很好的作用，以至一些语言学家（如但丁）甚至认为拉丁语是一门人造语言，罗马人将其创制出来用于克服巴别塔事件之后出现的方言土语分散问题。由于是经过"委员会"设计而成（"经过许多人的同意制定而成"），它具有这样的优势，即不会受到个人意愿的影响，更不会因此而改变。但洛伦佐·瓦拉又破坏了这一理论，他指出，拉丁语其实一直在充满活力地发生着变化。

不过，拉丁语只在少数受过教育的人之间使用。而且，即使是在这个群体，到了19世纪晚期，使用人数也在下降。它只在学校教育领域广泛存在，能够正确运用它进行沟通的人则一直在减少。柴门霍夫曾考虑过使用拉丁语或希腊语，但最终还是放弃了，主要原因是它们像俄语和波兰语一样，有着复杂的动词变位和名词后缀，让学习者备受折磨。这些语言也缺乏指称现代事物的词汇——西塞罗主义者也曾面临这一难题。

于是，他开始收集笔记本和语言指南——由于父亲和祖父都是语言老师，所以他有很好的条件去收集这些材料——并以易于学习为原

巴别塔的建造者们开始发生争执，因为他们的语言变得不可沟通

则创造一门属于自己的语言。他去除了词性、格后缀和动词变位，反过来从不同的语系里选取了大约九百个词根，为其加上连续一致的前缀和后缀，以此生成更多的意义。当完成这门语言的第一个版本时，他举行了一个派对。当时是1878年12月17日，刚好在他十九岁生日之后。所以，这个生日派对既是给他自己的，也是给这门语言的。柴门霍夫的朋友和家人聚在桌前，上面巧妙地摆放着蛋糕、笔记本和词汇表，他们放声高歌：

> *Malamikete de las nacjes,*
> *Kadó, kadó, jam temp' está!*
> *La tot' homoze en familje,*
> *Konunigare so debá.*[1]

> 各民族间的恩怨，
> 到了一笔勾销的时候了！
> 全部人类，
> 都应该团结为一家人。

在柴门霍夫为这门语言赋予更完整的形式之前，他必须克服一个令人沮丧的挫折。造出这门语言之后，他就前往莫斯科学习医学。（后来，他专攻眼科，余生一直在华沙的犹太人社群中工作。）他的父亲害怕这门语言会分散他的注意力，使其不能安心学习，于是就像彼特拉克的父亲一样干涉了儿子的爱好：他拿走了儿子的笔记本。这些资料被放在一个包裹中，然后锁进了家里的橱柜。柴门霍夫接受了这一举措。几年后他回家度假时，又请求重新拿出这些笔记本，让自己至少可以在休息之余做一点儿工作。不过，他这时才得知，父亲并没有把这些材料保存好，而是早就拿出来烧掉了。这下，他的父亲确实把彼特拉克父亲的故事给演活了，不同之处在于这次的火焰没有放过任何东西。

柴门霍夫没有选择，只好依据记忆重新创制整门语言。他确实做到了。1887年，他写成了第一本入门书，即广为人知的《第一书》（*Unua Libro*），上面有他的笔名"Doktoro Esperanto"，意思是"希望博士"。[2] 由此，这门语言也被人称为 Esperanto①——充满希望的语言。

为了跟这门语言相配合，柴门霍夫还试着创立过一个充满希望的宗教。康德就曾在1795年意识到宗教和语言是导致人类分裂和战争的两大根源。因为，

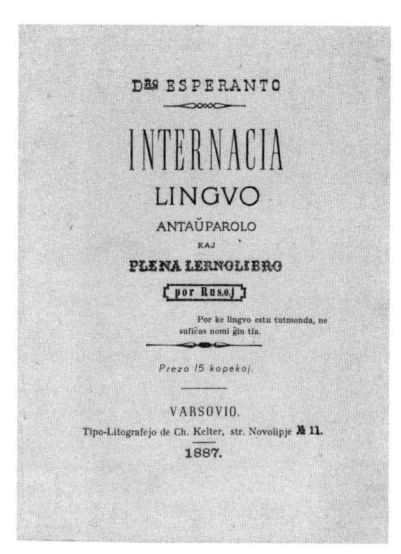

《第一书》，1887年

它们在人群中造成了鲜明的差异。正如语言争端一样，柴门霍夫认为假如存在一个共同的第二宗教，人们可以将其加入自己的文化和实践之中，那么他们就可以更容易跨越差异。[3] 这等于说，每个人其实都共享着一种基本的精神化人性，同时也在某种程度上共享着某些基本价值。例如，我们可以在犹太神学家希勒尔等人提出的金规则中找到普遍伦理的关键所在："不要对他人做你不愿意被对待的事情。"我们可以在很多文化里找到这一规则的变种。由于它很容易被记住，所以可以作为一个很好的起点，由此出发创立一门符合该精神的世界语。最初，柴门霍夫用希勒尔的名字来命名该宗教，并在1901年出版了介绍性导论《希勒尔主义》（*Hillelism*）。他还新起了一个笔名与之相配："吾本是人"（Homo Sum），取自泰伦斯的典故。后来，这个宗教的名字也变了（当然是在世界语里），它变成了 *Homaranismo*，意即"人文主义"。

并不是每一个世界语运动的参与者都喜欢掺和到宗教中去。柴门霍夫吸取了

---

① 即世界语。

第十章 希望博士 289

他们的建议，刻意淡化了他理想中的这一想法，甚至在世界语聚会上发表演讲时也非常注意。[4]不过，这其实是殊途同归的：Homaranismo 只是为人们增加一层沟通和共通的人性，而不是要褫夺任何人的宗教。柴门霍夫本人在青年时期是一个犹太复国主义者，深深地扎根于其所工作的犹太社群，并十分骄傲于自己的犹太人身份。不过，他又增加了一个额外的想法：人类之事没有什么与我漠不相关。

世界语主义者最先承认，自己的计划需要很强的乐观主义。《第一书》在开篇处说道："当读者拿起这本小书，一定会带着不可思议的微笑，以为自己要阅读乌托邦里某些好公民的不切实际的计划。"（或者如一个早期英译本所言："读者肯定会怀着不信任的态度把这本书捧在手里，认为自己要面对某个不可实现的乌托邦。"）确实，很多人会感到好笑，把世界语看成某种堂吉诃德式的幻想，因为它来自这样一种观点，即人类可以在普遍的友谊中教会自己拥抱他人。

这个想法可笑吗？这取决于你如何看待它。确实，尽管世界语已经存在了超过一个世纪，我们却仍然没能取得世界和平，甚至没有在正确的道路上保持前进。很少有人听说过 Homaranismo，当然，关键是政府也没有太注意过世界语——至少没有采取一种良好的方式。（我们会在后面介绍。）除了世界语主义者，从没有哪个国际组织采用过它。1908年，一位名叫威廉·莫利（Wilhelm Molly）的世界语医生想在家乡莫尔斯奈特（Neutral Moresnet）创建一个世界语微型王国。此地位于比利时，是个中立的区域，但德国经常宣称对其的主权（因此，这个地方经常遭受侵犯，跟比亚韦斯托克非常相似，只不过面积略小）。莫利医生准备将其改名为 Amikejo，即友谊之地。但是，20世纪没有为友谊与和平的世外桃源留下空间。随着第一次世界大战的开始，这个计划破产了。直到1967年，玫瑰岛共和国（Rose Island）将世界语用作官方语言。这个国家位于远离意大利里米尼（Rimini）海岸的一个海上平台。不过，这个国家的建国目的并不是那么理想主义，他们只是为了逃避意大利的税收和法律。所以，意大利政府后来把它炸毁了。

不过，柴门霍夫和世界语主义者一直认为这门语言的理想是有价值的，且在某种程度上这门宗教也是如此。这主要是因为它们代表了持续不断的希望。大多数人可能都不会接受世界语和 Homaranismo 的这些规划，但是它们确实提出了一种可能性。它们是一种尝试，就像蒙田的"随笔"（essays）一样。虽然它们没能改变这个世界很多，但人们应该庆幸世界上存在这种尝试。世界语主义还为那些愿意参与其中的人提供了一个互通有无的国际联系网络。

世界语纪念牌，纪念彼特拉克，位于沃克吕兹的泉水小镇

而且，世界语主义总是会出现在你最意想不到的地方。当我写这本书的时候，曾去参观过彼特拉克在沃克吕兹的住房遗址。当时，我沿着他最心爱的河流前行，然后惊讶又高兴地发现一堵墙上挂着用世界语书写的牌子。旁边还有一块牌子用法语对其进行了翻译，日期可以追溯到1937年。这些文字纪念了彼特拉克的诗歌和历史研究，以及他的决定——一个要追溯到六百年前的决定——他要在这个美丽的地方建造属于自己的房子。

※

还有一个稍早一些的人物，他也被希望和可能性所驱使，而且此人无论从什么意义上来说都十分卓越。我们在之前的故事里已经提到过他，他就是英格索尔，也是我们在序言里提到的那个幸福信条的作者：

> 快乐是唯一的善；
> 此时就是快乐之时；
> 此地就是快乐之地。
> 令他人也快乐是获得快乐的坦途。[5]

多亏了那个时代的技术创新，我们现在得以亲耳聆听他是怎么说出这些话的。只不过，声音非常微弱，而且充满杂音。他于1899年在托马斯·爱迪生（Thomas Edison）的录音工作室录下了这些声音。纽约的德累斯顿（Dresden）是英格索尔的出生地，那里有一座博物馆收藏着这只记录了他的声音的声桶（phonographic cylinder）——除此之外，该博物馆还收藏了他另一只声桶，记录着他那个伟大的主题："希望"。

英格索尔是一位不可知论者和理性主义者，是那个时代关注此类主题的巡回演讲家中最具魅力的代表人物。我觉得，几乎可以说他就是个巡回布道者，他与这种人物类型的相似之处都不是偶然的。英格索尔在这条道路上成长起来主要得益于自己的父亲，后者是一名公理会牧师，经常从一个地方搬家到另一个地方——因为，他每到一地总是会公开自己的观点，特别是对奴隶制的反对，这会让当地人深感不安。英格索尔的出生之日被记在了一本家庭《圣经》里：这一天是1833年8月11日。在另一本家庭《圣经》里，这个日期则是8月12日。他曾开玩笑说："所以，你可以看到，我在《圣经》里发现的第一件事就是矛盾。"

在其成长过程中，他有机会见识到布道者借助语言和纯粹的物理存在物以多种方式去取悦、引诱、挑战和激励大众。随着他的成年，其所从事的职业进一步磨炼了这些技能。刚开始，他是一名学校老师。不过，他很快就在这个行业待不下去了。因为他总是喜欢在课堂上开一些不合时宜的玩笑，比如，他说洗礼是一种很健康的实践，不过你必须从头到尾都得使用肥皂才行。

后来，他又接受了律师训练。在美国内战期间他参加了作战并被捕，这让他终生痛恨所有战争。一个友善的法官在他学习法律期间允许他使用自己的私人图书馆，里面不仅有中国和印度的哲学书籍，还有卢克莱修、西塞罗、伏尔泰、潘恩、斯宾诺莎、休谟、密尔、吉本、达尔文和赫胥黎的著作——用当时的话来说，这是一份为崭露头角的"自由思想家"准备的完美书单。英格索尔在年轻时没有机会接受完整的人文主义教育，现在可以通过书架来完成。在学习中，他震惊地发现，在过去人们仅是表达一下这些观念就会被指控为亵渎神明。让他更为震惊的是，当时的美国居然仍存在这种指控。他开始在实务中接手此类案件。他在法庭上表现完美，慷慨激昂，声音洪亮。很多年轻律师都竭力去模仿他，但很少能够成功。其中，克拉伦斯·达罗（Clarence Darrow）是最早放弃这种尝试的人之一。[6]他在后来也变得很有名，因为他曾为生物学老师约翰·T. 斯科普斯（John T. Scopes）进行辩护，1925年田纳西州依据禁止教授达尔文主义的法律指控了后者。达罗后来回忆英格索尔的时候说道："我发现虽然有少部分人可以掌握他的表达方式，但他们仍缺乏一些英格索尔从未欠缺的东西。这些东西才是值得去说的。"

英格索尔确实有很多东西要说。他不仅在法庭内说，还不断在法庭外说。他开始撰写文章，发表演讲。1860年他从伊利诺伊州的佩金市开始演讲，内容是当时的另一个伟大话题：进步。这种演讲和写作成为他人

罗伯特·G. 英格索尔，约1890年

第十章 希望博士 293

生中的主要活动，持续了三十年。除了希望、进步和幸福，他还涉及其他话题，如（他感觉）传统宗教如何摧残和限制了人类的生活范围，以及如何通过更理性的思考来解放我们自身，诸如此类的愿望。

在这项事业中，他全力运用自己通过各种职业经历发展起来的修辞技巧。即使西塞罗和昆体良复生，也会对他的修辞技巧感到震惊。他运用逻辑学指出奇迹故事或祈祷应验故事中的矛盾。他十分幽默，有时简直就像一个脱口秀演员。有一次，一位女士看到他从酒吧里出来，就用震惊的口气说："天哪，英格索尔先生，看到你从这种地方走出来，我真的感到太惊讶了。"英格索尔则回击道："亲爱的女士，为什么你不希望我一直待在那里呢？"

在其他时候，他则会为人们献上情节剧，如谈论宗教这个"幽灵"如何主导了历史，他强调说，宗教"不遗余力地把人类理智这只雄鹰变成了黑夜里的蝙蝠"。但是，现在让这个幽灵离开吧！"让他们的白骨手掌捂住没有眼睛的眼窝，从人类的想象中永远消失。"

所有这些元素，无论戏剧性、论证还是欢笑，它们都通过英格索尔的演讲得到强化。他强壮的身体也为他丰富的演讲提供助力。昆体良就曾谈到此点，一定要重视、培养各种天然的生理优势，"如嗓音、肺活量、优雅的形容仪态等"。英格索尔拥有这一切，只不过他的优雅如同熊类。他热爱尽情地吃喝："良好的饮食是文明的根基……一个发明了美味汤食的人对其种族做出的贡献远超过任何提出某种信条的人。反过来，糟糕的饮食和消化不良会催生出有关彻底堕落和无尽惩罚的教义。"他吃得实在太好了，以至《奥克兰晚间论坛》（*Oakland Evening Tribune*）的一个记者评论道，如果他生活在过去，那么人们将会对他实施"信仰行动"（spectacular auto da fé），他的最终结局将是被绑在火刑柱上烧死。

对英格索尔来说，人文主义理念一点儿也不抽象，它们影响了自己的整个生活方式。他不仅享受美食，也享受优良的文化。他跟哈里森一样，喜欢莎士比亚，也跟阿诺德一样，珍视"这个世界上男男女女的最好的言语、最好的思想和最好的所作所为"。他说，这些最好的事物是人性的真正"经典"，跟最好的机械发明和最好的法律有同样崇高的地位——人类创造的这两个领域也对人类生活产生了积极影响。

仅仅是生存于地球上这个事实，就让他感到非常开心：

> 生命值得吗？好吧，我谨代表自己来说一点儿看法。我愿意活着，去呼吸空气，去看风景，去看云彩和星星，去重读古老的诗歌，去欣赏画作和雕塑，去听取美妙的音乐，去聆听爱人的声音。我喜欢吃吃喝喝和抽烟。我喜欢冷冷的水。我喜欢跟妻子、女儿和孙子孙女交谈，我喜欢睡眠和梦境。是的，你现在可以明白了，生命对我来说是值得去经历一遭的。

在他的作品中，我们总是可以看到他提及自己的妻子夏娃·帕克（Eva Parker）和家庭。这对夫妇享受了三十八年的美好婚姻，生了两个女儿。其中，大女儿夏娃·英格索尔－布朗（Eva Ingersoll-Brown）后来成了一位著名的女性主义社会活动家，同时她也是一位自由思想家。英格索尔本人也支持女性主义事业，捍卫儿童权利。他说，当父母打孩子的时候，真应该请人为自己那张涨红的、愤怒的丑脸拍张照，这样他们就可以亲眼看看自己变成了什么样子。他没有为暴力寻求辩护，相反，他问道，我们为什么不能正确地对待孩子，"就好像他们也是人类一样"？

他还在另一个信条中诉说何为幸福：

> 我确信，人类的本质是高贵的，我还相信爱和家庭，善良和人性。我相信，让妻子和孩子们快乐，可以让我收获情谊和快乐。我相信善是本源……我相信自由思想、理性、观察和经验。我相信自立，你应该去表达你的真实想法。我对全人类都抱有希望。

很显然，这些观点会招致敌意和怀疑。[7]他的反对者称呼他为"灵魂伤害者罗伯特"（Robert Injuresoul）。在他的演讲过程中，会有人向他扔水果和蔬菜。但是，一切被抛之物又都从他的身上反弹了回来：侮辱、外号、卷心菜、西红柿。他甚至巧妙地把水果化用到了自己的比喻之中。他说，为天堂里的财富积攒功德是对现实生命的浪费。相反，"我想把这个橙子的汁水吸干，这样的话，当死亡来临时，就只剩下果皮了。所以，我想说：'一定要尽可能地长寿！'"。

不过，英格索尔并没有非常长寿，他在1899年死于心力衰竭，时年六十五岁。他在身后留下很多仰慕者、追随者和模仿者，同时还留下了很多通信者，他们组成的网络堪比彼特拉克、伊拉斯谟和洪堡的通信朋友圈。由于报纸的关注，这个通信网络变得越来越大，不少好奇、愤怒和痛苦之人也纷纷来信。在这些通信中，我印象最深刻的是一封写于1890年的信件，它是给一名男性的回信，因为这名男性说自己有自杀倾向。英格索尔向他建议道："只要你但凡对这个世界还有一丝一毫的用处，就不应该自杀。如果你找不到可以为之奉献的人，不妨养条狗，好好对待它。你将无法想象，那会有多么幸福。"我希望这个人采纳了他的建议。

※

英格索尔的幸福信条在人文主义者的组织中一直非常流行。尽管它表现为一系列的答案，但也促使我们提出跟自身相关的问题：我们为什么不比现在更快乐一点儿呢？为什么要接受宗教恐惧、残忍的父权制和非理性带来的痛苦，而不是依靠自己去找到一条更好的生存道路呢？这正是柴门霍夫发明新语言的初衷，也正如罗素所写："为了躲避上帝的怒火而苟且偷生，这绝不是人生的全部义务。相反，这个世界是我们的世界，它是天堂抑或地狱，全凭我们的创造。"

罗素是本章要讨论的第三个胸中满怀希望的人文主义者。他同样是被19世纪的世界观及其实践所塑造的。他出生的1872年正是维多利亚时代的鼎盛期，而他逝世的1970年已经是一个属于嬉皮士、摇滚乐和计算机的世界。

根据他母亲的说法，罗素几乎是一出生就开始"以精力充沛的方式"环顾四周。[8]这也是他接下来九十七年（几乎是九十八年）间一直在做的事情。他既是哲学家，也是逻辑学家、数学家、辩论家、政治活动家、性解放主义者、女性主义者、理性主义者、无神论者和炸弹禁止运动的社会活动家（ban-the-bomb campaigner）。

如果人们相信吉兆的话，那么他来到这个世界上时显然是被吉兆包围了。不过，他本人却从不相信这些东西。他的母亲凯瑟琳·罗素（Katharine Russell）是安伯利子爵夫人（Viscountess Amberley），

孩童时期的伯特兰·罗素

她致力于提升女性的受教育权，曾有幸被维多利亚女王提到，说她应该被"好好鞭打一顿"——这是因为，她于1870年在斯特劳德（Stroud）发表过一次演讲。凯瑟琳的丈夫就是安伯利子爵约翰·罗素（John Russell），他是前任首相约翰·罗素勋爵（Lord John Russell）的儿子，而他自己也曾是议会议员，推动过社会进步。不过，他在1868年失去了议员席位，部分原因在于他支持采取控制生育的举措。这对无所畏惧的贵族思想家夫妻之间的关系也是开放的，在丈夫的知情和允许下，子爵夫人拥有一个情人。

这个家庭有一个朋友，即女性医生的先驱伊丽莎白·加勒特·安德森（Elizabeth Garrett Anderson），她主持了"小伯蒂"① 的接生工作。孩子的教父则是其父母的另一位朋友：约翰·斯图尔特·密尔。这个选择是充满深意的。如果他的任务是在精神上引导这个男孩，那这孩子就不太可能加入传统宗教。

---

① Bertie，罗素的小名。

第十章 希望博士 297

然而，很不幸的是，密尔在罗素还不满一岁的时候就去世了，所以很难对罗素产生什么影响。就算有影响，至少也不是直接的——不过，他的著作倒确实起到了作用。罗素曾说，他在十八岁的时候阅读过密尔的自传，这段经历把他从年幼时残存下来的基督教信仰中彻底解放了出来。

密尔的去世并不是罗素早年经历中最重要的记忆，因为母亲在他仅两岁的时候也去世了，紧接着，他的父亲也在一年半后去世。罗素和他的哥哥姐姐都由其祖母抚养长大。她是一个禁欲主义者，非常传统，在下午茶之前，她从来不会坐在舒服的椅子上，这个习惯令罗素记忆尤深。当时的某些人很痴迷这种做法：在安东尼·特罗洛普的小说《你能原谅她吗？》（*Can You Forgive Her?*）中有一个角色叫麦克劳德太太（Lady Macleod），"她当时接受的教育认为舒适的椅子是邪恶的，不仅如此，很多人认为所有舒适的姿势都同样邪恶。她在七十六岁的时候仍然感到骄傲的一点是，自己从不倚靠东西而坐"。

不过，罗素从严厉的祖母那里仍然学到了一些重要的东西。"她给了我一本《圣经》，扉页上写着她最喜欢的一些话。其中，有一句是'不可从众作恶'。"罗素说，这句话后来成为他终生的座右铭。他确实做到了这一点。假如理性告诉他某个观点是对或是错，他总是会如实说出来，哪怕这会让他陷入麻烦。他把自己最重要的一部作品取名为《不受欢迎的文章》（*Unpopular Essays*），虽然具有一定的挑衅性，却也恰如其分。

这个原则与另外一个原则是并存的：罗素认为，"如果没有理由可以假设某个命题是真的，那么相信该命题就是一种不可取的行为"。他在1952年为此提供了一个很好的比喻，不过当时并没有发表出来。在回应记者提问"存在上帝吗？"时，他请读者先去设想一个有固定旋转轨道的茶壶：

> 如果我说，在地球和火星之间存在一个瓷茶壶，它围绕太阳旋转，运行轨道为椭圆形。只要我再小心地补充一个条件，即这个茶壶很小，以至连我们最强大的望远镜也无法发现它，那么就没有人能证明我的

说法是错误的。然而，假如我继续说，由于我的说法无法被证明是错误的，所以人类的理性就不应该去怀疑它，否则便是不可容忍的。那么，人们可以很正当地认为我的话是没有意义的。然而，若古书中确认了这一茶壶的存在，并且每到星期天人们便把它作为一条神圣的真理进行教导，灌输到学校孩童的心智中，那么，哪怕你在其存在的信念上稍有犹豫，都会被他人看作是古怪的。而且，怀疑者很容易便会引起启蒙时代的精神病学家或更古老时代的宗教裁判所的注意。[9]

我们由此可以看出罗素最坚定的信念之一，即仅仅基于权威而接受某个主张并不是一个好的选择。这个例子也让我们见识了罗素的腔调。正如托马斯·潘恩对伏尔泰的描述，罗素也具有发现愚蠢的高超能力，而且伴有一种"不可抗拒的将其进行展现的倾向"。不管是对于伏尔泰还是英格索尔，这种能力都既令人愉悦又令人恼火——这取决于你的情绪，也取决于你是不是那个被他所"展现"的人。

罗素有着可爱淘气的外表，但他的内在思维却以对形式逻辑推理的深刻理解为根基——他对逻辑学和数学怀有巨大（且相互关联）的热爱。在他十一岁时，哥哥给了他一本欧几里得的几何学，数学自此开始进入他的生活。罗素陷入了狂喜："我从未想到过，这个世界上居然有如此美味的东西。"他后来一直在教授这两门课程，还跟阿尔弗雷德·诺斯·怀特海（Alfred North Whitehead）合著了《数学原理》（*Principia Mathematica*）。这部巨著探索了数学的逻辑学基础。不仅如此，他还研究了很多其他事物的逻辑基础——如民族主义、对战争的辩护、对生育控制的反对、对女权的拒斥、对教会权力的辩护等等——并且指出它们都是有缺陷的。

对逻辑的热爱和家庭传统让他很早就参与到了为女性争取选举权而进行的抗争之中。1907年，他为此事参加了温布尔顿（Wimbledon）的议员竞选。他很清楚自己不会赢，但这么做可以引发公众对该事件的关注，其意义就像1867年密

伯特兰·罗素，大约1907年

尔在议会做的辩论一样。后来，令罗素感到震惊的不是竞选失败本身，而是反对派表现出来的丑陋行为。他们组织起一伙反对者，在罗素演讲时朝他扔臭鸡蛋。有一次，他们甚至在听众中间释放活老鼠，还朝竞选者会议室里扔了一只死老鼠。跟柴门霍夫和英格索尔一样，罗素感到十分困惑：为什么人们不能理性地对待事物？为什么通往健康幸福的道路如此逻辑化，人们却视而不见？

不过，罗素自己的生活也并不是只受到理性和逻辑的引导。有时候，他也会陷入深深的抑郁。据他说，自己在幼年时曾经历过这么一个时期，他喜欢站在日落前盘算自杀，不过，他还想学更多的数学，最终这个想法拯救了他。强烈的情绪笼罩着他，以至人们曾一度把他描述为"一名很好的憎恨者"。[10]但是，他也同样容易陷入突然的爱和迷恋之中。有一次，他看见同事怀特海的妻子得了病，并且经受着肉眼可见的痛苦。在这样一个奇怪的时刻，他突然明白：

> 灵魂的孤独是人类难以承受的痛苦。除了牧师宣扬的那种最高强度的爱，没有什么东西可以穿透这种孤独。因此，只要不是从这种动机中生发出来的东西都必然是有害的，或者说，至少也是无用的。我们可以从中得出这样一些结论：战争是错误的，公立学校教育是可憎的，使用暴力是不可取的。还有，在人际关系中，我们应该穿透每个人孤独的内核，并与之对话……多年来，我只关心精确性和分析，但我现在发现自己对美充满了一种半神秘的感情，同时对孩子充满了强烈的兴趣。同

时，我还发现自己现在几乎跟佛陀一样，有种强烈的欲望去寻找某种哲学，来让人类的生命变得可堪忍受。

这种顿悟不是逻辑化的。这段经历也让他明白，自己已经不爱妻子艾丽丝（Alys）了。不久后，他们离婚了。罗素后来又经历了三次婚姻及诸多情爱。终其一生，罗素大部分时候都十分好色，甚至可能有一定的性瘾。他有种习惯，那就是试图跟碰到的任何女性试试这方面的运气。不过，据我们所知，他从没有强迫过他人。当然，他的行为让周围的女性感到厌烦，有的时候他自己也感到没趣。还有一件事也可以说明罗素是个非常人性化的人，那就是他为了追求逻辑和数学真理投入了很强烈的个人情感。[11]他热爱这两门学科，因为它们有着超越人类生活的有效性。同时，它们还为罗素提供了情感意义的来源，就像诗歌之于年轻的密尔。罗素曾经对此开过一个玩笑。1929年，芝加哥的《小评论》(*The Little Review*) 采访他时问其最喜爱的事物是什么，他回答道：大海、逻辑、神学和纹章学。因为，"前两个事物是非人化的，后两个事物则是荒谬的"。

他从来没法抗拒这种巧妙的语词反差，但是，他对神学传统的厌恶远比这个满怀深情的玩笑表现出来的要更深。罗素认为，人类只有从宗教焦虑特别是关于来生的焦虑中逃脱出来，才能走向快乐。在这一点上，他跟古老的伊壁鸠鲁主义者、启蒙时代的霍尔巴赫男爵及时间更近一些的英格索尔是一致的。恐惧是幸福最大的敌人，而宗教则是制造恐惧的最大来源之一。他很厌恶在积极意义上使用"敬畏上帝"这类表达。当然，有的时候把它作为一种警惕状态还是有用的，特别是当我们身处某种必须逃脱的危险状态时。但是，他认为在现代生活的大部分境遇中，我们更需要的是勇气而非这种警惕状态。"我们应该站起来，坦率地面向这个世界。"总的来说，他跟英格索尔一样，希望人类的生命更加自信、更加自由、更加具有建设性、更加欢乐——而且，他也认为这在很大程度上取决于我们的作为。

还有一种恐惧，它摧毁了很多人的生活，那就是对陌生人的恐惧。或者说，对于跟自己不同之人的恐惧：民族主义者和种族主义者都有这种感觉。1914年，也就是《数学原理》最后一卷出版之后的第二年，第一次世界大战开始了，这个世界终于实现了罗素在这方面最担心的事情。战争开始后没几天，他在写给情人奥托琳·莫雷尔（Ottoline Morrell）的信中表达了自己的恐惧："我似乎感觉到了欧洲激情的全部重量，就仿佛我是这块燃烧的玻璃的焦点——所有的喊叫、愤怒的群众、在阳台上向上帝呼吁的皇帝，以及关于责任和牺牲的庄严话语，都被用来掩盖红色谋杀和癫狂。"即使是他朋友中思想最开明的那些人，也似乎在一夜之间把自己变成了狂热的"仇德分子"。

全欧洲的和平主义者和理性主义者都遭遇了相似的震撼。奥地利作家斯蒂芬·茨威格回忆说，自己和朋友们曾经非常享受在这个世界上的生活，它充满了理性、技术，电光和不用马拉的车，以及健康和社会福利。但是，它现在却突然退化成了"野蛮世界"，这让他们感到非常震惊。在匈牙利，当年轻艺术家贝拉·宗保利-莫尔多万（Béla Zombory-Moldován）看到一幅海报在宣传战争时——这意味着他不久之后就要服兵役了——他简直不敢相信自己的眼睛："现在可是20世纪啊！"这原本应该是"启蒙和民主的人文主义"的时代。这一切怎么可能是真的？"有人会向我开枪，将我刺伤，而我也将把枪口对准一个与我往日无怨近日无仇的陌生人，我甚至根本都不认识他。"所以，这没有任何意义。战争给欧洲人带来的震撼不亚于当年里斯本大地震给18世纪"乐观主义"哲学家带来的影响。只不过，这次的起因是人类，而非地质不稳定。

罗素认为，至少英国不应该插足这场战争。他自己是安全的，不需要亲赴战壕作战。当1916年年初开启征兵动员时，他已经四十三岁了，超过了四十岁这个年龄上限。当我得知这一点的时候着实很震惊。因为，罗素在这之后还有好几十年的时间活跃在公共生活和抗议活动中，他见证了大量的社会变革（其中，很多变革都得到了他自己的积极推动），以至我们经常意识不到，他在20世纪之初的时候就已经年过不惑。他很长寿，在四十多岁时反对第一次世界大战，到九十多岁时再次反对越南战争。

尽管罗素不需要上前线，也不需要把自己定义为出于道义而反对战争的人，但他努力为这些人做辩护。1916年，他承认自己是一本宣传册的作者，而这本小册子支持某个反战者，因此他被罚款100英镑。由于这一事件，他失去了在剑桥大学三一学院的教职。（不过，多亏了同事的支持，他在战后被重新任用。）这不是他最后一次参与这种非暴力反抗。1918年，警察在浴缸里逮捕了他，因为他写了一篇文章，内容是要求达成一个快速实现和平的协定。文章里还提到一件具体的事项：他想知道目前留在英国和法国的美国部队是否会恐吓罢工的工人，因为他们在自己国内就曾经这样做过。法院指控罗素发表的言论"有可能破坏国王陛下跟美利坚合众国之间的关系"。因此，他被认定有罪，并被判刑六个月，且将服刑五个月。

后来每当回忆起自己的狱中生涯，他总是会表现出一贯的玩世不恭。当他到达监狱大门时，必须把自己的详细信息告知狱警。"他问我的信仰是什么，我回答'不可知论'。他问我如何拼写这个单词，并叹了口气评说道：'好吧，这个世界上有很多宗教。但是，我猜想它们都崇拜同一个上帝。'"

入狱之后，罗素对狱友产生了兴趣——"不过，正如他们被抓这一事实所表明的，这些人总的来说在智力上略低于正常水平"。监狱允许他继续阅读和写作，但条件是不能写任何颠覆性的内容。他阅读了里顿·斯特拉奇（Lytton Strachey）的《维多利亚时代的杰出人士》（Eminent Victorians）。这部作品猛烈抨击了维多利亚兴盛时期的古板德行。他被逗得大笑，并且因为笑声太大而引起了狱警的注意。狱警前来提醒他，监狱是一个惩罚之所。我们不禁好奇，犯人和看守是如何能够忍受他的。

监禁期间，军队服役年龄已经提高到了四十岁以上，所以政府发出命令要求他参加征兵体检。但是，他写道："由于忘记了我在监狱里，他们费尽一切力气都找不到我在哪儿。"等到九月份他被释放时，战争已经接近结束了。

尽管罗素开了很多玩笑，但这段时期的经历在方方面面都让他感到震惊。后来，他说这场战争改变了自己的一切。自此以后，他开始写一种不同种类的著作。罗素并没有放弃形式哲学或逻辑，不过，正如他在一篇名为《从逻辑到政治》(*From Logic to Politics*)的文章中所说，他现在有了一种新的欲望，那就是去书写和平与社会，追寻人们如此痴迷暴力和残忍的心理根源。这并不意味着他已经对人性绝望了。相反，他感觉到了"一种新的对生命的热爱"，并且比以往更清楚人世间其实遍布苦痛。他认识到人类的破坏性必然永远是这幅世界图景的一部分，但同时希望找到一种朝向"快乐"的对等欲望。

即使是在战争之前，对他来说最急迫的问题都是重新引导那些使人类陷入恐惧和好战的力量。他并不完全赞同柴门霍夫的观点，即人类可以通过共同的语言或信仰体系这种简单的事物而团结在一起——甚至连伊拉斯谟所设想的友谊也对此无能为力。当然，理性也做不到这一点，至少仅凭理性自身是做不到这一点的。他在战时做了一系列演讲，并在1916年年初结集为《社会重建原则》(*Principles of Social Reconstruction*)。罗素在其中写道，我们不能简单地寄希望于战争从人类的生活中消失。因为，战争来自人类的情感冲动，就跟科学、艺术、爱与合作精神是一样的。这些全是人类创造力的表现形式。我们要学的不是如何去除自己的激情，而是如何将其导向更加具有建设性的目的，而非战争和狂热。"我们要做的并非弱化冲动，而是将冲动导向生命和增长，而非死亡和腐朽。"又或者说，应该将其导向希望而非绝望。

但我们具体要怎么做呢？对罗素而言，同时也是对很多在其之前和之后的人文主义者来说，最关键的一步在于改变我们抚养孩子的方法，并改变我们度过一生的常见模式。因此，教育必须加以变革。

围绕教育主题，罗素有时会跟洪堡达成一致：教育应该鼓励年轻人自由地彰显人性，追求自己的好奇心，而不是被动地坐等被灌输各种事物。洪堡之后的教育家也为此找到了各种激进的途径——如诗人拉宾德拉纳特·泰戈尔(Rabindranath Tagore)，他在印度的桑蒂尼盖登(Santiniketan)建立了一所学校，课堂就设在露天的大树下，然后由艺术家和学者来跟孩子分享他们的成果。泰戈尔相信，印度的孩子接受的教育应该基于自由及由自我探索而得以认识的世界，而不是接受舶来的英式教育。他写道，总的来说，教育应该鼓励"精神的滋养、良心的扩展和个性的增强"。

罗素赞同教育就是自由发展这一观点。同时，他也赞同赫胥黎的观点，即培养探究世界的精神的关键在于研习科学。科学素养有助于人们抵御非理性信仰的侵蚀，而且激发了人们的想象力，鼓励人们去设想"世界可能是怎样的"，而不只是关注当下的世界。基于古典作品的教育把古代作家看成是完美不变的永恒典范，已经没有继续提升的余地。但是，科学家则认为任何观点都可以进一步加以提升或改变。

罗素与洪堡不一致的地方在于他对学习者的自由有更激进的看法。1927年他和自己的第二任妻子多拉·罗（Dora Russell）将这一观点付诸实践。他们在汉普郡的贝肯希尔（Beacon Hill）建立了一所实验性学校，为孩子们提供所有他们能够掌控的自由——甚至更多。最开始的时候，这里只有二十多个小学生，外加他们自己的两个孩子。夫妻两人允许孩子们在"自由的精神生活"中去学习任何让他们感兴趣的事物，追求他们自己的问题，满足他们的好奇心。在罗素看来，由于这些孩子从小就被教育去探究新鲜事物，不遵守既定的规则，坚持明显的确定性，所以等到他们长大成人，就不太可能陷入"为了安全而接受奴役"这种意识形态之中。

这是一个危险的实验，而且贝肯希尔学校也有自己的难题。由于缺乏纪律，暴力行为几乎不受限制。在最糟糕的一次暴力事件中，某些孩子试图烧死赠送给另一个孩子的一对兔子。而且，他们在这个过程中点燃的火苗几乎烧毁了房子。罗素和他的妻子不得不赶紧加强了管理。

这类事件引发了丑闻，但人们更无法接受的是他们表现出来的总体道德风貌：他们不教授宗教；而且，他们还拒绝教授那些仍然充斥在传统学校课堂上的关于国家和帝国的虚假空话，并且这也许才是更糟糕的。除此之外，罗素还认为，假如孩子问关于性的问题，那么应该告诉他们真相——这也是一个充满争议的观点。他着重指出，跟孩子讨论性的时候一定要强调必须始终尊重他人的自由和同意。这跟当时教会的教导是背道而驰的,因为照他所说,当时的教会认为"只要两个人结婚了,且丈夫想要生孩子,那么无论妻子的抗拒多么强烈,两人间的性交行为都是合理的"。

他们还做了很多离经叛道之事。在天气炎热的时候,他们允许孩子们不穿衣服。有个故事就是讲的这件事:一个记者来按门铃,然后就看见一个不穿衣服的孩子开了门。记者惊呼道:"哦!我的上帝!"结果孩子回道"上帝是不存在的",然后就关上了门。[12] 罗素的女儿凯瑟琳·泰特(Katharine Tait)后来在回忆录里对此评论道:"我们对这个故事嗤之以鼻,因为我们当时在前门根本没装门铃。"

罗素总是被这类有趣的逸闻所环绕。1940年,他离开多拉(她后来继续管理了这所学校一段时间),前往加利福尼亚教书。在那里,他误以为纽约城市学院(The City College of New York)应其请求给予了他一个新的教职。于是,他从加利福尼亚辞职,前往纽约,而且此时的他几乎倾尽所有。但到了之后他却发现,这份工作已经没戏了。因为,他的名声毁掉了这次机会,纽约城市学院以他不是美国公民为由收回了聘书。事情闹上了法庭,一个名为约瑟夫·戈尔茨坦(Joseph Goldstein)的律师说,罗素的工作是"淫荡的、色情的、沉迷情欲的、春心盎然的、春情荡漾的、催情的、不恭的、思想狭隘的、非真理的,没有哪怕一丝一毫的道德"。他还说,罗素的家人没事就在英国裸奔。不仅如此,"罗素还朝同性恋示好,我可以挑明地说,他根本就是赞成同性恋"。

罗素败诉了,因为严格来说,他的确不是一名美国公民,这使得他没有资格获得这份工作。他滞留了下来。此时,他已经六十七岁了,身无分文,身上承担着大量的家庭责任。与此同时,大西洋的另一边正上演着第二次世界大战。

不过,罗素的幸运之星再次发挥效力,一位富有的化学家为他解决了困境:他就是艾伯特·C.巴恩斯(Albert C. Barnes)。他和别人共同开发了一种抗菌剂,即后来市场上的弱蛋白银(Argyrol),可以用来治疗眼部疾病。巴恩斯为此发了财,并创建了一个基金会以推动教育、艺术和植物学研究。(巴恩斯的基金会至今仍然存在，它现在是费城的一个画廊。）他以慷慨的酬劳雇用了罗素，请他做哲学史的讲座，时间跨度从古至今。这些讲座最终形成了一本书，即《西方哲学史》(*The History of Western Philosophy*)。这是一本经久不衰的畅销书，其收益使罗素实现了财务自由，并且使其在余生中可以保持独立性——不仅如此，它还资助了罗素在未来的很多社会活动。

※

当然，此时的罗素已经太老了，无法参加第二次世界大战的战斗，一如他在第一次世界大战中的境况。但是，这次他不再是一名和平主义者了。在他看来，第一次世界大战似乎是可以避免的。然而，纳粹不同，它的危险远远大于战争带来的危害。希特勒的意识形态包含了罗素所痛恨的一切——种族主义、军国主义、民族主义、暴力行径、愚蠢无知——而且，纳粹将这一切都发展到了极致。这正是弥尔顿所说的"混乱不堪和古老夜晚"（Chaos and Old Night，只不过，弥尔顿是在另一个非常不同的语境里说的这句话），而按照罗素的说法，跟这两样事物的斗争是"一项真正的人类活动"。

柴门霍夫也把自己的生命和力量都奉献给了人类的抗争，但可惜他没有活到第二次世界大战。事实上，他甚至都没有看到第一次世界大战结束。他一直为华沙的犹太社群服务，从事眼科治疗，于1917年去世。世界语存活了下来，但经历了可怕的损失，这句话也适用于他的家庭。

首先，我们来说一下这门语言。1933年，纳粹政权在德国建立，世界语组织随之在德国走上了分裂的两条道路。德国工人世界语协会（German Workers' Esperanto Association）一开始就是反纳粹的，并很快因为具有社会主义运动色彩而被宣布为非法组织。但是，德国世界语协会（German Esperanto Association）的主要机构仍然继续运转了数年，逐步适应了纳粹的要求。它遵守新法律，把所有被认定为犹太人的成员驱逐出去。这实在是一件很讽刺的事情，因为这个组织的创立者就是犹太人，而且驱使他创立该组织的动力就是跟偏见和种族主义相抗争。

但如果以为用这些手段就能安抚纳粹政权，真是白日做梦了，对于这种以世界通用语言为手段寻求世界和平的社会运动，纳粹永远都不会加以容忍。对希特勒及其同党来说，世界语就是一条犹太人设计出来旨在统治世界的诡计。1935年，所有学校都停止了教授世界语。到了1936年，世界语组织也被彻底取缔。但是，即使是在后来最恶劣的情况下，仍有一小批世界语教师坚持了下来。有人在达豪（Dachau）集中营中开设了世界语班，在荷兰的阿默斯福特（Amersfoort）集中营里也有人这么干，并且伪装成是在教意大利语——因为当时意大利是德国的盟友，所以德国人认为意大利语是可以接受的。

莉迪亚（Lidia）是柴门霍夫最小的女儿，她在20世纪30年代的大部分时间都住在法国，一直写文章警告即将到来的危险。[13]莉迪亚曾在美国短暂教过书，想获取签证去往美国，却被拒绝了。所以，1938年11月她返回了波兰。1939年，德国人攻来，把她逮捕入狱。她的兄弟亚当和姐姐佐菲亚也有相同的遭遇。第二年，有人发起抵抗活动，作为报复行动的一部分，亚当被枪决。她的两个姐姐都被释放了，之后住在华沙的犹太人聚居区。1942年，她们被分批送往特雷布林卡（Treblinka）集中营，后在那里遇害。

不过，亚当的遗孀和儿子却逃了出来。他们差不多在同一时间被送往特雷布林卡，但在登上火车前设法逃脱了，然后在战争剩余的时间里四处躲藏。亚当的儿子名叫路易斯-克里斯多夫·扎莱斯基-柴门霍夫（Louis-Christophe Zaleski-Zamenhof），一直活到2019年，逝世于法国。他的两个女儿分别是汉娜·扎莱斯基-柴门霍夫（Hanna Zaruski-Zamenhof）和玛格丽特·扎莱斯基-柴门霍夫（Margaret Zaleski-Zamenhof），她们现在分别生活在美国和法国——两人都是世界语者。

世界语没能实现它的宏图大愿。尽管这门语言设计得十分简单，但要想学会它仍然要花不少时间（哪门语言不是呢？）。而且，那些基于种族、语言和其他群体而搞排斥和屠杀的人，很可能不会为了和平与启蒙去花时间上世界语的课。

然而，这门语言仍然存活着，并且充满了希望。正如1895年罗伯特·英格索尔在关于该主题录制的留声资料中所说："希望建起了房屋，种下了花朵，让空气中充满了欢歌。"[14]

第十一章
人类的面孔

托马斯·曼

主要发生于1919—1979年

反人文主义趋势日益壮大——人类灵魂工程师——乔万尼·秦梯利（Giovanni Gentile）和贝奈戴托·克罗齐（Benedetto Croce）——然而，人文主义者能做什么呢？——托马斯·曼家族（the Manns）——流放——阿比·瓦尔堡（Aby Warburg）的图书馆以及其他抢救活动——更多的恐惧和绝望——国际组织和实用主义的复兴——罗素再次变得充满希望如果你打算为"混乱不堪和古老夜晚"写一份宣言，那么可以首先参考一份意大利法西斯主义意识形态的总结性文本：它发表于1932年，是贝尼托·墨索里尼（Benito Mussolini）及其哲学助手乔万尼·秦梯利合著的，由两部分构成。

秦梯利是理论部分的主要作者，他认为法西斯国家的目标不是增加人类的幸福或康乐，也对进步毫无兴趣。[1]如果生活总是在不断改善，那么谁还会有动力去作战，或为一个超越的、光荣的目标而死？和平是不可取的，虽然伊拉斯谟、康德和罗素都希望对别国做出妥协或谋求在国家间保持势均力敌，但这样做没有任何好处。密尔和洪堡所追求的个人发展和自由同样如此，无甚益处。法西斯国家也跟自由国家相差巨大，它的主要作用并非用来干预个人对他者的伤害。相反，有时候法西斯国家甚至会为了提高国家利益而伤害人民。它提供了比幸福康乐更伟大的东西，即自我牺牲。国家由此变成个体价值的终极来源，扮演了跟上帝相似的角色：法西斯主义是一个公认的"宗教概念"。跟大多数一神教一样，法西斯国家要求"纪律和权威在没有反对的情况下深入精神的内部发挥主导作用"。个体可以通过这种臣服获得真正的自由，这也是"唯一一种严肃的自由"。

我们通常可以确信，一旦理论家开始谈真理或严肃的自由，那么真实的、日常的自由就会成为被牺牲的代价。同样，一旦其言辞涉及超越性，那么人们要面临的现实可能会非常痛苦。

不过，意大利的法西斯主义本身就是在痛苦中生长起来的。国家法西斯政党（National Fascist Party）起源于1919年，最初吸引了一批迷茫的年轻人。这些人曾参加过第一次世界大战，回来后却发现自己并不受人重视，而且被社会抛弃，陷入贫困。这个政党让他们重新找回了归属感和人生的意义。法西斯（Fascism）这个名称就是对归属感的一种唤醒：该词来自古罗马的束棒（fasces）标志，即一捆木棒，象征着应该把个体团结在一起形成一个有力量的集体。

最开始的时候，我们很难在法西斯主义者身上找到哲学或古典文化的意象，他们的主要工作是在街头上跟社会主义者和共产主义者进行互殴。但后来，该党在1922年掌控了意大利，墨索里尼出任总理——这种情况之所以会出现，一部分原因要感谢天真的自由主义政治家。他们在前一年误以为可以让墨索里尼尝试一下联合政府，以此将其驯服并令其保持中立。（德国政治家很快也犯了相似的错误。）墨索里尼聘请哲学教授秦梯利作为教育部长及自己的非官方理论家，希望以此获得更为引人注目的智性声誉。

在法西斯主义看来，教育十分重要，因为普通人必须经过改造才能适应国家的需要。正如秦梯利所写，法西斯为人类提供了一整套的改造，它可以重建"人类、性格和信仰"。

伊拉斯谟和其他人很久以前注意到，如果你想学习熊妈妈塑造幼熊那样为人类塑形，就必须从早期教育开始，无论是家庭教育还是学校教育都应该加以注意。因此，秦梯利在意大利全国范围内主持建设了新型小学——这在某种程度上是件好事，一定程度上提升了基础教育的水准。但是，它们的教学大纲是高度意识形态化的，旨在给幼小的心灵灌输这样的意识，即罗马帝国的伟大和意大利命运的不同凡响。1933年，阿道夫·希特勒在德国掌权，也提出了一个相似的教育规划。埃丽卡·曼（Erika Mann）在《为野蛮人建造学校：纳粹统治下的教育》(*School for Barbarians: Education under the Nazis*)中研究了纳粹的教育，指出这种教育甚至抛弃了传授知识，更不用说鼓励对新知的探究。它的主要目标是把孩子们局限在国家和种族的狭隘想象之中。同时，这种教育也让孩子们早在战争爆发之前就习惯于想象战争。根据她的记载，孩子们会在艺术课上画防毒面具和炸弹爆炸，还有军队式样的排兵布阵。哲学家汉娜·阿伦特（Hannah Arendt）在战后对极权主义做的研究曾对此有过非常精彩的描述："极权主义的教育目标从来不是为人们灌输某些信念，而是摧毁其形成信念的能力。"

过去曾经在德国占据重要地位的洪堡教育模式强调自由教育，但那时它已经被人们抛弃。如果说洪堡的教育目标在于创造人性化的人（正如洪堡本人所说，"受到其本性中各个方面的人性化因素的影响"），法西斯的教育目标则正好相反，它旨在创造非人性化的人类。这种教育模式来自德国艺术史家埃尔温·帕诺夫斯基（Erwin Panofsky）所说的"昆虫崇拜主义者"：这些人认为，以种族、阶级和国家为中心的蚂蚁式层级思维胜于混乱无序的个体独立式思维。

不过，仍然有一些教育家敢于批评这种教学计划。在意大利，秦梯利所扮演的教育部长这一角色不久前曾由他的同事兼好友贝奈戴托·克罗齐担任。他和秦梯利有很多共同的哲学兴趣点，并且长期合作编辑文化杂志《批评》(La critica)。然而，他们在法西斯时代却站在了光明与黑暗的不同对立面，展示了两个广义上的人文主义知识分子对于一场反人文主义政治运动的兴起会做出什么样的不同反应，为我们提供了研究案例。

克罗齐从多重意义上来说都算是一个人文主义者，他不仅是人文学科的学者（秦梯利也一样），还是一名处在洪堡和密尔传统下的自由思想家。同时，他也是一个没有宗教信仰的人。

他对于传统上帝观念的离弃可能与其十七岁经历的一场个人灾难相关。1883年7月，他们一家在伊斯基亚岛度假。但是，地震袭击了那里，震塌了他们下榻的旅馆，将全家人掩埋在废墟瓦砾之中。克罗齐被困其中，而且还骨折了。他听到父亲在远处整夜呼喊救命，呼声越来越低，直至消失。他的母亲和妹妹也死了。在这场灾难中，克罗齐是家里唯一的幸存者，他遭遇了精神创伤，但也获得了突如其来的财富。正是由于这一点，当他一两年后意识到自己在情感上难以接受大学生活时，还能够支持自己进行多年的私人研究。这种非标准化的教育经历并没有拖他的后腿。他后来成为一名出色的历史学家和哲学家，并且投身政界。

在法西斯政府之前，克罗齐曾是自由政府的教育部长。跟之前党内的其他

在法西斯政府之前，克罗齐曾是自由政府的教育部长

人一样，克罗齐也被墨索里尼愚弄了，相信只要让他进入核心权力层就可以让他变得明事理。1924年6月，法西斯这一威胁的真正本质变得越发明显，他们杀害了勇敢且直言不讳的社会主义者吉亚科莫·马泰奥蒂（Giacomo Matteotti）。克罗齐曾短暂地保持谨言慎行——当时针对反对派的危险已经不容小觑——但最终还是采取了鲜明的立场。他宣布，自己和秦梯利的友谊结束了。正如他在那年晚些时候写的一封信中所言，当哲学的"白袍"沦落为"法西斯厨房里的破墩布"时，他不想无动于衷地坐视不理。

第二年四月，秦梯利发表了"法西斯知识分子宣言"（Manifesto of Fascist Intellectuals），这是对法西斯主义和国家的伪宗教式升华。作为回应，克罗齐发表了著名的"反法西斯知识分子宣言"（Manifesto of Anti-Fascist Intellectuals）。他批评秦梯利，说他的这个宣言是"一篇夹生的学校作业"，充满了糟糕的论证和理智上的错乱。克罗齐写道，秦梯利提到了"宗教"，但他实际上想说的却是一种糅合了攻击性和迷信的低级混合物。难道意大利准备抛弃自己真正的宗教了吗？克罗齐所说的宗教并不是天主教，而是在19世纪伴随着意大利的统一而出现的那些理想："对真理的热爱、对正义的希望、成为慷慨和有公民意识的人、对智识和道德教育的热情、对自由的渴求"。

抗议之后，克罗齐选择退休，回到那不勒斯的家中。不过，他仍然保持着研究、写作，甚至有时公开召集反法西斯聚会。法西斯政权大多数时候不会干扰他。不过，在1926年的一个深夜，一伙人闯进了他的家，破坏了墙上的艺术品，并在克罗齐及其妻子走出卧室时对他们大喊大叫。后来，法西斯政府借口克罗齐需要保护以抵抗这些有可能出现的暴行，并派了两个警察长期在他家门外站岗，观察进出人群。克罗齐依旧继续着他的工作，而且在整个法西斯统治时期，他都没受过伤害，幸运地存活了下来。

在那些艰苦的日子里，克罗齐一直在鼓励自己的读者保持人性，不要丧失对未来的希望。他相信，虽然有时会走一定的弯路，但漫长的历史仍然会朝着更大的自由和进步前进。他还在1937年的一篇文章里写道，理解这种弯路的出现是一件很重要的事，如此一来，当它们发生的时候你才不会陷入绝望。同时，人们也不能因此就停下来干等美好岁月的自动到来。自由和生命是等同的，必须经过奋斗才能得来。不过，这种奋斗永远不会有尽头，而且有时你会受到巨大的诱惑而放弃希望。

※

等到20世纪30年代中期，欧洲范围内的大多数人文主义者都发现，他们很难再保持乐观情绪了。他们最初的反应是感到震惊，不知何去何从。特别是在墨索里尼掌权十年后，希特勒也开始掌权，这让他们尤其感到震动。正如斯蒂芬·茨威格在自传《昨日世界》(*The World of Yesterday*)中提到的，他和自己在维也纳的文明朋友最初还不敢相信危险是真实的。他写道："这是一件非常困难的事情，因为你必须在短短几个星期内放弃一个已经持有了三十年至四十年的信念，不再相信你所生存的这个世界是一个好地方。""非人性"貌似很快就会在"善良的人类标准"面前自我毁灭。但是，这并没有发生。奥地利已经有很多纳粹的同情者。茨威格不仅是犹太人，而且还因为人文主义与和平主义的观点而闻名于世。所以很明显，他可能会成为第一批被针对的人。果不其然，他写的书被公开焚毁,警察突击检查了他的住宅,一切信号都表明,他是时候离开这个国家了。

同年,即1934年,茨威格发表了一篇关于伊拉斯谟的短篇人物传记,表达了他对这位伟大人文主义者的赞赏。但是,他也在文章的结尾处问道:为什么和平与理性这类伊拉斯谟式的价值如此难以维持?早在伊拉斯谟的时代,这些价值就已经被瓦解了。时至今日,它们还是破碎的。为什么人文主义会有这种致命的"弱点"?人文主义者似乎犯了一个"美丽的错误":他们让自己相信,更好的学习、更好的阅读和更好的推理足以铸就一个更好的世界。但是,这个世界却一直在证明他们是错误的。

但是,人文主义者应该做什么呢?这个问题直到今天仍然让很多人感到困惑。你是否应该加入政府,从内部将损害降到最低限度呢?意大利人早就接受过教训,了解到这样做是很危险的:试图软化法西斯只会让你成为他们的同谋。那你是否应该走上街头,准备做肉体上的抗争呢?这明显不属于人文主义道路。你是否应该在优雅的文学作品中谴责野蛮主义的兴起,在演讲和文章中提醒读者不要忘记自己的人性呢?大部分能听到这些演讲和读到这些文章的人可能早已同意了你的观点。

又或者,如果你想活下去但又处于危险之中,那你可能会像茨威格一样考虑移民。不过,这么做要付出很大的情感代价。当茨威格和他的妻子洛特·阿尔特曼(Lotte Altmann)到达第三个避难国巴西时,他们在精神和肉体上都已经精疲力尽。茨威格已经丢失了他的私人藏书和笔记。虽然没了它们的帮助,但茨威格还是在巴西坚持写作。在其最后的作品中,有一篇关于蒙田的传记散文,其中对他进行了如同之前对伊拉斯谟一样的描述:蒙田是一位反英雄式的英雄,他生活在一个可怕的时代,但在某种程度上以非绝望的方式发展了人文主义精神。但是,茨威格绝望了。[2]1942年,他和洛特在巴西一起结束了他们的生命。福斯特在一个广播节目中表达了悼念,他说茨威格也是一个反英雄式的英雄,一如他笔下经常描写的人物。"他是一位人文主义者,希望看到人类文明的延续,但今日之文明图景已经实在无法让人感到鼓舞振奋了。"碰巧的是，福斯特有一个叫克里斯托弗·伊舍伍德（Christopher Isherwood）的朋友，他在20世纪30年代曾用近乎相同的词汇描述过福斯特本人："他是一个反英雄式的英雄，留着杂乱如稻草的胡须，有着婴儿一般明亮快乐的蓝色眼睛，以及老年人的驼背。"

罗歇－波尔·德鲁瓦（Roger-Pol Droit）在战后成立的联合国教科文组织（UNESCO）的历史中写道：

> 20世纪30年代发生的争辩之中有一些很令人心酸的东西。很多知识分子已经诊断出了人文主义和现代社会发生危机的根本原因，并且开始提出解决办法。然而，面对一系列无法改变的历史事件，他们绝望地发现自己只能当一个无所作为的观众……人们就像身处古代的古典剧场之中，眼看着悲剧的发生，而悲剧正源于清醒感和无力感的结合。

其中，有一位观众是茨威格所写的关于伊拉斯谟那本书的读者，而且那本书一出版他就读过了。这个人就是非常成功的德国小说家托马斯·曼（Thomas Mann，他也是我们之前在纳粹主题中提到的埃丽卡·曼的父亲）。他在日记中对茨威格的书做了笔记，认为伊拉斯谟显然没有理解一个奇怪的事实：事情发展到这一步，并非因为人文主义不能坚持自己的主张，而是因为事实上似乎有很多人希望生活在一个充满暴力和非理性的世界当中。人文主义者显而易见的失败也来源于此。在1935年4月的一次演讲中，托马斯·曼说道："所有形式的人文主义都含有软弱的因素，这……可能导致其毁灭。"他批评人文主义太过灵活，人文主义者也太容易妥协。"他们对正在发生的事情感到震惊、害怕，但又一无所知，只能面带窘迫地微笑，一退再退，而且似乎有些想承认自己'已经不再能理解这个世界了'。"他们甚至把自己调整为敌人的风格——"富于突发奇想和程式化宣传的邪恶愚蠢"。最糟糕的是，他们总是试图去看事物的另一面。然而，当面对狂热的杀人欲望时，这种看问题的方式必然是无益的。

托马斯·曼在当时已经意识到了极端思想的吸引力，并且在小说里进行了探索。他最直接的一次探索是1929年所写的短篇故事《马里奥和魔术师》（*Mario and the Magician*）。一个名为奇波拉（Cipolla）的邪恶舞台魔术师效仿了墨索里尼和希特勒的做法，对前来看他表演的观众施加了一种不可思议的力量。在此之前，他在自己的杰作《魔山》（*The Magic Mountain*）之中也书写了20世纪的非理性主义和反人文主义。1912年，托马斯·曼开始将其作为一部中篇小说来创作，但随后差不多中断了五年时间。等他开始继续创作时，这个世界已经发生了翻天覆地的变化：第一次世界大战来了又去，法西斯主义开始兴起。这些变化充实了这本书，让它变成了一部卷帙浩繁的巨著。该书出版于1924年，就在前一年，希特勒试着组织过一场政变，但失败了，地点是在慕尼黑——当时，托马斯·曼一家正在那里。

《魔山》讲述了年轻主人公汉斯·卡斯托尔普（Hans Castorp）的故事，他前往位于瑞士阿尔卑斯山的旅游胜地达沃斯拜访患病的表兄约阿希姆（Joachim），那里有一座肺结核疗养院。他原本打算在那里只待三个星期，但还没来得及回过神来，这三个星期就变成了七年。他在那里被诊断出了轻微的疾病（也许只是他想象出来的疾病），同时，他还爱上了很有魅力的俄国女性克拉芙吉亚·肖夏（Clavdia Chauchat），并卷入了一场哲学论争之中。这场论争的参与者是两个观点截然不同但又都十分健谈的男性，他们分别代表了欧洲文化里的两种倾向。其中一人是卢多维科·塞塔姆布里尼（Ludovico Settembrini），他来自帕多瓦，是一位骄傲、热情、富有教育思想的人文主义者——有时候，你可以把他看成是一个帕多瓦版本的伯特兰·罗素，只是他不懂数学。另外一人则是极具威胁的原始极权主义者（proto-totalitarian）莱奥·纳夫塔（Leo Naphta），他又同时是位有着犹太血统的耶稣会会士，这里有两方面的象征意义：首先是阴云不散的中世纪的黑暗，其次是欧洲境内即将到来的反人文主义和非理性主义的浪潮。

两人竞相对天真的卡斯托尔普施加影响，后者则毫无保留地吸收他们所说的一切。塞塔姆布里尼是个高度文明化的人,不过,他关于理性和人性善良本质的信念似乎注定要沦落为过时的东西。纳夫塔则对人性全无信心,他甚至在寓所里收藏了一本手抄本的英诺森三世的《论人类的痛苦》,并把它借给了卡斯托尔普。对于这位年轻人的教育,纳夫塔表现出的关心并不比塞塔姆布里尼要少,但他拒绝接受教育这个概念的全部意涵,至少他不接受洪堡意义上的教育概念。纳夫塔说,年轻人没有兴趣学习如何变得自由,他们想要的只是服从。此外,借助演讲、展览和电影院,公共学习很快就会取代人文主义式的学校教育。塞塔姆布里尼被震惊了:这样会导致出现大量文盲!纳夫塔回答说是的,但那又有什么关系呢?

在纳夫塔的理想中,教育(*Bildung*)是没有未来的。同时,这部小说本身又是一部教育小说(*Bildungsroman*):它是该类型文学的一个典型例子,讲述一个年轻主角经历各种不同的生活体验,从不同的人那里学习东西,直到自己已经做好准备,作为一个成熟的人在世界上承担社会角色。只不过,卡斯托尔普却是和导师一起度过的这些阶段。然而,他也确实由此获得了重要的洞见。有一天,他因为暴风雪迷失在山里,觉得自己可能要死了——就像悬崖上的莱斯利·斯蒂芬一样——然后,他决定选择"生命",既不属于塞塔姆布里尼也不属于纳夫塔的第三种选择。再然后,他跟斯蒂芬一样发现自己只不过是在雪里睡了十分钟,根本不会死。于是,他安全地回到了旅馆,享用了丰盛的午餐。最终,他结束了七年的羁旅,离开了达沃斯,摆脱了疾病。接下来,他似乎注定会像住在"低地"的其他家人一样变成一个优秀的中产阶级成员——但实际上,他接下来的命运是参加第一次世界大战。我们从历史的远处注视这一切,知道他在前线的命运是不确定的,很有可能根本活不下来:从这个角度看,这个情节设计又是对教育小说的消解。

经历了"一战"的托马斯·曼整体偏向右翼,认为作家应该是"非政治的"(apolitical)。这使得他跟自己的哥哥,同为小说家的亨利希·曼(Heinrich Mann)发生了分歧,因为后者是一名坚定的社会主义者,相信作家负有道德责任，要为建设一个更美好的世界发声。[3]亨利希和托马斯就像是纳夫塔和塞塔姆布里尼，从未停止争辩。亨利希虽没能让弟弟皈依激进的社会主义，但在20世纪30年代，托马斯也确实对自己之前的观点表示了悔意，不再认为作家不应该参与政治。他看到了德国正在孕育的灾难，开始发表反纳粹讲话。虽然他比亨利希更加谨慎，但仍然引起了纳粹的注意。1930年他做了一场名为"呼吁理性"的演讲，结果受到了伪装成平民的纳粹冲锋队队员（SA）的刁难。1932年，某个年轻的希特勒支持者给他送来一个包裹，他打开后发现里面有已经烧毁了一半的《布登勃洛克一家》（*Buddenbrooks*）。这也是他的第一部小说。包裹里还有一张纸条，建议他把剩下的部分也烧掉。托马斯·曼把这些烧黑了的书页收藏了起来，跟自己的朋友赫尔曼·黑塞（Hermann Hesse）说道，它们将来可以证明德国人在1932年的心灵境况。这些话表明，他认为这种疯狂很快就会过去，而不是变得更糟。但事与愿违，纳粹在第二年就完成了全面接管。亨利希立刻看到了隐藏其中的巨大危险，逃离了德国，而托马斯则不确定该做什么。

但这个困难仍然得到了解决。一个很重要的原因在于，全面接管发生时他恰巧在瑞士跟家人享受假期。在女儿埃丽卡的极力劝说下，他下定决心不再回去。埃丽卡本人也面临着危险，因为她是一名戏剧演员和女同性恋，热爱穿华丽的异性服装。同时，她在其他方面也非常有名——她还是著名的赛车冠军。她的兄弟克劳斯（Klaus）也是一个同性恋，并且行为夸张，不被世俗所接受。托马斯·曼本人也不是异性恋，只是装作如此而已。显然，这样一个家庭最好不要跟纳粹德国发生任何瓜葛——不过，托马斯·曼在后来的一段时间内仍然选择继续在德国发表他的作品。从某个方面来说，他相信这是一个更好的选择，即肉身远离这个国家，但同时用自己的写作和演讲反抗其政权。

有一件事困扰着他：在慕尼黑的家中，他仍留存了一些未完成的书稿，其中就包括最新的多卷本《约瑟和他的兄弟们》（*Joseph and His Brothers*），其内容取自《圣经·旧约》。埃丽卡开着她的车完成了一项惊险的夜间任务，她独自穿越边境线，回家取回了父亲的手稿。由于这辆车实在太有名了，所以她在郊外停下车，步行走完了剩下的路。为了不被人认出来，她戴了一副墨镜。不过，这可能让她看上去更加显眼了。她到了房子周围，但那里似乎受到了监视，所以她一直等到日落以后才行动。她偷偷溜进房子，把书稿塞进包里，然后在黑暗中坐在自己以前的卧室里。到了凌晨一点，她逃出房子，穿过街道，经过一群群为了庆祝而喝得醉醺醺的纳粹分子。这次，她不戴墨镜了，而是把帽檐压低到了眼睛下方。回到车上后，她立刻把这些书稿包了起来，藏到车座下面，和一些油乎乎的工具放在一起。然后，她驱车赶往瑞士边境。当时，穿越边境还不是一件很困难的事，守卫甚至跟她说，"他们很能理解人们为什么想离开这里去山区度假"。

托马斯·曼的另一个孩子戈洛（Golo）大约在个把月后又带回来一些手稿。由此，托马斯·曼得以在瑞士跟自己的部分书稿重逢，并在那里又住了几年，写下了一些文章，如《注意，欧罗巴！》(*Achtung, Europa!*)。1938年，他访问了美国，在那里发表了一生中最精彩雄辩的演讲：《即将到来的民主胜利》(*The Coming Victory of Democracy*)。然后，他决定永久移居美国。克劳斯和埃丽卡也跟随他去了那里。托马斯·曼最初在普林斯顿找到了教职，随后全家都搬去了洛杉矶。托马斯·曼的哥哥亨利希和孩子戈洛费尽力气穿越比利牛斯山，经过西班牙，最终设法跟他们在美国会合了。但是，美国的生活对亨利希来说一直很艰难。在托马斯·曼的帮助下，他获得了为好莱坞撰写电影剧本的合同，如此过活——对当时的艺术家移民来说，是一种常见的谋生方式。不过，对一个坚定的社会主义者且英文水平十分有限的亨利希来说，这份工作并不容易。相比之下，托马斯·曼的流亡生涯则十分

埃丽卡·曼和托马斯·曼

第十一章 人类的面孔 323

幸福。他继续创作小说，并被美国国会图书馆聘为德国文学顾问。这离不开馆长阿齐博尔德·麦克利什（Archibald Macleish）的帮助——他本人也是一位诗人，而且怀有强烈的信念，认为图书馆在这种时期有责任为作家提供支持。

埃丽卡和克劳斯合写了《逃出生天》（*Escape to Life*），这本书不仅讲述了他们自己的故事，还讲述了很多其他逃亡艺术家和演艺界朋友的故事。埃丽卡根据自己对纳粹教育的研究发表了《光明渐灭》（*The Lights Go Down*），这本书讲述了十个动人心弦的半虚构故事，这些故事是根据她所认识的十个人的真实经历改编而成，展示了人们对纳粹来临时的不同反应。[4]在这些人中，有些人不幸成了纳粹政权的牺牲品，有些人则自我调整，在道德上做出了妥协。其中，有一位制造商为了保护自己，解雇了半犹太血统的助手。他无意去伤害这名助手，也不明白自己做了什么。其他人都逃亡了，其中包括一名记者。最初的时候，这名记者是纳粹的一位同情者，但他很快就意识到自己也处在危险之中。有一次，他用红铅笔在希特勒的某份演讲稿上随意标出了三十三处语法错误，结果被编辑抓到了。他花了好几年的时间准备逃跑计划，最终和自己的家人成功逃到美国——代价是丢失了所有珍贵的艺术收藏，而他原本指望靠这些收藏来过新生活。不仅如此，他们还险些因为鱼雷击中乘坐的船只而遇难。这家人不得不白手起家，重新开始。但是，他们至少活了下来。

当时，逃往美国的很多人文主义者都是有名的欧洲学者，同时也有作家和艺术家。保罗·奥斯卡·克里斯特勒（Paul Oskar Kristeller）是研究文艺复兴时期人文主义的最伟大的专家之一，他的逃亡之旅得到了很多人的帮助，其中也包括乔万尼·秦梯利。1933年，德国出台了种族法律，当时克里斯特勒正在意大利做研究，德国大学剥夺了他的教职。秦梯利帮助他留在意大利，安排他在佛罗伦萨教书，后来，又安排他到比萨高等师范学校（the Scuola Normale Superiore）任职——当时，意大利还没有出台这种极端的种族歧视法律。克里斯特勒的教职为他带来了免费的火车票优惠，在休假期间，他靠这一优惠得以访问了全意大利的图书馆，发掘被老一代文学人文主义者所遗漏的手抄本。他变成了一位手持火车票的现代彼特拉克和波吉奥。他在这个过程中做的笔记催生了他的代表性巨著：《意大利之旅：新发现未经编目或编目不完整的意大利及其图书馆馆藏文艺复兴时期人文主义手稿》(*Iter Italicum: A Finding List of Uncatalogued or Incompletely Catalogued Humanistic Manuscripts of the Renaissance in Italian and Other Libraries*)。

但是，1938年墨索里尼出台了自己的反犹太法，克里斯特勒再次在意大利失去了工作。秦梯利亲自联系了墨索里尼，希望为他争取一些经济补偿，但他忘了告诉克里斯特勒自己的这一举措。因此，当克里斯特勒收到传唤，要求他去罗马的警察总局汇报情况时，他误以为自己将受到逮捕。不过，逃避可能会更加危险，所以他还是去了——然后，他在那里吃惊地收到一个装满现金的信封。至此，他已经受够了法西斯统治下的生活。他只留下足够自己去美国的路费，请求秦梯利把剩下的钱捐给比萨高等师范学校。1939年2月，他乘船前往纽约，后成为耶鲁大学和哥伦比亚大学文艺复兴时期人文主义史研究的开创者。

哲学家恩斯特·卡西尔（Ernst Cassirer）也去了美国，后跟克里斯特勒、小约翰·赫尔曼·兰德尔（John Herman Randall Jr）合作编著了《文艺复兴时期的人类哲学》(*The Renaissance Philosophy of Man*)，这本1956年的人文主义文集在好几十年间都是本科生课程的重要参考资料。哲学家汉娜·阿伦特也走上了流亡之路，她在此期间一直在撰写关于极权政治和政治承诺（political commitment）等相关领域的文章。来自柏林的历史学家汉斯·巴隆（Hans Baron）也撰写了关于政治承诺的作品，并将其定义为15世纪人文主义者看待生活的重要视角。他定居在了芝加哥，那里有一座人文学科的独立图书馆，即纽伯里图书馆（the Newberry Library）。他成了一名目录学家，并担任该馆的馆长。还有那位提出"昆虫崇拜主义"的艺术史学家埃尔温·帕诺夫斯基，他曾在汉堡大学工作。当1933年纳粹法律出台时，他正在纽约教授一门关于阿尔布雷特·丢勒（Albrecht Dürer）的课程，新法律导致汉堡大学通过电报解聘了他。他最终留在美国，于普林斯顿开始了漫长的职业生涯。

在汉堡工作时，帕诺夫斯基曾处在一个特别的学者网络之中，那些学者把艺术史看成是一个更加广泛的文化研究领域，它的核心是"符号性"——也就是说，它把语言、视觉形象、文学和信仰等所有领域都囊括其中。（恩斯特·卡西尔的著作也把人类看成是一种特别的"符号性"动物。）早在纳粹之前，这个艺术史群体就已经在汉堡成立了一个志同道合的大家庭，他们有一座很特别的图书馆和研究机构，名字来自其创办者阿比·瓦尔堡。

阿比来自汉堡一个著名的银行世家，作为长子，他是所有财产的唯一继承人。但是，他从孩童时代开始就讨厌一切跟银行相关的东西，只醉心赏画和阅读。因此，他在十三岁时跟幼弟马克斯（Max）达成协议：马克斯可以获得阿比的全部遗产，作为回报，他只需履行一个承诺，即在他的余生中为阿比购买一切他想要的书籍。

马克斯根本没有意识到自己做出了个什么样的承诺。等到"一战"硝烟蔓延开来时，阿比的收藏已经扩张到超过一万五千本图书，同时还有大量的图像，形式包括原件、雕刻和照片等。艺术史是他的最爱，不过像神话学、哲学、宗教、古代语言和文学等任何跟人类符号化活动相关的领域也都属于他的涉猎范围。他的收藏不仅限于欧洲文化，对于北美洲的霍皮（Hopi）文化和祖尼（Zuni）文化，他也有着浓厚的兴趣。等到生命快结束之时，他用自己的藏品创作了大量的图像展览，它们按照主题分门别类，包罗万象，融合了从伟大艺术品的复制品到现代广告的一切内容。[5]他的想法是利用这些图像作为授课的视觉辅助工具。阿比把它们称之为自己的"摩涅莫绪涅图集"（Mnemosyne Atlas），这个名字来自古希腊的记忆女神。然而，他在完成这一项目之前就去世了，时值1929年。不过，他已经完成的六十五块拼板留存了下来——它们本身已经是一件艺术品了。作为个人梦想的表达，这座图书馆也几乎可以算作一件艺术品。不过，它仍需要一位学识渊博的专业管理人员。阿比死后，这座图书馆继续获得大规模的发展。1920年，恩斯特·卡西尔在其馆长弗里茨·萨克斯尔（Fritz Saxl）的带领下参观了这座图书馆，他总结道："这座图书馆十分危险。我必须彻底躲开它，要不然会沉迷在这里好几年。"

这座图书馆一直繁荣发展，它得到了工作人员和扎根其中的大量学者的支持。但是，纳粹来了。他们对图书馆及其工作人员都构成了明显的威胁，特别是工作人员中有很多都是犹太人。于是，一个令人震惊的大胆计划开始成形：这座图书馆的人员和藏品将作为一个整体成为移民——就像当时的很多人一样。

这项堪称壮举的活动由馆长弗里茨·萨克斯尔和格特鲁德·宾（Gertrud Bing）牵头，由图书馆团队组织。他们不仅打包了图书、图像和摩涅莫绪涅拼板，甚至还打包了铁质书架、桌子、摄影和装订设备。[6] 所有这些东西都被运到了伦敦，很多相关人员也跟随而去。不过，挑战现在才开始。正如萨克斯尔后来回忆的那样："这是一场奇异的冒险，你要带着大约六万本书在伦敦市中心登陆，然后别人告诉你：'去找找朋友，把你的困难告诉他们。'"

位于汉堡的瓦尔堡博物馆，正在展出其中的一些摩涅莫绪涅拼板，1927年

这确实是一场冒险，但他们也得到了一些身处这座城市的朋友的帮助，如考陶尔德研究所（Courtauld Institute）的塞缪尔·考陶尔德（Samuel Courtauld）。他帮助他们在米尔班克塔（Millbank）的泰晤士大楼（Thames House）找到了住处，后来又帮他们在位于布鲁姆斯伯里（Bloomsbury）的伦敦大学的建筑群里找到一处更长久的居所。这两个机构在1937年联合发行了一本杂志，旨在以跨学科、整体性的视野将所有"符号性"研究整合在一起，并且"以其最广泛的含义和范围研究人文主义"。[7]该机构的工作人员也想方设法让伦敦人对此感兴趣。不过，一份可能是由萨克斯尔在1934年撰写的备忘录里提到，他们可能需要转变风格，因为英国人似乎很不喜欢看上去太抽象或理论化的东西。事实上，许多在瓦尔堡研究所找到心灵家园的人都来自其他国家，它已经变成了一个面向所有人的国际性人文主义家园。

这家机构至今仍然未变。瓦尔堡研究所最初在汉堡的房子现在已经变成了一个研究所和档案中心，为人们提供活动和课程，而迁居到伦敦的瓦尔堡研究所则仍然是一个伟大的人文主义家园。当我写下这些文字的时候，这座建筑已经变得很现代化了，目的是让公众更加喜欢它。对的，它还在设法努力吸引伦敦人。驱动该研究所做出这些改变的仍然是互联精神，它想在学者、思想、历史和图像之间做出联系。我在本书中采用的很多人文主义故事都来自这家机构的研究或工作人员。我自己也在那里写了很多这类故事。

作为一座流亡图书馆，它仍然受到人们的敬仰。2020年，陶瓷艺术家兼雕塑家埃德蒙·德·瓦尔（Edmund de Waal）把自己的艺术品《流亡的图书馆》（Library of Exile）赠送给它。这件艺术品是一个房间，墙上写满了名字，都是已经在这个世界上消失的、散落的图书馆。该图书馆原来还收藏了两千本流亡作家写的书，但这些书现在被送去了伊拉克，帮助重建摩苏尔大学中央图书馆（the University of Mosul Central Library）——它在2015年遭到了严重损毁。

当然，阿比·瓦尔堡的全部收藏中也收藏了大量流亡作家的作品，或者是关于流亡作家的作品：从彼特拉克（出生时就处在流亡中）到15世纪的很多人文主义者，为了避难，他们从一个城市逃到另一个城市，还有启蒙时期到荷兰和英国避难的法国思想家，以及为了躲避法西斯和其他压迫政权而逃难的20世纪的学者。我们可以这么认为，瓦尔堡研究所想对抗的是事物的遗失、遗忘和分崩离析——彼特拉克和薄伽丘曾经以雄辩的方式对这种损失发出哀叹。

20世纪30年代，欧洲的其他图书馆和文化遗产所在地都在勉力支撑，保护自己的藏品，以应付即将到来的毁灭。当纳粹开始焚书后，在巴黎的德国流亡者[特别是作家阿尔弗雷德·坎托罗维奇（Alfred Kantorowicz）]建造了德国自由博物馆（Deutsche Freiheitsbibliothek）以收集纳粹试图毁掉的作品。同时，它也收集该政权的海报、小册子和其他事物，以供未来的历史学进行研究。其理事会成员包括罗素，主席则是亨利希·曼。战争结束后，人们在很长一段时间里都认为这座图书馆的馆藏在纳粹占领期间已经完全被毁掉了，但在1990年人们发现了一些残存的藏品。现在，这些藏品收藏在法国国家图书馆。

在其他地方，一些用微缩胶卷进行记录的摄像师和档案管理人员四处奔波，在匆忙中尽可能地为那些不可替代的档案和稿件进行拍摄——最近，凯蒂·佩斯（Kathy Peiss）在其2020年的新书《信息猎人》（*Information Hunters*）中讲述了这个故事。一些勇敢的心灵甚至在战争开始后仍然坚持这么做：美国学者、中世纪语文学家阿黛尔·基布雷（Adele Kibre）则尽可能久地留在罗马，为梵蒂冈图书馆和其他地方拍摄照片。她于1941年回到美国，带了十七箱影像资料。为了多带点资料，她扔掉了其他行李。然后，她又去了瑞典，在那里负责一个微缩胶卷拍摄项目，直到战争结束。

与此同时，人们用沙袋保护古老的建筑，把艺术品保存在远离人口中心的隐蔽之处。在佛罗伦萨，乌菲齐美术馆里的艺术杰作被转移到了乡下。在沙特尔，大教堂上那些12世纪和13世纪的精美彩色玻璃被一块块拿了下来，埋在教堂的地下室里。

然后，战争就来了，混乱、死亡和各种损失也随之而来。但是，人类的文化和美好则在秘密避难所里静静地等待着战争的结束。

有一小部分人很幸运,他们找到了避难所,静静地等待着——当然,他们同时也在工作。托马斯·曼在加利福尼亚的家中继续撰写小说,其讲述人文主义衰落的戏剧《浮士德博士》(*Doctor Faustus*)就写作于这段时间,后发表于1947年。他也写非虚构类型的作品。在他关于战争的短篇论战性作品中,有一些旨在面向纳粹宣传铁壁后面的德国同胞。尽管托马斯·曼非常有名,但很多德国人在战争之初并不确定他对纳粹政权的看法。所以,他那些反纳粹作品的发表有重大意义。首先发表的是一封公开信,1937年,波恩大学剥夺了他的荣誉博士学位,他便给那里写了这封信。正如几百年前的很多作品一样,这篇短文是通过手抄本的形式在人群之间流传的。文学批评家马塞尔·赖希-拉尼基(Marcel Reich-Ranicki)回忆说,他曾经跟一些可靠的朋友参加过这样一个秘密聚会,他们把文本抄写出来,然后大声朗读。据他说,"那是一小包纸,很薄,两面都写了字"。赖希-拉尼基听完朗读之后就找借口提前回家了,因为他要独自享受这份幸福:原来,这位德国文学巨匠是站在他们一边的。

从1940年10月开始,托马斯·曼发表的言论越来越多,因为每个月他都通过BBC(英国广播公司)发布德语广播。当时,直接从美国把声音传送到德国是行不通的,这种传送只能借助短波和无线电接收,但这些行为在德国和德占区是被禁止的。所以,最开始的几期节目是由别人在伦敦读出来的。后来,人们发明出一种巧妙的办法,可以让德国人听到托马斯·曼的真实声音。首先,他在好莱坞的NBC工作室把每期节目录制到留声机唱片上。然后,唱片被空运到纽约,在那里通过电话播放给伦敦的人,由对方把声音录制到第二张唱片上。最后,它就可以像BBC的其他广播节目一样放送到欧洲大陆了。

他有时会在这些录音节目中谈及一些具体的新闻,给德国听众讲一些他们可能不知道的法西斯暴行。比如,他在1942年年初讲过这样一条新闻:一群犹太人在荷兰被聚集起来,以"实验"的方式被纳粹用毒气杀死。不过,他更常做的则是一遍又一遍地提醒自己的听众,德意志第三帝国不能代表德国,更不能代表普遍的人类。所以,它必定不能长久。他在1941年5月的广播里说道:

人类不可能接受邪恶、非真理和暴力获得最终胜利——人类根本不可能跟它们一起生存。假如希特勒胜利了，那这个世界将不只变成一个充斥着奴隶制的世界，还将是一个极端犬儒主义的世界。在这个世界里，人们将再也不会相信人类可以变得更好、更优秀。这个世界将彻底从属于邪恶，成为邪恶的附庸。这种事不应该发生，因为它是不堪忍受的。人类饱含着对精神和善良的极度绝望，展开对希特勒世界的反抗——这种反抗是所有确定性中最确定无疑的。

不论代价如何，都不应放弃希望。

※

战争最终还是结束了，纳粹的杀戮机器也随之终结。剩下的只有对损失的统计——人类和文化方面的各种损失。正如美国的艺术史专家弗雷德里克·哈特（Frederick Hartt）环顾佛罗伦萨的残垣断壁时所说："有形变为无形，美好变为恐怖，历史变为记忆的空白，而这一切都发生在一次盲目的轰炸之中。"很多事物都消失了，而且大多数都再也无法复原。战争的结束没有带来人文主义者期待已久的文明世界和"众人之间的友谊"——不过，确实有人为这些目标的实现付出了英勇的努力，我们稍后在本章会提及他们。

战争的结束没有阻止随处可见的非人性化人类行为。人们必须考虑一些新的威胁：落在广岛和长崎的原子弹显然让局势不可能再回到过去。美苏两大强权之间的对抗逐渐变得冷酷持久，美国的文化氛围也相应地变得严酷起来。当冷战中的麦卡锡主义发展至高峰时，托马斯·曼看到一些迹象，意识到自己可能会成为他们的目标。他对这种现象深恶痛绝。于是，他决定离开这个在他落难时为其提供避难所的新世界，回到瑞士。

考虑到这些事件、两次世界大战和纳粹大屠杀，我们就可以理解，为什么有些作家在回顾20世纪中叶时会将其看作对整个人文主义世界观无可辩驳的拒斥。小说家威廉·戈尔丁（William Golding）在谈及第二次世界大战时说道："如果一个人经历了那些年仍然意识不到人类制造邪恶就像蜜蜂制造蜂蜜一样，那他一定是瞎子，或者脑子不正常。"他写过一本虚无主义的荒诞寓言小说《蝇王》（Lord of the Flies），书里描写了一群生活在遥远海岛上的男孩所经历的道德堕落。这部小说就是这种思想的表达。他解释道，自己在过去并没有这么消极的观点，但这就是那些时代的时代精神。

人类从骨子里渗透出邪恶，这种想法慢慢成为文化氛围的主流。任何看上去文明或有文化的行为现在都只不过像是一种虚伪的掩饰——而在过去的几个世纪中，人文主义者曾为此感到快乐和自豪。人文主义者偶尔还是会被视为斯蒂芬·茨威格在描写伊拉斯谟和蒙田的书中所标举的那种角色：在黑暗中保存人类光芒的脆弱英雄。不过，他们同样会被看成是蠢货或伪君子，因为他们的美好理想掩盖了残酷的事实。

人性这层外皮或许真的很单薄。党卫军和纳粹组织中的很多官员都是洪堡教育体制下的优秀学生——但是，这个体制原本的设计目标是塑造有道德的、全面发展的人类。比如，曾有一位年轻士兵在1941年从血腥的东部前线写信回来说，他感到自己迫切需要这种暴力，因为它是在"为真正的人类和个人价值而奋斗"。[8]纳粹的一些高层热衷于掳掠艺术品。这表明，他们虽然没有人性，但在表面上却有很高的人文主义趣味。托马斯·曼曾在1945年9月发出疑问，生活在纳粹德国的人居然能心安理得地欣赏《费德里奥》（Fidelio）——贝多芬的一出歌剧，讲述了犯人被不公正地囚禁于地牢，备受虐待——却不会"羞愧地掩脸逃出大厅"，这得需要多大的情感失能啊！

这也是为什么1951年哲学家西奥多·阿多诺（Theodor Adorno）会在一篇文章里说"在奥斯威辛之后写诗是残忍的"。人们经常引用这句话，其实它表达的思想在《启蒙辩证法》（Dialectic of Enlightenment）里有更长的论证。[9]阿多诺和马克斯·霍克海默（Max Horkheimer）在战争末期合写了这本书，它不是要贬低文化本身，而是敦促人们对自我满足的西方思想做一次彻底的批判性评价：用瓦拉的话说，这是对启蒙思想的一次"重新挖掘"。

不过，这种工作虽然有用，却也很容易变质成为某种对自由、人文主义和启蒙价值的完全拒斥，就仿佛这些价值应该为它们被否定负责一样。这实在是一种奇怪的扭曲，因为无论是德国法西斯还是意大利法西斯，他们都明确拒绝理性、国际主义、个体主义、人道主义和世界改善论，反过来拥抱本能、暴力、民族主义和战争。这些意识形态明明是反人文主义的，却被人认为是人文主义的缺陷——在人文主义者看来，这仿佛在说尽管交通信号灯在起作用，但仍然发生了车祸，所以交通信号灯应该为此负责一样。

不过，这种歪曲反映了知识分子的一种困境，那就是他们在面对极端事件时缺乏适当的应对能力。面对着文明价值的解体和无路可走的局面，他们似乎找不到合适的答案，只能走向对价值更极端的解构。

因此，一些作家认为，要想改变这种局面就需要重新回归宗教或是某种模糊的非理性精神。当恐怖发生了以后，一些人认为人类不应再相信仅凭自己就可以走向一个更美好的世界，而是应该重新以谦卑的姿态回到旧式神学上去。〔事实上，有些宗教人文主义者如雅克·马里坦（Jacques Maritain）和加布里埃尔·马塞尔（Gabriel Marcel）早在20世纪30年代就已经说过类似的观点：马里坦说，除非人类意识到"人类的中心是上帝"，否则一切都不会走上正确的道路。〕[10] 1950年，《信徒评论》（*Partisan Review*）登载了一系列文章，名为"宗教和知识分子"。原因正如它在导言中所说，到处都有迹象表明有一种新的"朝向宗教的转向"出现了。1952年，一群非宗教信徒的活动家在阿姆斯特丹安排了一场会议，成立了一个组织。后来，这个组织演变成了今天的"人文主义者国际协会"（Humanists International）。当时，《爱思唯尔周报》（*Elsevier Weekblad*）警告他们：当这个社会已经明显在"渴望个性、根源和对上帝的笃信"时，任何人都不应该再试图去破坏信仰。

还有些人转向了一种泛化的、蒙昧的神秘主义，其信仰并非传统宗教，但仍属于反启蒙理性和世界改善论的立场。十分讽刺的是，这种思潮背后有一个很有影响力的人物，他就是因为在20世纪30年代支持纳粹主义而惹上骂名的德国哲学家马丁·海德格尔。他在1946年年末写了《关于人文主义的信》（*Letter on Humanism*），后发表于1947年。在这部作品中，他阐明了自己在战后的反人文主义立场。[11] 跟马里坦一样，海德格尔也想去除人类个体的中心地位。不过，他的理由却不同于马里坦。他不是把上帝重新请了回来，而是用"存在"（Being）加以代替——他将存在同一切特定的个体存在者区别开来。人类的地位就是倾听存在的声音，回应它的"召唤"。海德格尔说，他无意用存在作为上帝的替代品，但我们不难看出其中的相似之处。无论怎么理解，人类在跟这一巨大的、无法言说的事物的联系中都完全处于婢女地位。我们的任务不是去把自己的事务管理得更好，或者是去提升自己的道德生活，而只是去服务一个甚至都没法为之命名的事物。

海德格尔的《关于人文主义的信》是对法国哲学家让-保罗·萨特的回应。1945年，萨特在巴黎一个座无虚席的大厅里发表了一场关于人文主义的演讲。在这个主题上，萨特的形象经常因时而变。[12] 战争之前，他喜欢嘲笑老派的人文主义者，说他们是沉迷抽象"人性"的多愁善感的伪君子。但是，这种指责也适用于他全部的晚期著作。战争一结束，他就提出了一种"存在主义"的人文主义，其思想建立在这样一个观点上，即我们每个人都是极端自由的，应该为自己的行动负责。萨特的人文主义是专门面向20世纪40年代的一种强硬型版本，而且也是一种真正的非宗教人文主义。它依赖这样一种想法：人类的本质没有既存的蓝图，不管是神圣的抑或是其他种类的都没有。我们会成为什么样的人取决于我们自己。我们必须在每时每刻独自做出选择，"创造人类"。

对后一代法国思想家来说，存在主义的人文主义已经不再受知识界欢迎，他们不再谈论创造人类，而是谈论如何解构人类。出现这种现象的原因一部分来自海德格尔的影响，另一部分则来自他们对马克思主义理论的痴迷，而且这种痴迷程度比对海德格尔更深。1966年，米歇尔·福柯（Michel Foucault）在结束其

《词与物》（*The Order of Things*）一书时展示了一种不同的人类形象，这种人类"即将像海边沙滩上的人像一样被抹除"。尼采和史文朋认为人类创造了上帝并弑杀了他，福柯则认为，启蒙创造了人类，但现在也准备将其抹除。取而代之的将是一种对人类更加批判性的理解，在这种理解中，人类是通过社会和历史建构起来的。宗教思想家认为人类的中心在于上帝，海德格尔主义者则将中心定位于存在。现在，这个中心变成了结构和过程——从某种意义上来说，这个中心仍然是人类，不过它要比与其生活在一起的现实中的人类更加重要。

这些极具批判性的新一代学者解构了人文主义思想的中心地位，但也为之提供了一个机会，令其能够检视自己的缺陷。他们凸显了这样一个问题，欧洲的人文主义者总是在某些事情上思考得太少，特别是在种族主义、社会排斥、殖民主义和文化差异等方面。1961年后殖民主义思想家弗朗茨·法农（Frantz Fanon）在其著作《地球上的悲惨》（*The Wretched of the Earth*）中说道："在同一个欧洲，他们从未停止过讨论人类，也从未停止过宣称他们只关心人类的福祉。我们今天已经知道了，人类每次精神上的胜利都让自己遭受了何等的痛苦。"

不过，法农也认为，我们对待哲学和生活中的人文主义传统的正确态度应该是进行彻底反省，而不是全面拒斥。[13]他呼吁一种新型的、更全面的人文主义哲学："让我们努力创造一种完整的人类，一种欧洲过去从来没有能力成功创造出来的人类。"他写道："让我们重新审视全人类的理智质量，其联系必须加深，其路径必须多样化，其信息必须是重新人性化的。"还有什么会比这更人文主义的呢？他还写道："不，我们不想清算什么人，我们只想伴随人类——全人类——日夜不停地前进。"

中国文学学者张隆溪在考察了这些思潮后写道："人们曾经十分极端地把人类这一概念看成几乎如同天使般神圣，然后又走上了另一个极端，把其看作是海滩上被冲走的沙画面庞。"面对危机，这是一种奇怪的"绝对主义者"式的回应。考虑到它来自那些通常避免非黑即白式思维的思想家，这显得尤其怪异。（人们仿佛再次看到了英诺森三世和詹诺佐·马内蒂之间的对立。）相反，张隆溪提出了一条来自更微妙传统的人文主义路径:"从东方和西方的哲学智慧中,我们得知节制和中庸才是真正的人类美德。"

潘礼德曾总结道:

> 我想的是人类从根本上来说并不是邪恶的。邪恶不是什么新鲜事物,也是不好的。但是,正如我所写的,世界中还有一种平淡之善,一种日常之善。
>
> 前一个世界中好的部分——那也是我的童年,充满了姐姐的笑声、父亲的沉默、小侄子和小侄女们不倦的玩耍、母亲的勇气和善良、铁面无私的国家、自由正义和平等的理念、知识和教育的品位——这一部分是不可被抹杀的。它不是明日黄花,而是一种努力,是一种正在进行的工作,它是人类的世界。

克罗齐也曾经强调过"正在进行的工作"这一原则。所以,1947年他写道,对我们自身感到绝望是一种错误。我们之所以会犯这个错误,原因在于过分希冀这个世界是可靠的、和善的,每个人都可以过上一种文明且享受的生活。一旦这种幻想被打碎,我们就会倾向于放弃原有的信念。然而,事实却是这样的:人类的世界和历史既不是稳定、和善的,也不是一出绝望的悲剧。实现那幅美好的图景是我们的工作,如果我们想让它顺利前行,就必须努力去实现它。

※

当哲学家在"二战"后忙着调整关于人性的观点时,一些实干家已经尽其所能地致力于城市的物质重建,文化和政治复苏,以及各地区人们的繁荣复兴。其中,仅在欧洲就有大约四千万名流离失所的难民,对他们的管理构成了最直接的挑战之一。除此之外,还有针对德国的"去纳粹化"工程。各个地方都推出了教育规划，以期为广泛的道德复兴提供根基——显然，这种做法采取了老式的人文主义观点，想要在教育和道德正直之间建立联系。

为了实现这个目标，一份受到英国政府背书的报告在1943年就已经规定了养成品性、大量锻炼及研习人文学科等内容，所有这些都是为了"让（儿童）能够同时作为个体和社会成员实现各种素质提升，包括身体、精神和智力等"。在美国，哈佛大学委员会在1945年给出了一份报告，名为《自由社会中的通识教育》（*General Education in a Free Society*）。这份报告同样遵循历史上所有人文主义教育家的观点，它指出："一个健全的人必须是一个好人"。

同时，人们也在筹备新的国际体系和国际组织，其中，最大的一个就是1945年建立的联合国。英国人文主义者哈罗德·J. 布莱克汉姆（Harold J. Blackham）将此描述为"人类共同利益的真正开端"。

同年稍晚时候，它的一个分支机构 UNESCO 也建立了起来，这就是联合国教科文组织。它有一份伊拉斯谟风格的创始文件，里面说战争始于人类的心灵，因此和平也必将从那里开始。为了实现后一个目标，它实施了一项颇具雄心的政策，资助和鼓励各类图书馆、博物馆、动物园、植物园、科研机构、大学等。它的建设思路具有强烈的人文主义色彩，一个很重要的原因在于其第一任总干事是动物学家朱利安·赫胥黎（Julian Huxley）。他是托马斯·亨利·赫胥黎的孙子，也是"科学人文主义"的支持者。事实上，他在上任前写过一本介绍性的小册子《UNESCO：目标及其哲学》（*UNESCO: Its Purpose and Its Philosophy*），其口吻非常具有人文主义色彩（非宗教式的那种）。一些成员对此非常反对，他不得不在最后一刻给每份副本附加一份声明，澄清这只是他的个人观点。不过，他对联合国教科文组织寄予的人文主义希望仍然在广义上保留了下来。正如他在回忆录中所说，"我确信，我们所有活动背后的关键理念应该是'实现'，即更全面地实现个人、城市、国家和作为整体的人类的能力"。这是联合国教科文组织一切作为的核心。

数年之后，联合国发起了另一项计划，即《世界人权宣言》（*Universal*

Declaration of Human Rights）的撰写，对该宣言的讨论贯穿了1947年，并于次年得以完成。埃莉诺·罗斯福（Eleanor Roosevelt）主导起草委员会，对讨论过程采取了严肃的态度，并咨询了一些世界知名的哲学家和不同政治观点的代表人物。首先必须找到能够令每个人都满意的原则，这意味着要在一些重大哲学问题上明确立场：权利和责任是否更重要？如何平衡个人主义和集体认同？如何保持宽容？人们是否可以谈及某种"普遍"存在于全人类中的事物？一直到今天，这些问题仍然是文化争论中经常出现的话题。

然后就是措辞问题。这些讨论从宣言的第一条就开始了：苏联代表弗拉基米尔·科列茨基（Vladimir Koretsky）（根据国内关于性别平等的官方政策）指出，"所有人都是兄弟"（All men are brothers）这一用语把女性排除在外了。罗斯福用一种非常奇怪的方式解释道，这个用语可以解读为"所有人类都是兄弟"（All human beings are brothers），所以是可接受的。虽然原文暂时保留了下来，但在后期的一版草案中确实把"人"改成了"人类"。因为印度代表汉萨·梅塔（Hansa Mehta）警告说，这种表达在某些场合中可能的确只意味着男性。不过，"兄弟关系"这一表达仍然保留了下来。所以其开篇第一条就演变成了现在的样子："人生而自由，在尊严和权利上一律平等。他们富有理性和良心，并应以兄弟精神相对待。"

这里的"良心"一词也需要解释几句。最初，第一版草案里只提到理性。不过，宣言委员会副主席是来自中国的外交官兼哲学家张彭春，他非常欣赏孟子的儒家思想，所以建议加上"仁"这个词。由此，宣言不再只是关注理性，同时还考虑到了更广泛的关怀，那就是同情和人类之间的互惠。委员会采取了他的想法，所以在该文件中表达了强烈的"仁"的精神。不过，他们在英语里把"仁"翻译成了"良心"（conscience），无法全面传达这个词的意义。

这些商谈的结果就是诞生了一份在当时远比其他文件都更具包容性和文化敏感性的宣言。它不是赫胥黎式的非宗教人文主义，但它在其他各种意义上都是一份具有人文主义色彩的文件。同时，它也具有实践性，旨在人权被侵犯的情况下提供法律支持。几乎所有国家都赞同这份宣言，但也有一些国家不予承认。这份名单意味深长，其中一个是南非——因为该宣言无法调和种族隔离。沙特阿拉伯也不承认这份宣言，因为其中有一项条款要求在婚姻中赋予男性和女性同等的权利。

人们很容易就会把这个宣言里表达的原则视为理所当然——除非它们在你面前被践踏。这时候，你才会注意到这些原则应该像其他的普遍人文价值一样受到保护。正如托马斯·曼在一次面向德国的 BBC 广播里观察到的，纳粹这一灾难的真正开端可以追溯到1933年2月该党在柏林的胜利集会。当时，约瑟夫·戈培尔（Joseph Goebbels）宣布："人的权利已经被废止了。"托马斯·曼说道，这些话表明纳粹有意抹除"人类数千年来所有的道德成就"。《世界人权宣言》的目标则表现出正好相反的意图：对这些成就的毁灭再也不应发生。

当这些讨论在全球性的会议室里进行时，艺术史家、"古迹保护者"（Monuments Men）、志愿者和专家们正在以一种更加脚踏实地的方式实现着文化复兴这一任务。他们踏遍欧洲的大街小巷，寻找、抢救和保护在战争中保存完好的建筑和艺术品。弗雷德里克·哈特就是他们中的一员，他曾在佛罗伦萨生动地描绘过"有形变为无形"和"历史变为记忆的空白"等变化。他根据自己在托斯卡纳等地的探索经历写了颇具可读性的论述，时间自德国撤退的最后阶段起。那时，他经常追随切萨雷·法索拉（Cesare Fasola）的脚

西班牙语版的《世界人权宣言》，拿着它的人是埃莉诺·罗斯福，1948年

步——一位勇敢的、充满活力的乌菲齐美术馆的工作人员。此人本身也是抵抗组织中的一名游击队员，当地的村民称他为"教授"（il professore）。当德国人还在的时候，他就经常独自骑车去乡下寻找艺术品，而且他们给了他一张特别通行证。他和哈特是最早到达蒙特古夫尼城堡〔the Castle of Montegufoni，英国的文学世家西特韦尔家族（the Sitwells）拥有这座城堡〕的一批人，这里存放了很多来自乌菲齐美术馆的藏品。[14] 他们在那里看到了令人不安的一幕：原本驻扎在那里的德国军队撤离了，但他们把波提切利的名画《春》（Primavera）随意地倚靠在一堵墙上，把多米尼克·吉兰达约（Domenico Ghirlandaio）的圆形画作《麦琪的赞美》（Adoration of the Magi）改成了一张茶桌——后来罗马皇帝卡里古拉沉船上的马赛克也有同样不光彩的遭遇。小说家埃里克·林克莱特（Eric Linklater）是其同行者之一，他满怀爱意地亲吻了《春》里的每个女性形象。对画作保存来说，这是很危险的行为。所以，他是在没有其他人看到的情况下偷偷做的——不过，他后来在回忆录里公开了这件事。

一些勇敢的德国人也参与了保护活动。当时有很多抢劫发生，一些军官就把珍贵的艺术品保护起来，使其免受伤害。至少蒙特卡西诺的本笃会大修道院是这样的——这是一座伟大的修道院堡垒，六百年前，薄伽丘曾欢欢喜喜地探索过它的图书馆。它的位置处在从那不勒斯到罗马的路上，是沿途的高海拔地带，对于双方都有显而易见的战略重要性。德国军官马克西米利安·贝克尔（Maximilian Becker）和尤利乌斯·施莱格尔（Julius Schlegel）（分别）意识到它很容易就会成为盟军的轰炸目标。所以，1943年年末他们将其最珍贵的藏品打包进了数百辆卡车，向北运送到了更安全的堡垒，即位于罗马的圣天使堡。事实证明，这一做法是正确的：次年二月，美国人轰炸了这座修道院，并在六个星期后又开展了一次大规模的轰炸。小沃尔特·M. 米勒（Walter M. Miller Jr）是第二次轰炸机组中的一员，他震惊于自己看到的景象，后来皈依了天主教，并写了一部名为《莱博维茨的颂歌》（A Canticle for Leibowitz）的小说。小说故事发生在一个未来世界，大多数文化知识都消失了。有人告诉人们，可以去寻找一些在20世纪失散的文明遗迹，就有望通过它们实现文明的重生——这正是14世纪和15世纪意大利人文主义者的计划。不过，在这个故事里人们首先找到的遗物是一张纸条："一磅熏牛肉、一罐泡菜、六个硬面包圈——带回家交给爱玛。"

同样的毁灭也几乎发生在沙特尔，不过这次的拯救者是一个美国人。1944年8月16日，德国人仍在那里。美国人准备进入该地，他们得到命令对大教堂进行猛烈攻击，以防德国军队将其用作瞭望塔。这么想是有道理的，因为沙特尔大教堂跟蒙特卡西诺修道院一样，可以俯瞰周边地形。但是，在没有确凿证据的情况下摧毁一座有着七百五十年历史的建筑，这种想法令一位军官感到压力巨大，他就是小韦尔伯恩·巴顿·格里菲斯（Welborn Barton Griffith Jr）上校。于是，他和自己的司机（很抱歉我不知道他的名字）潜入城里，独自进入大教堂内部，登上钟楼的顶部，然后发现里面没有德国人。格里菲斯解除警报，军方收回了轰炸这座建筑的命令。这几乎是他人生的最后行动：就在同一天，他在附近的勒韦镇（Lèves）死于敌人的炮火之下。在整个过程中，沙特尔大教堂的彩色玻璃都安全地保存在地下室里。当和平来临后，工人和志愿者小心翼翼地将其取出，重新安装了上去，就像当初把它们取下来时一样。

几年前，我在沙特尔及其周边地区驻足过两天，探索了这座大教堂，得知了它漫长历史中的一些故事。其中，既包括那位勇敢的上校和司机的故事，也包括法国大革命时期一位建筑师的故事——在他的劝阻下，破坏者放弃了这座建筑。

除了欣赏这座建筑本身的美，我还被它体现出来的人类历史深深打动。所有建筑物都能做到这一点，但沙特尔大教堂对其历史生命的表现要比大多数建筑更加鲜明。它矗立在古老的地窖和地基之上，主体空间布满了12世纪和13世纪的雕刻、扶壁与窗户——所有这些都应用了当时最先进的技术，并且从扶壁的工程结构到彩色玻璃，颜色大多都采用了独特的"沙特尔蓝"。如果你继续向上，爬进房顶，就会出乎意料地看到一根19世纪的铁质屋顶支架。由于隐藏得好，所以从外面根本看不到它。这根支架建于1836年，仿照那个时代火车站的铁结构制成，非常漂亮。由此，现代社会最好的事物和人们对历史的最大敬意再次结合在一起。面对这一切，人们可能会联想到那些铸造它的工人和最初的中世纪工匠；也可能会想到某些人在不久前的20世纪30年代是如何耐心地清点它的玻璃，然后打包存放，以及那些在战后将其解封并重新安装的人们——当然，你也可能会联想到那些在今天仍然致力于对其进行保护和为之工作的人。这座建筑集各种元素于一身：人类的技艺和奉献、各个历史时期的政治环境、最初的设计构思、数个世纪的维护保养。它还让我们回忆起"12世纪文艺复兴"时在这里发生的学术活动，当然还有基督教——正是这种信仰的存在，才让人们从一开始就认为值得为创造这般壮美付出如许代价。

我自己并不持有这种宗教信仰。但当我环绕沙特尔大教堂行走时，很难不感受到（同时还怀有一丝紧张）一种对人类的信仰。确实，人类有好几次都几乎将这种信仰击碎，但总有另一些人在努力（甚至是非常努力）地保存它。

※

第二次世界大战结束后，核武器成为最需要人类齐心协力实现合作的一个领域。正如让-保罗·萨特在1945年10月所说，广岛和长崎给人类上了一课，从现在起，只有我们人类自己才可以决定是否要继续生存——这也是一个终极的存在主义决定。

作为一名公共人文主义者，伯特兰·罗素也以令人难忘的方式重述了这一困境。1954年在一个名为《人类的危险》(*Man's Peril*)的广播节目中，他得出了相同的结论，并呼吁人们做出选择：

> 如果我们愿意，在前方等待着我们的就是不断提升的幸福、知识和智慧。但如果我们不愿意忘记争论，那等待着我们的就只剩下死亡。作为人类的一员，我向全人类呼吁：牢记你的人性，忘却其他。如果能够

做到这一点，前方的路会导向一个新的天堂。如果做不到，未来就只会哀鸿遍野。

"牢记你的人性，忘却其他。"——这里所说的"其他"是指国家利益、虚荣、骄傲、偏见、绝望和任何阻碍你对生活做出选择的事物——这句话经常被人们引用，特别是罗素本人。他在另一个国际会议上也重复了这句话：那是在1955年，会议敲定了一份宣言，很多领域的科学家都在上面签了字，其中也包括时日无多的爱因斯坦。这个群体后来每年都会组织会议，时间从1957年7月开始，地点是新斯科舍（Nova Scotia）的帕格沃什（Pugwash）。由此，"帕格沃什"就成为最初这份宣言和年度会议名称的一部分。这个会议一直延续到今天，与会者仍然有相同的目标：减少武器的增长扩散，促进政治机制的形成，尽量减少灾难性战争。[15]

罗素一直是反核武运动的坚定支持者，他在剩下的生命里长期致力于相关方面的写作与示威活动。1961年，他曾因在伦敦的海德公园向公众发表过演讲，被指控为"煽动公众进行非暴力反抗"，被判刑一个星期，关押地点在布里克斯顿监狱（Brixton Prison）。当时他已经八十九岁高龄了，地方法官希望劝说他承诺今后保持"良好行为"，以此作为交易释放他。但是，罗素不会承诺这种事情。他就像伏尔泰一样，随着年龄的增长，只会变得越来越无畏和具有战斗性。

罗素也为其他事业而奋斗，其中就包括环境事业。他对保存地球自然资源的重要性有先见之明，并且早在1948—1949年就已经在BBC的《里斯讲座》（*Reith Lectures*）节目中强调了事态的紧迫性。［大约在同一时间，朱利安·赫胥黎通过联合国教科文组织发起倡议，成立了世界自然保护联盟（International Union for the Conservation of Nature），该组织至今仍在跟各国政府和企业界合作并发挥作用。］

在发表那期里斯讲座之前，罗素差点在1948年被大自然吞噬。那个秋天，

第十一章 人类的面孔　343

他去了挪威的特隆赫姆（Trondheim）旅行，并且乘坐了 *Bukken Bruse* 号，这是一种"可以飞行的船"——或者说是一种水上飞机。不过，它的船体直接与水面接触，不需要那种像脚一样的浮力装置。但是，当时的天气很差。当这艘"可以飞行的船"准备在水面降落时，刮过来一阵狂风，打翻了船体。一个飞行机翼脱落，海水灌进船舱。乘船的四十五人中有十九人遇难，特别是位于船体前方的非吸烟区域，那里所有的乘客都不幸身亡。大多数吸烟者由于坐在靠后的地方，所以有机会奋力逃出船舱，反而获救——其中就包括罗素，他是一个永远烟斗不离手的人。不过，他全身都湿透了，没有衣服可以换，直到一个牧师借给了他一套牧师服换上——对那些知道罗素对待宗教的态度的人来说，这一幕简直太滑稽了。一个记者从哥本哈根打来电话，询问他在水里的时候在想什么，是神秘主义和逻辑学吗？他回答道："不，我在想这水可真冷。"

从本质上来说，罗素领导的社会运动经常都是在反对某些事物，比如核武器、对大自然的掠夺以及战争——尤其是20世纪60年代晚期，他反对美国入侵越南。当时，他已经九十多岁了。不过，他对这个世界的总体态度却从来不是消极的。1955年他有一场自传性谈话，名为《希望：实现的和失望的》（*Hope: Realized and Disappointed*）。在这场谈话中，他回顾了自己在战前的乐观自由主义，并承认现在已经很难再去保持这种态度了。不过，他也不会放弃它："对于什么是对的和什么是错的这类判断，我不会将之放在事物发展进程中的某一个瞬间进行裁决，因为那是偶然性的。"人们必须适应世界的变化。不过，"如果因为某个事物日益受到欢迎就认为它是对的，这种态度也是错误的"。正如他一直所强调的，无论在什么情况下，都是我们人类自己才能决定是否让这个世界变得更加幸福快乐。

他在自传里重新回归了这一思想，而这本自传的最终卷也是他人生中最后的出版物之一。几个月后，也即1970年2月，他去世了。他在最终卷的结尾处总结了自己将近一个世纪的人生：

我曾经认为，人类通往自由、快乐世界的道路并不遥远，但事实证明并非如此。不过，这种世界确实是有可能存在的，在这一点上我并没有错。而且，为了进一步接近这个世界而去生活是值得的，这也没有错。我在生命中追逐着个人和社会两方面的愿景。从个人角度来说，即是去关心什么是高贵的、美丽的、温柔的，用有所洞察的瞬间为平凡的人生赋予智慧。从社会角度来说，即是去想象一个即将到来的社会，个人可以在那里自由发展，仇恨、贪婪和嫉妒在其中没有容身之处——因为没有什么可以去滋养它们。我相信这些事物，所以尽管这个世界恐怖遍布，却仍未能动摇我分毫。

伯特兰·罗素在参加炸弹禁止运动的抗议游行，地点是伦敦的特拉法加广场，时间是1962年

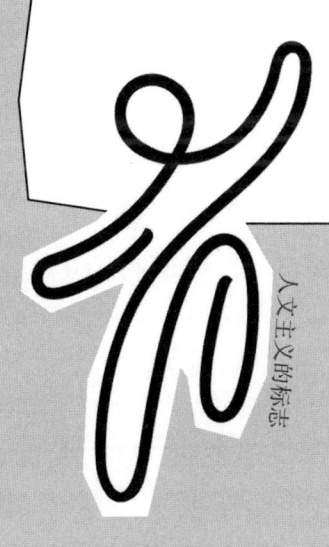

第十二章
快乐之地

人文主义的标志

1933年至今

人文主义的组织、宣言和社会运动——玛丽的诞生——法院、议会和学校——放松！——"荣耀无比"——敌人——建筑和城市规划——瓦西里·格罗斯曼（Vasily Grossman）——机器和意识——后人类和超人类——亚瑟·C. 克拉克（Arthur C. Clarke）和《超心灵》（*Overmind*）——人文主义的质问——何时、何地，以及怎样去快乐有些人像罗素一样，也在20世纪寻找"自由、快乐的人类世界"，并把这一行动延续到了21世纪，而且这些人聚集在"人文主义者"这一名号之下。其中，有些群体最初是从19世纪的世俗、理性或伦理团体中发展起来的。他们中的某些人是坚定的无神论者，而另一些人则和一些准宗教组织如上帝一位论（Unitarian）有联系。有的人主要寻求促进科学和理性主义的观念，有的人则更加强调道德生活。有的人会跟激进的社会主义结盟，有的人则避谈政治。

20世纪30年代经济危机期间，美国的一些人（主要是上帝一位论派的信徒）突然想到，如果发出"一些人文主义的响声"，在不同的群体之间建立联系，那将是很有用的一件事。这声巨响成就了世界上第一份人文主义宣言，它发表于1933年。该宣言把人文主义呈现为一种"宗教"，一部分原因在于它遵循了上帝一位论的路径，一部分原因则是为了方便归类，否则实在找不到明显适合它的社会运动类别。并不是所有的人文主义者都愿意参与其中，因为他们在很多情况下不喜欢承认任何种类的教条。哈罗德·布施曼（Harold Buschman）曾被邀请签署这份宣言，但他回信警告说："它不会令人们体验到彼此之间无需相互检查即可达成共识，而是会导致诸多'异端'和误解。"F. C. S. 席勒也受到了邀请，他以讽刺的口吻评论说："我注意到你们的宣言有十五条条款，这可比摩西十诫还多了50%。"

三十四个人在宣言上签署了名字，这份声明展示了对公民自由和社会正义的关怀，并且将理性看作治理公共事务的最佳手段。尽管该宣言把人文主义称为一种宗教，但它也指出人文主义者认为宇宙是"非创生的""自存的"。[1]并且，他们不希望"为人类价值提供超自然或宇宙论的保证"。一个人文主义者或许确实会有"宗教情绪",但它主要采取的形式表现为"对个人生活的高度重视和通过合作促进社会福祉（的信念）"。他们认为,人文主义者关注的领域包括"劳动、艺术、科学、哲学、爱、友谊、消遣等——所有这些都在一定程度上表达了人类对生活的智性需要"。简言之,人文主义者珍视"生活中的快乐",并且认为（如泰伦斯所说）"人类之事没有什么与我漠不相关"。

但是,有一些人的宗教观与之截然不同,他们对这一声明提出了强烈的反对意见。康涅狄格州的布里斯托尔出版社以赞许的口吻引用了一个学生对另一个学生说过的话:"托马斯,如果你胆敢再说一遍没有上帝,我就让你尝尝沙包大的拳头。"这篇文章还说:"按照我不成熟的看法,这种治疗方法是那些知识分子唯一能理解的论证,他们会因此获得治愈。"在命运攸关的1933年,在人文主义者、知识分子及其他所有人所面临的威胁之中,这种反对已经是程度最轻微的了。

二战结束后的几年内,世界上很多地方都涌现出人文主义组织,一些旧的组织也得以复兴。[2]其中就包括几个在印度很有名的群体——他们有着古老的自由思想传统,可以上溯到遮缚迦学派。当时印度最有名的社会活动家是玛纳本德拉·纳特·罗易（Manabendra Nath Roy）,他是印度激进人文主义运动（Indian Radical Humanist Movement）的发起者。他曾在墨西哥帮助建立了当地的共产党组织,也曾在苏联生活过八年。后来,罗易回到印度,参与到了独立运动之中,并因此度过了六年的牢狱生涯。（正如罗素所说,那个时候的英国和法西斯有着相同的信念,那就是"只有把最优秀的人投入监狱才能实现其统治"。）他也认识莫汉达斯·K. 甘地（Mohandas K. Gandhi）,但两人在选择的道路上有一定的分歧。于是他分裂出来,建立了激进民主党（Radical Democratic Party）。他们不仅在政治主张上不同,在性情上也大相径庭:甘地以苦行僧式的生活闻名于世,但罗易却倾向于英格索尔那种热情奔放的生活。对他来说,人文主义的生活方式意味着尽最大可能去享受这个星球上的乐趣。罗易热爱一切美好的事物，如美酒、旅行、社交、自由、友谊，以及"生活的乐趣"。为了促进这些美好事物的发展，实现自己对国际主义和道德生活的政治承诺，他发起了一种"新人文主义"（New Humanism）——我们应该严格区分这种思想跟欧文·白璧德及其追随者所提倡的那种精英式"新人文主义"。罗易的宣言凸显了普罗塔哥拉的名言："人类必须再次成为万物的尺度。"（Man must again be the measure of all things.）

还有一些印度人文主义者站在了一项战后新计划的最前沿：他们尝试建立一个统一的机构来支持和协调世界各地的不同团体。该计划有一个来自荷兰的关键推动者，即亚普·范·普哈赫（Jaap van Praag）。他还在1946年参与了荷兰人文主义联盟（Dutch Humanist League）的创建。他是犹太人，在纳粹占领期间四处躲藏，活到了战争结束。对他来说，促进人文主义价值观是一条有效途径，可以防止此类事情再次发生。1952年，他和一些人在阿姆斯特丹组织了一个大会，从四面八方召集超过两百人参会。大家共聚一堂，旨在建立一个长久的机构。自然，他们也要为此起草一份新的宣言。

与往常一样，当人们怀揣重要目的聚集在一起时，这种会议很快就会陷入意识形态及术语选择方面的激烈争论。根据汉斯·范·德克伦（Hans van Deukeren）的幽默叙述，争论起始于他们要怎么称呼自己。一些代表想称其为"国际伦理协会"（International Ethical Society），在他们看来，"伦理"对这类群体来说是一个现成的常见术语，而"人文主义者"容易让人联想到孔德的人类宗教。另外一些人则支持使用"人文主义者"一语，认为"伦理"这一说法太过平淡。经过十四小时的讨论，一些人建议称呼其为"国际人文主义者和伦理联盟"（International Humanist and Ethical Union）。于是这个名称就暂定了下来——简称IHEU——不过，现在又改成了人文主义者国际协会。它一直在发展壮大，经受了很多进一步的意识形态之争，始终是全世界人文主义者应付各种国际挑战和斗争的中心阵地。

1952年的这份宣言就是著名的《阿姆斯特丹宣言》（*The Amsterdam*

Declaration）。它取得了长久的胜利，不过形式一直在变化。它有过数次更新，加入了一些新的想法，或者是对旧有的思想进行了重点调整。最近的一个版本是2022年人文主义者国际协会发布的，它在很多方面都遵循了1952年版本的思路，着重强调了人文主义的伦理关切。[3] 这两个版本都谈到了个体满足和发展的重要性，同时也谈到了社会责任和联系。它们都支持以人类价值为依托的自由的科学探索，并将其视为人类解决各种困难的最佳方法。新旧两个版本都指出，人类应该"力求理性"，但艺术活动和"创造性的伦理生活"也同样重要。这两份文件都提示我们，当代人文主义背后隐含着一个长久的、激动人心的传统。同时，它们也都对未来表示出一种有所保留的乐观。2022年版的宣言中，有一些文字就总结了这种看法："我们相信人类有潜力通过自由探索、科学、同情和想象力解决面临的各种难题，促进和平和人类的繁荣。"

不过，2022年版的宣言也吸纳了1952年版本所欠缺的元素，用来扩展一些内容。它更加强调的一点是，当代人文主义受到了各种人文主义传统的滋养，而且这些传统的范围十分宽广："人文主义的信念和价值跟文明一样古老，而且在世界上大多数社会的历史中都出现过。"该宣言说，人文主义希望看到"人类在其差异性和个体性中获得繁荣和友谊"。因此，"我们反对所有形式的种族主义和偏见，以及由此产生的不正义"。2022年的版本和最初的版本一样，都赞成促进艺术、文学和音乐对生命的提升作用。不过，该版本宣言还增加了一点，即体育活动中的"同志情谊和成就"。对于人类跟地球上其他生物（"世间众生"）之间的联系和责任，新版本表现出了更多的认同，程度不亚于其对人类后代的关心。最终，它在结尾部分表现出一种新的谦逊："人文主义者认为，没有人是不会犯错的、全能的，关于世界和人类的知识只能通过不断的观察、学习和反思才能获得。出于这些理由，我们既不寻求逃避审查，也不把自己的观点强加于全人类。相反，我们赞同自由的表达和观点的交换。只要有人认同我们的价值观，哪怕信仰不同，我们也会寻求与他进行合作。一切都是为了建设一个更好的世界这一伟大事业。"（在附录部分，你可以阅读到2022年版的宣言全文。）

宣言的演变反映了人文主义自身看法的变迁，也反映了更广大的世界的变化：它对差异表现出了更多的敏感和尊重，当它提到人类时，不再趾高气扬。这种内涵复杂度的提升也造就了一版篇幅更长的文本。不过，我更喜欢这种新的语调。同时，我也喜欢这种谦逊和包容，以及某些更久远的元素。2022年版的宣言跟之前的版本一样，一直把人文主义坚实地建立在伦理和价值的领域，以及对他人和共同生活的生灵所负有的关怀与责任之上。所有版本的宣言都强调这一点，并且胜过其对信仰、非宗教甚至是理性等元素的强调——当然，这些内容也非常重要。所有版本的宣言都关注更广泛的人类问题，如满足感、自由、创造力和责任，而较少关注宗教怀疑。他们明确了一点，即人文主义最重要的工作不是对其追随者吹毛求疵——这种行为只会让很多人变得疏远。而且，这种生活方式显然不是最令人快乐的。（另一方面，我认为对那些把自己的信仰强加给他人的当权者吹毛求疵是一种很好的消磨时间的方式。）相反，这份宣言有更深刻的地方：它提供了一套快乐的、积极的人类价值。

美国人文主义者协会（American Humanist Association，建立于1941年，其名称缩写是AHA，该组织颇以此为荣）在2003年发表了一份宣言，也表达了这种观点。该宣言认为，生命应该在激情和理性的指导下达到"美好和圆满"的境界：

> 我们旨在实现人类最充分的发展，以一种深深的使命感为生命赋予活力。同时，在人类生存的快乐与美好中，在挑战和悲剧中，甚至在死亡的不可回避性和终结性中，发现奇迹和敬畏。

随着人文主义组织变得越来越积极和易于接触，它们也在寻求与更广泛的社群建立更好的联系——其中一些社群或许很不信任人文主义，甚至对它怀有很大的恶意。宗教机构和信仰是这些社群的核心生活特质，它们可以给成员带来社会认同感和共通的生活意义。如果人文主义者主要是反宗教的，那他们被认为不只反对某种特定信仰的有效性，而且反对这种生活意义和认同感的全部原则。据美国黑人人文主义者黛比·戈达德（Debbie Goddard）描述，当她在大学里公开宣布自己是一名无神论者时就遭遇了这种看法。她说道："我最亲近的黑人朋友告诉我，人文主义和无神论都是有害的欧洲中心论意识形态。因此这意味着，如果我成为无神论者，就是在背叛自己的种族。"当时的人们认为无神论威胁了"黑人的认同和黑人的历史"。戈达德决定向两个目标努力："介绍更多的人文主义进入黑人社群，同时让更多的有色人种融入人文主义社群。"

当代人文主义组织——如由戈达德担任负责人的非裔美国人人文主义协会（African Americans for Humanism，名称缩写是 AAH）——正努力在做一件事，那就是强调来自黑色人种和其他方面的视角如何深刻地提升、影响和丰富了人文主义世界，而不是只把它们看作独立的、补充的和分散的视角。反过来，正如 AAH 在 2001 年的一份宣言中声明的那样，人文主义者正在美国黑人社群中着重推行 "eupraxophy" ——"在生活中贯穿智慧和善行"。AAH 并不是美国唯一的有色人种人文主义组织，同类组织还有黑色人种人文主义联盟（Black Humanist Alliance）和拉丁裔人文主义联盟（Latinx Humanist Alliance），它们都是美国人文主义协会的下属组织。在英国，黑色人种人文主义协会（Association of Black Humanists）也隶属于英国人文主义协会。

广义上的人文主义组织也包括 LGBTQ+ 群体中的人文主义组织。以英国为例，其 LGBT 人文主义组织的成立归功于 1977 年的一个特殊事件。当时，基督教中的宗教激进主义者恢复了古老的渎神法案，以便控诉《同性恋新闻》（*Gay News*）这份杂志。原因是詹姆斯·柯卡普（James Kirkup）在该杂志上发表了一首诗歌，名为《大胆说出爱的名字》（*The Love That Dares to Speak Its Name*）。

这首诗确实震惊了一些基督徒。一个罗马百夫长在诗中亲吻爱抚了被钉在十字架上的耶稣基督，而且他的行为表现得十分性感温柔。玛丽·怀特豪斯（Mary Whitehouse）的锐眼立刻捕捉到了这一动向，她是一位保守的社会活动家，总是在不停地寻找机会去战斗——比如，她之前曾经尝试让BBC禁止播放查克·贝里（Chuck Berry）的歌曲《我的叮铃铛》（*My Ding-a-Ling*），不过没有成功。看到柯卡普的诗歌后（她大概是无意中仔细浏览了那份《同性恋新闻》），怀特豪斯开始着手组织一场针对渎神的刑事指控。这场指控不是针对诗人的，而是针对这份杂志及其编辑丹尼斯·莱蒙（Denis Lemon）的。

该案件于7月4日在伦敦中央刑事法庭开庭，引发了大量关注。它的影响也许没有1960年的"《查泰莱夫人的情人》（*Lady Chatterley's Lover*）案"那么大，但也相差无几。当时，英国已经有五十六年没发生过渎神指控了。上一次出现这种指控还是在1921年，针对的是布拉德福德（Bradford）的裤子销售员及自由思想家约翰·W. 戈特（John W. Gott），因为后者出版了一本名为《上帝和戈特》（*God and Gott*）的书。当时，尽管他的健康状况已经很糟糕，但仍然被处以九个月的苦力劳动。从那以后，这条法律就没有再被启用过，但在官方层面仍然有效。

约翰·莫蒂默（John Mortimer）和杰弗里·罗伯逊（Geoffrey Robertson）这两位著名的自由派大律师分别为莱蒙和《同性恋新闻》出庭做了辩护。约翰·史密斯（John Smyth）领导了这场诉讼案件，并且给出了精彩的开场白，讲述了这首诗歌对基督教信仰造成的冒犯。这个案件之后，他就很少在媒体面前出现了。直到2017年，他被指控在一个基督教夏令营中暴力虐待男童，由此被责令离开这个国家。

文学价值是该案件中一个需要加以审视的重要因素。柯卡普是英国皇家文学学会（Royal Society of Literature）的会员，还是一名大学老师。所以，他的文学资质貌似还是很好的，并且有几位著名的作家为这首诗的文学价值做了背书。（这位诗人为避免牵连到该案件中，他后来说自己不赞同艺术的政治化。）不过，法官阿兰·金－汉密尔顿（Alan King-Hamilton）认定文学证词与本案无关，所以没有人听过那些话。他在最后向陪审团做总结时说："有些人认为法定许可已经走得够远了，有些人可能认为不应该对出版物施加任何限制。但如果他

第十二章 快乐之地　355

们是正确的,谁知道接下来会出现什么下流的渎神之语。"他后来回忆说,他在发表这一总结时"冥冥中受到了某种超人类启发的指引"。7月11日,陪审团做出十比二的有罪判决。两名被告都被罚款,莱蒙同时被判了九个月的缓刑。正如后来约翰·莫蒂默所写,这意味着让英国国教教徒脸红竟然成为一种犯罪行为。而且,也只有英国国教享有这份待遇,当时,其他宗教并不受到英国渎神法律的保护。比如,当英国穆斯林行动阵线(British Muslim Action Front)在1988年试着用该法律反对出版萨尔曼·鲁西迪(Salman Rushdie)的《撒旦诗篇》(*The Satanic Verses*)时,就发现了这一法律的不公平之处。

在此期间,该案件引发了大量报道,BBC也基于相关文本制作了一部精彩的纪录片。《同性恋新闻》案件的主要影响就是大大提升了人们对LGBTQ+群体权利的关注,改善了人文主义事业的知名度。玛丽·怀特豪斯曾经大肆宣扬有一个"人文主义者组成的同性恋游说团体",但实际上并不存在这样的一个正式团体。不过,人文主义者中的同性恋因此受到启发,决定创建一个这样的团体。1979年,男同性恋人文主义社群(Gay Humanist Group)诞生了——后来改名为LGBT人文主义社群(LGBT Humanists)。为了纪念该社群的起源,他们把自己的座右铭定为"生于玛丽"(Born of Mary)。

※

跟渎神法律作斗争一直都是人文主义组织最重要的工作内容之一。在某些地方,这种斗争似乎胜利了,或者至少接近于胜利:在英国,2008年英格兰和威尔士不再把渎神视为一种犯罪,苏格兰也在2021年认可了这一做法。不过,直至写作本书之时,北爱尔兰仍然坚持认为这是违法行为。在美国,由于宪法第一修正案保护言论自由和信仰自由,所以在国家层面上不存在这种法律,但个别州则另当别论。上一次相关的定罪发生在将近一百年前:1928年,在阿肯色州的小石城,查尔斯·李·史密斯(Charles Lee Smith)因为展示了一块标牌而被判入狱，上面写着"进化论是真理，《圣经》是谎言，上帝是个大头鬼"。他经历了两次审判，在第一次的时候他甚至都不能为自己的辩护做证。这是因为他是一名无神论者，所以不能手按《圣经》发誓保证所说的一切都是实话。

很多国家目前都保留了纸面上的渎神法（有一些继承自英国的殖民地法律），有七个国家现在甚至进一步发展到允许判处死刑。2015年，人们成立了一个名为"结束现在的渎神法"（End Blasphemy Laws Now）的国际性运动组织，美国调查中心（Center for Inquiry in the United States）也创建了一个名为"世俗拯救"（Secular Rescue）的计划。它为那些处在高压控制下的人提供帮助，手段包括避难申请、移民、法律援助和奖学金。人们将其称之为"拯救无神论者的地下火车道"。在笔者写作本书期间，美国人文主义者也面临着来自美国自身的新挑战，特别是对堕胎权的破坏（它很大程度上植根于保守的宗教观点）——这一权利曾经看上去异常牢固。

所有这些活动都集中在人文主义活动光谱最引人注目的一端。除此之外，有组织的人文主义者还忙于在各自国家完成一些更朴实的成就：在学校里以宽容和友好的态度对待宗教科目，平等地承认人文主义的婚丧嫁娶仪式，为绝症患者提供有尊严的死亡帮助，等等。[4]

在英国，英国人文主义协会要面临一些特殊的斗争，在历史上特别是要跟该国政治系统中赋予英国国教教徒且目前仍然存在的奇异特权进行斗争——也许此类特权在这样一个国家并不令人感到惊讶，毕竟这个国家有着把君主视为"信仰守护者"的悠久的传统。上议院里为国教教会的主教们保留了二十六个席位，这意味着英国跟某些神权国家一样，自动在政府中为神职人员保留了一定的话语权。无论是上议院还是下议院，它们的每一天都开始于祈祷。通常来说，领导祈祷的人是高级主教（上议院）和一位经过特意任命的议长牧师（下议院）。[5]出席参加祈祷是自愿的，但如果你想在繁忙的日子里找到一个座位，那么预订座位才是明智的做法。否则，你一旦出席得稍晚就只有站着的份儿了。

不过，议员们至少在就职时不再需要唱喏特定的宗教誓言。1888年，查尔斯·布拉德洛（Charles Bradlaugh）为他们争取到了另一种选择，即采取世俗化的许诺方式。他是一名议员，也是国家世俗化协会（National Secular Society）的建立者。布拉德洛在1880年当选为议员，刚开始，他拒绝唱喏传统的宗教誓词，于是人们不允许他就任。原因正如人们以往所认为的那样，一个没有信仰的人是不可相信的，他不可能在政治上说实话，也不会为国家做正确的事情——一如人们不相信他们会在法庭上说真话。这么一来就产生了一个悖反的结果，那些没有可接受信仰的人为了证明自己的可靠性就只能撒谎。后来，布拉德洛主动提出唱喏宗教誓词，无论如何也要先把宗教誓言的事情解决。但是，由于他曾经承认自己不信仰宗教，所以人们就不让他这么做了，故而每次他想进议会都会遭到拒绝。有一次，人们把他送进大本钟下面的牢房里关押了一晚上。还有一次，他被保安强行架了出去——这可不是一件容易的事，因为布拉德洛像英格索尔一样有着惊人的体形。他的朋友乔治·威廉·富特（George William Foote）描述过他被驱逐到大街上的样子："他站在那里，气喘吁吁，一身无畏的男子气概。他就像一块花岗岩一样，死死盯着前面的大门。那是我最敬仰他的一刻，他当时是那么优秀和高贵。"布拉德洛的席位正式成为空缺后，人们对其进行补充选举。布拉德洛坚持参选，并再次赢得席位。最终，他在1886年得以就任，并做了标准的宗教宣誓——然而，他一进入议会就提出一项议案，要求议会认可非宗教的许诺方式。这项议案后来通过了，并成为正式法律。

美国也把宗教热情融入了政治生活，但方式有所不同。与英国不同，美国在官方层面上是世俗的，但它有一个很强的倾向，即（公开）不信仰宗教的候选人不可能在政治领域获得高级职位。这与该国在更早一些时候的政治基础截然不同：美国最初建立在政教分离的原则之上，创造它的人往往都是怀疑论者、自然神论者或是有着多元化的信仰。以托马斯·杰斐逊为例，在他创作那部精简版的《圣经》之前，就已经在其《弗吉尼亚州日记》（Notes on the State of Virginia）里写道："不管邻居认为有二十个上帝，还是认为没有上帝，都不会对我造成伤害。这既不会让我口袋里的钱变少，也不会让我缺胳膊少腿。"美国公共政治领

1881年，查尔斯·布拉德洛因为拒绝以议员身份宣誓被警察逮捕，后来又在1888年为其《宣誓法案》（*Oaths Bill*）通过而欢欣不已

域中一些最显眼的宗教元素是在20世纪50年代才得以确立的。比如，1954年，效忠宣誓（Pledge of Allegiance）里才加进了"上帝保佑"（under God）一语。还有"我们信仰上帝"（In God We Trust）这一表达，过去虽然也曾出现在硬币上和其他地方，但直到1956年人们以法律的形式确认了这一表达，它才于1957年出现在纸币上。也是在1956年，这句话代替"合众为一"（*E pluribus unum*）成为国会箴言。

即使是在战后那些虔诚的年月里，美国的世俗化原则也只在理论上意味着儿童不应该被迫上宗教课程。但在现实中，人们经常会忽略这一点。1948年，一位相当坚定的社会活动家起诉了她儿子所在的学校，因为该学校的巧妙安排使得她儿子没办法避开这类课程。这位女士就是瓦实提·麦科勒姆（Vashti McCollum）。[6]经历了多次失败之后，她终于在最高法院获胜。但在获胜之前，

第十二章　快乐之地　359

她和自己的家人经受了大量的恶意伤害。人们把垃圾扔到他们家门口，有的甚至是带着根茎和泥巴的整颗卷心菜。他们的房子和车玻璃上也被歪七扭八地写满了"ATHIST"（无神论者）。他们还收到了一些信件，内容都是诸如"愿地狱之火净化你们腐朽的灵魂"之类的话语。后来，一位女士敲响她家的门，劝说她悔过。麦科勒姆把这些信件展示给这位女士，但她却坚持说没有基督徒会写这种东西。麦科勒姆只好说："好吧，但无神论者显然也不会写下这种文字。"

瓦实提·麦科勒姆

1955年英国也发生了类似的抗议。教育心理学家玛格丽特·奈特（Margaret Knight）做了两期 BBC 的广播节目，其受众是那些想给孩子们传授道德原则同时又不带有基督教倾向的父母。[7] 她不得不跟来自 BBC 内部的反对意见作斗争，不久之后，各家媒体都开启了对她的谴责。《周日图报》（*Sunday Graphic*）刊登了她的照片，并配上这样的文字："她看上去就像是个典型的家庭主妇（不是吗？）：安静、令人感觉舒适的，不具有威胁性。但是，玛格丽特太太是真正的威胁。"她在回忆录里提到，自己在幼年时曾经努力压制关于宗教的怀疑，直到她阅读了罗素的书，才意识到这类事情是可以说、可以想的。她说，自己在广播节目中想做的事情就是让父母和孩子获得跟自己相同的体悟，从而可以公开谈论信仰并怀疑这些话题。

唤醒这种意识仍然是人文主义群体今天坚持在做的事情之一。一般来说，如果一个人的成长过程已经被嵌入在某个宗教之中，那么即便非宗教观点在他生活的社会中得到了广泛传播，他仍然很难认可对这个宗教提出的任何怀疑。人文主义组织希望提倡一种普遍的接受精神甚至是慰藉精神，从而提醒人们，如果他们确实对自己的宗教产生了疑问，那么他们并不孤独。同时，过一种纯粹的人文主义道德生活是个有效的选择。

这也是为什么英国和美国的人文主义组织相继在2008年和2009年推出了相关广告宣传。它们在广告牌和公交车两侧贴出海报。[8]美国人文主义协会推出其广告语："不信上帝？不止你一个。"还有："为什么要信上帝？因善而为即可。"英国人文主义组织的广告语出自阿里安娜·谢里娜之手，我们在序言里已经介绍过："世界上也许没有上帝。停止焦虑，享受生活。"不过，并不是每个人都喜欢这种说法。BHA（英国人文主义者协会）收到了一些来自宗教界的抱怨信，这当然是可以预见的。但除此之外，该组织还收到了一些硬核无神论者的来信，他们认为"也许"这个词最多只能算一种逃避之语。激进的怀疑论者也写了信，他们认为这种声明太武断了，甚至关于上帝也许不存在这一说法都显得有些太过确定，所以不适宜作为论断。这说明，你不可能让所有人在任何时候都感

伦敦的公交车上写着"世界上也许没有上帝"的广告标语，旁边是阿里安娜·谢里娜，正是她提议并组织了这场活动

第十二章　快乐之地　361

到满意——这本身就是一条极好的人文主义原则。

这些社会活动的首要任务一如既往，即发出积极的声音。放松！保持善良——你有大量的同志——享受生活。这些广告并不是对某些人发起的攻击，而是一种尝试，它想联结那些在某种程度上已经是人文主义者却还不知道这一点的人。

与此同时，宗教实践和社群仍然在为很多人提供欢乐、友谊及成就感。那么，为什么人文主义者不希望人们在生活中拥有这些形式（它们具有高度的人文主义色彩）的满足感呢？的确，大多数人文主义者并不希求这些。相反，他们更关注如何帮助那些因为宗教而陷入麻烦和恐惧的人，他们希望促使人们意识到人文主义的可能性。并且，他们还在为更好的法律和政治结构而奋斗，以满足非宗教化的需求。

人文主义不是要从人类丰富的生活中去除什么东西，而是要打开更多的可能性。我非常赞同佐拉·尼尔·赫斯顿的观点。我们在序言里已经见识了她的德谟克里特式的物质存在观。在同一个段落中，她还说道：

> 我不会尝试用言语或行动去剥夺他人的慰藉，这一点儿也不是我的风格。有些人可能会发现，我看向大天使的目光满怀狂喜。黎明迷雾中射出的一缕晨曦对我来说已经足够荣耀。

我个人的狂喜和荣耀感主要来自对宇宙的想象，它是如此的壮观和复杂，所以我们总是可以从中学到很多东西。科学告诉了我们一些只能用崇高来加以形容的东西：据推测，我们生活的宇宙大概包含了1250亿个星系，仅我们身处的这个星系就包含了约1000亿颗恒星，我们所赖以生存的这颗恒星照耀着我们所在的行星，而这颗行星上塞满了约870万个不同物种的生命，其中，有一个物种能够学习并惊叹于这些发现。这让我们自己也变成了一个值得惊叹的对象：我们的大脑约1.3公斤重，由血肉等物质组成。但由于某种未知的原因，它却能够囊括并发展出如此多的知识，并通过意识、情感和自我反思制造出一个完整的迷你宇宙。

尽管如此，无神论者可能还是会迷惑地发现，很多人居然只关心本土神明的想法，而这些神关心的事情仅仅是收集贡品，并观察我们是否在用正确的方式做爱。无神论者不禁想问：为什么人们的神智图景不去反映我们迄今为止经过艰苦努力才了解的宇宙、生命和美——就仿佛自己是一面清晰无瑕的镜子？

但人类的神智图景从来都不像一面清晰无瑕的镜子，也不会毫无扭曲就能反映外部事物。朱利安·赫胥黎曾把人类比喻成一架磨粉机器："进去的原材料是残忍的现实世界，出来的……则是一个价值世界。"我们可以让自己尽可能理性地思考，也可以采取尽可能广泛的科学视野。如果我们真这样做的话，当然是件好事。不过，我们也总是会生活在一个充满象征、情感、道德、语词和关系的世界之中。这意味着，非宗教和宗教与那个世界的不同联系方式之间往往只存在一条漏洞百出的边界。

正如19世纪俄国短篇小说家、剧作家和医生安东·契诃夫（Anton Chekhov）在1889年给友人的信中所写［他间接引用了米哈伊尔·格林卡（Mikhail Glinka）的一首歌，由亚历山大·普希金作词］：

> 如果一个人知道血液循环理论，那他就是富有的。如果他学习过宗教历史，还知道"我记得一个不可思议的时刻"，那他就不可能更贫穷，而是更富有了。所以，我们完全就是在做好事。[9]

做好事，这对我来说已经足够荣耀了。

※

不过，这并不意味着一切向好。更棘手的麻烦不是出现在人们宣扬超自然信仰的时候，而是出现在更深层次的人文主义价值处于威胁之下的时候。其中，

第十二章　快乐之地　363

某些威胁贯穿了本书：比如对人类和其他生物的残忍行为、对某些人群的不尊重、对狭隘和不宽容精神的宣传、对"虚荣"事物的焚毁和各种毁灭行为，以及在思想、写作和出版领域对自由的压制。1968年，英国人文主义的老前辈哈罗德·J. 布莱克汉姆（Harold J. Blackham）帮助给出了一份名单，上面列出了他认为在当时存在的一些人文主义的"敌人"——他承认，喜欢和平的人通常拒绝使用"敌人"这个词。不过他也认为，认识自己的敌人总是很有必要的。这些敌人包括：

> 盲从者、宗派主义者、教条主义者、狂热者、伪君子等等。不管是基督徒还是人文主义者，也不管其身上的标签是什么，只要他出于某种目的去欺骗、奴役、操纵、洗脑，或者剥夺人们独立自主的能力和责任，特别是，若有人伤害年轻人和无经验者——那他就是我们的敌人。用最宽泛和最模糊的话来说，人文主义者的事业就是"生命和自由"。在其对敌的前线上，他们要面对的是各种对生命和自由怀有敌意的教义、机构、实践和人群。

我们可以在这份名单上再加上一些我们这个时代所独有的敌人：新类型的专制主义者、宗教激进主义者、非自由主义者、战争贩子、厌女者、种族主义者、厌恶同性恋者、民族主义者、民粹主义操纵者，还有那些声称忠于传统宗教信仰的人——不管其真诚与否。他们总是对现实中的人类生活表示蔑视，并且承诺——而且总是如此！——存在更高和更好的事物。作为人文主义和人类福祉的敌人，我们必须严肃对待他们。

不过，从另一个方面来说，他们也许可以帮助我们回答"什么是人文主义？"这个问题。每当对个体的随意漠视成为主流，我们只需要看看主流之外还剩下什么，就可以找到答案。不管那里是什么，它都是人文主义的。

我们不只可以在广义上的政治领域验证这一点，还可以在其他特定的生活领域对此有所体会。比如，什么是人文主义的建筑和人文主义的城市规划？可以肯定的是，它们所属的类型必然不会摧毁人类过上体面的、令人满意的生活的能力。一个有着人文主义倾向的市政设计师关注的是如何运用空间或其他因素让人们感到舒适，而不是用令人惊叹的大型建筑给人留下深刻印象，也不会借时尚之名制造出一堆障碍物，妨碍人们的行动。对人文主义的建筑师来说，一切设计都最好从"人类的尺度"开始。杰弗里·斯科特（Geoffrey Scott）是《人文主义建筑学》（*The Architecture of Humanism*）的作者，这本1914年的研究著作对很多行业产生了很大的影响。他很好地解释过这一观点，我们总是倾向于使用跟我们的身体经验相关的词汇来谈论建筑，如说它们头重脚轻、高耸入云或者有很好的平衡性——这些描述都来自我们对周围生存世界的切身感受。人文主义建筑师会寻找"跟我们相关的外部环境，让我们感到舒适的活动，能够为我们提供支持的阻力，既不会让我们迷失也不会为我们的环境增加障碍"。

这些目标为简·雅各布斯（Jane Jacobs）提供了驱动力。她是人文主义城市设计思想在美国的一位伟大倡导者。1958年，她成功领导了一场社会运动，抵制了罗伯特·摩西（Robert Moses）的一项计划。这项计划原打算建一条直接穿过下曼哈顿地区的高速公路，而为此必须拆除华盛顿广场公园。她后来还撰写了一些研究，内容关乎人们在城市的实际生活和工作。比如，她观察到这样一个现象：人们似乎总觉得把公园放在城市边缘是个好主意，但实际上他们更喜欢在每日上班或购物的途中穿越优美的环境，而不是特意为此规划一次旅行。她还指出，有些街区虽然遍布酒吧和熙熙攘攘的人群，貌似会让人感觉混乱和喧闹，但实际上却可能比空阔的开放空间更加安全。当然，这种地方也更适合发展人际关系。雅各布斯的工作影响到了其他一些人，如丹麦城市规划师扬·盖尔（Jan Gehl）。盖尔会在意大利街头漫步好几个小时，只为观察记录该地居民如何穿越广场，或者如何斜倚在水泥柱上闲聊天。一家地方报纸刊登了一张他正在潜伏的照片，并且配上标题"他看上去像'垮掉的一代'，但其实不是"。后来，他跟各地居民合作，把自己的发现应用到了全世界的规划项目中。

第十二章　快乐之地　365

有一次，他负责丹麦的高格拉德萨克塞（Høje Gladsaxe）地区的某个住房项目，便与当地居民一起合作设计了一个儿童游乐区——最初的建筑师把这个设计称为"对该建筑的一次蓄意破坏行为"。不过对盖尔来说，这总比让建筑蓄意破坏人们的生活要好得多。[10]

用于城市设计的这些思想也可以应用在很多其他领域，如政治领域。当然，它们也可以应用于医学实践和艺术领域。我们之前曾经提到过契诃夫关于"好事"的思想，他便是遵循了这种把人放在第一位的路径，并将其应用到了自己的医生和作家工作之中。他的短篇小说尤其具有人文主义色彩，对人们日常生活中的小事（甚至是安然无事的状态）进行了密切关注：那些关于爱和伤心的瞬间、旅行、死亡和无聊的日子。他对宗教和道德的观点也是人文主义的，他不喜欢教条，对超自然信仰持有怀疑态度。正如20世纪一位契诃夫的倾慕者所写：

> 他说——之前从未有人提到过这些，包括托尔斯泰——我们所有人首先是人。这是我们的身份。你懂吗？我们是人类！在他之前，从没有人在俄国说过这些事情。他说我们首先是人类——然后，我们才是主教、俄国人、小店主、鞑靼人、工人……契诃夫说：让我们把上帝他老人家，还有所有那些宏大的进步思想，先放到一边。让我们从人开始，对作为个体的人保持善良和关注。

事实上，这些话出自一个虚构的人物，他在小说《生活和命运》（*Life and Fate*）的某个场景中说出了它们。这部小说的作者是另一位伟大的人文主义作家，即乌克兰犹太裔作家瓦西里·格罗斯曼。跟契诃夫一样，格罗斯曼不仅是一位科学家，还是一位富有创造力的作家。他最初的职业是化学工程师，后来，他开始尝试写小说，最初的作品大部分都比较轻松，甚至就是喜剧。他还在第二次世界大战期间从事过新闻工作，在伏尔加格勒的战斗前线写过报道。20世纪50年代，他开始创作《生活和命运》。这部小说在很大程度上受到了其战争经历的影响，特别是他在此期间还遭受了丧母之痛，因为他的母亲叶卡捷琳娜·萨韦列夫娜（Yekaterina Savelievna）遭到了纳粹的杀害。《生活和命运》让我们领略了20世纪给人类带来的罪恶：战争、大屠杀、寒冷、饥饿、背叛和种族主义迫害——简言之，人类为此遭受的悲痛和苦难达到了惊人的程度。他把我们带去了那些难以忍受的地方，如纳粹的毒气室，让我们去那里体验死亡的瞬间。尽管描写了这么多痛苦的经历，格罗斯曼仍然运用人文主义的情感来倾注自己的叙述，把作为个体的人放在一切的中间位置，而不是用抽象的理念或理想去替代。

在其他方面，他也是一个人文主义者。他不喜欢宗教机构，因为他觉得这些机构总是趋于破坏人们对善良和共感与生俱来的自然倾向，而不是去鼓励它们生长。对格罗斯曼来说，这两种品质才是一切之中最为重要的。正如《生活和命运》中另一个角色所说："这种善良，这种愚蠢的善良，它才是一个人身上真正最具人性的部分。它让人类变得与众不同，它是人类灵魂中最高的成就。是它在说，生命不是邪恶的！"[11]

1960年当格罗斯曼完成这本小说后，他觉得将其出版是一个有意义的选择。朋友们警告他不要太过乐观，而事实也证明他们是对的。稿件寄出去以后，他迎来了克格勃（the KGB）的造访。他们搜查了格罗斯曼的房子，拿走了剩下的打字稿和所有的草稿、笔记本。他们甚至还带走了复写纸和打字机的色带，意图消除哪怕是最微小的文字痕迹。这本书似乎完全从地球上被抹除了。

但他们不知道的是，格罗斯曼早有准备。他把两份副本交给了两个不同的朋友，让他们藏了起来，静待时机。格罗斯曼也写了一些别的书，包括一本未完成的小说，讲述了一个人在古拉格被关押了三十年后的困惑感受，以及他以优美的言辞记叙了自己在亚美尼亚的旅行和遭遇。那个时候，他已经身患胃癌。1964年，格罗斯曼去世。临死前，他仍然没有看到《生活和命运》这本书有出版的希望。

瓦西里·格罗斯曼，1960年

十多年以后，他的一个朋友在别人的帮助下偷着把书稿的微缩胶卷运送出国。这些胶卷十分难以读取，但人们还是据此制作了很多复本。1980年，瑞士的一家出版商出版了部分文本。五年后，又出现了一个更完整的英语译本。很快，这本书就被誉为20世纪的文学杰作，人们说它可以跟托尔斯泰的《战争与和平》相媲美，也不在契诃夫一系列互相关联的故事之下。[12]独特的故事是其魅力来源之一，它描述了一个逆境中的幸存者。跟很多古老的人文主义作品一样，这本书因其巧思和人们对它的隐藏、抢救和复制而保存了下来。正如彼特拉克、薄伽丘和早期的人文主义出版商所认为的那样，没有什么方法比制作大量的复本更能抢救一本濒临失传的书。

今天，我们已经拥有了无数《生活和命运》的复本。如果有人问你："什么是人文主义？"而你又想不到一个现成的答案，不妨带他去书店，给他买下这本书。

※

格罗斯曼在《生活和命运》里写道，每当一个人死亡，这个人通过意识建构起来的整个世界也随之消亡了："星星在夜空上消失了，银河也消失了，太阳不见了……花朵失去了颜色和香气，面包和水都消失了。"他还在这本书里写道，人类有一天也许能够设计出一种机器，让它具备人类经验。如果我们真做到了，那么它将会非常巨大——因为它的意识空间会非常巨大。即使是最"普通、不起眼的人类",他的意识空间也能够达到这种规模。

此外,他还说:"法西斯主义摧毁了数千万人。"

即使是对我们人类的巨大意识能力来说,要想把这两种思维能力融合在一起也是个近乎不可能的壮举。那么,机器心灵能够获得类似于我们的能力,以严谨和深刻去思考吗?它们能够像我们一样用道德的视角去思考事物吗?它们能够达到跟我们一样的艺术和想象力水平吗?有些人认为,这个问题会让我们忽视一个更加紧迫的问题:我们应该追问,自己跟机器的密切关系会对我们造成什么影响?计算机技术的先驱杰伦·拉尼尔(Jaron Lanier)在《你不是小工具》(*You Are Not a Gadget*)里警告说,我们正在让自己变得越来越算法化、数量化,以便更容易跟计算机打交道。比如,教育已经越来越不关心人性的实现,而是如何打钩,因为人性终究无法用单位进行衡量。一切教学内容都变成收集顾客满意度评价的五星评级系统。比如,约翰·斯图尔特·密尔认为随着年龄的增长,尽心知性地"活着"即等同于"人性";再比如,阿诺德关于甜蜜和光明的观点;又比如,洪堡认为在智性体验中可以找到"不可言表的快乐"的观点;等等。拉尼尔说:"我们这个物种总是在不停地刷新自己的底线,通过降低自己的标准去衬托信息技术的优点。"

如果我们想从逻辑上回溯一下这种自我贬低思想的根源,可以一直追溯到一个多世纪前的乔治·艾略特——你是不是感到有些惊讶?虽然她作为科幻小说作家(或者说作为一名悲观主义者)的声名不显,但她确实在自己的最后一本书里制造出一种可怕的悲观科幻形象。这本书就是发表于1879年的《特奥夫拉斯图斯·萨奇的印象》(*Impressions of Theophrastus Such*)。其中有一章名为"即将出现的种族的阴影",里面有一个角色预测在未来会出现某种机器,它们可以自我复制。如此一来,它们可能也意识到自己周围不再需要人类心灵了。因为它们已经变得足够强大,"不需要带着一群有意识但没用的货物,这些货物只会不相干地吱哇乱叫,就像飞奔的骑士在鞍下挂着的头朝下的猎物一样"。这不正是在预言我们人类的结局吗？

好吧，现在有些人认为，如果人类因为行为失常的人工智能、环境崩溃和其他突发灾难而毁灭，那么这个世界反倒会由于失去了人类而变得更好。[13]对地球来说，我们几乎谈不上有什么好的影响：我们在破坏这颗星球的气候和生态系统，通过人类的农作物和牲畜消灭其他物种，竭尽各种资源以供越来越多的人类进行自我繁衍。即使是夜空，也因为我们的卫星激增而变得像是患了皮疹一样。我们的影响是如此巨大，以至地质学家正在讨论，要不要正式把我们的生存时代命名为"人类世"，这个时代可以从其地质沉淀物来辨认，其中之一就是人类养殖鸡的骨头。这为人类这种有意识但只会吱哇乱叫的猎物带来了一线新曙光。不过，如果我们把一切事物都予以人类化，最终也将耗尽人类的生存基础，从而再次让所有事物都走向非人类化。

思虑及此，有的人便索性拥抱这一前景，寻求一种悖谬的慰藉。[14]我们有时候把这些人叫作"后人类主义者"（Posthumanist），他们盼望人类的活动范围能在某一天大幅变小，或是完全消失。有些人经过审慎考虑，建议人类自我毁灭。这就是"人类自愿灭绝运动"（Voluntary Human Extinction Movement，简称VHEMT）的提议，该组织由环保主义者及教师勒斯·U. 柯尼特（Les U. Knight）于1991年成立。该运动是一项半严肃半搞怪的艺术活动，它建议我们放弃生育，静静地等待人类灭绝，以此来帮地球一把。

后人类主义在这方面则表现出了一种温良宽厚的态度，但它仍然是一种反人类主义。[15]我认为，其核心主张里包含了一种传统的罪恶感。他们希望地球回归到一种完全没有创生出人类来的伊甸园状态，而不仅仅是把人类驱逐出去。这种想法跟少数极端的基督徒也相差不远了：为了尽快让审判日到来，他们认为人类应该接受（甚至是加速）地球的环境危机。在2016年的一项调查里，有11%的美国人赞同这样一种表述，即随着末日临近，我们不需要担忧气候挑战。更令人迷惑的是，在认定为"不可知论者和无神论者"的人当中，也有2%的人赞同这一表述。

另一部分人则热切地期待一种不同的结局。跟后人类主义者不同,"超人类主义者"(Transhumanist)对技术寄予厚望:首先,他们希望技术能大幅度延长人类的寿命,然后,把我们的心灵上传为其他的数据形式。通过这种方式,我们就可以摆脱人类的具身化需求。有些人谈论的所谓"奇点"(singularity)时刻,就是指机器进化加速到了可以让它们和我们融为一体的时刻。正如雷·库兹韦尔(Ray Kurzweil)在《奇点临近》(The Singularity Is Near)里所说的,在这一阶段之后,大幅度扩展的人类智能(主要是非生物形式的)会充塞宇宙。[16]

后人类主义和超人类主义是对立的:一个要消除人类意识,而另一个则要将其渗透进每一个事物。但就其极端方面而言,它们是那种最终会走向重合的对立者。它们都认为,我们当下所具有的人性只是一种过渡性的或者错误的东西——人们终有一天会将它弃如敝屣。两方都想象人类会以某种戏剧性的方式发生变化,而不是待我们如我们之"所是"。人类要么以谦和之姿生存在新的伊甸园里,要么消失,又或者是膨胀到仿佛自己是上帝的程度。

作为一个人类主义者,在考虑这些选项时,我完全没法表现出快乐之情。我是一个科幻小说爱好者,所以曾一度偏爱超人类主义。然而,有一部经典的科幻小说在几年前对我的心灵产生了巨大的冲击,这部小说即亚瑟·克拉克(Arthur C. Clarke)发表于1953年的《童年的终结》(Childhood's End)。

跟很多同类型的故事一样,这本小说开始于外星人的到来。他们一来就给我们派发了礼物,其中包括以小时计数的娱乐节目。书中的一个角色问道:"你注意到了吗?每天都有大约五百个小时的广播和电视节目在各个频道播出。"以1953年的观念来看,这是个很大的数字。不过,外星人的慷慨是有条件的:人类必须待在地球上,放弃探索宇宙。

有一小部分人抵制这个镀金的笼子,拒绝看这些娱乐节目,并且宣称为人类的成就而骄傲。但是随着时间的推移,这部分人逐渐老去,没有人再记得他们。新一代人降生了,他们有了一些新的能力。他们还第一次激发出了一种能够与"超心灵"(overmind)沟通的能力。"超心灵"是宇宙中一种神秘的共享意识,它能超越"物质的统治"。

这代人又被下一代人所代替,而接下来出现的这些生命已经很难把他们叫作人了。他们不需要食物,没有语言,只是成年累月地在森林和草地里跳舞。最后,他们会停下来,一动不动地静默很长时间。然后,他们羽化飞升,进入超心灵。地球本身也变得像玻璃一样半透明,消失在闪烁的光芒中。人性和地球都消失了,抑或说,它们变形后融入了一个更高的领域。

克拉克笔下的人性结局说不上乐观或者悲观,它只是终结了而已。某种程度上,他的小说也起到了相同的作用,因为它把科幻推向了极限。早期的科幻小说作家也曾经想象过人性死亡的未来——其中最著名的是奥拉夫·斯塔普尔顿(Olaf Stapledon)在1930年创作的《最后和第一个人类》(*Last and First Men*)。但是,克拉克走得更远。他迈入了一个所有故事已经终结的领域。物种在其中已经消失了,甚至连物质都消失了——至少在地球上是这样的。这和但丁对《神曲·天堂篇》(*Paradiso*)的描写殊途同归——但丁在其作品的第一个篇章里抱怨道,这必然会摧毁任何作家的力量。[17]描写天堂就是要"超越人类"——即 transumanar——但丁认为,这也意味着要超越语言自身所能达到的成就。

当年我第一次阅读《童年的终结》时,曾经很喜欢它的结局,但我现在对这种想象更多地报以悲伤之感。它令我哀悼于我们所是的这种个体:它有缺陷,但却鲜明可辨。同样要哀悼的还有我们星球的各种细节,以及我们的各种文化。它们都消失于一种乏味的同质化中,所有的特殊性都不见了:德谟克里特的原子,泰伦斯聒噪的邻居,彼特拉克的不耐烦和薄伽丘的淫秽小说,以及内米湖的沉船和像鱼一样的热那亚潜水员,阿尔杜斯·马努蒂乌斯和他的热情("阿尔杜斯在这呢!"),沿河漂流而下的学生,普拉蒂纳的香橙烤鳗鱼食谱,伊拉斯谟笔下彬彬有礼的蠢人,启蒙思想家编写的《百科全书》(里面总共收录了71 818篇文章),休谟的双陆棋和惠斯特纸牌游戏,塞尔斯的舒适裤子,道格拉斯那张英俊上相的脸和雄辩的话语,充满神性和诗意的卡维语,墨鱼,灯笼裤,彼特拉克最爱的河流旁边立着的世界语标牌，荒谬的纹章学，拉宾德拉纳特·泰戈尔的树下课堂，沙特尔大教堂的窗户，微缩胶卷，宣言，会议，帕格沃什的人文主义组织，繁忙的纽约大街，清晨的黄线，等等。它们全都在这虚荣的终极篝火里付之一炬。对我来说，这不再意味着崇高感，而是变成了一声叹息。

在所有这些纯粹的神圣氛围和神秘主义中，哪里可以找到现实生活的丰富性呢？还有，我们侵占了地球这么多的资源，我们的责任感又在哪里？（克拉克本人并没有支持放弃这些责任——而且他的意思恰恰相反。）我们跟其他人类同胞及生物的关系如何协调？——这可是人类伦理、认同和人生意义的伟大根基。

白日飞升这类梦想可能源于我们幼儿时期的记忆，那时，我们渴望被一双巨大的臂膊抱出摇篮。但是，地球不是摇篮，我们在这里也并不孤独——因为，我们跟许多其他生物一起分享着它。我们也不需要等待羽化飞升。相比之下，我更愿意接受詹姆斯·鲍德温这段更贴近人类智慧的言论，而不是"超心灵"或任何宗教化的崇高愿景：

> 人们应该对生活负责。生活只是一座小小的灯塔，但它照亮了我们从其中而来并将回归其中的黑暗。为了那些追随在我们身后的人，人们必须以尽可能高贵的姿态穿越生活之路。[18]

在人生这趟旅程中，罪恶感没有任何帮助，也不应该把超越它视为梦想。但丁说得很对：我们不可能真的"超越人类"。如果我们为了有趣而进行这种尝试，那么最多也只能诞生出美丽的文学。而且，这仍然还是人类的文学。

我更喜欢人文主义者的这个组合：自由思考、探究和希望。正如已故的人文主义和伦理学学者茨维坦·托多罗夫（Tzvetan Todorov）曾经在一次采访中表明的：

人文主义是一艘脆弱的小船，不过确实可以用作环游世界！这艘脆弱的小船能做的只是把我们载往脆弱的幸福。但是，其他方式和途径对我来说更不实用，它们要么是为超级英雄设计的，不适合我们这种普通人……要么充满了幻想色彩，其承诺永远不可能兑现。所以，我更信任人文主义的观点。

最后，我一如既往地回归到英格索尔的信条：

快乐是唯一的善；
此时就是快乐之时；
此地就是快乐之地。
令他人也快乐是获得快乐的坦途。[19]

斯人之语，闻之易简。但是，它需要我们运用所有的聪明才智去加以理解。

英国人文主义者协会的标志

注 释

序 言

1. 参见 David Nobbs, *Second from Last in the Sack Race* (1983), in *The Complete Pratt* (London: Arrow, 2007), 289–291。

2. 参见 Kurt Vonnegut, *God Bless You, Dr. Kevorkian* (New York: Washington Square Press / Pocket Books, 1999), 9。

3. 对其意义的总定义请参考 https://en.wiktionary.org/wiki/humanitas。

4. 引自 Diogenes Laertius, *Lives of Eminent Philosophers*, trans. R. D. Hicks (London: W. Heinemann; New York: G. P. Putnam's Sons, 1925), vol. 2, 463–65。苏格拉底说过相似的话，柏拉图在《泰阿泰德篇》里曾经引用过，见160c–d。

5. 出自其寄给 *The Twentieth Century* (1955) 的一封信，参见 *Humanist Anthology*, ed. M. Knight (London: Rationalist Press Association / Barrie & Rockliff, 1961), 155–56。福斯特在20世纪50年代曾担任 Ethical Union 的副主席，并且从1959年起担任 Cambridge Humanists Society 的主席，一直到去世。从1963年开始，他还是 Advisory Council of the British Humanist Association（现在的 Humanists UK）的成员。

6. 见 IHEU（现在的 Humanists International）的 Bob Churchill 的一封信件，它指出了柏拉图和亚里士多德的不当之处：http://iheu.org/uk-rejects-asylum-application-humanist-fails-name-ancient-greek-philosophers/。还可参见 https://www.theguardian.com/world/2018/jan/26/you-dont-need-to-know-plato-and-aristotle-to-be-a-humanist 以及 https://www.theguardian.com/uk-news/2018/jan/26/philosophers-urge-rethink-of-pakistani-humanist-hamza-bin-walayat-asylum。

7. 见第欧根尼·拉尔修的 *Lives of Eminent Philosophers* 中的"Protagoras"部分。普鲁塔克也提起过普罗塔哥拉被流放的事情，原因是当时的人们不能容忍用自然原因而非神圣力量来解释世界上的事件，参见 Plutarch, 'Life of Nicias', in *Lives*, trans. John Dryden, rev. A. H. Clough (London: J. M. Dent; New York: E. P. Dutton, 1910), vol. 2, 266。

8. 英格索尔通过很多不同的形式表达过自己关于幸福的信条，它们收录于 *An Oration on the Gods* (29 January, 1872) (Cairo, IL: Daily Bulletin Steam Book & Job Print, 1873), 48。他还在1899年1月22日留下过声音记录，原音保存于 Robert Green Ingersoll Birthplace Museum, Dresden, New York。你也可以在线听：https://youtu.be/rLLapwIoEVI。

9. "一个有智慧的干净灵魂总是以这样的方式行事，他们选择待人方式时，会考虑自己是否愿意以这种方式被对待。"参见 Mahābhārata XIII: 5571, ed. Pratāpa Chandra Rāy (Calcutta: Bhārata Press, 1893), vol. 9, 562。Book XIII 是关于方法论的，其语境还涉及素食主义。"如果你想以某种方式被他人对待，就要以这种方式对待他人，这是律法，也是先知所言。"参见 Matthew 7:12，以及 Bernard Shaw, *Maxims for Revolutionists*, in *Man and Superman* (Westminster, UK: Constable, 1903), 227。

10. 参见 Manetti, *On Human Worth and Excellence*, 205 (book IV)。马内蒂的作品是对更早时期的一些思想家的简短作品的扩展，如 Antonio da Barga 和 Bartolomeo Facio，参见 Brian Copenhaver 译本的介绍，vii–xvii，还可以参见 Manetti's book IV, translated by Bernard Murchland in *Two Views of Man: Pope Innocent III, On the Misery of Man; Giannozzo Manetti, On the Dignity of Man* (New York: Ungar, [1966]), 61–103。

第一章

1. 这里关于彼特拉克年轻时候的故事取自他的信件，参见 Petrarch, *Letters on Familiar Matters / Rerum familiarum*, libri I–XXIV, trans. Aldo S. Bernardo (Albany: SUNY Press, 1975; Baltimore and London: Johns Hopkins University Press, 1982–85), vol. 3, 203 (Fam. XXI, 15: exile); vol. 1, 8 (Fam. I, 1: near drowning); vol. 2, 59 (Fam. X, 3: hairstyles)。本章所有关于彼特拉克 *Letters on Familiar Matters* 一书的引用均来自这个版本。

2. 这个故事来自彼特拉克的 *Letters of Old Age* [Rerum senilium, books I–XVIII], trans. Aldo S. Bernardo, Saul Levin, and Reta A. Bernardo (Baltimore and London: Johns Hopkins University Press, 1992), vol. 2, 601 (Sen. XVI, 1)。本章所有关于彼特拉克 *Letters of Old Age* 一书的引用均来自这个版本。

3. 彼特拉克收藏的维吉尔手抄本现藏于米兰的 Ambrosian Library，里面有他本人所写的笔记，还有他的朋友 Simone Martini 为他制作的微型画像，编号 S.P. 10/27 olim。读者们也可以在线看其画像：https://www.ambrosiana.it/en/opere/the-ambrosian-virgil-of-francesco-petrarca/。这里的笔记译文来自 Ernest Hatch Wilkins 的 *Life of Petrarch* (Chicago: Phoenix / University of Chicago Press, 1961), 77。

4. 这个系列讲座开始于薄伽丘的晚年。不过，他早些时候也在 *Trattatello in laude di Dante* 中谈到过但丁的生平和作品，并在自己的手抄本复本中为 *Commedia* 的每个篇章都写过简介。参见 Sandro Bertelli, Introduction to *Dantesque Images in the Laurentian Manuscripts of the* Commedia (14th–16th Centuries), ed. Ida G. Rao (Florence: Mandragora, 2015), 15。

5. 他发现的作品是 Varro 的 *De lingua latina* 和西塞罗的 *Pro Cluentio*，参见 Marco Santagata, *Boccaccio: Fragilità di un genio*, 159。

6. Petrarch, *Letters of Old Age*, vol. 1, 22–25 (Sen. I, 5, to Boccaccio, 28 May [1362])。关于薄伽丘的这段困难时期，可以参见 Santagata, *Boccaccio: Fragilità di un genio*, 221–33。彼特拉克关于（谨慎）阅读古典非基督教文学作品的益处的论述，可以参见 'On His Own Ignorance and That of Others', in *Invectives*, ed. and trans. David Marsh (Cambridge, MA, and London: I Tatti / Harvard University Press, 2003), 333–35。

7. 彼特拉克可能从 Barlaam of Seminara 那里接受过一些初级课程教育。参见他给 Nicholas Sygeros 的信件，Petrarch, *Letters on Familiar Matters*, vol. 3, 44–46 (Fam. XVIII, 2)。关于 Barlaam（死于1348年），参见 https://en.wikipedia.org/wiki/Barlaam_of_Seminara。在此感谢 Peter Mack 给我提的意见。

8. 参见 Petrarch, *Letters on Familiar Matters*, vol. 3, 44–46 (Fam. XVIII, 2)。这位希腊朋友是 Nicholas Sygeros。

9. Boccaccio, *Boccaccio on Poetry*, 114–15 (XV, 6)。关于其流传下来的双语译本复本及其相关的整个故事，可以参见 Agostino Pertusi, *Leonzio Pilato fra Petrarca e Boccaccio*（Venice and Rome: Istituto per la Collaborazione Culturale, 1964），尤其是第25页。彼特拉克抄写的这两个译本现藏于 Bibliothèque Nationale, Paris，编号为 Lat. 7880. I (Iliad) 和 Lat. 7880. II (Odyssey)。

10. 比如，据英格兰的记录显示，当时的尸体是埋葬在公墓里，而不是扔在随便挖的坑里。这说明，大部分时候政府部门仍然在正常运转，展现了社会机构的惊人力量。参见 Christopher Dyer, *Making a Living in the Middle Ages* (New Haven and London: Yale University Press, 2009), 273。

11. Petrarch, *My Secret Book*, ed. and trans. Nicholas Mann (Cambridge, MA: I Tatti / Harvard University Press, 2016), 117。这项工作开始于1347年，一直持续到了1349年，并在1353年进行了进一步的修订。

12. Cicero, *On the Orator* [De oratore], 3:55, in *Ancient Rhetoric from Aristotle to Philostratus*, trans. and ed. Thomas Habinek (London: Penguin, 2017), 181。（"如果我们把言辞的技艺传授给那些与美德无关的人，那就不是在培养演说家，而是赋予疯子以武器。"）

13. Quintilian, *Institutio oratoria*, trans. H. E. Butler (London: W. Heinemann; New York:

G. P. Putnam's Sons, 1922), vol. 4, 355–57, 359 (XII.i.1: gift), (XII.i.7: arms). 不过，这本书和西塞罗的 *De oratore* 在彼特拉克的时代都还没有全本可供参考。

14. 最近，有两位研究早期人文主义的杰出历史学家评论道，遗失（loss）是一种"始终围绕着人文主义者"的可能威胁，意大利文艺复兴时期的人文主义即"诞生于遗失和渴望的深刻感受之中"。参见 Anthony Grafton, *Inky Fingers* (Cambridge, MA: Harvard University Press, 2020), 9, 以及 James Hankins, *Virtue Politics* (Cambridge, MA: Harvard University Press, 2019), 1。

15. Petrarch, *Africa*, IX, 451–57, qtd. in T. E. Mommsen, 'Petrarch's Conception of the "Dark Ages"', *Speculum* 17 (1942), 226–42, this on 240. Mommsen 还引述和翻译了彼特拉克对黑暗时代的其他一些说法。其中，最著名的一则是把最近的几个世纪描述成"黑暗和无尽的幽冥"（darkness and dense gloom），以致只有少数眼光锐利的天才可以看透它。（参见 Petrarch, Apologia contra cuiusdam anonymi Galli calumnias, quoted by Mommsen, 227。）关于"gap"，可以参见 Alexander Lee, Pit Péporté, and Harry Schnitker, eds., *Renaissance Perceptions of Continuity and Discontinuity in Europe*, c.1300–c.1550 (Leiden, Netherlands, and Boston: Brill, 2010)。

第二章

1. 比如，在意大利北部的 Bobbio 修道院，人们就曾经"轻轻地清洗掉西塞罗《国家篇》的墨迹"，好让出空间来书写一段奥古斯丁对《圣经》赞美诗的研究（Vat. Lat. 5757），见 https://spotlight.vatlib.it/palimpsests/about/vat-lat-5757-inf。关于早期基督徒造成的破坏，可以参见 Catherine Nixey, *The Darkening Age* (London: Macmillan, 2017)。

2. 发现于2018年。Valeria Piano, 'A "Historic(al)" Find from the Library of Herculaneum', in *Seneca the Elder and His Rediscovered Historiae ab initio bellorum civilium* [P. Herc.1067] (Berlin: De Gruyter, 2020), https://www.degruyter.com/document/doi/10.1515/9783110688665-003/html。

3. 乌得勒支大学的 Marco Mostert 提出了这个理论，参见 Ross King, *The Bookseller of Florence* (London: Chatto & Windus, 2020), 154, 以及 Martin Wainwright, 'How Discarded Pants Helped to Boost Literacy', *Guardian*, 12 July, 2007, https://www.theguardian.com/uk/2007/jul/12/martinwainwright.uknews4。

4. Vespasiano da Bisticci, *The Vespasiano Memoirs* [Vite di uomini illustri del secolo XV], trans. William George and Emily Waters (Toronto: University of Toronto Press / Renaissance Society of America, 1997), 401–2. 韦斯帕夏诺还提过，无论是谁想使用他的书籍，尼科洛都会为其提供帮助，并邀请学生们来阅读和讨论这些书。

5. 关于维特鲁威，可以参见 Carol Herselle Krinsky, 'Seventy-Eight Vitruvian Manuscripts', *Journal of the Courtauld and Warburg Institutes* 30 (1967), 36-70。关于昆体良和西塞罗，可以参见 L. D. Reynolds and N. G. Wilson, *Scribes and Scholars*, 3rd ed. (Oxford, UK: Clarendon Press, 1991), 137-38。他们发现的西塞罗的演讲稿是 *Pro Roscio* 和 *Pro Murena*。

6. L. D. Reynolds and N. G. Wilson, *Scribes and Scholars*, 3rd ed. (Oxford, UK: Clarendon Press, 1991), 139; A. C. de la Mare, *The Handwriting of the Italian Humanists*, vol. 1, fascicule 1 (Oxford, UK: Oxford University Press, for the Association Internationale de Bibliophilie, 1973). 其中第二本书提供了一些人的笔迹，包括彼特拉克、薄伽丘、科卢乔·萨卢塔蒂、尼科洛·尼科利、波吉奥·布拉乔利尼等人。

7. 显然，洛伦佐·瓦拉是第一个用该词来形容手写体的人，他在 *Elegances of the Latin Language* 的序言里使用了这个说法。参见 E. P. Goldschmidt, *The Printed Book of the Renaissance: Three Lectures on Type, Illustration, Ornament* (Cambridge, UK: Cambridge University Press, 1950), 2。

8. Poggio Bracciolini, 'The Ruins of Rome', trans. Mary Martin McLaughlin, in *The Portable Renaissance Reader*, eds. James Bruce Ross and Mary Martin McLaughlin, rev. ed. (London: Penguin, 1977), 379-84. 这是波吉奥跟安东尼·洛施关于废墟的对话，来自他 *De varietate fortunae* 中的第一卷，也可能是来自写于1431—1448年的 *On the Inconstancy of Fortune*。关于其他的探索，如他如何爬上 Ferentino 的 Porta Sanguinaria 去阅读铭文的经历，可以参见 Poggio Bracciolini, *Two Renaissance Book-Hunters*, 129-30 (Poggio to Niccolò, 15 September [1428])。

9. 感谢 Peter Mack 的指点。

10. 关于内米湖沉船的信息可以参考 https://en.wikipedia.org/wiki/Nemi_ships。

11. Flavio Biondo, *Italy Illuminated*, this in vol. 1, 5. Anthony Grafton 指出了跟内米湖沉船有关的联系，参见 'The Universal Language: Splendors and Sorrows of Latin in the Modern World', in *Worlds Made by Words* (Cambridge, MA, and London: Harvard University Press, 2009), 138。

12. Poggio Bracciolini, *Two Renaissance Book-Hunters*, 189. （钦奇奥写给 Franciscus de Fiana 时未标明日期，但显然是在1416年的夏天。）

13. Vespasiano da Bisticci, 'Proemio della vita dell' Alessandra de' Bardi', in *Vite di uomini illustri del secolo XV*, eds. Paolo d'Ancona and Erhard Aeschlimann (Milano: Ulrico Hoepli, 1951), 543. 英文翻译对其进行了缩写，从而看不出这一点。如果用意大利语是这么说的："In grande oscurità sono gli ignoranti in questa vita." 关于作家他曾说道："Hanno gli scrittori alluminato il mondo, a cavatolo di tanta oscurità in quanta si trovava." "无知是邪恶的来源之一" 这个观点也是来自这首诗。

14. Poggio Bracciolini, *On Avarice* [De Avaritia, Basel 1538], trans. Benjamin G. Kohl and Elizabeth B. Welles, in *The Earthly Republic: Italian Humanists on Government and Society*, eds. B. G. Kohl, R. G. Witt and E. B. Welles (Manchester, UK: Manchester University Press, 1978), 241–89, esp. 257，提及了贪婪的益处。

15. 赫罗斯维塔的故事是人文主义发展史上的一个经典案例。Conrad Celtis 在1493年于 Regensburg 的 Cloister of St Emmeram 发现了她的六部戏剧。后来，他将其结集为 *Opera Hrosvit* 进行了发表（Nuremberg, 1501），Albrecht Dürer 为其制作了插图。这部作品的抄本现在藏于 Bavarian State Library。参见 Lewis W. Spitz, *Conrad Celtis: The German Arch-Humanist* (Cambridge, MA: Harvard University Press, 1957), 42; E. H. Zeydel, 'The Reception of Hrotsvitha by the German Humanists after 1493', *Journal of English and Germanic Philology* 44 (1945), 239–49; Leonard Forster, Introduction to *Selections from Conrad Celtis*, ed. and trans. Leonard Forster (Cambridge, UK: Cambridge University Press, 1948), 11。参见 https://en.wikipedia.org/wiki/Hrotsvitha。更多有关赫罗斯维塔的记载，可参见 Fiona Maddocks, *Hildegard of Bingen* (London: Headline, 2001)。

16. 关于克里斯蒂娜·德·皮桑的早期生平和作品，可以参见 Sarah Lawson 为她翻译的皮桑作品 *The Treasure of the City of Ladies*, rev. ed. (London: Penguin, 2003) 所写的译者导言，详见第 xv–xvii 页。

17. 例如，可以参见 Anthony Grafton 和 Lisa Jardine 之间的讨论，*From Humanism to the Humanities: Education and the Liberal Arts in Fifteenth-and Sixteenth-Century Europe* (London: Duckworth, 1986), 23–24。关于这个时代的人文主义教育概况，还可以参见 Paul F. Grendler, *Schooling in Renaissance Italy: Literacy and Learning*, 1300–1600 (Baltimore and London: Johns Hopkins University Press, 1989)。

18. 这个例子参见 Michel de Montaigne, *Essays*, in *The Complete Works*, trans. Donald Frame (London: Everyman, 2003), 154 (book I, chap. 26)。

19. 瓜里尼的信件和对话（by Angelo Decembrio, *De politia litteraria*, 1462）均援引自 Anthony Grafton, *Commerce with the Classics: Ancient Books and Renaissance Readers* (Ann Arbor: University of Michigan Press, 1997), 46 (letter), 30 (dialogue)。

20. Ross King, *The Bookseller of Florence* (London: Chatto & Windus, 2020), 142. 关于这些数字，他引用了 Janet Ing 的 'The Mainz Indulgences of 1454/5: A Review of Recent Scholarship', *British Library Journal* 1 (Spring 1983), 19。这些赎罪券是提供给那些为塞浦路斯捐款以抵抗土耳其人的信徒的。

21. Johannes Trithemius, *In Praise of Scribes* [De laude scriptorium], trans. Roland Behrendt, ed. Klaus Arnold (Lawrence, KS: Coronado, 1974), especially 53–63 (spiritual exercise) and 35 (parchment more durable). 其中的导言部分提到了他印刷这本书的理由（15）。

22. Pietro Bembo, *Lyric Poetry*; *Etna*, ed. and trans. Mary P. Chatfield (Cambridge, MA, and London: I Tatti / Harvard University Press, 2005), 194-249, this on 243. 关于他的升迁和阿尔杜斯印刷这本书的相关情况，参见 Williams, *Pietro Bembo on Etna*。

23. Gareth D. Williams, *Pietro Bembo on Etna: The Ascent of a Venetian Humanist* (Oxford, UK: Oxford University Press, 2017), 202n. 更多关于分号的信息参见 Cecelia Watson, *Semicolon* (London: Fourth Estate, 2020)。手抄本时代也曾使用过类似的符号，但只是用来代表常见拉丁单词的缩写。

24. *Apologia adversus rapsodias calumniosarum querimoniarum Alberti Pii* (1531), translated by Margaret Mann Phillips in her *The 'Adages' of Erasmus: A Study with Translations* (Cambridge, UK: Cambridge University Press, 1964), 68. 关于伊拉斯谟和阿尔杜斯的相处，参见 Erasmus, 'Penny-Pinching' [*Opulentia sordida*] (1531), in *The Colloquies*, trans. Craig R. Thompson (Chicago and London: University of Chicago Press, 1965), 488-99。

25. R. J. Schoeck, *Erasmus of Europe* (Edinburgh: Edinburgh University Press, 1990-93), vol. 2, 158，引自伊拉斯谟在1515年3月7日写给 Thomas Ruthall 的一封信。

第三章

1. 关于《君士坦丁御赐文》的文本，参见 Lorenzo Valla, *On the Donation of Constantine*, trans. G. W. Bowersock (Cambridge, MA: I Tatti / Harvard University Press, 2007), 162-83。关于该文本的历史语境及其用途，参见 Johannes Fried, *'Donation of Constantine' and 'Constitutum Constantini' : The Misinterpretation of a Fiction and Its Original Meaning* (Berlin: De Gruyter, 2007)。

2. Peter Burke, *The Renaissance Sense of the Past* (London: Edward Arnold, 1969), 55. 尤其是在1432—1433年，库萨的尼古拉对它提出了疑问。

3. Maffeo Vegio to Lorenzo Valla, Pavia, 26 August [1434]: Lorenzo Valla, *Correspondence*, ed. and trans. Brendan Cook (Cambridge, MA, and London: I Tatti / Harvard University Press, 2013), 35-37. 他提到的作品是 *Repastinatio*。

4. 法西奥的第一个 Invective 引自 Maristella Lorch, Introduction to *Lorenzo Valla, On Pleasure: De Voluptate*, trans. A. Kent Hieatt and Maristella Lorch (New York: Abaris, 1977), 8. 瓦拉在那不勒斯的学术生涯里还有另外一个重要的敌人，他就是 Antonio Beccadelli，也被人称为 Panormita。

5. N. G. Wilson, *From Byzantium to Italy: Greek Studies in the Italian Renaissance*

(Baltimore: Johns Hopkins University Press, 1992), 69–72. 罗马的教宗尼古拉斯五世委托瓦拉创作了这些作品，当时他正重新获得教宗的喜爱。

6. Lorenzo Valla, *Dialectical Disputations*, ed. and trans. Brian Copenhaver and Lodi Nauta (Cambridge, MA: I Tatti / Harvard University Press, 2012). 不幸的是，16世纪的一个编辑用枯燥的 Dialecticae disputationes（或称 Dialectical Disputations）取代了早先的作品名字，而且一直沿用下来。有关该编辑的介绍，参见 x–xi。

7. Lorenzo Valla, *In Latinam Novi Testamenti interpretationem ex collatione Graecorum exemplarium adnotationes*，这部作品的写作和修改贯穿了整个15世纪40年代。参见 Wilson, *From Byzantium to Italy*, 73, and L. D. Reynolds and N. G. Wilson, *Scribes and Scholars*, 3rd ed. (Oxford, UK: Clarendon Press, 1991), 144。关于瓦拉的《新约》文本批评，还可以参见 Jerry H. Bentley, *Humanists and Holy Writ* (Princeton, NJ: Princeton University Press, 1983), 32–69。

8. Jill Kraye, 'Lorenzo Valla and Changing Perceptions of Renaissance Humanism', *Comparative Criticism* 23 (2001), 37–55, this 37–38 (with image of the tomb). 1828—1829年间，尼布尔在波恩大学一门关于罗马历史的课上告诉学生们发现了这块铺路石板，历史学家 Francesco Cancellieri 在那不久之后前去抢救了它。

9. 一个重要的例子是 Isaac Casaubon，他在1614年的 *De rebus sacris et ecclesiasticis exercitationes XVI* 里说，文艺复兴时期的新柏拉图主义者所喜爱的"赫尔墨斯"文本并不像他们所想的那样源自古埃及，相反，它们的作者是后来的基督徒。由此，就可以解释为什么它们处处都预示了基督教的诞生。参见 Anthony Grafton, 'Protestant versus Prophet: Isaac Casaubon on Hermes Trismegistus', *Journal of the Warburg and Courtauld Institutes 46* (1983), 78–93。

10. Poggio Bracciolini to Bartolomeo Ghiselardi, 1454, translated in Anthony Grafton and Lisa Jardine, *From Humanism to the Humanities: Education and the Liberal Arts in Fifteenth-and Sixteenth-Century Europe* (London: Duckworth, 1986), 80. 其更完整的拉丁文形式："Itaque opus esset non verbis, sed fustibus, et clava Herculis ad hoc monstrum perdomandum, et discipulos suos." 参见 Salvatore I. Camporeale, *Lorenzo Valla: Umanesimo e teologia* (Florence: Istituto Nazionale di Studi sul Rinascimento, 1972), 137。那段时间，瓦拉在罗马任教。还可以参考更早时候 Francesco Filelfo 写给波吉奥和瓦拉的一封信，时间是1453年3月7日，他劝二人重归于好。参见 Valla, *Correspondence*, 273。

11. 关于这些内容，参见 *Ciceronian Controversies*, ed. JoAnn DellaNeva, trans. Brian Duvick (Cambridge, MA: I Tatti/Harvard University Press, 2007), 3–5。其中包括了 Angelo Poliziano 对 Paolo Cortesi 发的誓言，即要避免所有非西塞罗式的词汇。

12. Petrarch, *Letters on Familiar Matters / Rerum familiarum, libri I–XXIV*, trans. Aldo S. Bernardo (Albany: SUNY Press, 1975; Baltimore and London: Johns Hopkins

University Press, 1982–85), vol. 3, 314–16（*Fam*. XXIV, 2, 向诗人 Pulice da Vicenza 说的话, 他当时也在现场）。

13. 'Ciceronianus es, non Christianus'. 公元384年, 哲罗姆在给 Eustochium 女士写的信中讲述了这个故事, 她是哲罗姆信徒 Paula 的女儿。此处的翻译取自 Eugene F. Rice Jr, *Saint Jerome in the Renaissance* (Baltimore and London: Johns Hopkins University Press, 1985), 3, 也见 Saint Jerome, *Selected Letters*, trans. F. A. Wright (London: W. Heinemann; New York: G. P. Putnam's Sons, 1933), 53–158, 其中, 第127–129页有关于这个梦的内容。

14. 为了创造《维纳斯的诞生》和《春》, 桑德罗·波提切利专门咨询了自己的私人人文主义顾问 Angelo Poliziano, 关于这一创作背景可以参见 Frank Zöllner, *Sandro Botticelli* (Munich: Prestel, 2009), 135, 140–41。

15. In Cento Vergilianus de laudibus Christi. 参见 E. Clark and D. Hatch, *The Golden Bough, the Oaken Cross: The Virgilian Cento of Faltonia Betitia Proba* (Chico, CA: Scholars Press, 1981), 也参见 https://en.wikipedia.org/wiki/Cento_Vergilianus_de_laudibus_Christi。12世纪的学者（特别是沙特尔学派的学者）喜欢用 integumentum 或 outer covering 来形容这种类型的古典文本, 他们认为其表面意义只是一种用于伪装的斗篷外套, 掩盖着更深层次的意义。参见 Peter Adamson, *Medieval Philosophy* (Oxford, UK: Oxford University Press, 2019), 96–97。

16. D'Elia, *A Sudden Terror*, 82, 若无特别说明, 本书关于罗马学园及其所受迫害的论述均出自该论著。

17. B. Platina, *De honesta voluptate et valetudine*, 写于15世纪60年代中期, 但发表时间则更靠后。参见 John Verriano, 'At Supper with Leonardo', *Gastronomica* 8, no. 1 (2008), 75–79。

18. Rowland, *The Culture of the High Renaissance*, 16; D'Elia, *A Sudden Terror*, 184. 有一本大概写于1484年之后不久的学生笔记留存了下来, 内容是关于游览罗马废墟, 这是为某个外国游客制作的攻略, 参见 Roberto Weiss, *The Renaissance Discovery of Classical Antiquity*, 2nd ed. (Oxford, UK: Blackwell, 1988), 76–77。

19. Leonardo Bruni, 'Oration for the Funeral of Nanni Strozzi' (1428), trans. Gordon Griffiths, in *The Humanism of Leonardo Bruni*, trans. and eds. G. Griffiths, J. Hankins and D. Thompson (Binghamton, NY: Medieval and Renaissance Texts and Studies, 1987), 121–27, this on 126. 1427年, Nanni Strozzi 死于保卫该城市的战争中。

20. 对于能否把这一时期佛罗伦萨人的思想描述为"公民化的人文主义"（civic humanism）, 历史学家们的看法不一。这个词主要是跟历史学家 Hans Baron 联系在一起, 但其关注点主要是政治和公民承诺, 而不是文学或哲学方面。参见 Hans Baron, *The Crisis of the Early Italian Renaissance: Civic Humanism and Republican Liberty in an Age of Classicism and Tyranny*, rev. ed. (Princeton, NJ: Princeton University Press, 1966)。还可

以参见 James Hankins, ed., *Renaissance Civic Humanism: Reappraisals and Reflections* (Cambridge, UK: Cambridge University Press, 2000)。

21. Brian P. Copenhaver 详细讨论了为什么"人类的尊严"这个题目并不恰当,参见 *Magic and the Dignity of Man: Pico della Mirandola and his Oration in Modern Memory* (Cambridge, MA, and London: Belknap Press of Harvard University Press, 2019), 28–29。关于皮科及其作品的接受情况,参见 Brian P. Copenhaver and William G. Craven, *Giovanni Pico della Mirandola, 'Symbol of His Age': Modern Interpretations of a Renaissance Philosopher* (Geneva: Droz, 1981)。

22. Leon Battista Alberti, *The Life*, in R. Watkins, 'L. B. Alberti in the Mirror: An Interpretation of the *Vita* with a New Translation', *Italian Quarterly* 30, no. 117 (Summer 1989), 5–30. 这些内容写于1437年或1438年,Riccardo Fubini 在1970年确认了其作者是阿尔伯蒂本人。参见 Anthony Grafton, *Leon Battista Alberti* (London: Allen Lane/Penguin, 2001), 17–18。

23. Leon Battista Alberti, *Delineation of the City of Rome* [Descriptio urbis Romae], eds. Mario Carpo and Francesco Furlan, trans. Peter Hicks (Tempe: Arizona Center for Medieval and Renaissance Studies, 2007). 也可参见 Grafton, *Leon Battista Alberti*, 241–43。感谢 Stefano Guidarini 与我就阿尔伯蒂和罗马建筑进行的交谈。

24. 其草稿和木质模型仍然保存在佛罗伦萨的 Casa Buonarroti,参见 William E. Wallace, *Michelangelo at San Lorenzo* (Cambridge, UK: Cambridge University Press, 1994), 21, 31。

25. 关于"快乐人类"这一标志的设计,以及 Dennis Barrington 在1963年的最初设计和大约2001年时 Andrew Copson 所做的解释,可以参见 British Humanist Association papers in the Bishopsgate Institute Library, London: BHA 1/8/11。

26. https://humanists.uk。感谢 Andrew Copson 对新标识含义的解释。

27. 在1495年的一次布道中,他提到自己撕毁了所有的柏拉图著作。引自 Donald Weinstein, *Savonarola: The Rise and Fall of a Renaissance Prophet* (New Haven and London: Yale University Press, 2011), 8。关于萨伏那洛拉,还可以参见 Lauro Martines, *Scourge and Fire: Savonarola and Renaissance Florence* (London: Jonathan Cape, 2006)。

28. Weinstein, *Savonarola*, 12–13. 传记作家们后来将这本小册子命名为《对世界的蔑视》(*On Contempt for the World* [De contemptu mundi]),很好地总结了它的观点。

29. Poliziano 在1492年5月18日的一封信里生动描述了洛伦佐的死亡,参见 Angelo Poliziano, *Letters*, ed. and trans. Shane Butler (Cambridge, MA, and London: I Tatti / Harvard University Press, 2006), vol. 1, 239。洛伦佐转向萨伏那洛拉的路径,可能是听从了皮科的主意。

30. Weinstein, *Savonarola*, 119 and (on Marsilio Ficino's losing enthusiasm around this time) 144. 皮科一直很忠诚,但这并没有为他带来什么好处;他于1494年去世,萨伏那

洛拉当即宣布，据可靠消息，皮科没能进入天堂，他进入了炼狱。参见 Savonarola's sermon of Sunday 23 November, 1494, quoted in Copenhaver, *Magic and the Dignity of Man*, 167, 184。

31. 关于1497年大篝火的描述，参见 Savonarola, *Selected Writings*, 244–58。

32. 萨伏那洛拉的观点主要来自1494年12月14日的一场布道，参见 Weinstein, *Savonarola*, 155–56。

33. Weinstein, *Savonarola*, 295–96 (citing an account by Luca Landucci of the execution), 298 (the bell). 这座钟本应该被流放五十年，但在1509年就被带了回来。现在，它被收藏于佛罗伦萨的 San Marco 博物馆。关于这座钟的审判、刑罚和回归，参见 Daniel M. Zolli and Christopher Brown, 'Bell on Trial', *Renaissance Quarterly* 72, no. 1 (Spring 2019), 54–96。

34. 马基雅维利在好几个地方都提到过萨伏那洛拉，参见 *The Prince*, chap. 6, 他在此呈现了他的论点。*The Prince*, trans. George Bull (Harmondsworth, UK: Penguin, 1961), 52。

35. Giorgio Vasari's *Six Tuscan Poets* (1544), in the Minneapolis Institute of Art. 其他三位诗人分别是 Cino da Pistoia、Guittone d'Arezzo 和 Guido Cavalcanti——最后一个人是但丁的朋友，据（薄伽丘）说这是一个有趣的人，而且是无神论者。

第四章

1. Girolamo Fracastoro, *Fracastoro's Syphilis*, ed. and trans. Geoffrey Eatough (Liverpool: Francis Cairns, 1984), 69 (book 2, lines 133–37). Chitterlings 用公猪的大肠制作而成，chine 是带肉的脊椎骨。这段话的拉丁语原文是："Tu teneros lactes, tu pandae abdomina porcae, / Porcae heu terga fuge, et lumbis ne vescere aprinis, / Venatu quamvis toties confeceris apros. / Quin neque te crudus cucumis, non tubera captent, / Neve famem cinara, bulbisve salacibus expe."

2. Fracastoro, *Fracastoro's Syphilis*, 107 (book 2, lines 405–12). 这段话的拉丁语原文是："Salve magna Deum minibus sata semine sacro, / Pulchra comis, spectata novis virtutibus arbos: / Spes hominum, externi decus, et nova Gloria mundi: Fortunata nimis... / Ipsa tamen, si qua nostro te carmine Musae / Ferre per ora virum poterunt, hac tu quotue parte / Nosceris, coeloque etiam cantabere nostro."

3. 彼特拉克的普林尼书稿收藏于巴黎的 Bibliothèque Nationale，编号 MS Lat. 6802。牛津版收藏于 Bodleian Library，编号 MS Auct. T.I.27。参见 Charles G. Nauert Jr, 'Humanists, Scientists, and Pliny: Changing Approaches to a Classical Author', *American*

Historical Review 84 (1979), 72-85, this on 75n。德国人文主义者鲁道夫·阿格里科拉在意大利旅行期间也一直带着普林尼的书，参见 Gerard Geldenhouwer, 'Vita', in *Rudolf Agricola: Six Lives and Erasmus's Testimonies*, ed and trans. Fokke Akkerman, English trans. Rudy Bremer and Corrie Ooms Beck (Assen, Netherlands: Royal Van Gorcum, 2012), 91-107, this on 99。

4. 更早一些时候的人文主义者 Ermolao Barbaro 在 *Castigationes plinianae*（1493）里宣称，他修正了超过五千处错误。不过，他认为这是抄写员犯的错误。参见 Brian W. Ogilvie, *The Science of Describing* (Chicago and London: University of Chicago Press, 2006), 122-25。

5. 后来，人们认为 Dipsas 是 Lucan 和 Cato 提到过的小型毒蛇。现在，新大陆有一类蛇也叫这个名字，但是无毒蛇。参见 Nutton, 'The Rise of Medical Humanism: Ferrara, 1464-1555', 2-19, with reference to Niccolò Leoniceno, *De dipsade et pluribus aliis serpentibus* (Bologna, 1518; written much earlier than the publication date) , this on 5。

6. Charles D. O'Malley, *Andreas Vesalius of Brussels, 1514-1564* (Berkeley: University of California Press, 1964), 9 (vital spirits), 106 (Sylvius); Bernard Schultz, *Art and Anatomy in Renaissance Italy* (Ann Arbor: UMI Research Press, 1985), 25. Jacobus Sylvius 这个名字是 Jacques Dubois 的拉丁文形式。

7. O'Malley, *Andreas Vesalius of Brussel*, 77 (precocity), 318-20 (cutting), 81-82 (lectures). 写下这些课程笔记的人是十八岁的学生 Vitus Tritonius Athesinus，笔记现收藏于维也纳的 Austrian National Library。维萨里在 *Fabrica* 里描述过他的偏好和技术。

8. Vesalius, Tabulae anatomicae (1538)，该版仍然在其第三张图表里展示了盖伦所说的 *rete mirabile*，参见在线图片 https://iiif.wellcomecollection.org/image/L0002233.jpg/full/760%2C/0/default.jpg。标号 B 指的就是 *rete mirabile*。维萨里在 *Fabrica* 里承认了自己的错误，参见下文。

9. Andreas Vesalius, *De humani corporis fabrica libri septem* (Basel: J. Oporinus, 1543). 参见 Vesalius, *The Fabric of the Human Body*, eds. and trans. Daniel H. Garrison and Malcolm H. Hast (Basel: Karger, 2014), 这是1543年和1555年两个版本 *De humani corporis fabrica libri septem* 的译本，并带有注释，电子版请参见 http://www.vesaliusfabrica.com/en/original-fabrica.html。关于 fabrica 这个词汇，可以参见 O'Malley, *Andreas Vesalius of Brussels*, 139。它的另一个意义是"建造形式"，可能是描述建筑所用。参见 Daniel H. Garrison, 'Why Did Vesalius Title His Anatomical Atlas "The Fabric of the Human Body"？', http://www.vesalius-fabrica.com/en/original-fabrica/inside-the-fabrica/the-name-fabrica.html。

10. Realdo Colombo, *De re anatomica* (Venice: N. Bevilacqua, 1559), 243 (s. 11, lines 6-20). In Latin: 'tam pulchram rem, tanta arte effectam, tantae utilitatis gratia'. 科伦博的著作写于16世纪40年代早期，但直到1559年才出版。参见 Mark Stringer and Ines

Becker, 'Colombo and the Clitoris', *European Journal of Obstetrics and Gynecology and Reproductive Biology* 151 (2010), 130–33，以及 Robert J. Moes and C. D. O'Malley, 'Realdo Colombo: "On Those Things Rarely Found in Anatomy…"', *Bulletin of the History of Medicine* 34, no. 6 (1960), 508–28。Gabriele Falloppio 也描述过阴蒂，他在1550年就对这个器官做过记录，并在1561年发表的 *Observationes anatomicae* 里对它做过描述。维萨里并没有真正认识这个器官，他在稍后一本书里认为"这种新发现的无用部分"只存在于雌雄同体的人身上，不存在于健康的女性身上。参见 Vesalius, *Anatomicarum Gabrielis Falloppii observationum examen* (1564), translated in Stringer and Becker, 'Colombo and the Clitoris', 132。

11. Paula Findlen et al., *Leonardo's Library: The World of a Renaissance Reader* (Stanford, CA: Stanford Libraries, 2019)，Stanford Libraries 在2019年举办过一场展览，展品中有一张目录，试图根据列奥纳多的清单和他提及过的书籍复原他的收藏。

第五章

1. Johann von Plieningen, 'Vita', in *Rudolf Agricola: Six Lives and Erasmus's Testimonies*, ed. and trans. Fokke Akkerman, English trans. Rudy Bremer and Corrie Ooms Beck (Assen, Netherlands: Royal Van Gorcum, 2012), 53–75, this on 71–73. 本段的其他细节来源相同，除了关于他的口音，参见 Goswinus van Halen, 'Vita', in *Rudolf Agricola: Six Lives and Erasmus's Testimonies*, 77–89, this on 89。关于阿格里科拉对人的影响，参见 Lewis W. Spitz, *The Religious Renaissance of the German Humanists* (Cambridge, MA: Harvard University Press, 1963), 20–21。Johann von Plieningen 是两兄弟中的一人，他们来自阿格里科拉的家乡，并跟他在费拉拉成为朋友。因为他们的名字，阿格里科拉称呼他们为"普林尼兄弟"（当然也是因为他确实喜爱普林尼）。

2. 他最知名的著作是关于辩证发明的，即 *De inventione dialectica libri tres* (Amsterdam: Alardus, 1539)。

3. 关于他的友谊和通信，可以参见 Peter G. Bietenholz and Thomas B. Deutscher, *Contemporaries of Erasmus* (Toronto: University of Toronto Press, 1985–87)，这本书里记录了大约两千个他知道或提到过的人名。

4. 这句格言的历史似乎可以追溯到14世纪的 William of Wykeham，不过，William Horman 在1519年才将其记录下来。参见 Mark Griffith, 'The Language and Meaning of the College Motto' (2012), https://www.new.ox.ac.uk/sites/default/files/1NCN1%20%282012%29%20Griffith-Manners.pdf。

5. Erasmus, *Copia*, in *Collected Works*, vol. 24: *Literary and Educational Writings*, 2:

De copia / De ratione studii, 279-660, including 302 (Quintilian), 572-81 (causes, consequences, examples), 411 (customary), 429 (doubt), 431-32 (wheedling), 560-62 (ways of describing dying). 对于不熟悉 Monty Python 喜剧团队的人, 可以了解一下他们在1969年表演的一出鹦鹉喜剧的梗概。在这出喜剧里, John Cleese 把一只死鹦鹉送回宠物商店, 反复劝说店员相信它真的死了。他用伊拉斯谟的风格变换自己的表达, "这只鹦鹉停止存在了", "这是一只前鹦鹉", 等等。

6. 伊拉斯谟的第一版 *Adagiorum collectanea* (1500) 现在已经很罕见了, 在 Harvard、Sélestat、The Hague 以及 Bibliothèque Nationale in Paris 有收藏。收录了4251条格言的版本是1533年那版, 参见 Schoeck, *Erasmus of Europe*, vol. 1, 237-38, 241n1。

7. 他在 Abbaye du Parc 发现了这部作品, 参见 Schoeck, *Erasmus of Europe*, vol. 2, 44-45。

8. 当时有很多这样的项目正在进行, 其中一个项目是由西班牙的阿尔卡拉大学的学者团队负责的, 致力于完成一版多语言的完整版的《圣经》, "Complutensian Polyglot Bible"。这个项目结束于1517年, 成果出版于1522年, 囊括了各种语言的平行文本, 如希伯来语、希腊语、叙利亚语和拉丁语。参见 Jerry H. Bentley, *Humanists and Holy Writ* (Princeton, NJ: Princeton University Press, 1983), 70-111。1522年, 人们还见证了马丁·路德将《新约》翻译成德文。后来, 他又在1534年把《圣经》完整地翻译为德文。

9. 伊拉斯谟在 *De libero arbitrio diatribe sive collatio* (Basel: Froben, 1524) 里攻击了路德所主张的这一点, 路德则在 *De servo arbitrio* (Wittemberg: J. Lufft, 1525) 里回应了他。

10. 一个很好的例子就是斯蒂芬·茨威格的传记 *Triumph und Tragik des Erasmus von Rotterdam*, 这篇文章发表于1934年的维也纳。当时, 一股与之类似的力量正在茨威格生活的世界中出现。参见 *Erasmus [and] The Right to Heresy*, trans. Eden and Cedar Paul (London: Hallam / Cassell, 1951)。

11. Michel de Montaigne: *Essays*, in *The Complete Works*, trans. Donald Frame (London: Everyman, 2003), 913 (book 3, chap. 9). 蒙田对法语的选择反映出当时法语写作的盛行。他描述过父亲的教育实验, 参见 book 1, chap. 26 (156-57)。

12. 关于阅读小说是否能帮助我们以更道德的方式行事, 近年来的研究给出了不同的结论。一项重要的研究发现, 刚刚读过文学性虚构作品的人会在测试中比没有读过的人做出更道德的选择。参见 David Comer Kidd and Emanuele Castano, 'Reading Literary Fiction Improves Theory of Mind', *Science* 342, no. 6156 (18 October, 2013), 377-80, https://science.sciencemag.org/content/342/6156/377.abstract?sid=f192d0cc-1443-4bf1-a043-61410da39519。另有一些人则怀疑把道德选择建立在共情上是不是一个好主意。Paul Bloom 认为, 这会导致我们跟自己的小圈子建立太密切的联系, 从而跟其他圈子以及陌生人之间的联系变少。所以, 他认为理性之善可能才是更好的指南。参见 Paul Bloom, *Against Empathy: The Case for Rational Compassion* (London: Bodley Head, 2017)。

第六章

1. Edward Paice, *Wrath of God: The Great Lisbon Earthquake of 1755* (London: Quercus, 2008), 69. 关于 Thomas Chase 给母亲的信，参见 Centre for Kentish Studies, Gordon Ward Collection U442; and BL Add. 38510 ff.7-14: "关于他从里斯本大地震逃脱的叙述。"关于此事件的其他细节，参见 Paice, 168-72 (numbers of casualties), and from T. D. Kendrick, *The Lisbon Earthquake* (London: Methuen, 1956)。

2. 发生于1708—1711年。参见 Kendrick, *The Lisbon Earthquake*, 95-100。

3. 该词首次记录在案的使用出自苏格兰医生 John Brown 在1858年出版的一部论文集。此人命名了这种原则，不过只是部分赞同它。参见 John Brown, *Horae Subsecivae* [Leisure Hours] (Edinburgh: T. Constable; London: Hamilton, Adams, 1858-82), vol. 1, xix。这是 Oxford English Dictionary 里的第一处引用，并且 Gordon S. Haight 在给艾略特来信所添加的编辑注释中也提到了这一点——在这封信里，她谨慎地接受了该术语的来源，并注明同一个发明往往同时出于多人之手。她可能并不知道 Brown 也使用过这个术语。参见 Eliot to James Sully, 19 January, 1877, in *The George Eliot Letters*, ed. G. S. Haight (London: Oxford University Press; New Haven: Yale University Press, 1954-78), vol. 4, 333-34。Sully 写了一本关于悲观主义的书。稍后，他在同年出版了该书，并将这个术语归属于己。参见 James Sully, *Pessimism: A History and a Criticism* (London: S. King, 1877), 399。

4. Rosemary Ashton, 'Coming to Conclusions: How George Eliot Pursued the Right Answer', *Times Literary Supplement* (15 November, 2019), 12-14, this on 14; Besterman, Voltaire, 397. 在我关于启蒙价值的阅读当中，Ritchie Robertson 近年来的著作对我影响甚大。他更看重启蒙主义者身为改良主义者和人文主义者的动机，而不是他们对理性的理想化。参见 Robertson, *The Enlightenment: The Pursuit of Happiness*, 1680–1790 (London: Allen Lane, 2020)。

5. Nicolas de Condorcet, 'The Sketch' [*Sketch for a Historical Picture of the Progress of the Human Mind*], trans. June Barraclough, in Condorcet, *Political Writings*, eds. Steven Lukes and Nadia Urbinati (Cambridge, UK: Cambridge University Press, 2012), 1-147, this on 130. 关于他的应用范围和对进步的理想，参见 Lukes and Urbinati's introduction, xviii–xix。

6. Baron d'Holbach, *The System of Nature*, vol. 1, adapted from original translation by H. D. Robinson, 1868 (Manchester, UK: Clinamen, 1999), 5 (mists of darkness), 189 (far from holding forth, etc.). Michael Bush 在这一版的导言中讲述了霍尔巴赫妻子的这个故事。

7. Condorcet, 'The Sketch', quotations on 147. Lukes and Urbinati 讲述了他的冒险和死亡，参见 *Political Writings*, xx–xxi。

8. Anthony Ashley Cooper, Third Earl of Shaftesbury, 'Sensus Communis: An Essay on the Freedom of Wit and Humour', in *Characteristics of Men, Manners, Opinions, Times*, 2nd ed. (1714), ed. Lawrence E. Klein (Cambridge, UK: Cambridge University Press, 1999), 34. John Toland 首先在 "Clidophorus; or Of the Exoteric and Esoteric Philosophy" 里开始描述并练习 "隐秘" 书写，参见 *Tetradymus* (London: J. Brotherton and W. Meadows [etc.]), 1720), 66。Clidophorus 的意思是 "掌管钥匙的人"。

9. Carl Sagan, 'Encyclopaedia Galactica', episode 12 of *Cosmos: A Personal Voyage*, PBS, originally broadcast 14 December, 1980. 萨根说的是外星人到访地球的证据，但这个说法可以应用在更广泛的语境中。

10. Aikenhead 在 1697 年遭到处决。参见 Michael Hunter, ' "Aikenhead the Atheist" : The Context and Consequences of Articulate Irreligion in the Late Seventeenth Century', in *Atheism from the Reformation to the Enlightenment*, eds. Michael Hunter and David Wootton (Oxford, UK: Clarendon Press, 1992), 221–54, this on 225。

11. Mossner, *The Life of David Hume*, 587 (Boswell), 245 (Adam). 休谟的朋友 Alexander Carlyle of Inveresk 讲述了这个关于晚餐的故事，参见 A. Carlyle, *Autobiography*, ed. J. Hill Burton (London and Edinburgh: T. N. Foulis, 1910), 285–86。

12. 休谟的信是写给一位不知名的医生的（不过并没有寄出去），Mossner 认为此人是 Dr John Arbuthnot。关于这封信，参见 Ernest Campbell Mossner, 'Hume's Epistle to Dr Arbuthnot, 1734: The Biographical Significance', *Huntingdon Library Quarterly* 7, no. 2 (February 1944), 135–52, 137 ('most sturdy')。

13. Hume, *A Treatise of Human Nature*, 576 (book 3, part 3, §1: shared feeling), 470 (book 3, part 1, §2: producing morality), 577–78 (book 3, part 3, §1: producing a full moral system), 364 (book 2, part 2, §5: mirrors). 休谟在《道德原则研究》（1751）里进一步阐释了他关于道德的观点，参见 Hume, *Enquiries*, ed. L. A. Selby-Bigge, 2nd ed. (Oxford, UK: Clarendon Press, 1951), 167–323。休谟的朋友亚当·斯密讨论过跟他相似的道德和同情理论，参见 *A Theory of Moral Sentiments* (London: A. Millar; Edinburgh: A. Kincaid and J. Bell, 1759)。

第七章

1. David Hume, 'Of National Characters' (1748; rev. 1754), quoted in *Race and the Enlightenment: A Reader*, ed. Emmanuel Chukwudi Eze (Cambridge, MA, and Oxford, UK: Blackwell, 1997), 33. 休谟的修订完成于 1776 年，发表于其去世后的 1777 年。关于 Beattie 的批评，参见 James Beattie, *An Essay on the Nature and Immutability of Truth*

in Opposition to Sophistry and Scepticism, 2nd ed. (Edinburgh: A. Kincaid and J. Bell; London: E. and C. Dilly, 1771), 508–11, this on 511。

2. Selections from Josiah C. Nott, 'Two Lectures on the Natural History of the Caucasian and Negro Races' (1844), in *The Ideology of Slavery: Proslavery Thought in the Antebellum South, 1830–1860*, ed. Drew Gilpin Faust (Baton Rouge and London: Louisiana State University Press, 1981), 206–38, this on 238. Nott 后来与他人合写了 *Types of Mankind* (1854)，为彻底的种族差异提供了类似的论证。

3. Mary Wollstonecraft, *A Vindication of the Rights of Woman*, in *A Vindication of the Rights of Men / A Vindication of the Rights of Woman / An Historical and Moral View of the Origin and Progress of the French Revolution* (Oxford, UK: Oxford University Press, 2008), 72 ('I shall first consider'), 119 ('human duties'), 122 (human virtues), 125 ('Confined'), 265 ('I wish to see') 。关于德行问题，她的论证不得不面对这样一个现实，那就是连"德行"（virtue）这个单词的拉丁词源都将男性视为规范，因为它来自 vir，即"男人"——唤醒男子气概，或者如21世纪的人们偶尔会说的俚语"雄起"（manning up）。

4. John Stuart Mill, 'The Subjection of Women' (1869), in *Collected Works, vol. 21: Essays on Equality, Law and Education*, ed. John M. Robson (London: Routledge, 1984), 259–340, this on 337. 密尔是在哈丽雅特去世后才开始写的，时间是1859—1861年，最后发表于1869年。

5. Frederick Douglass, 'What to the Slave Is the Fourth of July? ', in *The Portable Frederick Douglass*, eds. John Stauffer and Henry Louis Gates Jr (New York: Penguin, 2016), 207. 这是1852年7月4日道格拉斯于纽约给 Ladies' Anti-Slavery Society of Rochester 做的演讲。文化历史学家 Johan Huizinga 也曾发出过类似的疑问。他在1935年的一次演讲中抨击了在当时欧洲占据主导地位的伪科学种族观："你可曾发现有哪个种族理论家，他会得出自己所属的种族是低劣的这种令人震惊的羞耻结论？"参见 J. Huizinga, *In the Shadow of Tomorrow: A Diagnosis of the Spiritual Distemper of Our Time*, trans. J. H. Huizinga (London and Toronto: W. Heinemann, 1936), 68–69。

6. John Stauffer, Zoe Trodd and Celeste-Marie Bernier, *Picturing Frederick Douglass: The Most Photographed American in the Nineteenth Century* (New York: Liveright / W. W. Norton, 2015), ix. 这些作者确认了160幅不同的照片或姿势。

7. Elizabeth Cady Stanton 在1848年提出了这个建议。参见 Siep Stuurman, *The Invention of Humanity* (Cambridge, MA, and London: Harvard University Press, 2017), 386。

8. Furbank 引用福斯特的话："对于我唯一可以应付且有可能应付的主题，我也已经感到厌倦了——这个主题就是男性对女性的爱，反之亦然。"参见 Furbank, *E. M. Forster*, vol. 1, 199。

9. Kongzi, quoted by Master Zeng Can: Confucius, *The Analects*, trans. Annping Chin (New

York: Penguin, 2014), 51 (Analects, 4:15). 这句话两次提到"人性",不过,在第一个分句里它被翻译为"忠",在第二个分句里它被翻译为"恕"。

第八章

1. Immanuel Kant, *Lectures on Pedagogy* (1803), trans. Robert B. Louden, in *Kant, Anthropology, History and Education*, ed. Günter Zöller and Robert B. Louden (Cambridge, UK: Cambridge University Press, 2007), 434–85, this on 440. 我在这里用"seeds"代替了英译中的"germs",因为"germs"在现代英语中的用法会让人产生误解。原句中有好几个关键词,完整的德语原文是这样的:"Es liegen viele Keime in der Menschheit, und nun ist es unsere Sache, die Naturanlagen proportionirlich zu entwickeln, und die Menschheit aus ihren Keimen zu entfalten, und zu machen, daß der Mensch seine Bestimmung erreiche." 参见 Kant, *Über Pädagogik*, ed. Friedrich Theodor Rink (Königsberg: F. Nicolovius, 1803), 13。

2. 在其早期关于 *Bildung* 主题的笔记中,洪堡把它描述成一种向内的反思,同时它也是一种把握外部世界的方式。它是某种可以在两代人之间传承的东西;个体身上的文化不会消失。参见 Humboldt, 'Theory of Bildung' (written circa 1793–1794), trans. Gillian Horton-Krüger, in *Teaching as a Reflective Practice: The German Didaktik Tradition*, eds. I. Westbury, S. Hopmann and K. Riquarts (Mahwah, NJ, and London: Lawrence Erlbaum, 2000), 57–61, this on 58–59。

3. "不同的场景"(Variety of situations)即洪堡所说的 Mannigfaltigkeit der Situationen,这个表达容易让人想起"多面性"(many-sidedness),或者德语里的 Vielseitigkeit。密尔在《论自由》的开篇的关键句里把 Mannigfaltigkeit 翻译为"差异性"。关于这两处的原始德文,参见 *Humboldt, Ideen zu einem Versuch, die Grenzen der Wirksamkeit des Staatszubestimmen* (Berlin: Deutsche Bibliothek, [1852]), 25 (variety of situations), 71 (diversity)。

4. "绝对自由"和"愚蠢"都出自 Mill, *On Liberty*, 14–15。

5. 密尔去世后,有三篇其关于宗教的文章得到发表,它们写于1830—1858年。其中的最后一篇名为《有神论》(*Theism*,大概写于1868—1870年),他提出了有"神"这种存在者的可能性。不过在《宗教的效用》(*Utility of Religion*)中,他写道,存在来世这一承诺对在世界上受苦的人来说是一种很有价值的慰藉;如果人们能够在尘世中获得更多的快乐和满足感,宗教的吸引力就会降低。这两篇文章参见 John Stuart Mill, *Three Essays on Religion: Nature, The Utility of Religion, and Theism* (London: Longmans, Green, Reader & Dyer, 1874)。

6. Jeremy Bentham to Henry Richard Vassall, Third Baron Holland, 13 November, 1808, in Bentham, *Correspondence*, vol. 7, ed. John Dinwiddy (Oxford, UK: Clarendon Press, 1988), 570.（"散文是那种除了最后一行以外全都写满的文体；诗歌则是有很多行都写不到书页边缘的文体。"）还可以参见 A. Julius, 'More Bentham, Less Mill', in *Bentham and the Arts*, eds. Anthony Julius, Malcolm Quinn and Philip Schofield (London: UCL Press, 2020), 178。边沁不可能完全不在意诗歌，他在花园里立了一块石碑，上面刻着"神圣属于弥尔顿，诗人之王"，参见 M. M. St J. Packe, *Life of John Stuart Mill* (London: Secker & Warburg, 1954), 21。关于密尔的诗歌观，参见 Richard Reeves, *John Stuart Mill* (London: Atlantic, 2008), 20。

7. Matthew Arnold, *Culture and Anarchy*, ed. Jane Garnett (Oxford, UK: Oxford University Press, 2006), 9. 他还把洪堡描述为一个高度和谐发展的人，称他是"迄今为止最完美的灵魂之一"（94）。

8. 对于劳动阶级一般阅读习惯的研究，参见 Jonathan Rose, *The Intellectual Life of the British Working Classes* (New Haven and London: Yale University Press, 2002); Edith Hall and Henry Stead, *A People's History of Classics* (Abingdon, UK: Routledge, 2020)。

9. Irving Babbitt, *Literature and the American College: Essays in Defense of the Humanities* (Boston and New York: Houghton Mifflin, 1908), 12. "新人文主义"是他人用来描述这些观点的术语，因此不能将其与不同历史时期下同样被称为"新人文主义"的各种运动混淆在一起。

10. Sinclair Lewis, Nobel Lecture, 1930, https://www.nobelprize.org/prizes/literature/1930/lewis/lecture/. 有一个专题会议收集了其他回应，参见 C. Hartley Grattan, ed., *The Critique of Humanism: A Symposium* (New York: Brewer and Warren, 1930)。这在某种程度上是对一部宣传新人文主义的文集的回应，参见 Norman Foerster, ed., *Humanism and America* (New York: Farrar and Rinehart, 1930)。

第九章

1. Janet Browne, *Charles Darwin: The Power of Place* (London: Jonathan Cape, 2002), 349. 这里提到的出版商是 John Murray。

2. Browne, *Charles Darwin*, 88–90 (Mudie's), 186 (Mill), 189–90 (Eliot). G. H. Lewes 的 *Sea-Side Studies* 以期刊的形式发表，在1858年以书籍的形式出版，参见 Rosemary Ashton, *G. H. Lewes: A Life* (London: Pimlico, 2000), 169。

3. T. H. Huxley, 'A Liberal Education and Where to Find It' (1868), in *Science and Education*, vol. 3 of *Collected Essays* (London: Macmillan, 1910), 76–110, this on 87–88

(current studies criticized), 97–98 (traces of past). 查尔斯·狄更斯的评论参见 *Bleak House*, chap. 12。

4. T. H. Huxley, 'Universities: Actual and Ideal' (1874, University of Aberdeen), in *Science and Education*, vol. 3 of *Collected Essays* (1910), 189–234, this on 212. 赫胥黎引用了密尔于1867年2月1日在圣安德鲁斯大学做的就职演讲，但把其中每一个提及古典研究的地方都改成了"科学"。

5. 达尔文在 *The Descent of Man* 里对此做出了解释，他写道："道德品质更多是通过习惯、理性力量、指导、宗教等因素的影响而获得发展（它们的影响既非直接的方式也非间接的方式），而不是通过自然选择获得成长。"参见 Charles Darwin, *The Descent of Man, and Selection in Relation to Sex* (London: Gibson Square, 2003), 618。

6. Darwin, *The Descent of Man*, 612（'habit, example' and 'an all-seeing Deity'）。他关于通过社会情感造就道德进化的理论主要在 part 1, chap. 4, 97–127。

7. Leslie Stephen, 'A Bad Five Minutes in the Alps', in *Essays on Freethinking and Plainspeaking*, rev. ed. (London: Smith, Elder; Duckworth, 1907), 177–225, this on 184–85（'At last!'）, 193（'ghastly mess'）, 203 (Athanasian Creed), 221（'something like a blessing'）, 222–23（'duty'）。该作品初版于 Fraser's Magazine 86 (1872), 545–61。至于这则故事的真实性问题，参见 F. W. Maitland, *Life and Letters of Leslie Stephen* (London: Duckworth, 1906), 97–98。它引用了 Sir George Trevelyan 的说法，这个故事至少在一定程度上受到了一个事件的启发：当时，Leslie Stephen 带领 Trevelyan 和另一个缺乏经验的登山者走上了一条难走的小路，导致他们遭遇了很多困难。

8. 1873年，乔治·艾略特在剑桥三一学院的 Fellows' Garden 跟 W. H. Myers 散步时说过这些话。参见 Gordon S. Haight, *George Eliot* (Oxford, UK: Clarendon Press, 1968), 464。

9. Thomas Hardy, *A Pair of Blue Eyes* (Oxford, UK: Oxford University Press, 2005), 201. 有一个证据可以证明哈代受到了斯蒂芬这个故事的影响，参见 'Stephen, Hardy, and "A Pair of Blue Eyes"', in *Studies in Fiction and History from Austen to Le Carré* (New York: Springer, 1988)。

10. 定罪的两个人分别是 James Rowland Williams 和 Henry Bristow Wilson。参见 Josef L. Altholz, *Anatomy of a Controversy: The Debate over Essays and Reviews, 1860–1864* (Aldershot, UK: Scolar, 1994), 1。

11. P. H. Gosse, *Omphalos: An Attempt to Untie the Geological Knot* (London: John Van Voorst, 1857). 根据他儿子的描述，他似乎被伤到了，参见 Gosse, *Father and Son*, 105, 112。

12. 关于该文学题材的调查，参见 Robert Lee Wolff, *Gains and Losses: Novels of Faith and Doubt in Victorian England* (London: John Murray, 1977)。

13. William Ewart Gladstone, 'Robert Elsmere and the Battle of Belief', *Contemporary Review*, May 1888, http://www.victorianweb.org/history/pms/robertelsmere.html. Rosemary Ashton 引用了 James 的话，参见 Rosemary Ashton 为小说 *Robert Elsmere* 所写的导论的第 vii 页。关于该小说的接受情况，参见 William S. Peterson, *Victorian Heretic: Mrs Humphry Ward's Robert Elsmere* (Leicester, UK: Leicester University Press, 1976)。

14. Amphibologisms: Thomas Jefferson to John Adams, 1813, quoted in Peter Manseau's edition of *The Jefferson Bible* (Princeton, NJ: Princeton University Press, 2020), 38. 杰斐逊整合好的剪切下来的资料，以及用作资料来源的两部《圣经》的残余部分，一直分别由私人收藏。后来，Cyrus Adler 发现了它们，并为 Smithsonian Institution 购得。该故事参见 Manseau, 80–93。

15. Matthew Arnold, *Literature and Dogma: An Essay Towards a Better Apprehension of the Bible* (London: Smith, Elder, 1873), xiii–xv, 383. Arnold 紧接着用 *God and the Bible* (London: Smith, Elder, 1875) 一书，回应了对先前著作的批评。牛津大学的教师 Benjamin Jowett 提出了类似把《圣经》作为文学作品的观点，此人的文章还收录进了 *Essays and Reviews* 这部具有争议性的文集，参见 Benjamin Jowett, 'On the Interpretation of Scripture', *Essays and Reviews* (London: John W. Parker, 1860), 330–433。

16. 这个证人是 Jules Lemaître。翻译自 Wardman, *Ernest Renan*, 183。

17. 孔多塞也做了相似的事情，他写了一部未曾发表的作品，*Anti-Superstitious Almanack*。该作品把那些在过去配属圣人的日子分配给了反对教会虐待或折磨的人，参见 Nicolas de Condorcet, *Almanach anti-superstitieux*, eds. Anne-Marie Chouillet, Pierre Crépel and Henri Duranton (Saint-Étienne, France: CNRS Éditions / Publications de Université de Saint-Étienne, 1992)。参见 Steven Lukes and Nadia Urbinati 为他们编纂的孔多塞的 *Political Writings* (Cambridge, UK: Cambridge University Press, 2012) 所写的导论，尤其是第 xvii 页。

18. 此处来源于 Moncure Daniel Conway 对1881年新年期间某个此类会议的描述，参见 Moncure Daniel Conway, *Autobiography: Memories and Experiences* (London: Cassell, 1904), vol. 2, 347。

19. Josephine Troup 和 Edith Swepstone 各自谱就了不同的版本，Henry Holmes 则谱写了一出大型合唱。参见 Martha S. Vogeler, 'The Choir Invisible: The Poetics of Humanist Piety', in *George Eliot: A Centenary Tribute*, eds. Gordon S. Haight and Rosemary T. VanArsdel (London: Macmillan, 1982), 64–81, this on 78。

第十章

1. Boulton 的散文翻译在这里经过了一定的修改，以便产生诗歌的形式，参见 Boulton, *Zamenhof*, 15。还可参见 Zamenhof to N. Borovko, circa 1895, in Zamenhof, *Du Famaj Leteroj*, 17。

2. 柴门霍夫的 *Unua Libro* 有 Richard H. Geoghegan 的英译本（1889），Gene Keyes 制作了修订本（2006），可以在线阅读。参见 L. L. Zamenhof, *Doctor Esperanto's International Language*, part 1, http://www.genekeyes.com/Dr_Esperanto.html。关于"希望博士"，参见 Boulton, *Zamenhof*, 33。

3. 俄国世界语出版物 *Ruslanda Esperantisto* 在1906年发表了柴门霍夫的 *The Dogmas of Hillelism*。参见 Boulton, *Zamenhof*, 97-101。

4. Boulton, *Zamenhof*, 104-5。柴门霍夫关于共同宗教的思想跟巴哈伊教（Bahá'í）信仰有一些相似之处，后者也把所有宗教视为统一体。

5. 英格索尔的幸福信条有多种不同形式，如 *An Oration on the Gods* (29 January, 1872) (Cairo, IL: Daily Bulletin Steam Book & Job Print, 1873), 48。录音的在线网址：https://youtu.be/rLLapwIoEVI。

6. Clarence Darrow, *The Story of My Life* (New York: Charles Scribner's Sons, 1932), 381。英格索尔对陪审团的演讲，参见 Ingersoll, *The Works of Robert G. Ingersoll*, vol. 10。

7. Jacoby, *The Great Agnostic*, 2（'Injuresoul'）。据 Margaret Sanger 回忆，他在纽约的 town of Corning 发表演说时曾遭遇过被人抛掷东西；她的父亲曾邀请英格索尔，但遇到很多麻烦，不得不把谈话场所转移到户外树林的一处安静之所。参见 Margaret Sanger, *An Autobiography* (London: Victor Gollancz, 1939), 2。

8. 凯瑟琳·罗素在写给自己母亲的信中这样写道。参见 Bertrand Russell, *Autobiography* (London and New York: Routledge, 1998), 12。

9. 维基百科页面 https://en.wikipedia.org/wiki/Russell%27s_teapot 引用了罗素的这一论证，并讨论了反对茶壶类比的相关论证。这个论证的出处是罗素的文章"Is There a God？"，该文原本是1952年他为 *Illustrated* 杂志所写，但并未发表。卡尔·萨根也提出过类似的想法："假如我说在我的车库里有一只火龙，但它是不可见的、没有重量的、触摸不到的，而且它呼出的火焰也是没有热量的、不可检测的——那么，这跟我的车库里压根儿没有火龙有什么区别呢？"参见 Carl Sagan, *The Demon-Haunted World* (London: Headline, 1997), 160-61。

10. "一个很好的憎恨者"，1901年，Beatrice Webb 在其日记中引用了这种说法，参见 Ray Monk, *Bertrand Russell* (London: Vintage, 1997-2001), vol. 1, 139。反过来，罗素也指责她和她的丈夫太冷漠，参见 Russell, *Autobiography*, 76。

11. 关于罗素对数学和逻辑的热爱，可以参考他跟 Gilbert Murray 的来往信件，参见 Russell, *Autobiography*, 160–62。引自 *The Little Review* in Ronald W. Clark, *The Life of Bertrand Russell*, rev. ed. (Harmondsworth, UK: Penguin, 1978), 534。

12. Katharine Tait, *My Father Bertrand Russell* (London: Victor Gollancz, 1976), 71. Ronald Clark 是罗素的传记作家，他讲过该故事的另一个版本：前来叫门的是当地的圣公会牧师。但据 Ronald Clark 引用的该牧师儿子的一封信，这位牧师和他的妻子在面对贝肯希尔学校里的裸体儿童时十分放松，还让他们在自己的花园里玩，或者是允许他们进入厨房。如此一来，这位牧师的妻子就能抓住机会给他们讲述《圣经》里的故事。参见 Clark, *The Life of Bertrand Russell*, 530。

13. 例如 Lidia Zamenhof, 'Nia Misio', *Esperanto Revuo*, no. 12 (December 1934)。参见 Schor, *Bridge of Words*, 186。Lidia Zamenhof 也变成了巴哈伊教的信徒，该宗教跟 Homaranismo 一样，都认为应该存在一个被所有人共有的普遍宗教。

14. 英格索尔的这一"希望"文本可以在纽约州德累斯顿镇的英格索尔博物馆收藏的留声机唱片上找到，在线网址：https://youtu.be/rLLapwIoEVI。

第十一章

1. 1932年，贝尼托·墨索里尼和乔万尼·秦梯利合著的 'La dottrina del fascismo'（'The Doctrine of Fascism'）发表在 *Enciclopedia italiana* 的第14卷上。其中，第一部分 "Fundamental Ideas" 是秦梯利所作（不过仍有墨索里尼署名），第二部分 "Social and Political Doctrines" 则由墨索里尼完成。这里所有的引用参见 *Readings on Fascism and National Socialism*, Project Gutenberg e-book, ed. Alan Swallow, 2004, https://www.gutenberg.org/files/14058/14058-h/14058-h.htm。该资料同时收录了墨索里尼和秦梯利合著的 'The Doctrine of Fascism' 和秦梯利独著的 'The Philosophic Basis of Fascism'。

2. 这封绝笔信被收录在"出版商后记"中，参见 Stefan Zweig, *The World of Yesterday*, ed. Harry Zohn (Lincoln: University of Nebraska Press, 1964), 437–40。

3. 亨利希·曼1915年在杂志 *Die weissen Blätter* 上发表了"Zola"一文，以很有影响力的方式呈现了这一观点，并在其关于法国作家的文集 *Geist und Tat* 中再版此文。参见 *Franzosen 1780–1930* (Berlin: G. Kiepenheuer, 1931)。参见 Karin Verena Gunnemann, *Heinrich Mann's Novels and Essays: The Artist as Political Educator* (Rochester, NY: Camden House, 2002), 79。

4. Erika Mann, *The Lights Go Down*, trans. Maurice Samuel (London: Secker & Warburg, 1940), 239–81. 有一个注释说，希特勒在一场关于艺术的演讲里确实出现了三十三处语

法错误，参见 *Frankfurter Zeitung*, 17 July, 1939。

5. Aby Warburg, *Bilderatlas Mnemosyne*, eds. Axel Heil and Roberto Ohrt (Stuttgart and Berlin: Hatje Cantz, 2020). 2020年，伦敦的瓦尔堡研究所跟柏林的 Haus der Kulturen der Welt 举办了两场在线展览，展示这些拼板。网址分别是：https://warburg.sas.ac.uk/collections/warburg-institute-archive/bilderatlas-mnemosyne/mnemosyne-atlas-october-1929 和 https://www.hkw.de/en/programm/projekte/2020/aby_warburg/bilderatlas_mnemosyne_start.php。

6. On the move: Fritz Saxl, 'The History of Warburg's Library', in E. H. Gombrich, *Aby Warburg: An Intellectual Biography*, 2nd ed. (Oxford, UK: Phaidon, 1986), 325–38, this on 336–37. 这个想法很大程度上归功于海德堡大学的 Dr Raymond Klibansky，两家机构的主要负责人 Fritz Saxl 和 Gertrud Bing 负责组织工作。

7. *Prospectus of the Journal of the Warburg Institute*, London, 1937 ('study of Humanism'), and 'Memo Regarding the Warburg Institute: How to Get It Known in England', 30 May, 1934, 均引自 Elizabeth McGrath, 'Disseminating Warburgianism: The Role of the "Journal of the Warburg and Courtauld Institutes"', in *The Afterlife of the Kulturwissenschaftliche Bibliothek Warburg*, eds. U. Fleckner and P. Mack (Berlin and Boston: De Gruyter, 2015), 39–50, this on 43–44. 插图2再现了 *Prospectus*。

8. 这是二十六岁的法学生 Heinz Küchler 在1941年9月6日的一封信里所写，引用并翻译自 Omer Bartov, *Hitler's Army* (New York: Oxford University Press, 1991), 116。这句话在别处也被引用过，参见 David Livingstone Smith, *Less Than Human* (New York: St. Martin's Press, 2011), 141。

9. Theodor Adorno and Max Horkheimer, *Dialectic of Enlightenment*, trans. John Cumming (London and New York: Verso, 1997). 例如，他们在第24页批评了启蒙，认为它"跟任何体系一样都是极权的"。这部作品写于1944年，又在1947年进行了扩充。

10. Jacques Maritain, *True Humanism* (New York: Charles Scribner's Sons, 1938), 19. 这本书是根据1934年8月他在西班牙桑坦德大学的授课内容写成的。

11. Martin Heidegger, 'Letter on "Humanism"', in *Pathmarks*, ed. W. McNeill, trans. Frank A. Capuzzi (Cambridge, UK: Cambridge University Press, 1998), 239–76, this on 247, 260 (call of Being), 252 (not God). 在英文中，"Being"一词的首字母并不总是大写。但是，德语中的所有名词首字母均为大写，且 Sein（"Being"）和 Seiende（"beings"）之间有一个重要区分。所以，如果在英语中不将其首字母大写，将会导致这个区别消失。

12. Jean-Paul Sartre, *Existentialism and Humanism*, trans. Philip Mairet (London: Methuen, 2007), 38. 法文版的标题有些许不同：*L'Existentialisme est un humanisme*（1946，内容基于萨特在1945年的演讲）。尽管我们是极端自由的，但仍然要对他人做出道德和政

治上的承诺。

13. 该段所有引文均来自 Fanon, *The Wretched of the Earth*, 252–54。

14. Hartt, *Florentine Art under Fire*, 18–19. 关于蒙特古夫尼的藏品描述和清单，可以参见 Osbert Sitwell, *Laughter in the Next Room* (London: Macmillan, 1949), 350–64。

15. 帕格沃什宣言的在线网址：https://pugwash.org/1955/07/09/statement-manifesto/。

第十二章

1. 这份1933年版宣言的在线网址：https://en.wikipedia.org/wiki/Humanist_Manifesto_I。

2. 关于国际人文主义者协会的概况及其在英国和国际上的起源，可以参见 Jim Herrick, *Humanism: An Introduction*, 2nd ed. (London: Rationalist Press Association, 2009), 123–58。关于英国的人文主义者组织的历史，参见 Callum Brown, David Nash and Charlie Lynch, *The Humanist Movement in Modern Britain: A History of Ethicists, Rationalists and Humanists* (London: Bloomsbury, 2022)。

3. 2022年，英国格拉斯哥的人文主义者国际大会（Humanists International General Assembly）正式通过了《现代人文主义宣言》，你可以在本书附录中看到，也可以在线阅读：https://humanists.international/policy/declaration-of-modern-humanism/。1952年世界人文主义者大会正式通过的《阿姆斯特丹宣言》的在线网址：https://humanists.international/policy/amsterdam-declaration-1952/。《阿姆斯特丹宣言》分别在1957年和2002年进行过修订。

4. 例如，关于英国人文主义者协会（Humanists UK）的社会运动，可以参考他们给出的在线列表 https://humanists.uk/campaigns/。

5. 关于预订座位的困难，参考：https://www.secularism.org.uk/news/2020/01/calls-for-parliamentary-prayers-review-after-mp-compelled-to-attend。关于祈祷的形式，参考 https://www.parliament.uk/about/how/business/prayers/。

6. Vashti Cromwell McCollum, *One Woman's Fight* (Garden City, NY: Doubleday, 1951; rev. ed. Boston: Beacon Press, 1961; Madison, WI: Freedom From Religion Foundation, 1993), 86 (cabbage), 85 ('ATHIST'), 101 ('May your rotten soul'), 104 ('Well, it's a cinch')。还可以参考 Jay Rosenstein 的纪录片，麦科勒姆跟她的儿子在片中接受了采访，"God Is Not on Trial Here Today" (McCollum v. Board of Education), Jay Rosenstein Productions, 2010: http://jayrosenstein.com/pages/lord.html。可访问网址 https://youtu.be/EeSHLnrgaqY. See also https://en.wikipedia.org/wiki/Vashti_McCollum and her obituary 和 http://www.nytimes.com/2006/08/26/obituaries/26mccullum.html。

7. Margaret Knight, *Morals without Religion, and Other Essays* (London: Dennis Dobson, 1955), 22–23 ('She looks'), 16–17 (Russell, and speaking openly). 关于 BBC 内部的反对声音，参见 Callum G. Brown, *The Battle for Christian Britain* (Cambridge, UK: Cambridge University Press, 2019), 139–40。

8. Bishopsgate Institute Library, London: BHA papers. BHA 1/17/148, 这是关于公交车的宣传运动的，还包括一份 BHA 的报告 "Atheist Bus Campaign: Why Did It Work?"；BHA 1/17/149, 是关于 2008—2009 年这场社会运动的通信和消息。还可参见 https://humanism.org.uk/campaigns/successful-campaigns/atheist-bus-campaign/。

9. Anton Chekhov to Alexei Suvorin, 15 May, 1889, in *Anton Chekhov's Life and Thought: Selected Letters and Commentary*, trans. Michael Henry Heim, ed. Simon Karlinsky (Evanston, IL: Northwestern University Press, 1997), 145. 米哈伊尔·格林卡是这首歌曲的作者，歌词则来自普希金。你可以在线欣赏 Galina Vishnevskaya 演唱的这首歌：https://www.youtube.com/watch?v=ymfoXrdWVQM&ab_channel=GalinaVishnevskaya-Topic。

10. 参见 Annie Matan and Peter Newman, *People Cities: The Life and Legacy of Jan Gehl* (Washington, DC, and Covelo, CA: Island Press, 2016), 14–15 (收录了 Ascoli Piceno 一家报纸上刊登的他的照片，原标题为 'Sembra ma non è un "beatnik" '), 18 ("一次蓄意破坏行为"；这项工程建于 1969 年)。还可参见 Jan Gehl, *Cities for People* (Washington, DC: Island Press, 2010), 其中收录了一些照片，展示了人们是如何被汽车和道路挤压空间，并显得相形见绌。

11. 来自 Ikonnikov-Morzh 的遗嘱，参见 Grossman, *Life and Fate*, 393。

12. Robert Chandler 在他的英译本导言里将其与契诃夫的故事进行了比较，参见 *Life and Fate*, xii–xiii。

13. https://www.theguardian.com/environment/2016/aug/31/domestic-chicken-anthropocene-humanity-influenced-epoch. See also Jeremy Davies, *The Birth of the Anthropocene* (Oakland: University of California Press, 2016). 关于有人认为这个概念赋予了我们过分的重要性的观点，参见 Peter Brannen, 'The Anthropocene Is a Joke', *Atlantic*, 13 August, 2019, https://www.theatlantic.com/science/archive/2019/08/arrogance-anthropocene/595795/。

14. http://www.vhemt.org/. See also https://www.theguardian.com/lifeandstyle/2020/jan/10/i-campaign-for-the-extinction-of-the-human-race-les-knight. "后人类主义"：1977 年文学理论家 Ihab Hassan 首次定义了该术语。他说："我们必须明白，人文主义的五百年历史可能要面临一个终局，因为，人文主义把自己变成了某种新的东西，我们必须无奈地称其为后人类主义。" 参见 Ihab Hassan, 'Prometheus as Performer: Toward a Posthumanist Culture? A University Masque in Five Scenes', *Georgia Review* 31, no. 4 (Winter 1977), 830–50, this on 843. 还可参见 David Roden, *Posthuman Life: Philosophy*

at the Edge of the Human (London and New York: Routledge, 2015)。

15. 关于类似的评论，参见 James Lovelock and Bryan Appleyard, *Novacene* (London: Penguin, 2020), 56。

16. Ray Kurzweil, *The Singularity Is Near: When Humans Transcend Biology* (London: Duckworth, 2005), 15. 关于超人类主义，还可以参见 https://humanityplus.org/philosophy/transhumanist-declaration/，以及 Max More and Natasha Vita-More, eds., *The Transhumanist Reader* (Oxford, UK: Wiley, 2013)。

17. 'Transumanar significar *per verba* / non si poria'. Dante, *Paradiso*, trans. Robin Kirkpatrick (London: Penguin, 2007), 6–7 (canto 1, lines 70–71). 参见 Prue Shaw, *Reading Dante* (New York and London: Liveright / W. W. Norton, 2015), 245–46。

18. James Baldwin, 'Down at the Cross', in *Collected Essays*, ed. Toni Morrison (New York: Library of America, 1998), 339 (*The Fire Next Time* 的一部分，1963；最初发表于 *New Yorker*, 17 November, 1962)。

19. 罗伯特·英格索尔的幸福信条，引自 *An Oration on the Gods* (29 January, 1872) (Cairo, IL: Daily Bulletin Steam Book & Job Print, 1873), 48。还可参见1899年的录音版本，在线地址 https://youtu.be/rLLapwIoEVI。

附 录

人文主义国际协会
《现代人文主义宣言》

2022年，英国格拉斯哥大会一致通过：

人文主义者的信念和价值观跟人类的文明一样古老，它在历史上曾经出现于世界上大多数社会当中。现代人文主义经历了漫长的理性传统，它是关于人生意义和伦理的巅峰，启发了世界上许多伟大的思想家、艺术家和人道主义者，成了他们的灵感之源，跟现代科学的兴起交织在一起。

作为一场全球性的人文主义运动，我们致力于让所有人明白这一人文主义世界观的真义：

1. 人文主义者力求做到伦理性

我们承认，道德内在于人类的生存境遇，植根于生物能够感受痛苦和发展繁荣的能力。人类能够通过帮助他人而非伤害他人受到激励，具有理性和同情心，这些"心性"不假外求。

我们肯定每个人的价值和尊严，只要与他人权利不相冲突，每个人都有权利实现最大可能的自由和最大限度的发展。为了实现这些目标，我们支持和平、民主、法律规则和普遍的法律人权。

我们反对一切形式的种族主义和偏见，以及由此产生的不正义现象。相反，我们寻求通过差异性和个体性实现人类的繁荣和友谊。

我们认为，个人的自由需要跟社会责任结合在一起。一个自由之人对他人负有责任，我们对全人类负有关怀责任，这种责任既面向人类的子孙后代，也包括所有众生。

我们认识到自己是大自然的一部分，为自己对大自然产生的影响负有责任。

2. 人文主义者力求做到理性

我们相信，要想解决这个世界面临的难题，必须依赖人类的理性和行动。我们支持将科学和自由探究应用于这些难题之上，同时牢记科学只是为之提供手段，而人类价值则定义其目的。我们寻求运用科学和技术提升人类的福祉，但永远不会陷入冷酷无情和肆意破坏当中。

3. 人文主义者力求获得充实的生命

只要不危害他人，我们珍视所有个人的成就和快乐之源泉。我们相信，通过培养创造性和道德的生活以实现个人发展是一项终生事业。

因此，我们珍视艺术创造力和想象力，承认文学、音乐、视觉和表演艺术的变革力量。我们珍惜大自然的美丽，以及它可以带来奇迹、敬畏和宁静的潜力。我们欣赏个人和集体在体育活动中表现出来的努力，及其为同志情谊和人类成就带来的可能性。我们尊重对知识的追求，以及伴随该追求而来的谦逊、智慧和洞见。

4. 人文主义满足了人们对人生意义和目标的广泛需求，有效替代了教条化的宗教、专制化的民族主义、部落宗派主义和自私的虚无主义

尽管我们相信对于人类幸福的承诺是没有时间限制的，但我们的特定观点并不基于永恒的启示。人文主义者认识到，没有人是永不犯错的或全知全能的。只有通过不间断的观察、学习和反思，才能获得关于世界和人类的知识。

基于这些理由，我们既不寻求逃避审查，也不寻求把我们的观点强加给全人类。相反，为了建设一个更好的世界，我们致力于思想的自由表达和交流，寻求与那些虽然跟我们信仰不同但是有着共同价值观的人进行合作。

我们相信，通过自由探究、科学、同情心和想象力，可以促进和平与人类繁荣，人类也有潜力去解决那些横亘在我们面前的困难。

我们在此呼吁，所有认同这些信念的人加入我们，为这一振奋人心的事业共同努力。

致　谢

本书写作得益于各方面的对话、建议、阅读和理智上的慷慨协助。为此，我需要感谢每一位曾经帮助过我的朋友，他们全都富有智慧，机智敏锐。特别需要感谢的有哈姆扎·宾·瓦拉亚特、安德鲁·科普森（Andrew Copson）、彼得·麦克（Peter Mack）、斯科特·纽斯托克（Scott Newstok）、吉姆·沃尔什（Jim Walsh）、奈杰尔·沃伯顿（Nigel Warburton）。关于佛罗伦萨，我要感谢那里的恩里卡·菲卡伊-韦尔特罗尼（Enrica Ficai-Veltroni）、乔瓦娜·朱斯蒂（Giovanna Giusti）、马拉·米尼亚蒂（Mara Miniati），他们慷慨地为我贡献了时间和专业技能。感谢斯特凡诺·圭达里尼（Stefano Guidarini）与我就莱昂·巴蒂斯塔·阿尔伯蒂展开的对话。此外，还要感谢彼得·摩尔（Peter Moore）给我分享了大量的想法和启发，让我得以有很多新发现。

本书的大部分内容都写成于伦敦瓦尔堡研究所的图书馆（London's Warburg Institute Library）和大英图书馆（British Library）这两个神奇的地方。非常感谢这两家机构的工作人员，特别是瓦尔堡的理查德·加特纳（Richard Gartner）。我还使用过其他一些图书馆和机构的资料，它们都非常棒，比如主教门图书馆（Bishopsgate Institute Library）、康威大厅图书馆（Conway Hall Library）、维纳大屠杀图书馆（Wiener Holocaust Library），以及一如既往要予以感谢的伦敦图书馆。

感谢人文主义国际协会和英国人文主义协会提供的帮助，允许我全文引用2022年版的《现代人文主义宣言》。特别感谢卡特里奥娜·麦克莱伦（Catriona

McLellan）在英国人文主义协会会标方面给我提供的帮助。

非常感谢贝姬·哈迪（Becky Hardie）、克拉拉·法默（Clara Farmer）、查托和温都斯（Chatto & Windus）出版社的其他团队成员，以及安·戈德夫（Ann Godoff）和美国企鹅出版社（Penguin US）的团队成员，特别是凯西·丹尼斯（Casey Denis）、维多利亚·洛佩斯（Victoria Lopez）和我那才华横溢、极有见地的文字编辑大卫·科拉（David Koral）。我感觉自己非常幸运，能够得到这么多专家的帮助，以及我心爱的助手为我提供的热心支持：佐薇·沃尔迪（Zoë Waldie）及罗杰斯、科尔里奇和怀特（Rogers, Coleridge & White）文学机构的每个人，还有美国的梅拉妮·杰克逊（Melanie Jackson）。

特别感谢朱迪斯·古雷维奇（Judith Gurewich），他与我进行过讨论，内容是关于彼特拉克和我们共同的英雄洛伦佐·瓦拉，这显然十分重要。

感谢所有跟温德姆－坎贝尔奖（Windham-Campbell Prizes）相关的人士，我在写作本书的初期获得了该奖项，这让一切都变得不一样了。

最重要的是，感谢我的妻子西莫内塔·菲卡伊－韦尔特罗尼（Simonetta Ficai-Veltroni）。感谢她这么多年来的爱和鼓励，感谢她精彩的洞见和直觉，感谢她不厌其烦地阅读经过多次修改的稿件，感谢她为我所做的一切的一切。

几个世纪以来，无数人默默地（也有人为此大声疾呼）捍卫着自己的人文主义信仰。一般来说，他们在自己的处境下做到这一点需要非凡的勇气。至今，很多人仍然在做相同的事情。

谨以此书奉献给他们。

激发个人成长

多年以来，千千万万有经验的读者，都会定期查看熊猫君家的最新书目，挑选满足自己成长需求的新书。

读客图书以"激发个人成长"为使命，在以下三个方面为您精选优质图书：

1. 精神成长

熊猫君家精彩绝伦的小说文库和人文类图书，帮助你成为永远充满梦想、勇气和爱的人！

2. 知识结构成长

熊猫君家的历史类、社科类图书，帮助你了解从宇宙诞生、文明演变直至今日世界之形成的方方面面。

3. 工作技能成长

熊猫君家的经管类、家教类图书，指引你更好地工作、更有效率地生活，减少人生中的烦恼。

每一本读客图书都轻松好读，精彩绝伦，充满无穷阅读乐趣！

认准读客熊猫

读客所有图书，在书脊、腰封、封底和前后勒口都有"**读客熊猫**"标志。

两步帮你快速找到读客图书

1. 找读客熊猫

2. 找黑白格子

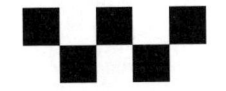

马上扫二维码，关注"**熊猫君**"

和千万读者一起成长吧！